U0187568

教育部高等学校电子信息类专业教学指导委员会规划教材
高等学校电子信息类专业系列教材·新形态教材

单片机原理与应用

深入理解51单片机体系结构及C语言开发

（微课视频版）

宋雪松　编著

清華大學出版社
北京

内容简介

本书旨在培养和锻炼单片机系统实用开发技能，全书以实践为主线，让读者在一个个实践案例中逐步掌握单片机电路设计与程序代码编写能力。书中的内容从最初点亮一个小灯的简单实验，逐步扩展知识面，到最后多功能电子钟的实际项目开发指导，不仅讲解了大量原理性知识，更重要的是给读者提供了实际项目开发的思路和经验，可以让读者在实践过程中提高自己发现问题、分析问题、解决问题的能力。

本书适合单片机的初学者自学，也可以作为各类院校电子技术相关专业的单片机教材，对电子行业的从业技术人员也有很高的参考价值。

图书在版编目(CIP)数据

单片机原理与应用：深入理解51单片机体系结构及C语言开发：微课视频版/宋雪松编著. —北京：清华大学出版社，2023.11

高等学校电子信息类专业系列教材. 新形态教材

ISBN 978-7-302-63506-2

Ⅰ. ①单… Ⅱ. ①宋… Ⅲ. ①单片微型计算机—高等学校—教材 Ⅳ. ①TP368.1

中国国家版本馆CIP数据核字(2023)第085390号

策划编辑：盛东亮
责任编辑：钟志芳
封面设计：李召霞
责任校对：时翠兰
责任印制：沈 露

出版发行：清华大学出版社
　　网　　址：https://www.tup.com.cn，https://www.wqxuetang.com
　　地　　址：北京清华大学学研大厦A座　　**邮　　编**：100084
　　社 总 机：010-83470000　　**邮　　购**：010-62786544
　　投稿与读者服务：010-62776969，c-service@tup.tsinghua.edu.cn
　　质量反馈：010-62772015，zhiliang@tup.tsinghua.edu.cn
　　课件下载：https://www.tup.com.cn，010-83470236
印 装 者：三河市龙大印装有限公司
经　　销：全国新华书店
开　　本：185mm×260mm　　**印　张**：19.25　　**插　页**：1　　**字　　数**：470千字
版　　次：2023年12月第1版　　**印　　次**：2023年12月第1次印刷
印　　数：1～1500
定　　价：59.00元

产品编号：098743-01

高等学校电子信息类专业系列教材

序
FOREWORD

我国电子信息产业占工业总体比重已经超过10%。电子信息产业在工业经济中的支撑作用凸显，更加促进了信息化和工业化的高层次深度融合。随着移动互联网、云计算、物联网、大数据和石墨烯等新兴产业的爆发式增长，电子信息产业的发展呈现了新的特点，电子信息产业的人才培养面临着新的挑战。

(1) 随着控制、通信、人机交互和网络互联等新兴电子信息技术的不断发展，传统工业设备融合了大量最新的电子信息技术，它们一起构成了庞大而复杂的系统，派生出大量新兴的电子信息技术应用需求。这些"系统级"的应用需求，迫切要求具有系统级设计能力的电子信息技术人才。

(2) 电子信息系统设备的功能越来越复杂，系统的集成度越来越高。因此，要求未来的设计者应该具备更扎实的理论基础知识和更宽广的专业视野。未来电子信息系统的设计越来越要求软件和硬件的协同规划、协同设计和协同调试。

(3) 新兴电子信息技术的发展依赖于半导体产业的不断推动，半导体厂商为设计者提供了越来越丰富的生态资源，系统集成厂商的全方位配合又加速了这种生态资源的进一步完善。半导体厂商和系统集成厂商所建立的这种生态系统，为未来的设计者提供了更加便捷却又必须依赖的设计资源。

教育部2020年颁布了新版《高等学校本科专业目录》，将电子信息类专业进行了整合，为各高校建立系统化的人才培养体系，培养具有扎实理论基础和宽广专业技能的、兼顾"基础"和"系统"的高层次电子信息人才给出了指引。

传统的电子信息学科专业课程体系呈现"自底向上"的特点，这种课程体系偏重对底层元器件的分析与设计，较少涉及系统级的集成与设计。近年来，国内很多高校对电子信息类专业课程体系进行了大力度的改革，这些改革顺应时代潮流，从系统集成的角度，更加科学合理地构建了课程体系。

为了进一步提高普通高校电子信息类专业教育与教学质量，推动教育与教学高质量发展，教育部高等学校电子信息类专业教学指导委员会开展了"高等学校电子信息类专业课程体系"的立项研究工作，并启动了"高等学校电子信息类专业系列教材"(教育部高等学校电子信息类专业教学指导委员会规划教材)的建设工作。其目的是推进高等教育内涵式发展，提高教学水平，满足高等学校对电子信息类专业人才培养、教学改革与课程改革的需要。

本系列教材定位于高等学校电子信息类专业的专业课程，适用于电子信息类的电子信息工程、电子科学与技术、通信工程、微电子科学与工程、光电信息科学与工程、信息工程及其相近专业。经过编审委员会与众多高校多次沟通，初步拟定分批次建设约100门核心课程教材。本系列教材将力求在保证基础的前提下，突出技术的先进性和科学的前沿性，体现创新教学和工程实践教学；将重视系统集成思想在教学中的体现，鼓励推陈出新，采用“自顶向下”的方法编写教材；将注重反映优秀的教学改革成果，推广优秀的教学经验与理念。

为了保证本系列教材的科学性、系统性及编写质量，本系列教材设立顾问委员会及编审委员会。顾问委员会由教指委高级顾问、特约高级顾问和国家级教学名师担任，编审委员会由教育部高等学校电子信息类专业教学指导委员会委员和一线教学名师组成。同时，清华大学出版社为本系列教材配置优秀的编辑团队，力求高水准出版。本系列教材的建设，不仅有众多高校教师参与，也有大量知名的电子信息类企业支持。在此，谨向参与本系列教材策划、组织、编写与出版的广大教师、企业代表及出版人员致以诚挚的感谢，并殷切希望本系列教材在我国高等学校电子信息类专业人才培养与课程体系建设中发挥切实的作用。

吕志伟 教授

前言
PREFACE

编写目的

本书是在《手把手教你学51单片机(C语言版)》的基础上修订而成的，以满足广大高校的教学需求。

单片机是将计算机系统的基本组成单元集成于单个芯片之内，再作为控制核心嵌入设备或模块中，通过预先编程的方式实现整个系统的自动化、智能化。时至今日，单片机早已渗透到我们生活、工作的方方面面，从我们身边随处可见的家电、玩具等寻常电子设备，到汽车、飞机、轮船、卫星，再到各个工厂车间所用的设备、仪器等，其中都有各种各样的单片机系统。单片机已经成为现代化社会发展中不可或缺的重要一环。

单片机的发展总体也经历了从简单到复杂、从初级到高级的过程。经过了以MCS-51为代表的8位单片机，到业内大厂推出的各具特色的自有架构16位单片机，再到现在以ARM-M系列内核为代表的32位高性能单片机，单片机的集成度越来越高，性能也越来越高，能做的事情也越来越多。但与大多数事物发展中的后来者逐步取代先行者的规律不同，单片机发展中的后来者并没有取代先行者，而是凭借它们各自的特点拥有各自的优势应用领域，它们之间是各有所长、广泛共存的关系。

以MCS-51为代表的8位单片机凭借着成本优势、成熟稳定的开发生态，以及相对简单并易学易用的优点，仍占据着整个单片机市场的大半江山，在可以预见的未来，8位单片机仍将继续得到广泛的应用。而且对于初学者来讲，由MCS-51入手，也更容易学习和掌握单片机系统的特点和开发要领，对于将来快速学习掌握其他同类型或更加高级复杂的单片机系统也大有裨益。

现阶段大多数高校的电子类专业都开设了单片机课程，部分教材偏重理论讲解而缺乏实践训练与实用技能的传授，导致众多的专业学生直到毕业也只是了解了一些概念而缺乏动手能力，无法快速参与到实际项目的开发中，而编写本书的目的正是解决这一弊端。

本书特色

本书除了讲解单片机系统的基本理论和C语言编程语法外，还通过一系列由简单到复杂的实例应用，一步步带领读者在实践中熟悉和掌握知识要点与技能。更重要的是书中还提供了较为复杂而又实用的实例，它们都结合了单片机的软硬件模块，并以实际项目开发的方式带领读者学习掌握单片机系统设计和编程思路。书中的实例包含了诸多实用的编程技巧与规范，尤其是其中的C语言指针与结构体的灵活运用、模块化编程、多模块组合运用、实际项目开发流程指导等，都是当前单片机类教材中少见的瑰宝。通过对本书内容的透彻掌握,读者可以快速参与或承担实际的项目开发工作。可以说,本书为读者搭建了一座步入工程师殿堂的桥梁。

配套资源

本书配套提供视频教程、教学课件、实例源代码和实验开发板资料,手把手地带领读者学习单片机技术,让读者一步一个脚印地掌握实用的单片机开发技术。读者可扫描下方二维码获取相关资源。

主要内容

全书共17章,第1～16章以实践为主线,从单片机最小系统和C语言基本语法开始,逐步深入,讲解单片机内部资源和C语言的各种用法,并穿插介绍实际项目开发常用的电路设计思路和编程技巧等。本书在知识讲解的过程中,有些地方没有按照传统思路先讲解知识后讲解应用,而是先讲解应用后讲解知识。这样的方式更有利于读者深入理解知识点,清楚地了解知识点的用法和原理。第17章是项目开发指导,带领读者逐一了解实际项目开发的全部流程,并最终完成它,让读者进行一次实际项目开发前的实战演练。

致谢

本书在实例设计、编程技巧和算法思想等方面得到了从教多年的李冬明老师和实践开发经验丰富的崔长胜工程师的指导和帮助,在此由衷地表示感谢。在本书的编写过程中,也得到了广大单片机爱好者热情的支持和宝贵的反馈,在此一并表示感谢。

限于作者水平,书中难免存在不妥之处,恳请广大读者批评指正。

宋雪松

2023年12月

目录
CONTENTS

第1章

如何学习单片机

在错误的道路上日夜兼程，最终也无法成功，方法和思路是非常重要的。一些读者往往看到本章标题会直接跳过去，因为大多数类似章节都是废话连篇。但是，今天在这里作者可以很负责任地告诉你，本章节讲到的学习单片机的方法，都是作者从学习单片机的无数经验和教训总结出来的瑰宝。因为作者曾经披荆斩棘，开辟了道路，所以可以告诉读者路在何方；也因为作者摸过烧红的铁块，烫了手，所以也可以告诉读者教训和代价是什么。希望各位都能站在作者的肩膀上，看得更远。

1.1 学什么类型的单片机

教学视频

单片机的型号那么多，如何选取一款合适的进行学习？如果身边有现成的学习单片机的条件，有什么条件就学习什么型号。比如，读者所在的公司刚好用到某个型号单片机，那么就方便多了。开发板不用购买，直接用公司现成的开发板，指导老师，例如公司的工程师到处都是，只要虚心地请教，相信他们都愿意帮你解答问题。或者跟着正在使用某个型号单片机开发产品的导师，你也会有得天独厚的优势，直接跟着学就行了。单片机型号虽然众多，看起来纷繁复杂，其实它们的基本原理、基本用法都是相通的，只要熟练掌握其中一种，其他的都可以触类旁通，快速上手。

如果这些条件都没有，那就跟着作者学吧，建议读者学习51单片机。为什么呢？虽然现在单片机种类和型号非常多，每个型号都有一定的市场份额，但是哪个型号也没有早期51单片机那般风光和火爆，虽然现在51单片机地位不是那么高了，但是积累的资料非常多，读者学起来肯定比其他型号的单片机上手要快一些。如果学习稍微偏门的单片机，可能一个简单的软件问题就要折腾好长时间，不仅浪费了学习时间，更重要的是打击了学习单片机的信心。

那么是不是每种单片机都要学一遍呢？答案当然是否定的。跟着作者学习51单片机，必须要培养举一反三和融会贯通的能力。单片机型号那么多，挨个学下来估计一辈子也学不完，所以跟着学51单片机，更重要的是要把“51单片机”当作“单片机”来学，要通过这个教程，把所有单片机的内部资源都搞清楚、弄明白，每个内部模块的用法理解透彻，这样遇到一个从未用过的单片机时，也就知道如何使用它进行开发了。

1.2 学习单片机的最佳方法

前边提到过,单片机是一门实用技术,学习它已经不是为了应付考试了。下面总结了学习单片机的方法:一个要领,四个步骤。

学习单片机的要领就是:在实践中学习(In Doing We Learn)!

学射箭得去拉弓,整天只摆造型肯定不行;学游泳得下水扑腾,整天在岸上做模仿活动不行;学开车得上车去驾驶,坐沙发上肯定学不会。同理,学单片机,整天盯着书看肯定不行,必须亲自动手去练。

没有不下水就成为游泳健将的,也没有不到车上练就能成为赛车手的,这点读者都清楚,可为什么那么多人学单片机的时候,总是只抱着书看呢。第一,小学、中学,甚至大学的学习模式都是如此,学什么主要都是靠看书,以应付书面考试;第二,很多人想实践却不太清楚该怎么去实践。

遇到问题查书比直接看书的效果要好过百倍。不是不让读者看书,而是说看了一点以后,要马上去实践验证,然后再回头结合实践,理解书上的内容。由此得出一个结论:学实用技术的过程和应付考试不同,书上的内容不需要去硬性记忆,书是用来查的,不是用来背的。

下面是学习单片机的四个步骤。

1. 鹦鹉学舌

刚出生的孩子不知道"爸爸""妈妈"是什么意思,更不会理解这些声音是什么意思,但是当带着孩子见到爸爸就让他喊"爸爸",见到妈妈就让他喊"妈妈",见到爷爷就让他喊"爷爷"……慢慢会发现,次数多了,孩子就知道谁是爸爸,谁是妈妈,谁是爷爷,谁是奶奶了。

大家刚开始接触单片机的时候,就像单片机行业的新生儿。单片机的外观、单片机外围的各种器件、单片机内部的各种结构、单片机使用C语言的编程方法,初学者可能都没有见过,脑子里全无概念。没关系,有些概念和方法不理解也没有关系,甚至不需要去理解,只需要鹦鹉学舌式地学习。学习某节课的内容时,对于程序,第一遍可以完全跟着抄下来,甚至抄两三遍,过一段时间会发现,好多语句也认识了,好多概念也慢慢理解清楚了,也能大概看懂别人的小程序了。但学习时切忌觉得自己看会了,而简单进行复制粘贴。

2. 照葫芦画瓢

很多学生学习的时候喜欢看视频、源程序,看别人的程序都能看懂,觉得自己都会了,等到自己写程序的时候,就不知道从哪里下手,这是初学者很容易犯的"眼高手低"的毛病,所以第二步的内容就非常重要了。

这就要求每一位学生,在学完当前课的内容之后,即把第一步顺利完成以后,关掉视频教程,关掉源代码,自己通过看电路图和查找非源代码的其他任何资料,把当前课的源代码重新默写出来,边写边多少理解那么一点点,而不是纯粹背诵,应该说是背诵加理解的结合。学过几节课以后,可以回头把前边曾经这样实现过的课程,再按照这种方法做一遍。千万不要认为这一步没必要,这一步是读者能否真正学会单片机的一个关键。在学完本教程之前,每一课内容都要这样做,如果每个程序都能够完美地完成,那么可以说,当节课的内容,百分之七八十已经掌握了。

3. 他山之石，可以攻玉

单片机技术的最大特点就是可以通过修改程序实现不同的功能，因此举一反三的能力就必不可少了。针对每一节课的实例，一般都会布置几个作业，尽量独立完成这些作业。在完成作业的过程中可以参考程序的设计思路，在这个基础上通过动脑思考构建自己的程序框架，最终完成程序。

工程师在实际产品研发的时候，很多情况下也是如此。比如一个产品，如果从零起步，可能会走很多弯路，遭遇很多前辈也曾遭遇过的挫折，所以通常的做法是寻找或购买几款同类产品，先研究它们各自的优缺点，学习它们的长处，然后在同类产品的基础上再设计自己的产品。这就是“他山之石，可以攻玉”。

初学者在学习的时候往往遇到很多问题，应该想到，遇到的问题，可能前辈们早就遇到过了，所以遇到问题后不要慌张，首先利用搜索引擎在网上搜一下。要做什么新项目，先去网上找相关资料了解一下。不管是编程，还是硬件设计，多参考别人的资料，只要把别人的资料分析明白了，自己用起来，也就成为自己的了。

4. 理论结合实践，温故知新

当把所有的课程都按照前三步完成后，不妨再把书打开，看看书。经过了自己的实战经历，再看书的时候，对很多知识点会有一种恍然大悟的感觉。视频教程、图书都可以反复看几遍，可能有的知识点当时学习的时候不明白，过了一段时间，回过头来再学习的时候，一下就明白了。

1.3 单片机学习的准备工作

1. 足够的信心、恒心和耐心

有学生问过我，单片机这门技术难不难？我觉得这个问题可以从以下两个方面分析。

首先，要从战略上藐视它。那么多学生跟着老师学，一段时间就可以做出小车，进行超声波测距，甚至做出机器人。我们也没有做不了的道理。实际上要说技术，其实就是一层窗户纸，表面看不透彻，感觉特别神秘，只要你稍微一努力就能捅破它，夸张点说，单片机在逻辑上的关系，只有小学的水平，简单得很。正所谓会者不难，难者不会。所以只要认真踏实坚持学下去，肯定能学好这门技术。

其次，从战术上要重视它。单片机技术，如果十天八天就学会了，那么这个技术还能值钱吗？可以这样说，如果一个技术很简单就被学会，那么很多人都会的这个技术，肯定也没什么前途和钱途。那究竟多久能学会呢？我制定了学习方案，根据每个人的基础不同，平均每天要拿出两个小时以上的学习时间，大概一到三个月就可以入门。入门的概念是给读者一个单片机开发任务，起码知道要努力的方向和解决问题的大概方法。关键是坚持做下去，有恒心和耐心，如果技术长时间不用，肯定还会生疏。所以要想成为单片机高手，起码需要一年左右的单片机开发的历练才行。成为单片机高手的概念就是自己可以从头根据自己的想法设计一个电路，根据需要的功能编写代码，做出一个产品。

2. 教材

学习单片机技术，好的教材必不可少。读者可以直接学习本书，并学习作者精心制作的配套视频教程。另外，因为做单片机开发使用的是C语言，所以最好能再有一本纯C语言的教材，当学到一些C语言细节问题的时候，可以方便查阅，或者也可以直接通过网络搜索相关问题，绝大部分情况都会找到满意的答案。

3. 计算机一台、单片机开发板一块

计算机是学习单片机必不可少的工具，因为编写程序、查阅资料都得用，但是有句题外话，不要把计算机当成游戏机或者影碟机，偶尔玩玩游戏，看看电影是可以的，劳逸结合，但是不可沉溺其中，否则还不如没有计算机。

单片机开发板是必需的。如果读者还在上学，学校实验室一般都会有单片机开发板，可以考虑跟老师借一个，或者使用师兄师姐们用过的，这样可以省点钱。当然，如果身边有高手，比如辅导老师、会单片机的师兄，在他们的指导下做一个也可以，身边有人指导，不懂的问题还可以问他们。如果这些条件都不具备，那么可以购买一个，先学习开发板的设计思路，给自己以后设计电路板打下基础。在这里推荐KST-51开发板。KST-51开发板是出自经验丰富的一线工程师之手，其中的设计都是根据实际项目开发的思路进行的，包括整体规划、电路设计、器件布局等，可以为今后的项目开发提供优质的参考。另外，因为本书是基于KST-51开发板做的，所以配套来用就可以节省时间，提高学习效率。

1.4 单片机开发软件环境搭建

单片机开发首要的两个软件是编程软件和下载软件。编程软件用Keil μVision4的51版本，也称为Keil C51。不做过多介绍，先直接讲如何安装。

(1) 首先准备Keil μVision4安装源文件，双击安装文件，弹出Keil C51安装的欢迎界面，如图1-1所示。

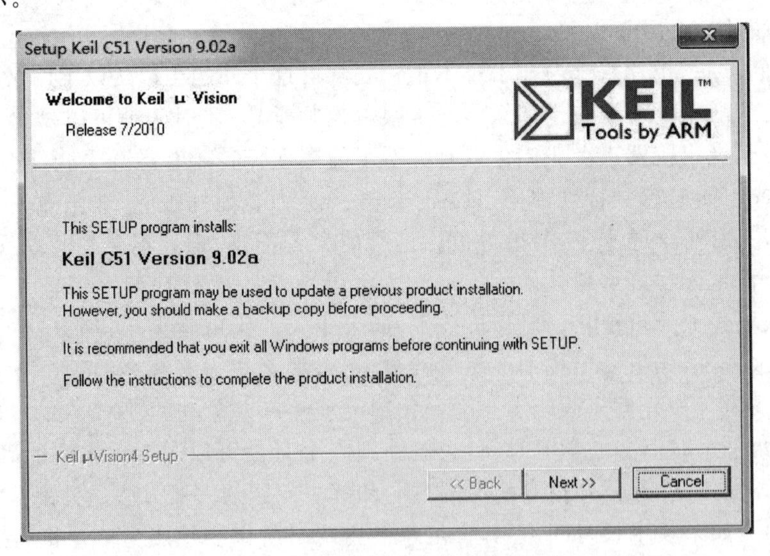

图1-1 Keil C51安装的欢迎界面

(2) 单击Next按钮，弹出License Agreement对话框，如图1-2所示。这里显示的是安装许可协议，需要在“I agree to all the terms of the preceding License Agreement”选项前打钩。

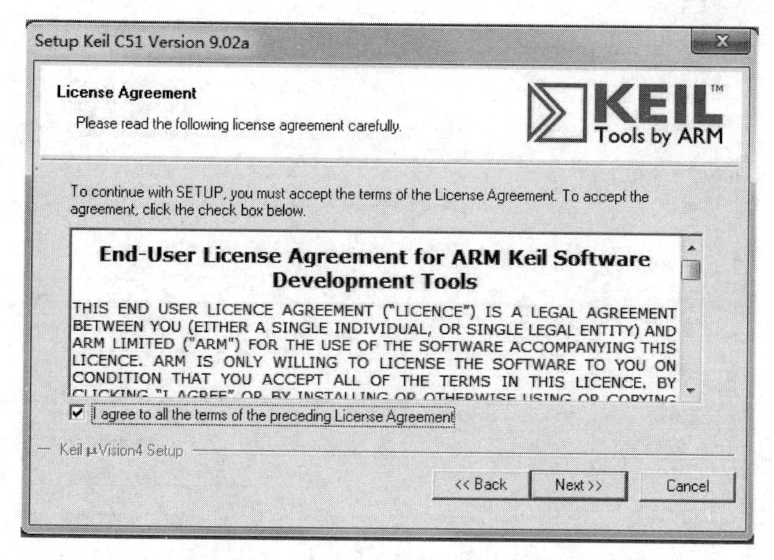

图 1-2　License Agreement 对话框

(3) 单击 Next 按钮，弹出 Folder Selection 对话框，如图 1-3 所示。这里可以设置安装路径，默认安装路径在 C:\Keil 文件夹。单击 Browse 按钮，可以修改安装路径，这里建议用默认的安装路径，如果要修改，也必须使用英文路径，不要使用包含有中文字符的路径。

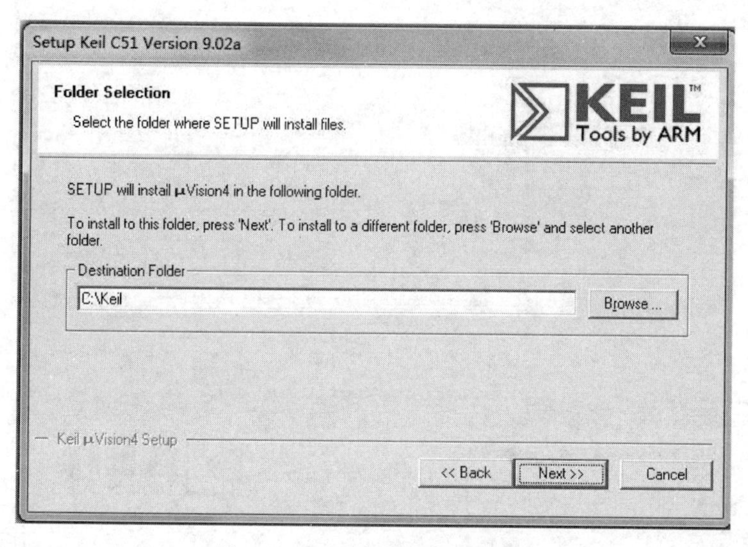

图 1-3　Folder Selection 对话框

(4) 单击 Next 按钮，弹出 Customer Information 对话框，如图 1-4 所示。输入用户名、公司名称以及 E-mail 地址即可。

(5) 单击 Next 按钮，就会自动安装软件，如图 1-5 所示。

(6) 安装完成后弹出安装完成对话框，如图 1-6 所示，并且出现几个选项。读者刚开始把这几个选项的对号全部去掉就可以了，先不用关注有什么作用。

(7) 最后，单击 Finish 按钮，Keil 编程软件开发环境就装好了。

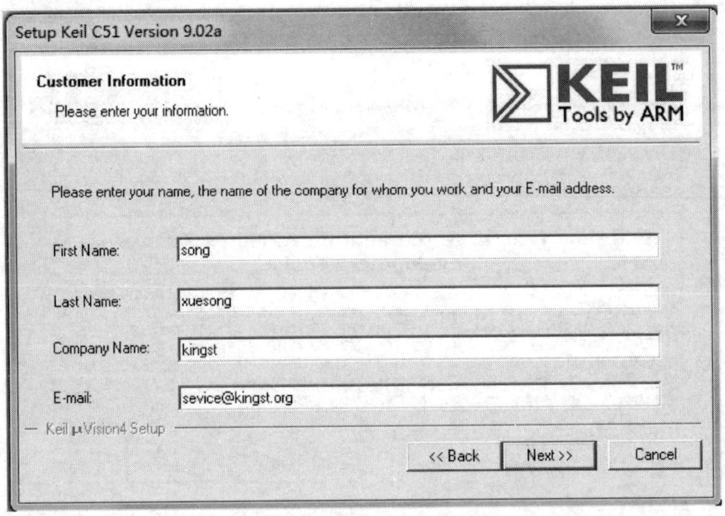

Setup Keil C51 Version 9.02a

Customer Information

Please enter your information.

KEIL™ Tools by ARM

Please enter your name, the name of the company for whom you work and your E-mail address.

First Name: song

Last Name: xuesong

Company Name: kingst

E-mail: sevice@kingst.org

— Keil µVision4 Setup

<< Back　Next >>　Cancel

图 1-4　用户信息

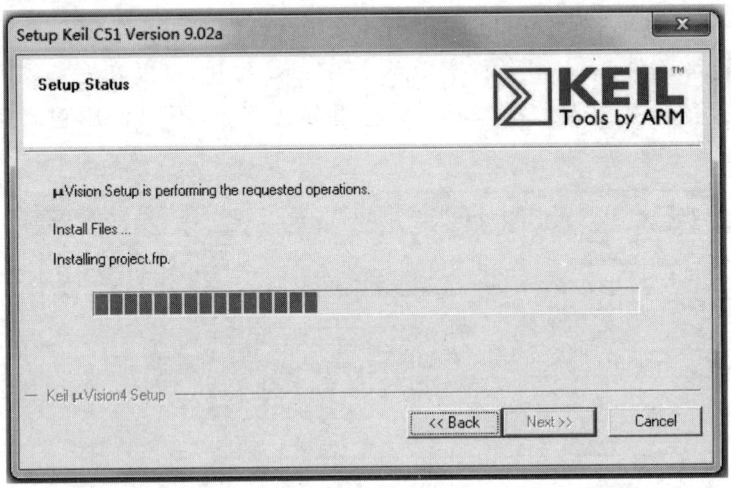

Setup Keil C51 Version 9.02a

Setup Status

KEIL™ Tools by ARM

µVision Setup is performing the requested operations.

Install Files ...

Installing project.frp.

— Keil µVision4 Setup

<< Back　Next >>　Cancel

图 1-5　安装过程

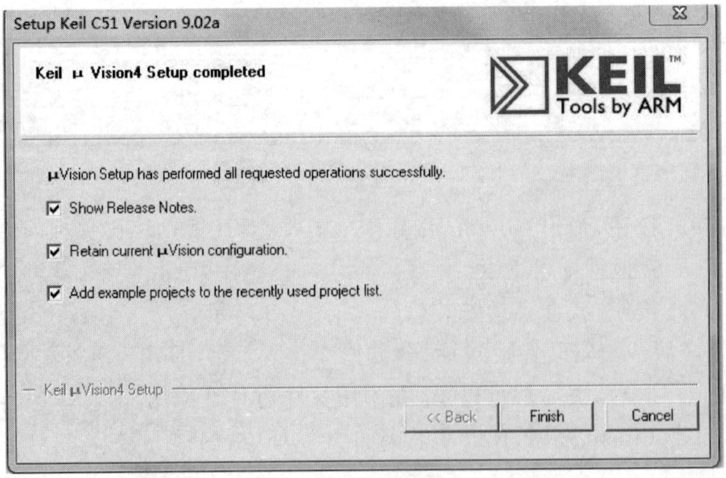

Setup Keil C51 Version 9.02a

Keil µ Vision4 Setup completed

KEIL™ Tools by ARM

µVision Setup has performed all requested operations successfully.

☑ Show Release Notes.

☑ Retain current µVision configuration.

☑ Add example projects to the recently used project list.

— Keil µVision4 Setup

<< Back　Finish　Cancel

图 1-6　安装完成

1.5 Keil C51 基本概况

首先，用 Keil C51 打开一个现成的工程，认识一下 Keil C51 软件，如图 1-7 所示。

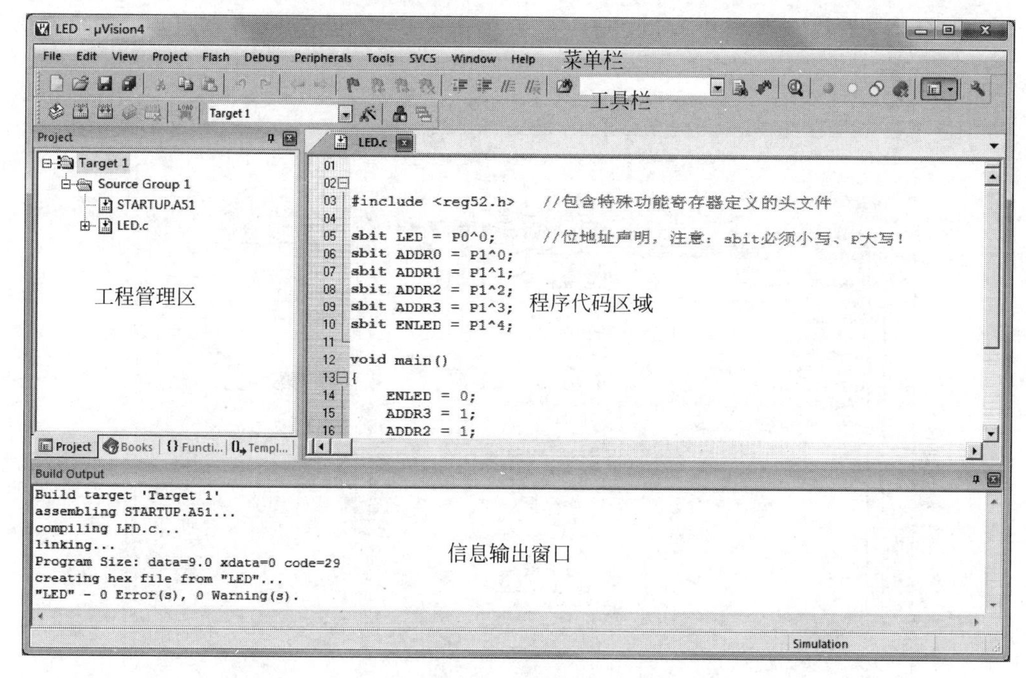

图 1-7　工程文件

从图 1-7 可以很轻松地分辨出菜单栏、工具栏、工程管理区、程序代码区和信息输出窗口。这个是英文版，网上有一些汉化版本，但不建议使用。即使读者的英文不好，使用英文版本的软件也一点问题没有，刚开始读者先跟着去使用，一共没几个单词，不需要翻译，用几次就记住。因为以后做实际开发的时候，大多数软件都是英文版的，如果现在学习的时候一直用中文软件，将来一旦换成其他的英文版软件就会慌了，所以从现在开始要慢慢熟悉英文版软件，将来再用到其他英文版软件的时候，就可以做到触类旁通、驾轻就熟了。

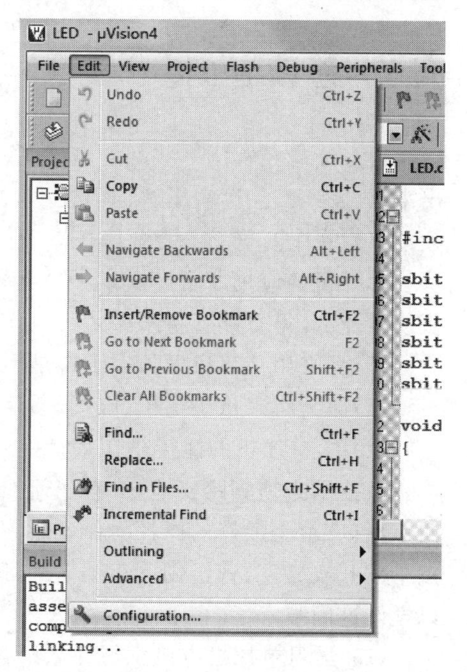

图 1-8　字体设置(1)

Keil C51 软件的菜单栏和工具栏的具体细化功能，都可以很方便从网上查到，不需要记忆，随用随查即可。在这里只介绍一点，关于 Keil C51 软件里边的字体大小和颜色设置。选择菜单 Edit→Configuration 命令，如图 1-8 所示，在弹出的对话框中选择 Colors &Fonts 选项卡，可以进行字体类型、颜色、大小的设置，如图 1-9 所示。

因为用的是 C 语言编程，所以在 Window 栏中选择 8051:Editor C Files,然后在右侧 Element 栏中可以选择要修改的内容。一般平时用到的只是其中几项而已,比如:Text——普通文本,Text Selection——选中的文本,Number——数字,/ * Comment * /——多行注释,//Comment——单行注释,Keyword——C 语言关键字,String——字符串。Keil C51 软件本身都是有默认设置的,可以直接使用默认设置,如果觉得不合适,那就在这里更改,改完后直接单击 OK 按钮,看效果就可以了,如图 1-9 所示。

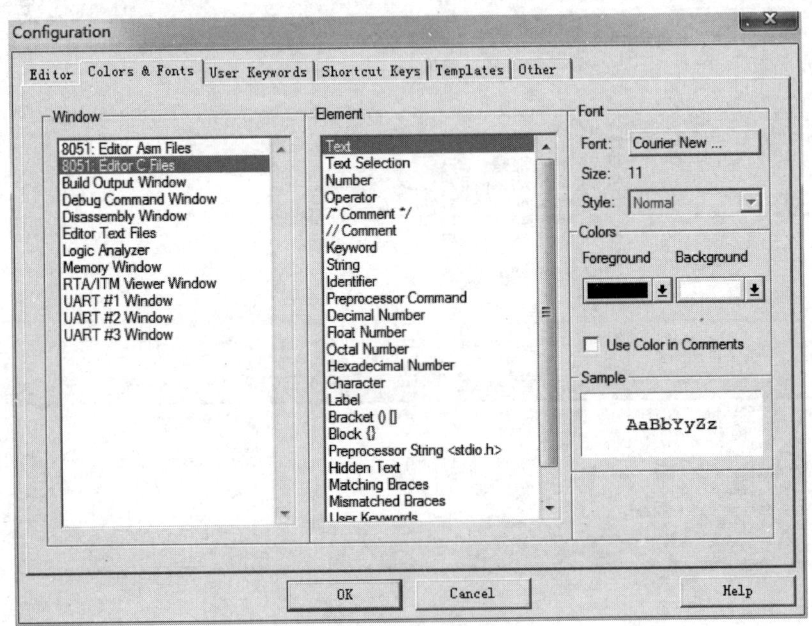

图 1-9 字体设置(2)

1.6 答读者问

很多读者经常问一些问题,有一些很有现实或普遍意义,于是作者把有代表性的直接写出来以供参考,让读者了解这门技术,了解这个行业。

(1) 单片机学完了能做什么?

单片机的应用非常广泛,电子、电气、自动化、通信等领域都有大量应用,至于学完单片机能做什么,得看读者将来做什么工作。如同计算机一样,计算机可以用来编程、看电影、打游戏等,将来用计算机做什么工作是不一定的。但是掌握好这门技术,起码可以让读者学会一种工具,为将来从事电子、电气、通信、自动化等领域的工作做好准备。

(2) 学单片机的捷径是什么?

做技术必须脚踏实地,没有任何捷径可走。如果非要说有,那只能告诉你,“拳不离手,曲不离口”就是最好的捷径。作者学习单片机的时候,每天早上 8 点半进入实验室,晚上 9 点半离开实验室,曾经创下连续 3 个月没有休息日的纪录。如果你也能这样学,那很快就可以学好这门技术了。

(3) 学习单片机应该学习什么语言,有没有必要学习汇编语言?

相比较来说,汇编语言比较接近单片机的底层,使用汇编语言有助于理解单片机内部结构。简单的程序使用汇编语言编写,程序运行效率可能比较高,但是当程序容量达到成千上万行(这时也仅能算个不太小的项目,还远没到大项目的级别)以后,用汇编语言编写的程序在组织结构、修改维护等方面就会成为工程师的噩梦,此时C语言就有不可替代的优势了。所以实际开发过程中,目前至少90%以上的工程师都在用C语言做单片机开发,只有在很低端的应用中或者是特殊要求的场合才会用汇编语言开发,所以建议读者还是用C语言开发比较好一些。

如果现在读者正在上学学到了汇编语言,建议认真学一下,学好了肯定会有益无害。但是如果想快速学会单片机技术,那就不建议去看汇编语言了,直接学C语言就可以了。单片机底层的结构等可以在日后的开发过程中慢慢理解。

(4) 学会单片机能找什么样的工作?

单片机是一个工具,和计算机有点类似,但不完全一样,学会计算机可以用来编程,可以用来画图、看电影等。学会单片机可以用来做通信技术、自动控制技术等,但是单片机本身仅仅是一个工具,在用单片机的时候,慢慢接触多了,会有一个应用方向。不仅要会单片机,也得对这个应用方向熟悉,比如个人从事过扩频通信技术的算法研究,那么就要对扩频通信熟悉,然后把这个技术用单片机实现出来,也得会用单片机。当然读者也不用担心,找工作的时候,用人单位对应用方向问题要求不会很高,但多懂点肯定也会提高自己的竞争力。

(5) 学完了单片机工资待遇如何?

技术水平高低直接决定工资薪酬。技术如果学得不好,那工作都找不到,更谈不上工资待遇了,而技术做得好,那工资就自然会很高。一旦要决定从事技术,就不要把过多的精力关注在能挣多少钱上,而应该放在如何提高自身的技术水平上,只要技术水平高,比很多人都厉害,钱自然就找上门了。有一部印度的励志电影叫作《三傻大闹宝莱坞》,推荐做技术的都可以看看,里边有一句经典台词非常适合技术人员:追求卓越,成功就会在不经意间追上你!

第2章

点亮你的LED

点亮LED实验，虽然任务很简单，但是需要了解的单片机基础知识却很多，特别是对于初学者，刚开始要在头脑中建立一个单片机的概念，然后通过点亮一个LED小灯增加自己对单片机的学习兴趣和自信。

2.1 单片机的内部资源

在这里所讲到的单片机内部资源，和传统单片机图书中讲单片机内部结构不同，这里讲到的内部资源是指作为单片机用户，单片机提供给读者可使用的东西。总结起来，主要是三大资源：

教学视频

（1）Flash——程序存储空间，早期单片机是OTPROM。

（2）RAM——数据存储空间。

（3）SFR——特殊功能寄存器。

第一个资源是Flash。在早期的单片机中，主要是用OTPROM（One Time Programmable Read-Only Memory，一次可编程只读存储器）存储单片机的程序，程序只能写入一次，如果发现错了，没办法，只能换一片重新写入。随着技术的发展，Flash以其可重复擦写且容量大、成本低的优点成为现在绝大多数单片机的程序存储器。对于单片机来说，Flash最大的意义是断电后数据不丢失，这个概念类似于计算机的硬盘，保存了电影、文档、音乐等文件，把电源关掉后，下次重开计算机，所有的文件都还照样存在。

第二个资源是RAM。RAM是单片机的数据存储空间，用来存储程序运行过程中产生的和需要的数据，与计算机的内存是相似的概念，其实RAM最典型的应用是计算器。用计算器计算加减法，一些中间的数据都会保存在RAM里边，断电后数据丢失，所以每次打开计算器都是从归零开始计算。但是它的优点是读写速度非常快，理论上是可无限次写入的，即寿命无限，不管程序怎么运行和怎么读写，它都不会坏。

第三个资源是SFR（特殊功能寄存器）。这个概念读者可能刚开始理解不了，但是一定要记住。单片机有很多功能，每个功能都会对应一个或多个SFR，用户就是通过对SFR的读写实现单片机的多种多样功能的。

讲到这里，首先了解一下51单片机。通常一说到51单片机，指的都是兼容Intel MCS-51体系架构的一系列单片机，而51是它的一个通俗的简称。全球有众多的半导体厂商推出了无数款这一系列的单片机，比如Atmel的AT89C52，NXP（Philips）的P89V51，宏晶科技的 STC89C52……具体型号千差万别，但它们的基本原理和操作都是一样的，程序开发环境也是一样的。这里要分清楚 51 这个统称和具体的单片机型号之间的关系。

单片机内部资源的三个主要部分清楚了，那么就选择 STC89C52 这款单片机进行学习。STC89C52 是宏晶科技出品的一款 51 内核的单片机，具有标准的 51 体系结构，全部的 51 标准功能，程序下载方式简单，方便学习，后面就用它来学习单片机。它的资源情况：Flash 程序空间是 8K 字节(1K＝1024，1 字节＝ 8 位)，RAM 数据空间是 512 字节，SFR 后边会逐一提到并且应用。

2.2 单片机最小系统

什么是单片机最小系统呢？单片机最小系统也称为单片机最小应用系统，是指用最少的元件组成的可以工作的单片机系统。单片机最小系统的三要素就是电源、晶振和复位电路，如图 2-1 所示。

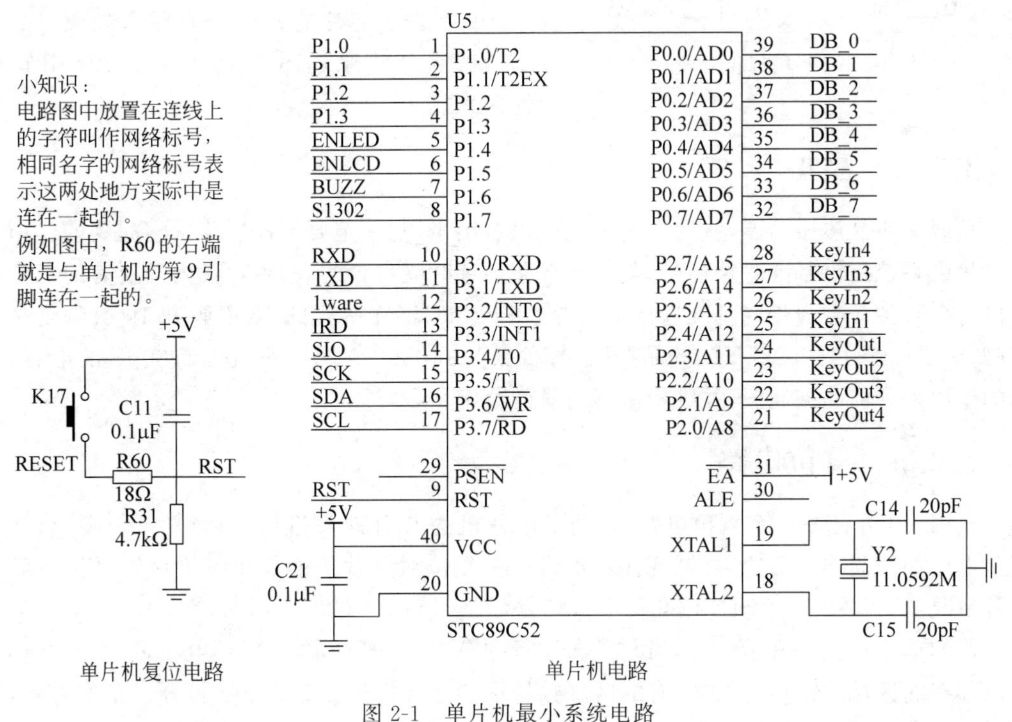

图 2-1 单片机最小系统电路

这张最小系统的电路图节选自 KST-51 开发板原理图。下面就照这张电路图具体分析单片机最小系统的三要素。

2.2.1 电源

这个很好理解，电子设备都需要供电，就连家用电器(手电筒)也不例外。目前主流单片机的电源分为 5V 和 3.3V 这两个标准，当然现在还有对电压要求更低的单片机系统，一般多用在一些特定场合，在学习中不做过多的关注。

选用 STC89C52，它需要 5V 的供电系统，开发板是使用 USB 口输出的 5V 直流电直接供电的。从图 2-1 可以看到，供电电路在 40 引脚和 20 引脚的位置上，40 引脚接的是+5V，通常也称为 VCC 或 VDD，代表的是电源正极，20 引脚接的是 GND，代表的是电源的负极。+5V 和 GND 之间还有个电容，作用在后面介绍。

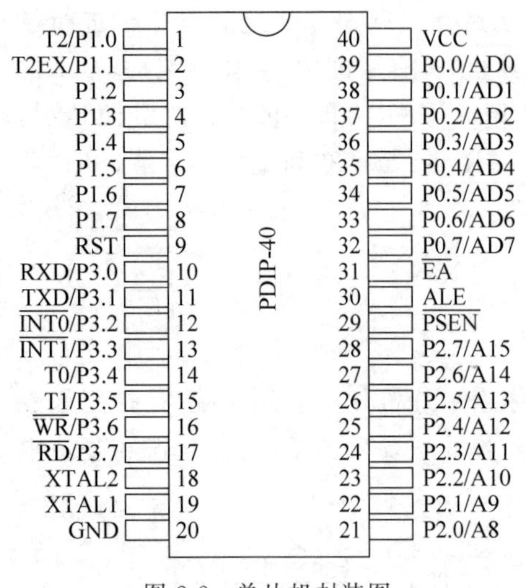

图 2-2　单片机封装图

这个地方还要普及一个看原理图的知识。电路原理图是为了表达这个电路的工作原理而存在的，很多器件在绘制的时候更多考虑的是方便原理分析，而不是表达各个器件实际位置。比如原理图中的单片机引脚图，引脚的位置是可以随意放的，但是每个引脚上有一个数字标号，这个数字标号代表的才是单片机真正的引脚位置。一般情况下，这种双列直插封装的芯片，左上角是 1 引脚，逆时针旋转引脚号依次增加，一直到右上角是最大脚位。现在选用的单片机一共是 40 个引脚，因此右上角就是 40(在表示芯片的方框的内部)，如图 2-2 所示。读者要分清原理图引脚标号和实际引脚位置的区别。

2.2.2 晶振

晶振又叫晶体振荡器，从这个名字就可以看出来，它注定要不停振荡。它起到的作用是为单片机系统提供基准时钟信号，类似于部队训练时喊口令的人，单片机内部所有的工作都是以这个时钟信号为步调基准进行工作的。STC89C52 单片机的 18 引脚和 19 引脚是晶振引脚，接了一个 11.0592MHz 的晶振(它每秒振荡 11059200 次)，外加两个 20pF 的电容，电容的作用是帮助晶振起振，并维持振荡信号的稳定。

2.2.3 复位电路

在图 2-1 左侧是一个复位电路，接到了单片机的 9 引脚 RST(Reset)复位引脚上，这个复位电路如何起作用后边再讲，现在着重讲一下复位对单片机的作用。单片机复位一般分三种情况：上电复位、手动复位和程序自动复位。

假如单片机程序有 100 行，当某一次运行到第 50 行的时候，突然停电了，这个时候单片机内部有的区域数据会丢失掉，有的区域数据可能还没丢失。那么下次打开设备的时候，人们希望单片机能正常运行，所以上电后，单片机要进行一个内部的初始化过程，这个过程就可以理解为上电复位。上电复位保证单片机每次都从一个固定的相同的状态开始工作。这个过程与打开计算机电源的过程是一致的。

当程序运行时，如果遭受到意外干扰而导致程序死机，或者程序跑飞的时候，就可以按下复位按键，让程序重新初始化重新运行，这个过程就叫作手动复位，最典型的就是计算机的重启按钮。

当程序死机或者跑飞的时候，单片机往往有一套自动复位机制，比如看门狗，具体应用以后再了解。在这种情况下，如果程序长时间失去响应，单片机看门狗模块会自动复位重启。还有一些情况是程序故意重启复位单片机。

电源、晶振、复位构成了单片机最小系统的三要素，也就是说，一个单片机具备了这三个条件，就可以运行下载的程序了，其他的比如 LED 小灯、数码管、液晶显示器等设备都属于单片机的外部设备，即外设。最终完成用户想要的功能就是通过对单片机编程控制各种各样的外设实现的。

2.3　LED 小灯

LED(Light-Emitting Diode，发光二极管)俗称 LED 小灯，它的种类很多，参数也不尽相同，KST-51 开发板用的是普通的贴片发光二极管。这种二极管通常的正向导通电压是 1.8～2.2V，工作电流一般在 1～20mA。其中，当电流在 1～5mA 变化时，随着通过 LED 的电流越来越大，人们的肉眼会明显感觉到这个灯越来越亮，而当电流在 5～20mA 变化时，看到的发光二极管的亮度变化就不太明显了。当电流超过 20mA 时，LED 就会有烧坏的危险了，电流越大，烧坏的速度也就越快。所以在使用过程中应该特别注意它在电流参数上的设计要求。

下面来看发光二极管在开发板上的设计应用。USB 接口电路如图 2-3 所示。

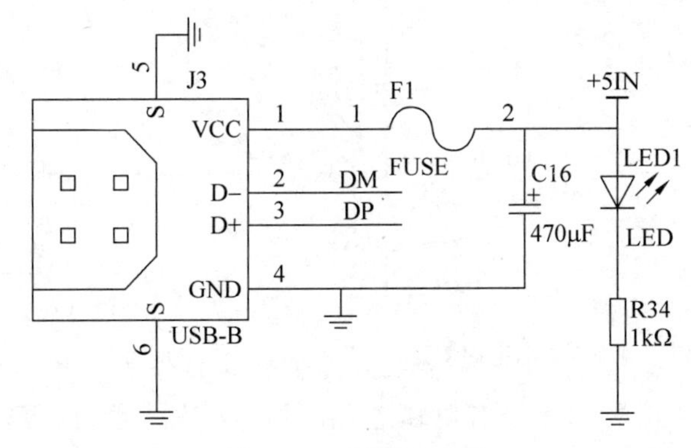

图 2-3　USB 接口电路

图 2-3 是开发板上的 USB 接口电路，通过 USB 线，计算机给开发板供电和下载程序以及实现计算机和开发板之间的通信。从图上可以看出，USB 座共有 6 个接口，其中 2 引脚和 3 引脚是数据通信引脚，1 引脚和 4 引脚是电源引脚，1 引脚是 VCC 正电源，4 引脚是 GND，即地线。5 引脚和 6 引脚是外壳，直接接到了 GND 上，读者可以观察一下开发板上的这个 USB 座的 6 个引脚。

现在主要来看 1 引脚 VCC 和 4 引脚 GND。1 引脚通过 F1(自恢复保险丝)接到右侧，在正常工作的情况下，保险丝可以直接看成导线，因此左、右两边都是 USB 电源＋5V，自恢复保险丝的作用是，当后级电路哪个地方发生短路的时候，保险丝会自动切断电路，保护开发板以及计算机的 USB 口，当电路正常后，保险丝会恢复畅通，正常工作。

右侧有两条支路。第一条是在＋5V 和 GND 接了一个 470μF 的电容，电容是隔离直流的，所以这条支路是没有电流的，电容的作用后面再介绍，下面主要看第二条支路。把第二条支路摘取出来，如图 2-4 所示。

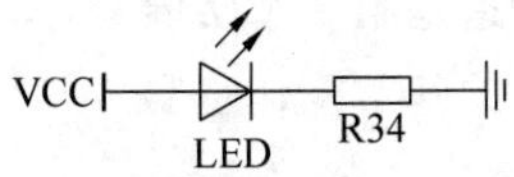

VCC　LED　R34

图 2-4　LED 小灯电路(一)

发光二极管是二极管的一种，和普通二极管一样，这个二极管也有阴极和阳极，习惯上也称为负极和正极。原理图中的LED画成这样方便在电路上观察，方向必须接对了才会有电流通过，让LED小灯发光。刚才提到了接入的VCC电压是5V，发光二极管自身压降大概是2V，那么在右边R34这个电阻上承受的电压就是3V。现在如果要求电流范围是1～20mA，就可以根据欧姆定律$R=U/I$，把这个电阻的上限和下限值求出来。

$U=3V$，当电流是1mA的时候，电阻值是3kΩ；当电流是20mA的时候，电阻值是150Ω，也就是R34的取值范围是150Ω～3kΩ。这个电阻值大小的变化，直接可以限制整条通路的电流的大小，因此这个电阻通常称为"限流电阻"。图2-3中用的电阻是1kΩ，这条支路电流的大小大家可以轻松计算出来，而这个发光二极管在这里的作用是作为电源指示灯，使用USB线将开发板和计算机连起来，这个灯就会亮了。

同理，在开发板后级开关控制的地方，又添加了一个LED10发光二极管，作用就是当打开开关时，这个二极管才会亮，如图2-5所示。

注意，这里的开关虽然只有一个，但是2路的，2路开关并联能更好地确保给后级提供更大的电流。电容C19和C10都是隔离断开直流的，作用在后面介绍，这里可以忽略。

下面把图2-4变化一下，把右侧的GND去掉，改成一个单片机的I/O口，如图2-6所示。

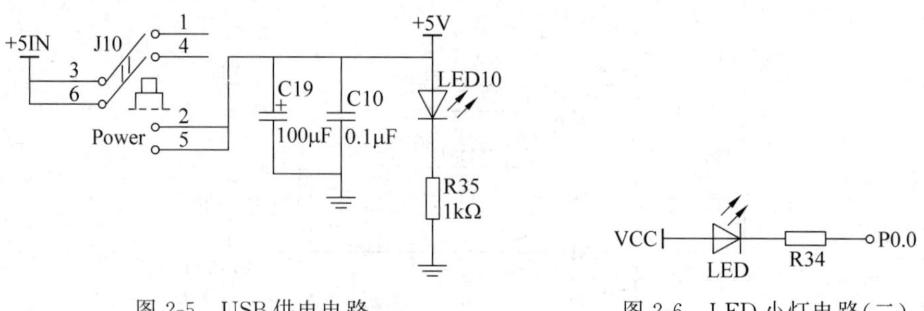

图2-5 USB供电电路　　　　图2-6 LED小灯电路(二)

图2-4由于电源从正极到负极有电压差，并且电路是导通的，所以就会有电流通过，LED小灯因为有了电流通过，所以就会直接发光。把右侧的原GND处接到单片机P0.0引脚上，如果单片机输出一个低电平，也就是跟GND一样的0V电压，就可以让LED小灯发光了。

单片机是可以编程控制的，可以让P0.0这个引脚输出一个高电平，就是跟VCC一样的5V电压，那么这个时候，左侧VCC电压和右侧P0.0的电压是一致的，那就没有电压差，没有电压差就不会产生电流，没有电流，LED小灯就不会亮，也就是处于熄灭状态。下面就用编程软件实现控制小灯的亮和灭。

2.4 程序代码编写

这是第一个实验程序，一定要耐心，先来了解一些51单片机特有的程序语法以及Keil软件的基本操作步骤。

2.4.1 特殊功能寄存器和位定义

一般是用C语言来对单片机编程，而有的单片机有几条很特殊的独有的编程语句，51

单片机就有，先介绍两条。

第一条语句是：

```
sfr  P0 = 0x80;
```

其中，sfr 是关键字，是 51 单片机特有的，它的作用是定义一个单片机特殊功能寄存器(Special Function Register)。51 单片机内部有很多个小模块，每个模块居住在拥有唯一房间号的房间内，同时每个模块都有 8 个控制开关。P0 就是一个功能模块，就住在 0x80 这个房间里，我们就是通过设置 P0 内部这个模块的 8 个开关，让单片机的 P0 这 8 个 I/O 口输出高电平或者低电平的。而 51 单片机内部有很多寄存器，如果想使用，必须提前进行 sfr 声明。不过 Keil 软件已经把所有这些声明都预先写好并保存到一个专门的文件中了，如果要用只需在文件开头添加一行 #include <reg52.h>，这在后面有用法详解。

第二条语句是：

```
sbit  LED = P0^0;
```

sbit 就是对刚才所说的 SFR 里边的 8 个开关中的一个进行定义。执行上边第二条语句后，以后只要在程序里写 LED，就代表了 P0.0 口(“^”这个符号在数字键 6 上边)，也就是说给 P0.0 又取了一个更形象的名字叫作 LED。注意这个 P 必须大写。

了解了这两个语句后，再看一下单片机的特殊功能寄存器。请注意，每个型号的单片机都配有生产厂商所编写的数据手册(Datasheet)，下面来看一下 STC89C52 的数据手册，从 21 页到 24 页，全部是对特殊功能寄存器的介绍以及地址映射列表。在使用寄存器之前，必须对寄存器的地址进行说明。是不是太多了，记不住，没关系的，不需要记住，只需要了解，后边大部分寄存器会解释，少部分需要用到的时候，自己查数据手册就可以了，做技术不是为了应付考试，可以随时翻阅数据手册查找需要的资料。

图 2-7 是截取的数据手册中第 22 页的一个表格。

Memonic	Add.	Name	7	6	5	4	3	2	1	0	Reset Value
P0	80h	8-bit Port 0	P0.7	P0.6	P0.5	P0.4	P0.3	P0.2	P0.1	P0.0	1111,1111
P1	90h	8-bit Port 1	P1.7	P1.6	P1.5	P1.4	P1.3	P1.2	P1.1	P1.0	1111,1111
P2	A0h	8-bit Port 2	P2.7	P2.6	P2.5	P2.4	P2.3	P2.2	P2.1	P2.0	1111,1111
P3	B0h	8-bit Port 3	P3.7	P3.6	P3.5	P3.4	P3.3	P3.2	P3.1	P3.0	1111,1111
P4	E8h	4-bit Port 4	—	—	—	—	P4.3	P4.2	P4.1	P4.0	xxxx,1111

图 2-7　I/O 口特殊功能寄存器

表中 P4 口是 STC89C52 对标准 51 的扩展，先忽略它，只看前边的 P0、P1、P2、P3 这 4 个，每个 P 口本身又有 8 个控制端口。可以结合开发板原理图或者图 2-1 来看，这样就确定了单片机一共有 32 个 I/O(Input/Output，输入和输出)口。其中，P0 口所在的地址是 0x80，从 7 到 0，一共有 8 个 I/O 口控制位，后边有个 Reset Value(复位值)，这个很重要，是必看的一个参数，8 个控制位复位值全部都是 1。这就是说，每当单片机上电复位的时候，所有的引脚的默认值都是 1，即高电平，在设计电路的时候也要充分考虑这个问题。

前面两条语句，写 sfr 的时候，必须根据数据手册中的地址(Add.)去写，写 sbit 的时候，就可以直接将一字节中某一位取出来。编程的时候，也有现成的写好寄存器地址的头文件，直接包含该头文件就可以，不需要逐一去写。

2.4.2 新建一个工程

对于单片机程序来说，每个功能程序都必须有一个配套的工程(Project)，即使是点亮LED这样简单的功能程序也不例外，因此首先要新建一个工程，打开Keil软件后，选择Project→New μVision Project菜单命令，会出现一个新建工程的界面，如图2-8所示。

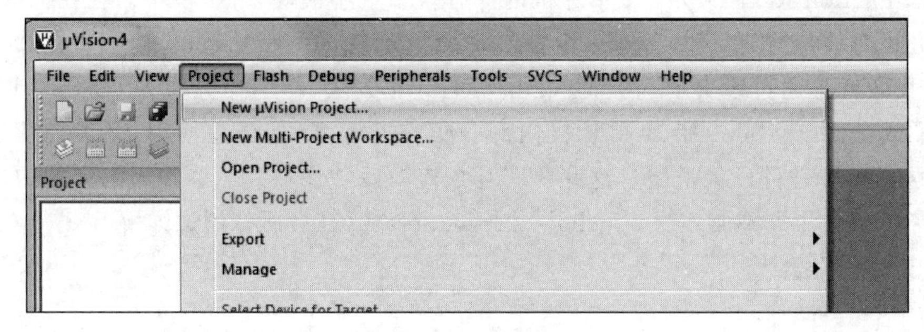

图2-8 新建工程

在硬盘上建立一个lesson2的目录，然后把新建工程放到这里，这样方便今后管理程序，不同功能的程序放到不同的文件夹下。下面给这个工程起名为LED，软件会自动添加扩展名.uvproj，如图2-9所示。

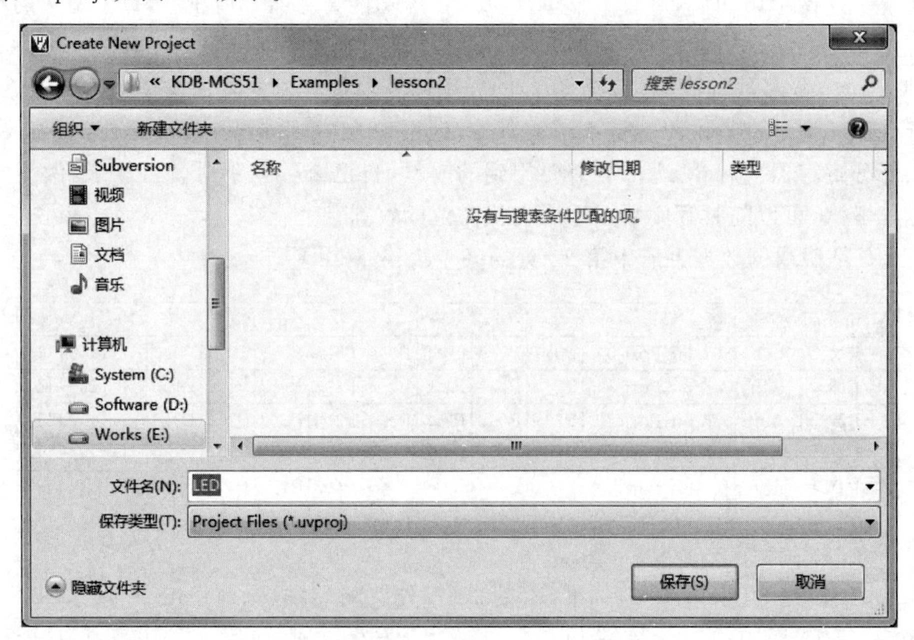

图2-9 保存工程

直接单击“保存”按钮，工程会自动保存成LED.uvproj文件，下次要打开LED这个工程时，可以直接找到该文件夹，双击.uvproj文件就可以直接打开了。

保存之后会弹出一个对话框，这个对话框用于选择单片机型号。因为Keil软件是国外开发的，所以国内的STC89C52并没有在列表中，但是只要选择同类型号就可以了。因为51内核是由Intel公司创造的，所以这里直接选择Intel公司名下的80/87C52代替，这个选择对于后边的编程没有任何不良影响，如图2-10所示。

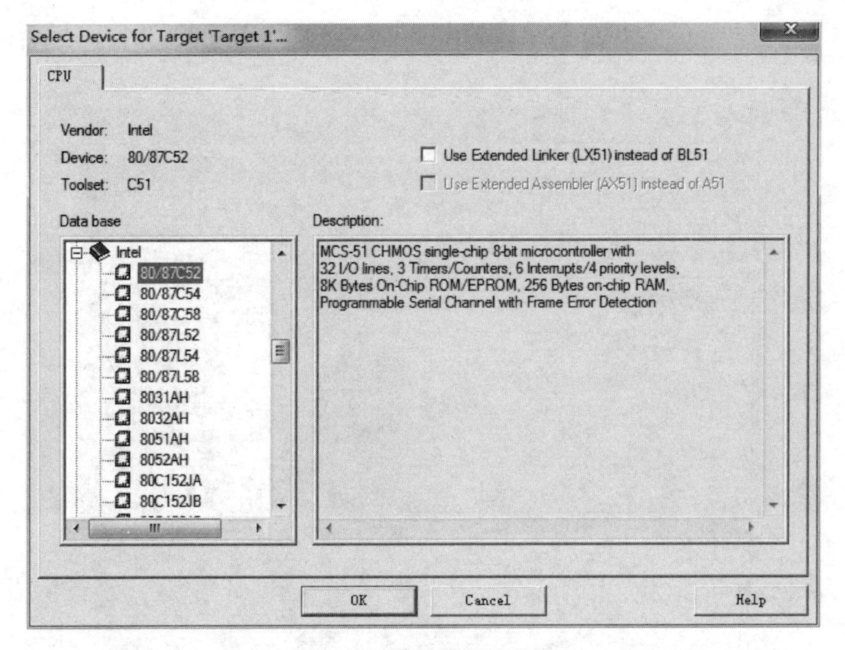

图 2-10　单片机型号选择

单击 OK 按钮之后，会弹出一个对话框，如图 2-11 所示，每个工程都需要一段启动代码，如果单击“否”按钮，编译器会自动处理这个问题，如果单击“是”按钮，这部分代码会提供给用户，用户可以按需要去处理这部分代码。这部分代码对于初学 51 的用户，一般是不需要修改的，但是随着技术的提高和知识的扩展，用户就有可能需要了解这块内容，因此此处单击“是”按钮，让这段代码显示。目前暂时不需要修改它，知道怎么回事就可以了。

图 2-11　启动代码选择

这样工程就建立好了，如图 2-12 所示，如果单击 Target 1 左边的加号，会出现刚才加入的初始化文件 STARTUP. A51。

工程有了之后，要建立编写代码的文件，选择 File→New 命令，如图 2-13 所示，新建一个文件，也就是编写程序的平台。然后选择 File→Save 命令或者直接单击 Save 按钮，可以保存文件，保存时把它命名为 LED. c，必须加上. c，因为如果写汇编语言，扩展名是. asm，头文件的扩展名是. h 等，这里编写的是 C 语言程序，必须添加文件的扩展名. c，如图 2-14 所示。

现在就可以在建立好的文件中输入程序代码了。在编写代码之前还有个工作要做：每设计一个功能程序，必须新建一个工程，一个工程代表了单片机要实现的一个功能，但是一个工程有时可以把程序分为多个文件，所以每写一个文件，都要将文件添加到所建立的工程中，即右击 Source Group 1，单击 Add Files to Group 'Source Group 1'...，如图 2-15 所示。

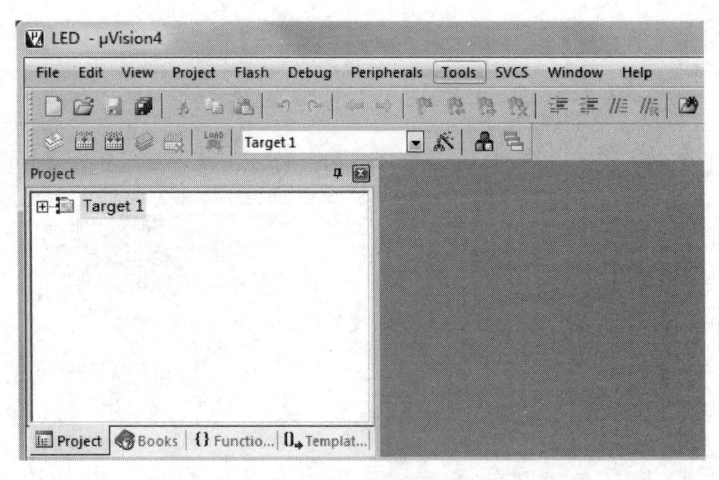

图 2-12 工程文件

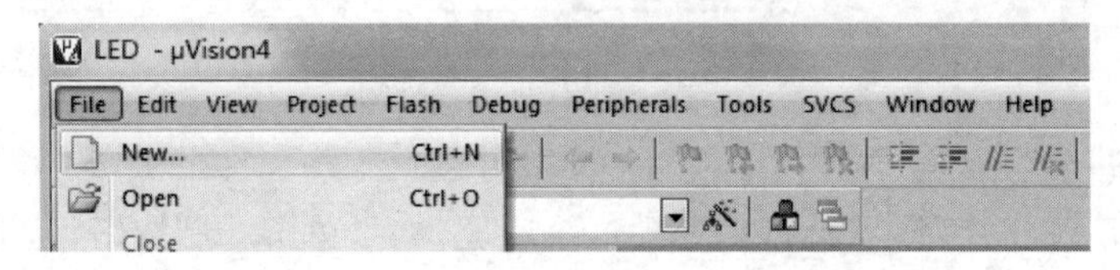

图 2-13 新建文件

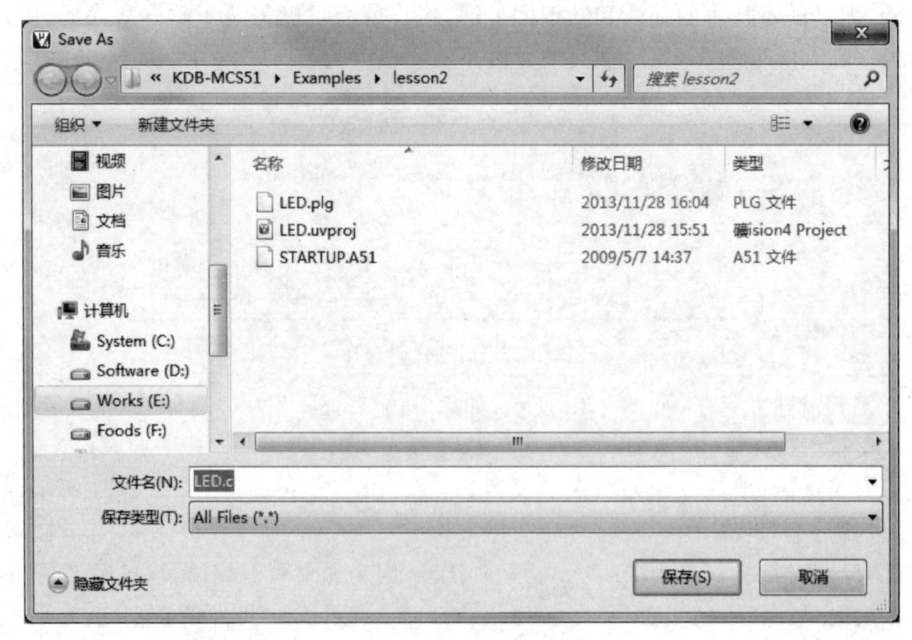

图 2-14 保存文件

在弹出的对话框中选中 LED.c，然后单击 Add 按钮，或者直接双击 LED.c 都可以将文件添加到这个工程下，然后单击 Close 按钮，关闭添加文件(如图 2-16 所示)。这时会看到在 Source Group 1 下边又多了一个 LED.c 文件。

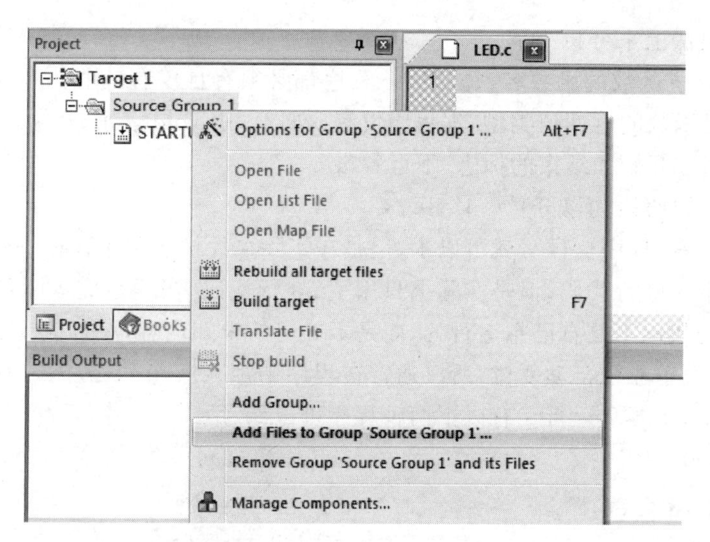

图 2-15　添加文件(一)

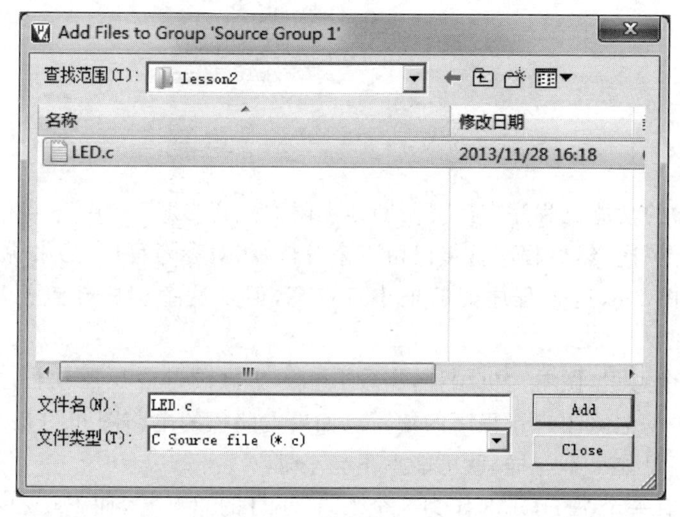

图 2-16　添加文件(二)

2.4.3　编写点亮小灯的程序

准备工作做了那么多,终于要编写程序代码了。如果学过 C 语言,应该能轻松地编程,如果没学过 C 语言也没关系,先照着抄,下面会给出对 C 语言语法的解释,这样抄几次后再看看解释,就应该明白了。抄的时候一定要认真,尤其标点符号不可以搞错。

```
#include <reg52.h>          //包含特殊功能寄存器定义的头文件

sbit LED = P0^0;            //位地址声明,注意 sbit 必须小写,P 必须大写

void main()                 //任何一个 C 程序都必须有且仅有一个 main 函数
{                           //{}是成对出现的,在这里表示函数的起始和结束
    LED = 0;                //分号表示一条语句结束
}
```

先从程序语法上来分析一下。

(1) main 是主函数的函数名，每一个 C 程序都必须有且仅有一个 main 函数。

(2) void 是函数的返回值类型，本程序没有返回值，用 void 表示。

(3) {}是函数开始和结束的标志，不可省略。

(4) 每条 C 语言语句以分号(;)结束。

从逻辑上来看，程序这样写就可以了，但是在实际单片机应用中存在一个问题。比如程序空间可以容纳 100 行代码，但是实际上只用了 50 行代码，当运行完 50 行代码，再继续运行时，第 51 行的代码不是自己想运行的，而是不确定的未知内容，一旦执行下去程序就会出错，从而可能导致单片机自动复位，所以通常在程序中加入一个死循环，让程序停留在所希望的这个状态下，不要乱运行。有以下两种程序可以参考：

参考程序(1)：

```
#include <reg52.h>
sbit LED = P0^0;
void main()
{
    while(1)
    {
        LED = 0;
    }
}
```

参考程序(2)：

```
#include <reg52.h>
sbit LED = P0^0;
void main()
{
    LED = 0;
     while(1);
}
```

参考程序(1)的功能是程序在反复不断地无限次执行“LED=0;”这条语句，而参考程序(2)的功能是执行一次，然后程序直接停留下来等待，相对参考程序(1)来说，参考程序(2)更简洁一些。针对图 2-6，这个程序能够把小灯点亮，但是这个程序却点不亮电路板上的小灯，这是为什么呢？

这里要有一个意识，做单片机编程，实际上相当于做硬件底层驱动程序开发，是离不开电路图的，必须根据电路图进行程序的编写。如果电路板的电路图和图 2-6 一样，程序可以成功点亮小灯，但是如果不一样，就可能点不亮小灯。

开发板上还有一个 74HC138 作为 8 个 LED 小灯的总开关，而 P0.0 仅仅是个分开关，像家里有一个供电总闸，然后每个电灯又有一个专门的开关一样，刚才的程序仅仅打开了电灯的开关，但是没有打开总电闸，所以程序需要加上下面这部分代码。因为要介绍的内容比较多，所以把 74HC138 的原理以及为什么要加额外的代码在后面统一介绍，读者知道有这么一回事就可以了。

```
#include <reg52.h>    //包含特殊功能寄存器定义的头文件

sbit LED = P0^0;      //位地址声明,注意: sbit 必须小写,P 必须大写
sbit ADDR0 = P1^0;
sbit ADDR1 = P1^1;
sbit ADDR2 = P1^2;
sbit ADDR3 = P1^3;
sbit ENLED = P1^4;

void main()
```

```
{
    ENLED = 0;
    ADDR3 = 1;
    ADDR2 = 1;
    ADDR1 = 1;
    ADDR0 = 0;
    LED = 0;          //点亮小灯
    while (1);        //程序停止在这里
}
```

写了这么多语句，刚开始读者可能觉得很麻烦，为什么有的书上程序很简单就可以点亮小灯，这里却这么麻烦呢。读者要了解一点，开发板虽然仅仅提供给读者简单学习使用，但是也得按照实际产品的开发模式去设计，所以综合考虑因素很多，读者学到后边就会明白它的设计价值了，这里读者只要跟着去做就可以了。

程序编好后，要对程序进行编译，生成需要的可以下载到单片机里的文件。在编译之前，先要选择 Project→Options for Target 'Target1'...命令，或者直接单击图 2-17 中框内的"工程选项"快捷图标。

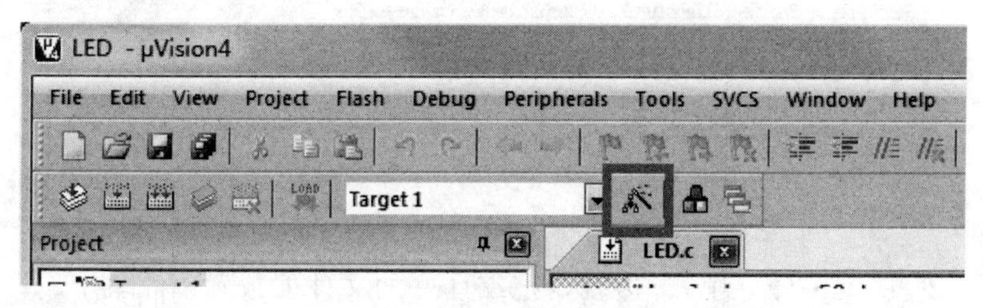

图 2-17 "工程选项"图标

在弹出的"工程选项"对话框中，打开 Output 选项卡，选中其中的 Create HEX File 复选框，然后单击 OK 按钮，如图 2-18 所示。

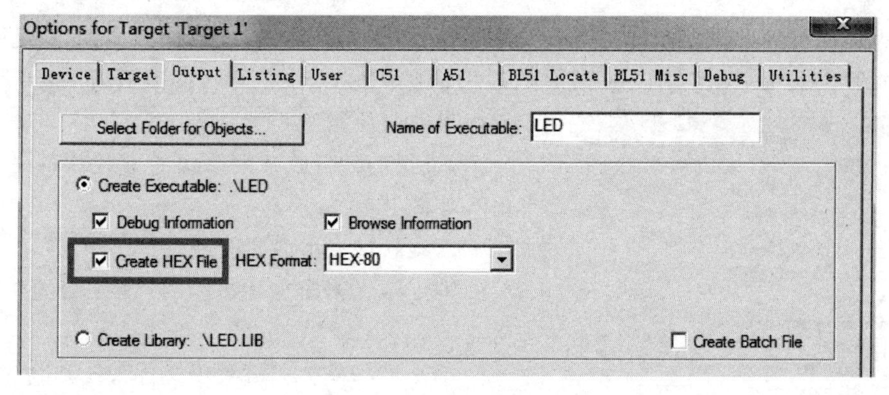

图 2-18 创建 HEX 文件

设置好以后，选择 Project→Rebuild all target files 命令，或单击图 2-19 中框内的快捷图标，就可以对程序进行编译了。

编译完成后，在 Keil 下方的 Build Output 窗口会出现相应的提示，如图 2-20 所示，告诉我们编译完成后的情况。data=9.0，指的是程序使用了单片机内部的 256 字节 RAM 资源中的 9 字节，code＝29 的意思是使用了 8K 代码 Flash 资源中的 29 字节。当提示“0 Error(s)，0 Warning(s)”表示程序没有错误和警告，就会出现“creating hex file from "LED"...”，意思是从当前工程生成了一个 HEX 文件，要下载到单片机上的就是这个 HEX 文件。如果出现错误和警告提示，就是 Error 和 Warning 不是 0，那么就要对程序进行检查，找出问题，解决好了再进行编译，产生 HEX 文件才可以。

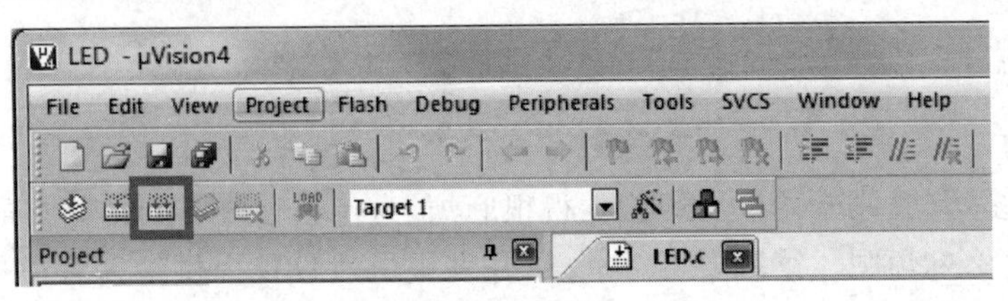

图 2-19　编译程序

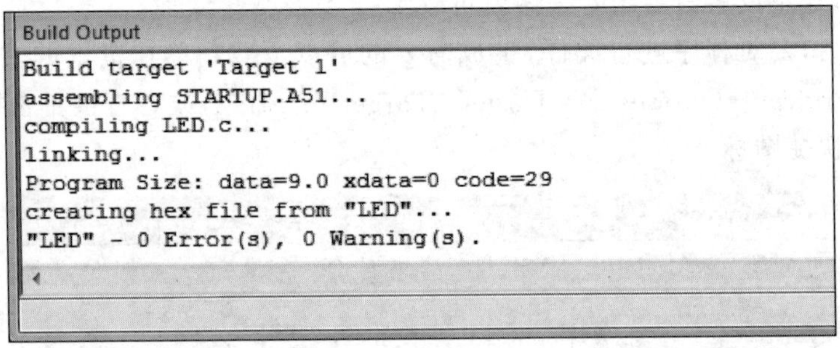

```
Build Output
Build target 'Target 1'
assembling STARTUP.A51...
compiling LED.c...
linking...
Program Size: data=9.0 xdata=0 code=29
creating hex file from "LED"...
"LED" - 0 Error(s), 0 Warning(s).
```

图 2-20　编译输出信息

到此为止，程序就编译好了，下边就要把编译好的文件下载到单片机中。

2.5　程序下载

首先连接好硬件，把开发板插到计算机上，打开设备管理器查看所使用的是哪个 COM 端口，如图 2-21 所示，找到 USB-SERIAL CH340(COM5)这一项，这里最后的数字就是开发板目前所使用的 COM 端口号。

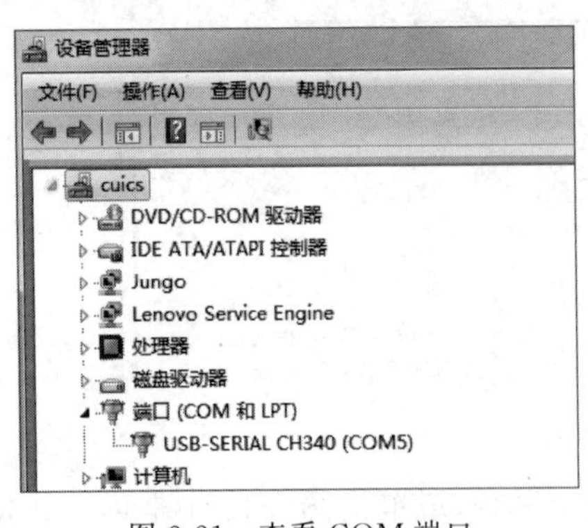

图 2-21　查看 COM 端口

然后打开 STC 系列单片的下载软件——STC-ISP，如图 2-22 所示。

下载软件有下面 5 个步骤。

第 1 步：选择单片机型号，现在用的单片机型号是 STC89C52RC，一定不要选错了。

第 2 步：单击“打开程序文件”，找到刚才建立工程的 lesson2 文件夹，找到 LED. hex 文件，单击打开。

第 3 步：选择刚才查到的 COM 口，波特率使用默认的就行。

第 4 步：这里的所有选项都使用默认设置，不要随便更改，有的选项改错了可能产生麻烦。

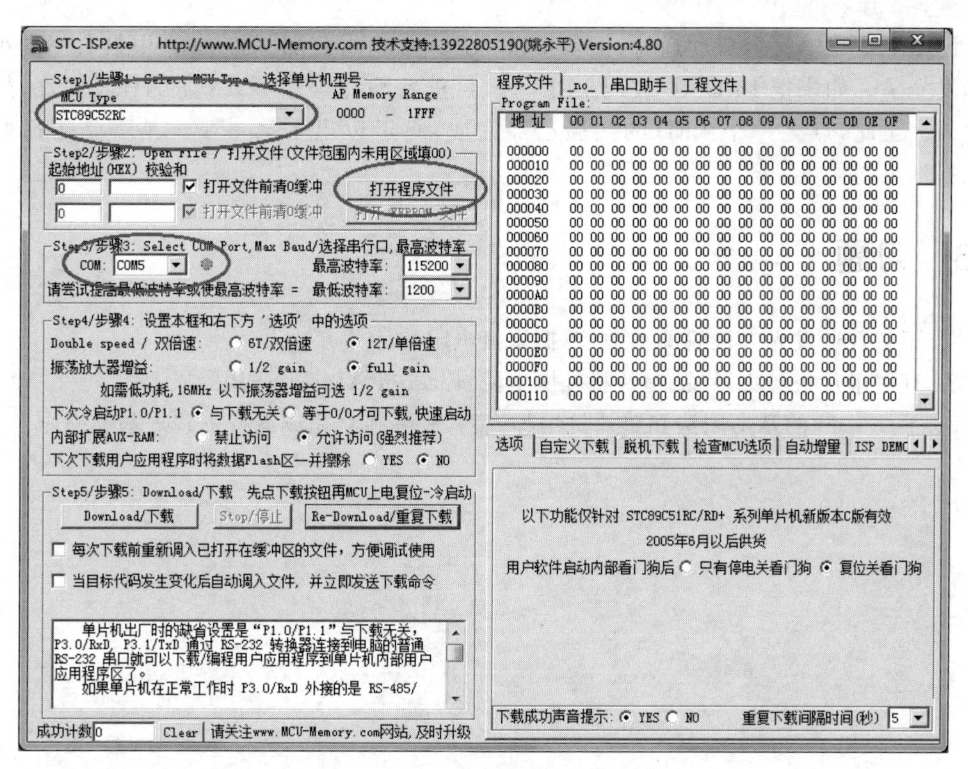

图 2-22　程序下载设置

第 5 步：因为 STC 单片机要冷启动下载，就是先点下载，然后再给单片机上电，所以先关闭开发板上的电源开关，然后单击 Download 按钮，等待软件提示“……请给 MCU 上电”后，如图 2-23 所示，再按下开发板的电源开关，就可以将程序下载到单片机中。

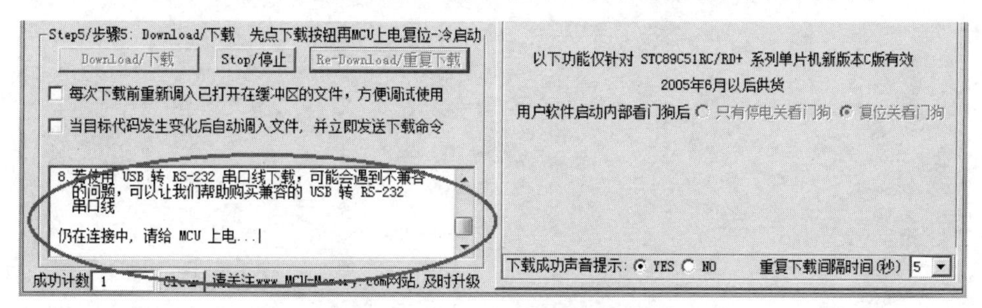

图 2-23　程序下载过程

当软件显示“已加密”就表示程序下载成功了，如图 2-24 所示。

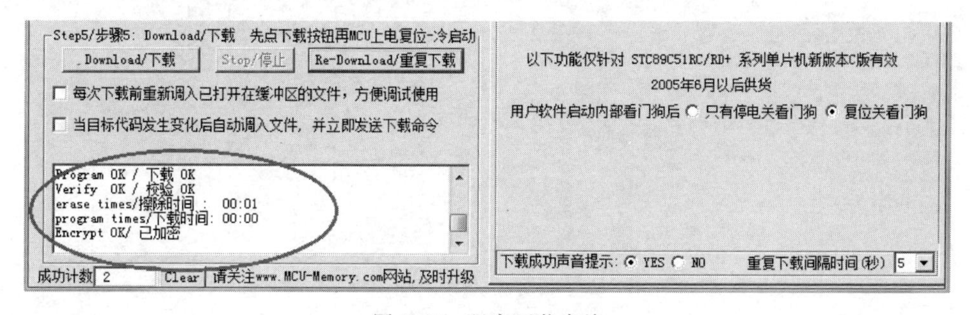

图 2-24　程序下载完毕

程序下载完毕就会自动运行，读者可以在开发板上看到那一排LED中最右侧的小灯已经发光了。如果把LED=0改成LED=1，再重新编译程序下载新的HEX文件，灯就会熄灭。至此，点亮一个LED的实验已经完成，终于迈出了第一步。是不是还挺好玩的呢？

2.6 习题

1. 了解普通发光二极管的参数，掌握限流电阻的计算方法。
2. 理解单片机最小系统、单片机外围电路、Flash、RAM和SFR等概念。
3. 了解Keil的基本用法和单片机编程流程，能够独立完成编程下载等基本操作。

第3章

硬件基础知识学习

通过第2章的学习，我们成功地点亮了一个LED小灯，但是有些知识读者还没彻底搞明白。单片机是根据硬件电路图的设计编写代码的，所以不仅要学习编程知识，还要学习基本的硬件知识，本章就来穿插介绍电路硬件知识。

3.1 电磁干扰

首先介绍一下去耦电容的应用背景，这个背景就是电磁干扰(Electromagnetic Interference，EMI)。下面是一些电磁干扰的现象。

(1) 冬天的时候，尤其是在空气比较干燥的内陆城市，很多朋友都有这样的经历，手触碰到计算机外壳、铁柜子等物品的时候会被电击，这就是“静电放电”现象，也称为ESD。

教学视频

(2) 不知道读者有没有这样的经历，早期使用电钻这种电机设备，并且同时在听收音机或者看电视的时候，收音机或者电视会出现杂音，这就是“快速瞬间群脉冲”的效果，也称为EFT(Electrical Fast Transient)。

(3) 以前的老计算机，有的性能不是很好，带电热插拔优盘、移动硬盘等外围设备的时候，内部会产生一个百万分之一秒的电源切换，直接导致计算机出现蓝屏或者重启现象，就是热插拔的“浪涌”效果，称为Surge。

电磁干扰的内容有很多，这里不一一列举，但是有些内容非常重要，后边要一点点地了解。这些问题读者不要认为是小问题，比如一个简单的静电放电，用手能感觉到的静电，可能已经达到3kV以上了，如果用眼睛能看得到的，至少是5kV了，只是因为这个电压虽然很高，能量却非常小，持续的时间非常短，因此不会对人体造成伤害。但是应用这些半导体元器件就不一样了，一旦瞬间电压过高，就有可能造成器件的损坏，即使不损坏，在上面介绍的(2)、(3)两种现象，也已经严重干扰到设备的正常使用了。

基于以上的这些问题，就诞生了电磁兼容(Electromagnetic Compatibility，EMC)这个名词。本章仅仅讲一下去耦电容的应用，电磁兼容的处理在今后设计电路，对PCB布局中应用尤为重要。

3.2 去耦电容的应用

首先来看图3-1，前面已经见过USB接口和供电电路。

在图3-1(a)中，过了保险丝以后，接了一个470μF的电容C16，在图3-1(b)中，经过开关后，接了一个 100μF 的电容 C19，并且并联了一个 0.1μF 的电容 C10。其中 C16 和 C19 起到的作用是一样的，C10 的作用和它们两个不一样，先来介绍这两个大一点的电容。

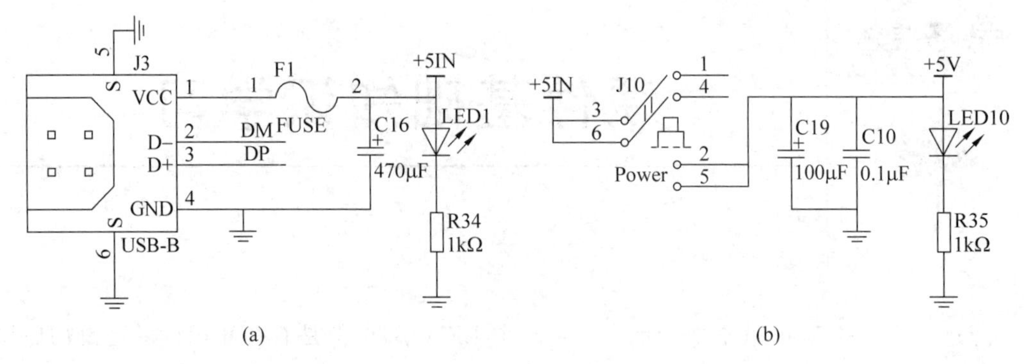

图 3-1 USB 接口和供电电路

容值比较大的电容，理论上可以理解成水缸或者水池子，同时，读者可以直接把电流理解成水流，其实大自然万物的原理都是类似的。

(1) 缓冲作用。当上电的瞬间，电流从电源处流下来的时候，不稳定，容易冲击电子器件，加个电容可以起到缓冲作用。就如同直接用水龙头的水浇地，容易冲坏花花草草。只需要在水龙头处加个水池，让水经过水池后再缓慢流进草地，就不会冲坏花草，起到有效的保护作用。

(2) 稳定作用。电路中后级电子器件的功率大小都不一样，而器件正常工作的时候，所需电流的大小也不是一成不变的。比如后级有个器件还没有工作的时候，电流消耗是 100mA，突然它参与工作了，电流猛地增大到了 150mA，这个时候如果没有一个水缸，电路中的电压(水位)就会直接突然下降，比如 5V 电压突然降低到 3V 了。而系统中有些电子元器件，必须高于一定的电压才能正常工作，电压太低就直接不工作了，这个时候水缸就必不可少了。电容会在这个时候把存储在里边的电量释放一下，稳定电压，当然，随后前级的电流会及时把水缸充满的。

有了这个电容，可以说电压和电流就会很稳定了，不会产生大的波动。这种常用的电容如图 3-2～图 3-4 所示。

图 3-2 铝电解电容

图 3-3 钽电容

图 3-4 陶瓷电容

这三种电容是最常用的。其中第一种个头大，占空间大，单位容量价格最便宜，第二种和第三种个头小，占空间小，性能一般略好于第一种，但是价格贵不少。当然，除了价格，还有一些特殊参数，在通信要求高的场合也要考虑很多，这里暂且不说。开发板上现在用的是第一种，在同样的符合条件的耐压值和容值下，第一种 470μF 的电容价格不到一角钱，而第二种和第三种可能要一元钱左右了。

电容的选取，第一个参数是耐压值的考虑。我们用的是 5V 系统，电容的耐压值要高于 5V，一般推荐 1.5～2 倍即可，有些场合再稍微高点也可以。我们开发板上用的是 10V 耐压的。第二个参数是电容容值，这个就需要根据经验选取了，选取的时候，要看这个电容起作用的整套系统的功率消耗情况，如果系统耗电较大，波动可能比较大，那么容值就要选大一些，反之可以小一些。

刚开始设计电路也是要模仿的，其他人用多大的电容，自己也用多大，慢慢积累。比如上边讲电容稳定作用的时候，电流从 100mA 突然增大到 150mA 的时候，其实即使加上这个电容，电压也会轻微波动，比如从 5V 波动到 4.9V，但是只要开发板上的器件在电压 4.9V 以上也可以正常工作，这点波动是被容许的，如果不加或者加得很小，电压波动比较大，有些器件的工作就会不正常了。如果加得太大，占空间并且价格也高，所以这个地方电容的选取多参考经验。

再来看图 3-1 中的另一种电容 C10，它的容值较小，是 0.1μF，也就是 100nF，是用来滤除高频信号干扰的，比如 ESD、EFT 等。初中学过电容的特性——可以通交流隔直流，但是电容的参数对不同频率段的干扰的作用是不一样的。这个 100nF 的电容，是前辈们根据干扰的频率段、开发板的参数、电容本身的参数所总结出来的一个值。也就是说，以后大家在设计数字电路的时候，在电源处去耦高频电容，直接用这个 0.1μF 就可以了，不需要再去计算和考量太多。

还有一点，读者可以仔细观察 KST-51 开发板，在电路中需要较大电流供给的器件附近，会加一个大电容，比如在 1602 液晶显示器左上角的 C18，靠近单片机的 VCC 以及 1602 液晶显示器背光的 VCC，起到稳定电压的作用，而图 3-1 中的 C19 的实际位置也是放在了左上角电机和蜂鸣器附近，因为它们所需的电流都比较大，而且工作时电流的波动也很大。还有，在所有的 IC 器件的 VCC 和 GND 之间，都会放一个 0.1μF 的高频去耦电容，特别在布板的时候，0.1μF 电容要尽可能地靠近 IC，尽量很顺利地与 IC 的 VCC 和 GND 连到一起，这个读者先了解，细节以后再讨论。

3.3 三极管在数字电路中的应用

三极管在数字电路和模拟电路中都有大量的应用，在 KST-51 开发板上也用了多个三极管。在我们学习的开发板上的 LED 小灯部分，就有三极管的应用，图 3-5 的 LED 电路中的 Q16 就是一个 PNP 型的三极管。

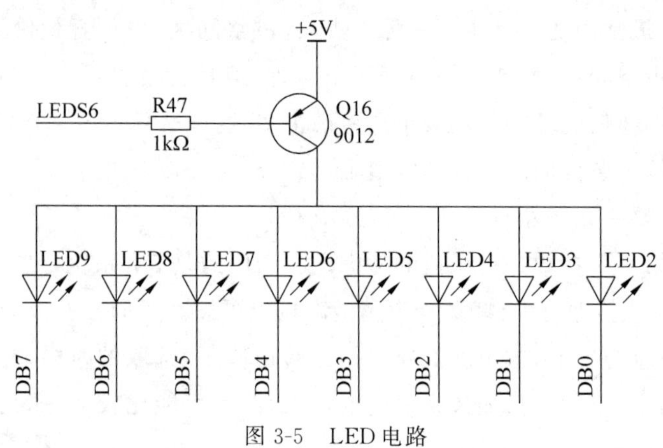

图 3-5 LED 电路

3.3.1 三极管的初步认识

三极管是一种很常用的控制和驱动器件，常用的三极管根据材料分有硅管和锗管两种，它们的原理相同，压降略有不同，硅管用得较普遍，而锗管应用较少。本书就用硅管的参数进行讲解。三极管有两种类型，分别是 PNP 型和 NPN 型，如图 3-6 所示。

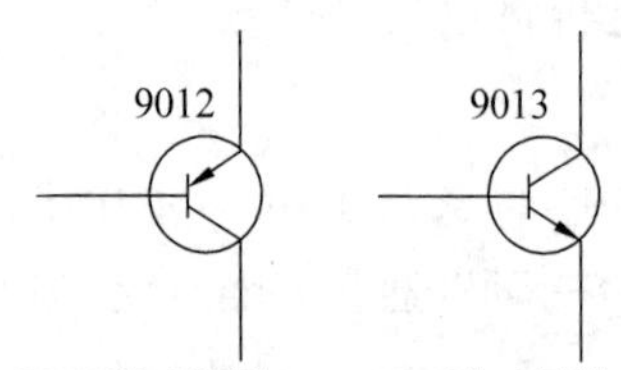

图 3-6 三极管示意图

三极管一共有 3 个极，从图 3-6 来看，横向左侧的引脚叫作基极（base，简称 b 极），中间有一个箭头，一头连接基极，另一头连接的是发射极（emitter，简称 e 极），那剩下的一个引脚就是集电极（collector，简称 c 极）了。这是必须记住的内容，死记硬背即可，后边慢慢用得多了，死记硬背多次以后就会深入脑海了。

3.3.2 三极管的原理

三极管有截止、放大、饱和三种工作状态。放大状态主要应用于模拟电路中，且用法和计算方法也比较复杂，暂时用不到。而数字电路主要使用的是三极管的开关特性，只用到了截止与饱和两种状态，所以只讲解这两种用法。三极管的类型和用法作者总结了一句口诀，读者要把这句口诀记牢了：箭头朝内 PNP，导通电压顺着箭头过，电压导通，电流控制。

下面来一句一句解析口诀。读者可以看图 3-6，三极管有两种类型，箭头朝内就是 PNP，那箭头朝外的自然就是 NPN 了，在实际应用中，要根据实际电路的需求选择到底用哪种类型，读者多用几次也就会了，很简单。

三极管的用法特点，关键点在于 b 极（基极）和 e 极（发射极）之间的电压情况，对于 PNP 而言，e 极电压只要高于 b 极 0.7V 以上，这个三极管 e 极和 c 极之间就可以顺利导通。也就是说，控制端在 b 极和 e 极之间，被控制端是 e 极和 c 极之间。同理，NPN 型三极管的导通电压是 b 极比 e 极高 0.7V，总之是箭头的始端比末端高 0.7V 就可以导通三极管的 e 极和 c 极。这就是关于“导通电压顺着箭头过，电压导通”的解释。

以图 3-7 为例，三极管基极通过一个 10kΩ 的电阻接到了单片机的一个 I/O 口上，假定是 P1.0，发射极直接接到 5V 的电源上，集电极接了一个 LED 小灯，并且串联了一个 1kΩ 的限流电阻，最终接到了电源负极 GND 上。

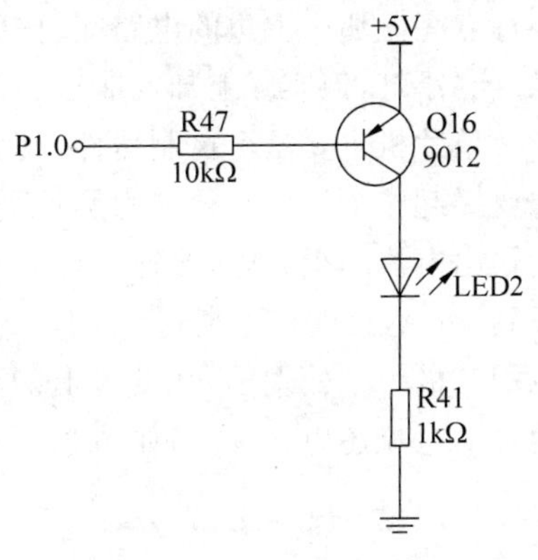

图 3-7　三极管的用法

如果 P1.0 由程序给一个高电平 1，那么基极 b 和发射极 e 都是 5V，也就是说 e 极到 b 极不会产生一个 0.7V 的压降，这个时候，发射极和集电极也就不会导通，那么竖着看这个电路在三极管处是断开的，没有电流通过，LED2 小灯也就不会亮。如果程序给 P1.0 一个低电平 0，这时 e 极还是 5V，于是 e 极和 b 极之间产生了压差，三极管 e 极和 b 极之间也就导通了，三极管 e 极和 b 极之间大概有 0.7V 的压降，那还有(5－0.7)V 的电压会在电阻 R47 上。这个时候，e 极和 c 极之间也会导通了，那么 LED 小灯本身有 2V 的压降，三极管本身 e 极和 c 极之间大概有 0.2V 的压降，忽略不计。那么在 R41 上就会有大概 3V 的压降，可以计算出来，这条支路的电流大概是 3mA，可以成功点亮 LED。

最后一个概念，电流控制。前边讲过，三极管有截止、放大、饱和三个状态，截止就不用说了，只要 e 极和 b 极之间不导通即可。要让这个三极管处于饱和状态，就是所谓的开关特性，必须满足一个条件。三极管都有一个放大倍数 β，要想处于饱和状态，b 极电流就必须大于 e 极和 c 极之间电流值除以 β。这个 β 对于常用的三极管大概可以认为是 100。那么上边的 R47 的阻值必须要计算一下了。

刚才算过了，e 极和 c 极之间的电流是 3mA，那么 b 极电流最小就是 3mA 除以 100 等于 30μA，大概有 4.3V 电压会落在基极电阻上，那么基极电阻最大值就是 4.3V/30μA＝143kΩ。电阻值只要比这个值小就可以，当然也不能太小，太小会导致单片机的 I/O 口电流过大烧坏三极管或者单片机，STC89C52 的 I/O 口输入电流最大理论值是 25mA，推荐不要超过 6mA，用电压和电流算一下就可以算出最小电阻值，图 3-7 取的是经验值。

3.3.3　三极管的应用

三极管在数字电路里的开关特性最常见的应用有两个：一个是控制应用，另一个是驱动应用。所谓控制就是如图 3-7 所示，可以通过单片机控制三极管的基极间接控制后边小灯的亮灭，用法读者基本熟悉了。还有一个控制就是进行不同电压之间的转换控制，比如单片机是 5V 系统，它现在要跟一个 12V 的系统对接，如果 I/O 直接接 12V 电压就会烧坏单片机，所以加一个三极管，三极管的工作电压高于单片机的 I/O 口电压，用 5V 的 I/O 口来控制 12V 的电路，如图 3-8 所示。

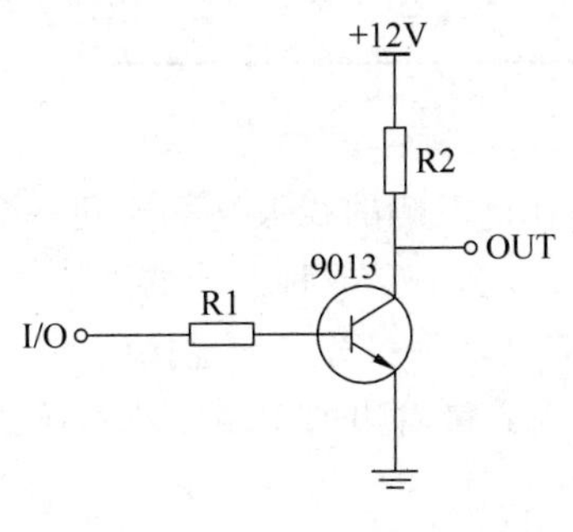

图 3-8　三极管实现电压转换

图 3-8 中，当 I/O 口输出高电平 5V 时，三极管导通，OUT 输出低电平 0V，当 I/O 口输出低电平时，三极管截止，OUT 则由于上拉电阻 R2 的作用而输出 12V 的高电平，这样就实现了低电压控制高电压的工作原理。

所谓的驱动主要是指电流输出能力。再来看如图 3-9 所示的两个电路之间的对比。

图 3-9 中上边的 LED 灯，和前面讲过的 LED 灯是一样的，当 I/O 口是高电平时，小灯熄灭，当 I/O 口是低电平时，

小灯点亮。那么下边的电路呢，按照这种推理，I/O 口是高电平的时候，应该有电流流过并且点亮小灯，但实际上却并非这么简单。

单片机主要是个控制器件，具有四两拨千斤的特点。就如同杠杆必须有一个支点一样，想要撑起整个地球必须有力量承受的支点。单片机的 I/O 口可以输出一个高电平，但是它的输出电流却很有限，普通 I/O 口输出高电平的时候，大概只有几十到几百 μA 的电流，达不到 1mA，也就点不亮这个 LED 小灯或者是亮度很低，这时如果用高电平点亮 LED，就可以用三极管来处理了，开发板上的这种三极管型号，可以通过 500mA 的电流，有的三极管通过的电流还更大一些，如图 3-10 所示。

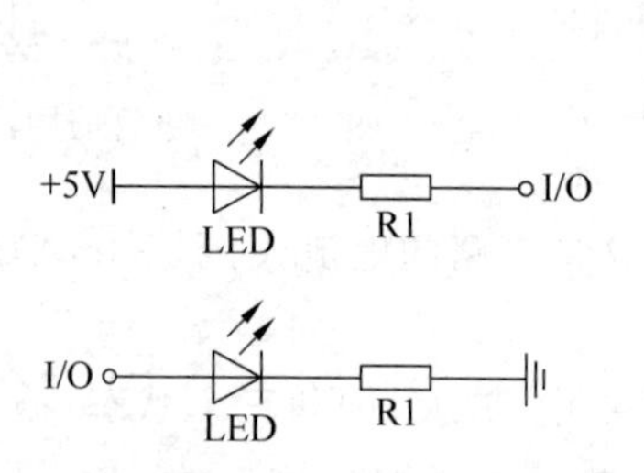

图 3-9　LED 小灯控制方式对比

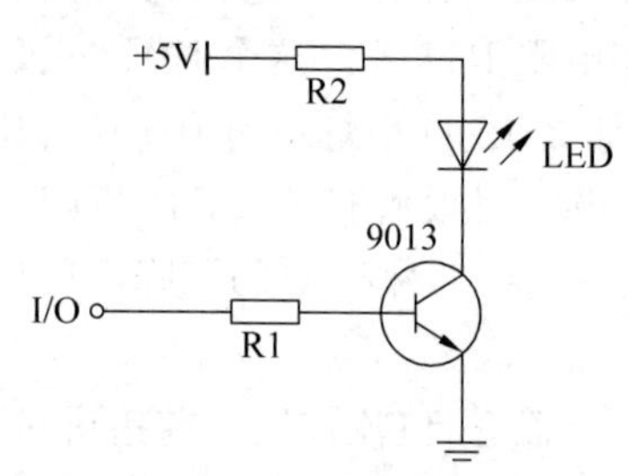

图 3-10　三极管驱动 LED 小灯

图 3-10 中，当 I/O 口是高电平，三极管导通，因为三极管的电流放大作用，c 极电流就可以达到 mA 以上了，就可以成功点亮 LED 小灯。

虽然用 I/O 口的低电平可以直接点亮 LED，但是单片机的 I/O 口作为低电平，输入电流就可以很大吗？这个读者都能猜出来，当然不可以。单片机的 I/O 口电流承受能力，不同型号单片机不完全一样，就 STC89C52 来说，官方手册的 81 页有对电气特性的介绍，整个单片机的工作电流，不要超过 50mA，单个 I/O 口总电流不要超过 6mA。即使一些增强型 51 的 I/O 口承受电流大一点，可以到 25mA，但是还要受到总电流 50mA 的限制。下面来看 8 个 LED 小灯这部分电路，如图 3-11 所示。

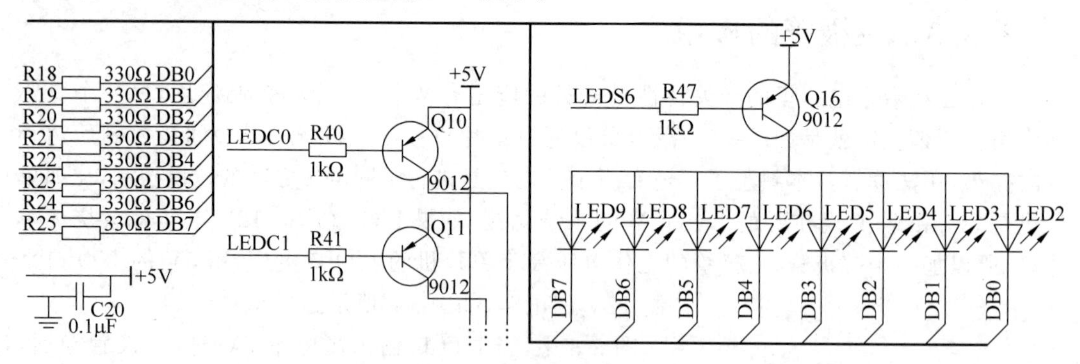

图 3-11　LED 电路图(一)

这里要学会看电路图的一个知识点，电路图右侧所有的 LED 下侧的线最终都连到一根黑色的粗线上去了，大家注意，这个地方不是实际的完全连到一起，而是一种总线的画法，画了这种线以后，表示这是个总线结构。而所有的名字一样的节点是一一对应地连接到一起，其他名字不一样的，是不连在一起的。比如左侧的 DB0 和右侧的最右边的 LED2 小灯下边的 DB0 是连在一起的，而和 DB1 等其他线不是连在一起的。

把图 3-11 中现在需要讲解的这部分电路单独摘出来，如图 3-12 所示。

现在通过3-12的电路图计算,5V的电压减去LED本身的压降,减掉三极管e极和c极之间的压降,限流电阻用的是330Ω,那么每条支路的电流大概是8mA,那么8路LED如果全部同时点亮的话,电流总和就是64mA。这样如果直接接到单片机的I/O口,那单片机肯定是承受不了的,即使短时间可以承受,长时间工作就会不稳定,甚至导致单片机烧毁。

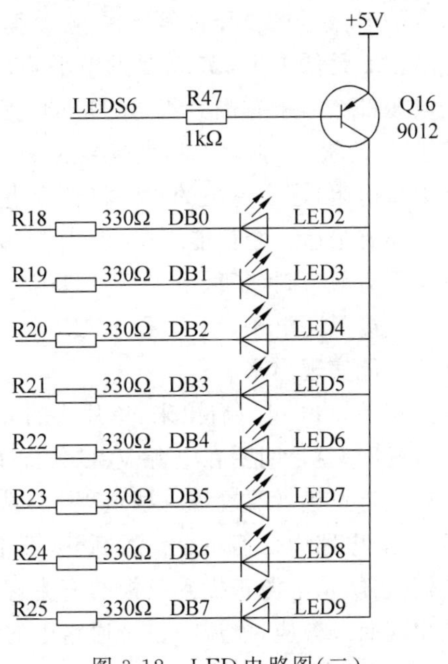

图 3-12 LED电路图(二)

有的用户会提出来可以加大限流电阻的方式降低电流。比如限流电阻改到1kΩ,那么电流不到3mA,8路总的电流就是20mA左右。首先,降低电流会导致LED小灯亮度变暗,小灯的亮度可能关系还不大,但因为同样的电路接了数码管,后边数码管还要动态显示,如果数码管亮度不够,那视觉效果就会很差,所以降低电流的方法并不可取。其次,对于单片机来说,它主要起到控制作用,电流输入和输出的能力相对较弱,P0的8个口总电流也有一定限制,所以如果接一两个LED小灯观察,可以勉强直接用单片机的I/O口来接,但是接多个小灯,从实际工程的角度考虑,就不推荐直接接I/O口了。如果要用单片机控制多个LED小灯该怎么办呢?

除了三极管之外,其实还有一些驱动IC,这些驱动IC可以作为单片机的缓冲器,仅仅是电流驱动缓冲,不起到任何逻辑控制的效果,比如开发板上用的74HC245芯片,这个芯片在逻辑上起不到什么别的作用,就是当作电流缓冲器,通过查看其数据手册,74HC245稳定工作在70mA电流是没有问题的,比单片机的8个I/O口大多了,所以可以把它接在小灯和I/O口之间做缓冲,如图3-13所示。

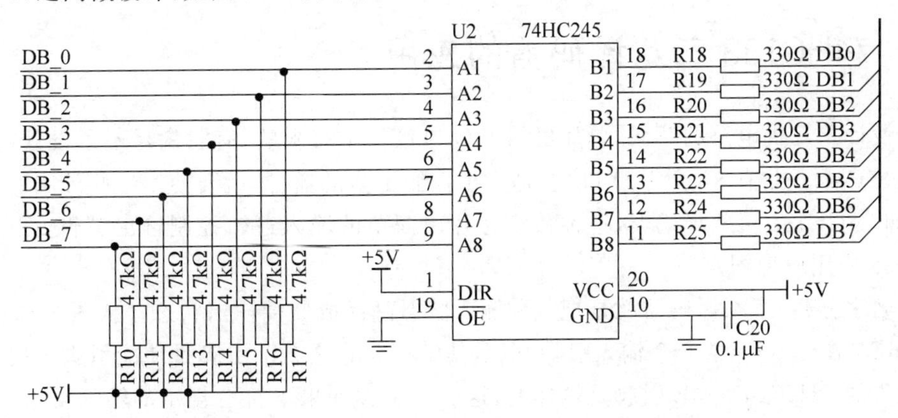

图 3-13 74HC245功能图

从图3-13分析,其中VCC和GND就不用多说了,细心的读者会发现这里有个0.1μF的去耦电容。

74HC245是个双向缓冲器,1引脚DIR是方向引脚,当这个引脚接高电平的时候,右侧所有的B编号的电压都等于左侧A编号对应的电压。比如A1是高电平，那么B1就是高电平，A2是低电平，B2就是低电平等。如果DIR引脚接低电平，得到的效果是左侧A编号的电压都会等于右侧B编号对应的电压。因为这个地方控制端是左侧接的是P0口，要求B等于A的状态，所以1脚直接接的5V电源，即高电平。图3-13中还有一排电阻R10～R17是上拉电阻，这个电阻的用法将在后边介绍。

还有最后一个使能引脚，即19引脚$\overline{OE}$，叫作输出使能，这个引脚上边有一横，表明是低电平有效，当接了低电平后，74HC245就会按照刚才上边说的起到双向缓冲器的作用，如果$\overline{OE}$接了高电平，那么无论DIR怎么接，A和B的引脚是没有关系的，也就是74HC245功能不能实现出来。

从图3-14可以看出来，单片机的P0口和74HC245的A端是直接接起来的。有读者可能有疑问，就是明明在电源VCC处加了一个三极管驱动了，为何还要再加74HC245驱动芯片呢？这里读者要理解一些道理：首先电路从正极经过器件到地，首先必须有电流才能正常工作，电路中任何一个位置断开，都不会有电流，器件也就不会参与工作了；其次，电流和水流一样，从电源正极到负极的电流管的粗细都要满足要求，任何一个位置的管子过细，都会出现瓶颈效应，电流在整个通路中的细管处会受到限制而降低，所以在电路通路的每个位置上，都要保证通道足够畅通，这个74HC245的作用就是消除单片机I/O这一环节的瓶颈。

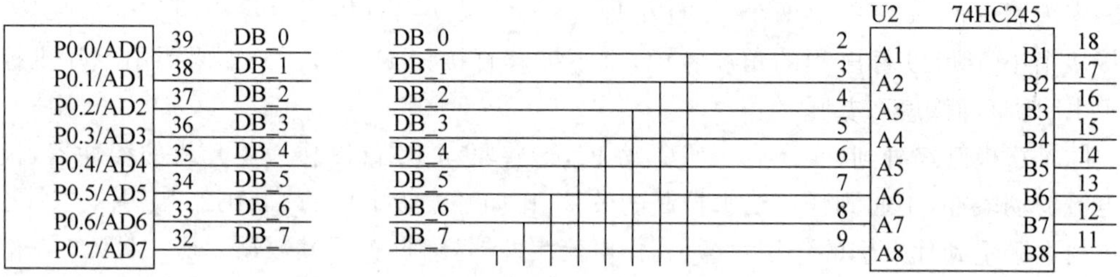

图3-14　单片机与74HC245的连接

3.4　74HC138三八译码器的应用

在设计单片机电路的时候，单片机的I/O口数量是有限的，有时满足不了设计需求，比如STC89C52一共有32个I/O口，但是为了控制更多的器件，就要使用一些外围的数字芯片，比如74HC138三八译码器，这种数字芯片由简单的输入逻辑控制输出逻辑，图3-15是74HC138应用原理图。

从名字分析，三八译码器就是把3种输入状态翻译成8种输出状态。从图3-15能看出来，74HC138有1～6共6个输入引脚，但是其中4、5、6这3个引脚是使能引脚。使能引脚和前边讲的74HC245 $\overline{OE}$引脚是一样的，这3个引脚如果不符合规定的输入要求，不管输入的1、2、3引脚是什么电平状态，Y0～Y7总是高电平。所以要想让这个74HC138正常工作，ENLED必须输入低电平，ADDR3必须输入高电平，这两个位置都是使能控制端口。不知道读者是否记得在前面的程序有这么两句：

```
ENLED = 0; ADDR3 = 1;
```

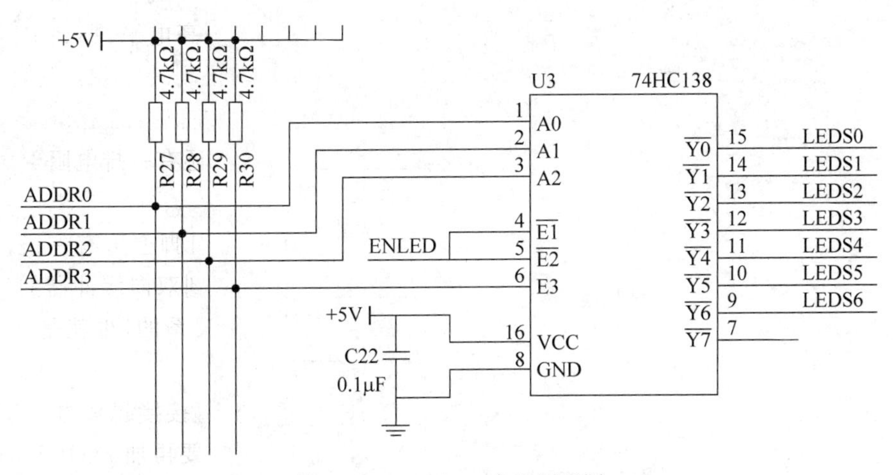

图 3-15　74HC138 应用原理图

就是控制使 74HC138 使能的。

这类逻辑芯片,大多是有使能引脚的,使能引脚符合要求了,那下面就要研究控制逻辑了。对于数字器件的引脚,一个引脚输入的时候,有 0 和 1 两种状态；两个引脚输入的时候,就会有 00、01、10、11 这 4 种状态；3 个引脚输入的时候,就会出现 8 种状态。可以看图 3-16 所示的 74HC138 真值表,其中输入是 A2、A1、A0 的顺序,输出是从 Y0,Y1,…,Y7 的顺序。

A2	A1	A0	→	Y0	Y1	Y2	Y3	Y4	Y5	Y6	Y7
0	0	0	→	0	1	1	1	1	1	1	1
0	0	1	→	1	0	1	1	1	1	1	1
0	1	0	→	1	1	0	1	1	1	1	1
0	1	1	→	1	1	1	0	1	1	1	1
1	0	0	→	1	1	1	1	0	1	1	1
1	0	1	→	1	1	1	1	1	0	1	1
1	1	0	→	1	1	1	1	1	1	0	1
1	1	1	→	1	1	1	1	1	1	1	0

图 3-16　74HC138 真值表

从图 3-16 可以看出,任一输入状态下,只有一个输出引脚是低电平,其他的引脚都是高电平。在前面的电路中已经看到,8 个 LED 小灯的总开关三极管 Q16 基极的控制端是 LEDS6,也就是 Y6 输出一个低电平的时候,可以开通三极管 Q16,从右侧的希望输出的结果可以推导出 A2、A1、A0 的输入状态应该是 110,如图 3-17 所示。

那么再整体回顾一遍点亮 LED 小灯的过程,首先看 74HC138,要让 LEDS6 为低电平才能导通三极管 Q16,所以

```
ENLED = 0;ADDR3 = 1;
```

保证 74HC138 使能。然后

```
ADDR2 = 1; ADDR1 = 1; ADDR0 = 0;
```

这样保证了三极管 Q16 这个开关开通,5V 电源加到 LED 上。

而 74HC245 左侧是通过 P0 口控制,让 P0.0 引脚等于 0,就是 DB_0 等于 0,而右侧 DB0 等于 DB_0 的状态,也是 0,那么这样在这一排共 8 个 LED 小灯中,只有最右侧的小灯和 5V 电压之间有压差,有压差就会有电流通过,有电流通过 LED2 就会发光了。

从图 3-17 中可以看出,74HC245 左侧是直接接到 P0 口上的,而 74HC138 的 ADDR0～ADDR3 接在何处呢？来看图 3-18。

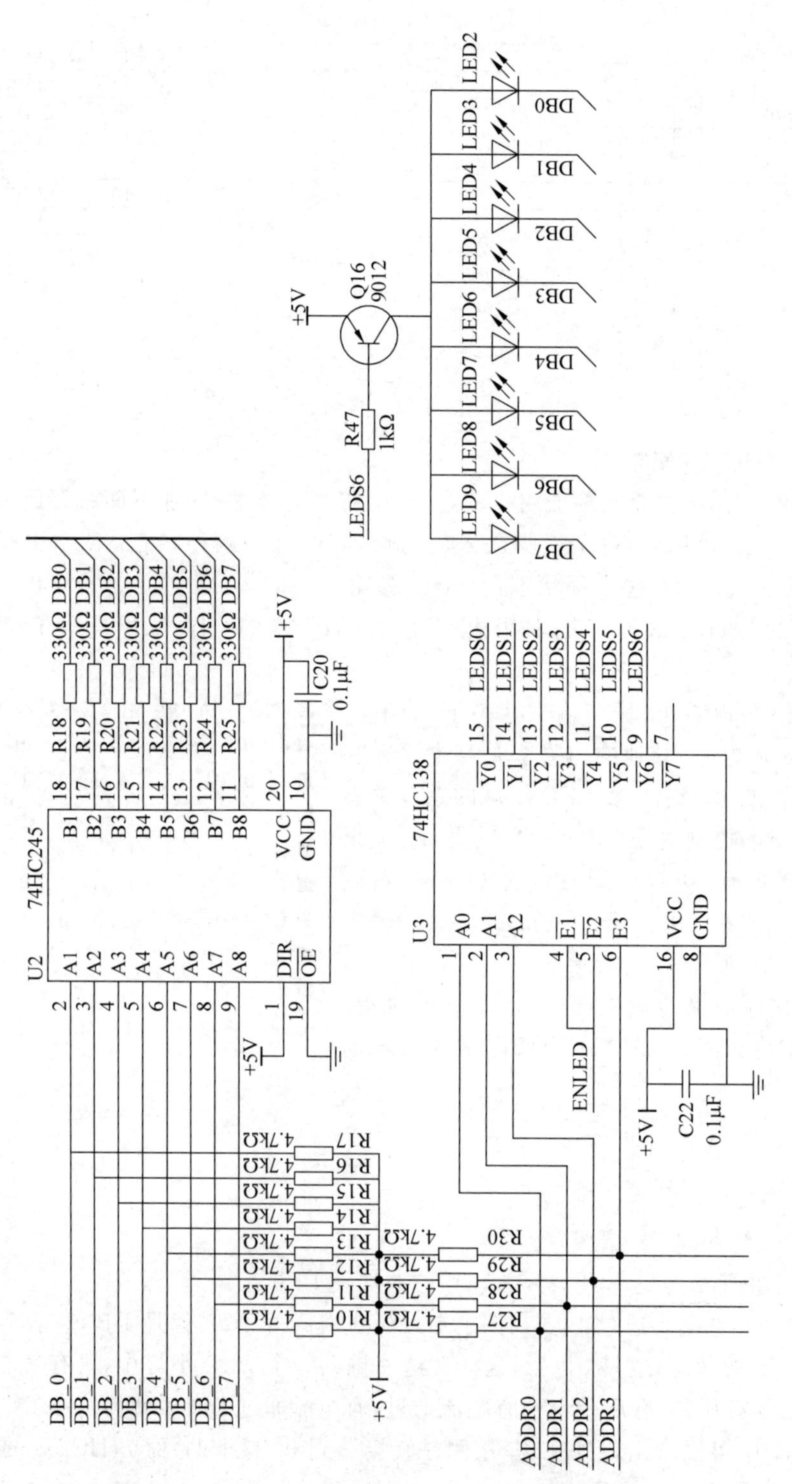

图 3-17 LED 小灯整体电路图

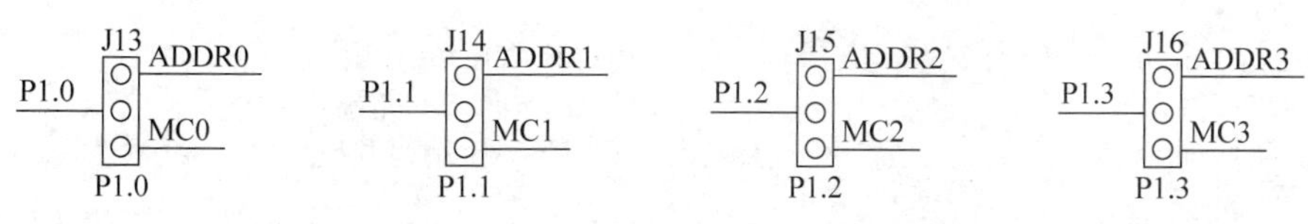

图 3-18 显示译码与步进电机的选择跳线

跳线是读者以后经常接触到的一个器件，它就是 2 根或者 3 根靠在一起的排针，然后用跳线帽连接其相邻的 2 根针。它起到导线的作用，可以通过跳线帽实现连接线的切换，如图 3-19 所示。

从图中可以看出，跳线帽本身可以占两根针的位置，现在把右侧和中间的针连到了一起，这样实现的就是图 3-18 中的 P1.0 和 ADDR0 连接到一起，P1.1 和 ADDR1 接一起，P1.2 和 ADDR2 接一起，P1.3 和 ADDR3 接一起，这样读者就可以透彻理解前面的程序了。

可以认真再回顾一下前面的程序，领悟这几个数字器件的用法。

图 3-19 跳线实物图

3.5 LED 闪烁程序

点亮 LED 小灯的程序就是让 LED＝0。熄灭小灯的程序也很简单，就是让 LED＝1。点亮和熄灭都会了，那么如果在亮和灭中间加个延时，反复不停地点亮和熄灭小灯，就成了闪烁了。

首先复习一下 Keil 编写程序的过程：建立工程→保存工程→建立文件→添加文件到工程→编写程序→编译→下载程序。

LED 闪烁程序对于有 C 语言基础的读者来说很简单。下面先把程序写出来，读者可以先看下。没有 C 语言基础的读者可以跟着抄一遍，之后会补充讲解部分 C 语言基础知识。先抄一遍，再跟着看 C 语言基础知识，这样就比较容易理解透彻了。

```
#include <reg52.h>

sbit LED = P0^0;
sbit ADDR0 = P1^0;
sbit ADDR1 = P1^1;
sbit ADDR2 = P1^2;
sbit ADDR3 = P1^3;
sbit ENLED = P1^4;
void main()                                   //void 即函数类型
{
    //以下为声明语句部分
    unsigned int i = 0;                       //定义一个无符号整型变量 i,并赋初值 0

    //以下为执行语句部分
```

```
    ENLED = 0;                              //U3、U4 两片 74HC138 总使能
    ADDR3 = 1;                              //使能 U3 使之正常输出
    ADDR2 = 1;                              //经 U3 的 Y6 输出开启三极管 Q16
    ADDR1 = 1;
    ADDR0 = 0;
    while (1)
    {
        LED = 0;                            //点亮 LED 小灯
        for (i = 0; i < 30000; i++);        //延时一段时间
        LED = 1;                            //熄灭小灯
        for (i = 0; i < 30000; i++);        //延时一段时间
    }
}
```

把这个程序编译,然后下载到单片机中,就会发现 LED2 这个小灯会闪烁了。

3.6 习题

1. 深刻理解电容的意义,并且在今后学习电路的过程中,要多多注意并且参考其他人设计的电路中所用到的去耦电路,积累经验。

2. 完全记住三极管的导通原理,并且熟练掌握 NPN 和 PNP 三极管在开关特性下的应用方法。

3. 学习并且掌握 74HC245 和 74HC138 的应用原理,能够在设计电路时正确应用。

4. 能够独立实现点亮开发板上的每一个小灯,并且实现小灯点亮和关闭以及闪烁功能。

第4章

C语言基础以及流水灯的实现

在编程领域C语言是久负盛名的，可能没接触过计算机编程的人会把它看得很神秘，感觉非常难。其实并非如此，C语言的逻辑和运算比较简单，所以读者不要怕它，作者尽可能地从小学数学逻辑方式带着读者学习C语言。

4.1 二进制、十进制和十六进制

进制看似很简单，但很多读者还是不能彻底理解。这里先简单介绍一些注意事项，然后从实验中讲解，这样会比较深刻。

(1) 十进制就不多说了，逢十进位，一个位有十个值：0～9，生活中到处都是它的身影。二进制就是逢二进位，它的一个位只有两个值：0和1，但它却是实现计算机系统的最基本的理论基础，计算机(包括单片机)芯片是基于成万上亿个的开关管组合而成的，它们每一个都只能有开和关两种状态，再难找出第三个状态了(不要辩解半开半关这个状态，它是不稳定态，是我们极力避免的)，所以它们只能对应于二进制的1和0两个值，而没有2、3、4、……，理解二进制对于理解计算机的本质很有帮助。书写二进制数据时需加前缀0b，每一位的值只能是0或1。十六进制就是把4个二进制位组合为一位表示，于是它的每一位有0b0000～0b1111共16个值，用0～9再加上A～F(或a～f)表示，那么它自然就是逢十六进位了，它本质上与二进制是一样的，是二进制的一种缩写形式，也是程序编写中常用的形式。书写十六进制数据时需加前缀0x，表4-1是三种进制之间的对应关系。

表4-1 三种进制之间的对应关系

十进制	二进制	十六进制
0	0b0	0x00
1	0b1	0x01
2	0b10	0x02
3	0b11	0x03
4	0b100	0x04
⋮	⋮	⋮
9	0b1001	0x09
10	0b1010	0x0A
11	0b1011	0x0B
12	0b1100	0x0C

续表

十进制	二进制	十六进制
13	0b1101	0x0D
14	0b1110	0x0E
15	0b1111	0x0F
16	0b10000	0x10
17	0b10001	0x11
⋮	⋮	⋮

(2) 对于二进制来说，8 位二进制称为一字节，二进制的表达范围值是 0b00000000～0b11111111，而在程序中用十六进制表示的时候就是从 0x00 到 0xFF，这里教读者一个二进制转换为十进制和十六进制的方法，二进制 4 位一组，遵循 8/4/2/1 的规律，比如 0b1010，那么从最高位开始算，数字大小是 8×1＋4×0＋2×1＋1×0 ＝ 10，那么十进制就是 10，十六进制就是 0x0A。尤其二进制转换为十六进制的时候，十六进制一位刚好是和二进制的 4 位相对应的，这些读者不需要强行记忆，多用几次自然就熟练了。

(3) 进制只是数据的表现形式，而数据的大小不会因为进制表现形式不同而不同，比如二进制的 0b1、十进制的 1、十六进制的 0x01，它们本质上是数值大小相等的同一个数据。在进行 C 语言编程的时候，只写十进制和十六进制，那么不带 0x 的就是十进制，带了 0x 符号的就是十六进制。

4.2 C 语言变量类型和范围

什么是变量？变量自然和常量是相对的。常量就是 1、2、3、4.5、10.6、……固定的数字，而变量则跟小学学的 x 是一个概念，既可以让 x 是 1，也可以让 x 是 2，想让 x 是几是程序说了算的。

小学数学有正数、负数、整数和小数。在 C 语言里，除名字和数学里的不一样外，还对数据大小进行了限制。有一点复杂的是，在 C51 里边的数据类型和范围和其他编程环境可能不完全一样，因此图 4-1 仅仅代表的是 C51 中的数据类型和范围，与其他编程环境中的数据类型和范围可能不一样，读者知道就可以了。

C 语言的数据基本类型分为字符型、整型、长整型以及浮点型，如图 4-1 所示。

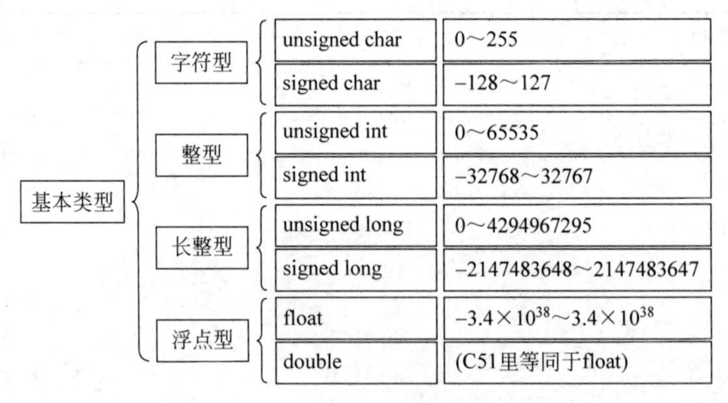

图 4-1 C 语言基本数据类型和范围

每个基本类型又包含了两个类型。字符型、整型、长整型除了可表达的数值大小范围不同之外，都是只能表达整数，而 unsigned 型的又只能表达正整数，要表达负整数则必须用 signed 型，如要表达小数，则必须用浮点型了。

比如前面讲到的闪烁 LED 小灯的程序，用的是

```
unsigned int i = 0;
```

这里 i 的取值范围就是 0～65535，在接下来的 for 语句里，如果把原来那个 30000 改成 70000，

```
for(i = 0;i < 70000;i++);
```

读者会发现小灯会一直亮，而不是闪烁了，这里自然就有因超出 i 取值范围所造成的问题，但要彻底搞明白这个问题，还要了解 for 语句的用法。不用急，接下来很快就会学到它了。

这里有一个编程宗旨，就是定义数据类型时能用占用空间小的，不用占用空间大的。就是说数据定义为能用 1 字节 char 解决问题的，就不定义成 int。这一方面节省 RAM 空间可以让其他变量或者中间运算过程使用，另一方面，占空间小，程序运算速度也快一些。

4.3 C 语言基本运算符

小学数学的加、减、乘、除等运算符号以及四则混合运算，在 C 语言中也有，只是有些表示方式不一样，并且还有额外的运算符号。在 C 语言编程中，加、减、乘、除和取余数的符号分别是＋、－、＊、/、%。此外，C 语言中还有额外的两个运算符＋＋和－－，它们的用法是一样的，一个是自加 1，一个是自减 1，下面选＋＋来讲一下。

＋＋在用法上就是加 1 的意思，注意是变量自己加 1，比如 b＋＋的意思就是 b＝b＋1，而在编程的时候有两种常用的方式，即先加和后加。比如

```
unsigned char a = 0; unsigned char b = 0;
```

那么

```
a = ++b;
```

其整个运算过程是先计算 b＝b＋1，那么 b 就等于 1 了，然后再运行 a＝b，运行完毕 a＝1，b＝1。如果写成

```
a = b++;
```

那么运算过程就是先执行

```
a = b;
```

再执行 b＝b＋1，执行完的结果就是 a＝0，b＝1。

刚刚讲的叫作算数运算符，其中用到了 C 语言的一个很重要的赋值运算符“＝”。前边的程序在不停地用，但是始终没有详细解释这个运算符。在 C 语言里，“＝”代表赋值，而不是等于。最经典的一个例子就是

```
a = 1;b = 2;
```

如果写成

```
a = a+b;
```

这个在数学中的运算是 a 等于 a 加 b，但是在 C 语言里的意思是把 a 加 b 的结果送给 a，那么运算完的结果是 a 等于 3，b 还等于 2。

说到这里就不得不说 C 语言的比较运算符"=="。这个在 C 语言里是进行是否等于判断的关系运算符，而"!="就是不等于的关系运算符。这些运算符这里只是简单介绍一下，而后边会通过使用来帮助读者巩固。其他一些运算符，在使用过程中也会陆续介绍。

4.4 for 循环语句

for 循环语句是编程的一个常用的语句，这个语句必须学会，它不仅仅可以用来做延时，更重要的是它可以用来做一些循环运算。for 循环语句的一般形式如下：

```
for (表达式 1; 表达式 2; 表达式 3)
{
    (需要执行的语句);
}
```

其执行过程是：首先执行表达式 1 且只执行一次；然后执行表达式 2，表达式通常都是用于判定条件的，如果表达式 2 条件成立，就执行(需要执行的语句)；然后再执行表达式 3；再判断表达式 2，执行(需要执行的语句)；再执行表达式 3……一直到表达式 2 不成立时，跳出循环继续执行循环后面的语句。举个例子：

```
for (i = 0; i < 2; i++)
{
    j++;
}
```

这里有一个符号++，我们前面讲过了。假如 j 的初始值是 0，首先执行表达式 1 的 i=0，然后判断 i<2 这个条件是否成立，如成立，就执行一次 j++，j 的值就是 1 了，然后经过表达式 3 后，i 的值也变成 1 了，再判断条件 2，还是成立，j 再加 1，j 变成 2 了，再经过表达式 3 后 i 也变成 2 了，再判断条件 2，发现 2<2 这个条件不成立了，所以就不会再执行 j++ 这个语句了。执行完后，j 的值就是 2。

for 循环语句除了这种标准用法，还有几种特殊用法，比如前面的闪烁小灯对 for 循环语句的用法(for(i=0; i<30000; i++);)。没有加(需要执行的语句)，就是什么都不操作。但是什么都不操作，这个 for 语句循环判断了 30000 次，程序执行是会用掉时间的，所以就起到了延时的作用。比如把 30000 改成 20000，会发现灯的闪烁速度加快了，因为延时时间短了，当然，改成 40000 后会发现，闪烁慢了。但是有一点特别注意，C 语言的延时时间是不能通过程序看出来的，也不会成比例，比如 for 循环语句中的表达式 2 使用 30000 时延时是 3s，那么改成 40000 的时候，可能不是 4s，那如何看实际延时时间呢，一会儿我再讲解。

for 循环语句还有一种写法 for(;;)，这样写后，这个 for 循环就变成死循环了，它不停地执行(需要执行的语句)，和前边讲的 while(1)的意思是一样的。while 循环语句是如何用的呢？

4.5 while 循环语句

在单片机中用 C 语言编程的时候，每个程序都会固定地加一句 while(1)，这条语句就可以起到死循环的作用。对于 while 循环语句来说，其一般形式是：

```
while (表达式)
{
    循环体语句;
}
```

在 C 语言里，通常表达式符合条件称为真，不符合条件称为假。比如前边 i＜30000，当 i 等于 0 的时候，这个条件成立，就是真；如果 i 大于 30000，条件不成立，就称为假。

while(表达式)这个括号里的表达式，为真的时候，就会执行循环体语句，为假的时候，就不执行。在这里先不举例，后边遇到时再详细说明。

还有另外一种情况，就是 C 语言中，除了表达式外，还有常数，习惯上，把非 0 的常数都认为是真，只有 0 认为是假，所以程序中使用了 while(1)，这个数字 1，可以改成 2、3、4、……都可以，都是一个死循环，不停地执行循环体的语句，如果把这个数字改成 0，那么就不会执行循环体的语句了。

读者通过学习 for 循环语句和 while 循环语句，是不是会产生一个疑问？为何有的循环加上{}，而有的循环却没加呢？什么时候需要加，什么时候不需要加呢？

前边讲过，在 C 语言中，分号表示语句的结束，而在循环语句里{}表示的是循环体的所有语句，如果不加大括号，则只循环执行一条语句，即第一个分号之前的语句，而加上大括号，则会执行大括号中所有的语句，举个例子看一下吧，前面的闪烁小灯程序如下。

程序(1)：

```
while (1)
{
    LED = 0;
    for(i = 0;i < 30000;i++);
    LED = 1;
    for(i = 0;i < 30000;i++);
}
```

程序(2)：

```
while (1)
LED = 0;
for(i = 0;i < 30000;i++);
LED = 1;
for(i = 0;i < 30000;i++);
```

程序(1)可直接实现闪烁功能。而程序(2)没有加大括号，从语法上来看是没有任何错误的，写到 Keil 里编译一下也不会报错。但是从逻辑上来讲，程序(2)只会不停地循环“LED=0;”这条语句，实际上和程序(3)效果是相同的。

程序(3)：

```
while(1)
{
    LED = 0;
}
for(i = 0;i < 30000;i++);
LED = 1;
for(i = 0;i < 30000;i++);
```

程序执行到 while(1)已经进入死循环了，所以后边三条语句是永远也执行不到的。因此为了防止出类似的逻辑错误,推荐不管循环语句后边是一条还是多条语句,都加上{}以防出错。

4.6 函数的简单介绍

函数定义的一般形式如下:

```
函数值类型 函数名 (形式参数列表)
{
    函数体
}
```

(1) 函数值类型:就是函数返回值的类型。在后边的程序中,会有很多函数中有 return x,这个返回值也就是函数本身的类型。还有一种情况,就是这个函数只执行操作,不需要返回任何值,那么这个时候它的类型就是空类型 void,void 按道理来说是可以省略的,但是一旦省略,Keil 软件会报出警告,所以通常也不省略。

(2) 函数名:可以由任意的字母、数字和下画线组成,但数字不能作为开头。函数名不能与其他函数或者变量重名,也不能是关键字。什么是关键字呢,后边会慢慢接触,比如 char 就是关键字,关键字是程序中具备特殊功能的标志符,它们不可以命名函数。

(3) 形式参数列表:也叫作形参列表,是函数调用的时候,相互传递数据用的。有的函数不需要传递参数给它,可以用 void 来替代,void 同样可以省略,但是括号是不能省略的。

(4) 函数体:包含了声明语句部分和执行语句部分。声明语句部分主要用于声明函数内部所使用的变量,执行语句部分主要是一些函数需要执行的语句。特别注意,所有的声明语句部分必须放在执行语句之前,否则编译的时候会报错。

(5) 一个工程文件必须有且仅有一个 main 函数,程序执行的时候,都是从 main 函数开始的。

(6) 关于形参和实参的概念,后面再总结,如果遇到程序里有,读者再跟着抄一段时间。先用,后讲解,这样更有利于理解。

下面来回顾一下前面的 LED 小灯闪烁程序中的主函数,读者根据注释再认真分析一遍,是不是对函数的认识就清楚多了。

```
void main()                          //void 即函数类型
{
    //以下为声明语句部分
    unsigned int i = 0;              //定义一个无符号整型变量 i,并赋初值 0

    //以下为执行语句部分
    ENLED = 0;                       //U3、U4 两片 74HC138 总使能
    ADDR3 = 1;                       //使能 U3 使之正常输出
    ADDR2 = 1;                       //经 U3 的 Y6 输出开启三极管 Q16
    ADDR1 = 1;
    ADDR0 = 0;
    while (1)
    {
```

```
        LED = 0;                            //点亮小灯
        for (i = 0; i < 30000; i++);        //延时一段时间
        LED = 1;                            //熄灭小灯
        for (i = 0; i < 30000; i++);        //延时一段时间
    }
}
```

代码中的“//”是注释符，意思是说在这之后的内容都是注释。注释是给程序员自己或其他人看的，用于对程序代码做一些补充说明，对程序的编译和执行没有任何影响。

4.7 Keil 软件延时

C 语言常用的延时方法有 4 种，如图 4-2 所示，其中两种非精确延时，两种精确延时。for 循环语句和 while 循环语句都可以通过改变 i 的范围值来改变延时时间，但是 C 语言循环的执行时间都是不能通过程序看出来的。

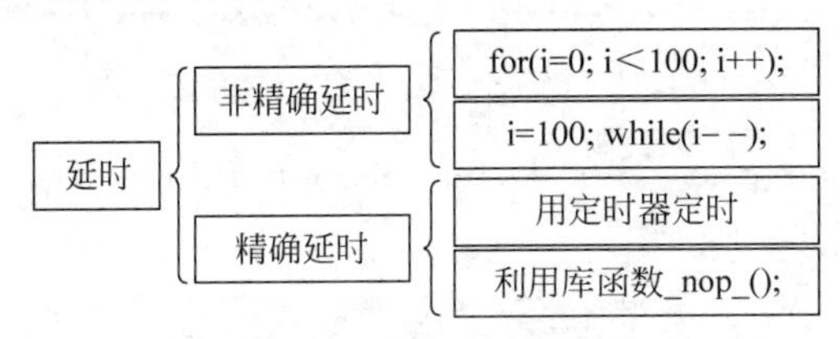

图 4-2 C 语言延时方法

精确延时有两种方法：一种方法是用定时器来延时，这个方法在后边会详细介绍，定时器是单片机的一个重点；另一种方法就是用库函数_nop_()；，一个 NOP 的时间是一个机器周期的时间，这个后边也要介绍。

非精确延时只是在一些简单演示实验，比如小灯闪烁、流水灯等中使用，而实际项目开发过程中其实这种非精确延时用得很少。

介绍完了，就要实战了。前面的 LED 小灯闪烁的程序，用的延时方式是 for(i＝0;i<30000;i＋＋)；读者如果把这里的 i 改成 100，下载程序到单片机，会发现小灯一直亮，而不是闪烁状态，现在就请读者把这个程序中的 i 都改一下，改成 100，然后下载程序并观察现象再继续……。

观察完了，毫无疑问，实际现象和刚才提到的理论是相符合的，这是为什么呢？这里介绍一个常识。人的肉眼对闪烁的光线有一个最低分辨能力，通常情况下当闪烁的频率高于 50Hz 时，看到的信号就是常亮的，即延时的时间低于 20ms 的时候，人的肉眼是分辨不出来小灯是在闪烁的，可能最多看到的是小灯亮暗稍微变化了一下。要想清楚地看到小灯闪烁，延时的值必须大一点，大到什么程度呢，不同的亮度的灯不完全一样，读者可以自己做实验体会。

那么如何观察编写的延时到底有多长时间呢？选择 Keil 菜单命令 Project→Options for Target ‘Target1’…，或单击在图 2-17 中已提到过的图标，进入“工程选项”对话框，如图 4-3 所示。

首先打开 Target 选项卡，找到 Xtal(MHz)，这是填写进行模拟时间的晶振选项，从原理图以及开发板上都可以看到，单片机所使用的晶振是 11.0592MHz，所以这个地方要填上

11.0592。然后找到 Debug 选项卡，选择左侧的 Use Simulator，然后单击 OK 按钮就可以了，如图 4-4 所示。

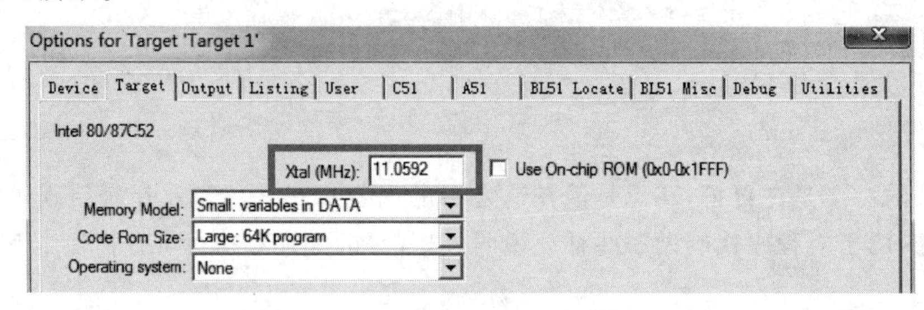

图 4-3 “工程选项”对话框——时钟频率设置

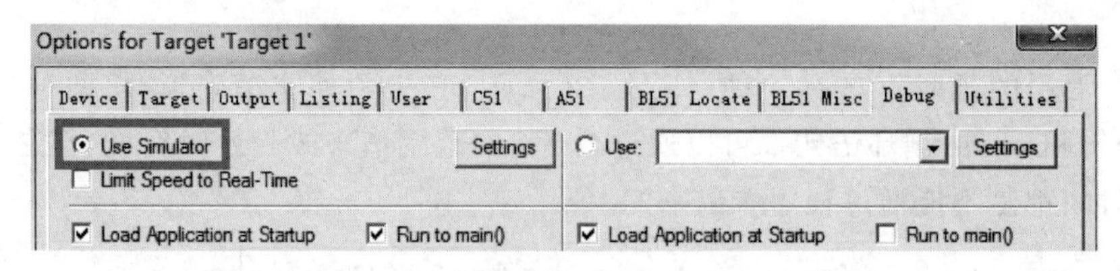

图 4-4 “工程选项”对话框——仿真设置

选择菜单命令 Debug→Start/Stop Debug Session，或者单击图 4-5 中粗线框内的按钮，进入工程调试界面，如图 4-6 所示。

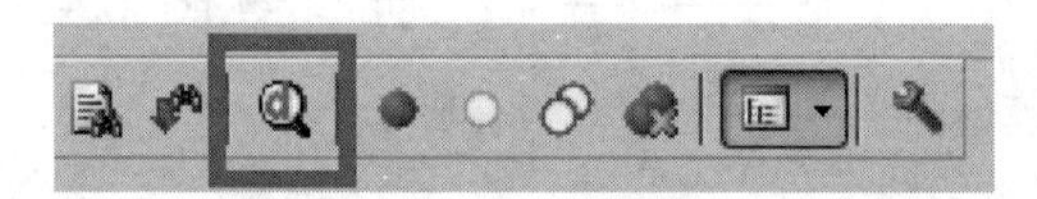

图 4-5 启动/结束调试按钮

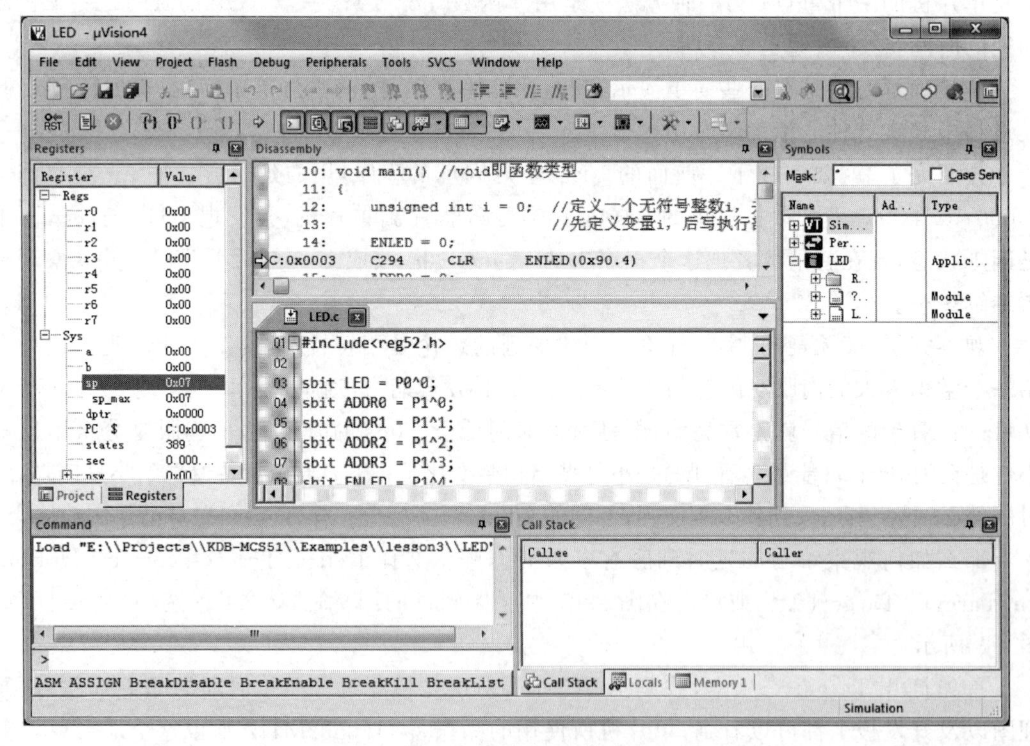

图 4-6 工程调试界面

最左侧窗口显示单片机中一些寄存器的当前值和系统信息，最上边窗口是 Keil 将 C 语言转换成汇编的代码，下边就是写 C 语言的程序。调试界面包含很多子窗口，这些子窗口都可以通过菜单 View 中的选项打开和关闭。读者可能会觉得这种默认的窗口分布不符合自己的浏览习惯或者不方便观察特定信息，好办，界面上几乎所有子窗口的位置都可以调整。比如想把 Disassembly 反汇编窗口和源代码窗口横向并排摆放，那么只需要用鼠标拖动反汇编窗口的标题栏，这时会在屏幕上出现多个指示目标位置的图标，拖着窗口把鼠标移动到相应的图标上，软件还会用蓝色底纹指示具体的位置，如图 4-7 所示，松开鼠标，窗口就会放到新位置了。调整后的效果如图 4-8 所示。

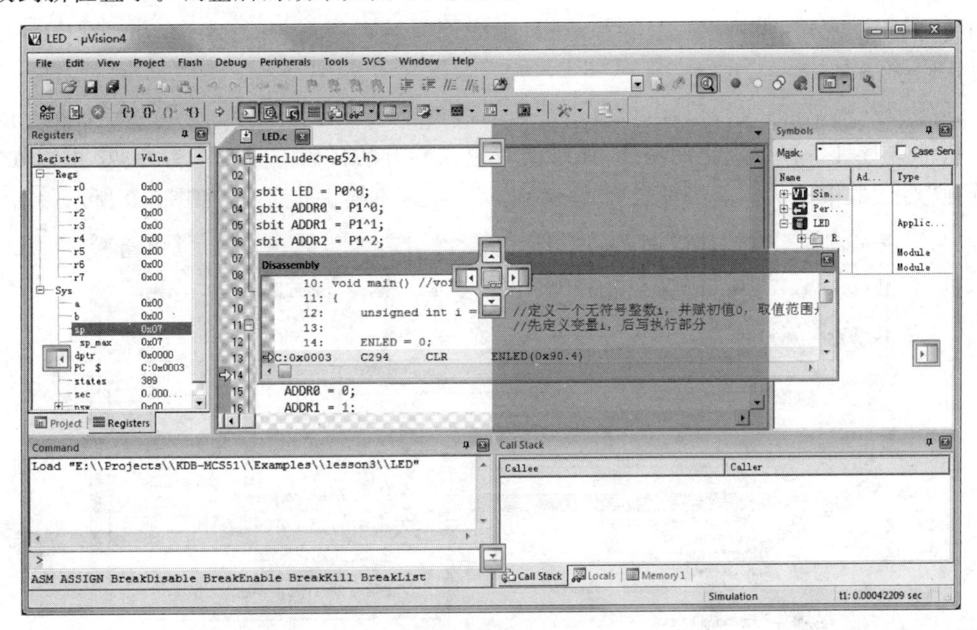

图 4-7 调整窗口位置

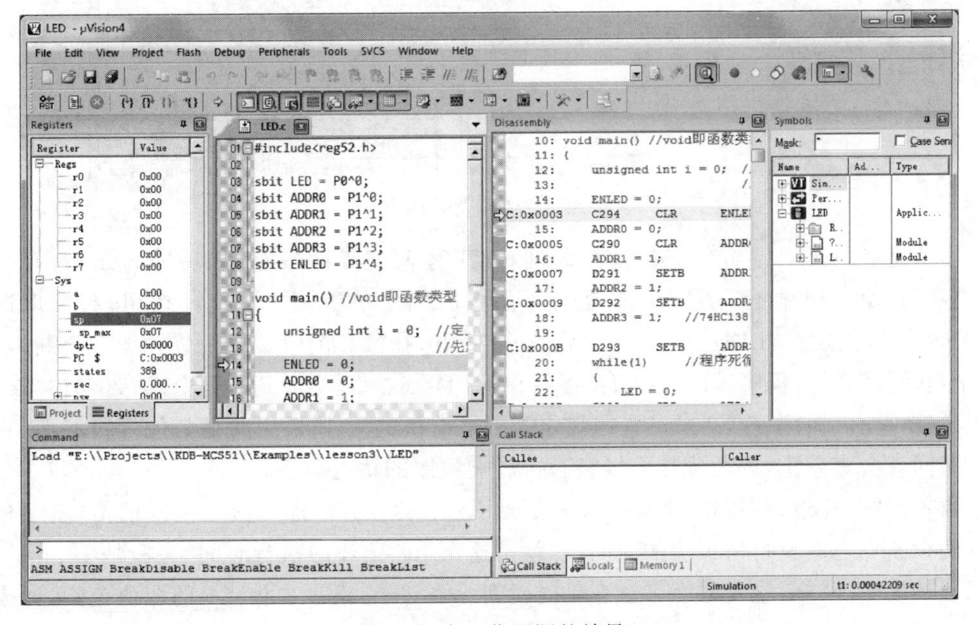

图 4-8 窗口位置调整效果

读者可能已经注意到在C语言的源代码文件和反汇编窗口内都有一个黄色的箭头，这个箭头代表程序当前运行的位置，因为反汇编内的代码就由源文件编译生成的，所以它们指示的是相同的实际位置。在这个工程调试界面中，可以看到程序运行的过程。在左上角的工具栏里有三个按钮：第一个标注有RST字样的是“复位”按钮，单击之后，程序就会跑到最开始的位置运行；右侧紧挨着的按钮是“全速运行”按钮，单击，程序就会全速运行起来；右边打叉的是“停止”按钮，当程序全速运行起来，可以通过单击第三个按钮来让程序停止，观察程序运行到哪里了。单击一下“复位”按钮，会发现C语言程序左侧有灰色或绿色，有的地方还是保持原来的白色，可以在灰色的位置双击设置断点，就是比如程序一共20行，在第10行设置断点后，单击“全速运行”按钮，程序就会运行到第10行停止，方便观察运行到这行代码的情况。

读者会发现，有的代码位置可以设置断点，有的不可以设置断点，这是为什么呢？因为Keil软件本身具备程序优化的功能，如果读者想在所有的代码位置都设置断点，可以在“工程选项”对话框中把优化等级设置为0，就是告诉Keil不要进行优化，如图4-9所示。

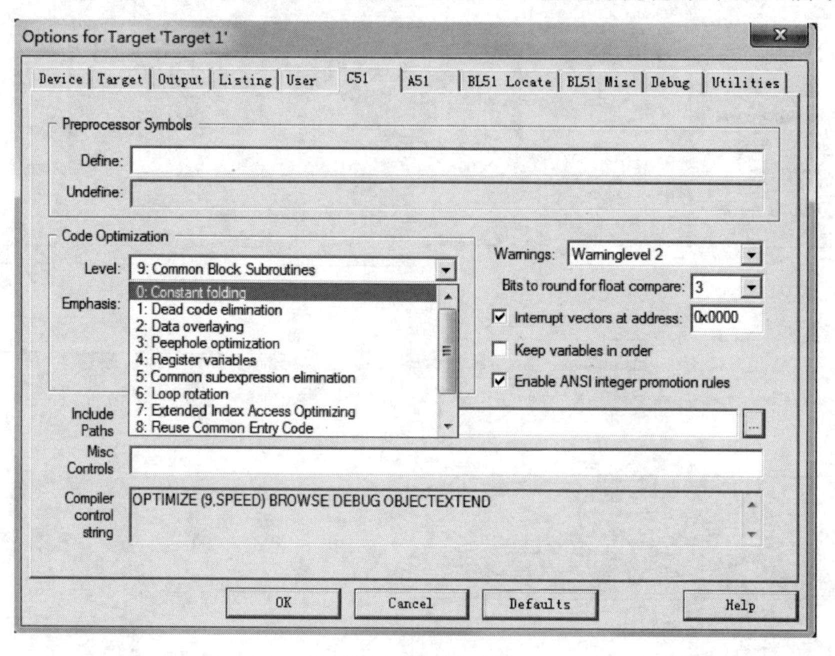

图4-9 工程优化等级

本节重点是讲C语言代码的运行时间，在工程调试界面最左侧的register栏，有一个sec选项，这个选项显示就是单片机运行了多少时间。单击一下“复位”按钮，会发现这个sec变成了0，然后在“LED=0;”这一句加一个断点，在“LED=1;”这个位置加一个断点，单击“全速运行”按钮，程序运行后会直接停留在“LED=0;”处，会看到时间变成0.00042752秒，如图4-10所示。请注意，这里设置的优化等级是默认的8，如果用的是其他等级的话，程序运行时间就会有差别，因为优化等级会直接影响程序的执行效率。

再单击“全速运行”按钮，会发现sec变成了0.16342556，那么减去上次的值，就是程序在这两个断点之间执行所经历的时间，也就是这个for循环的执行时间，大概是163ms。也可以通过改变30000这个数字来改变延时时间。当然了，读者要注意i的取值范围，如果写成了大于 65535 的值以后，程序就运行不下去了，因为 i 无论如何变化，都不会大于这个值，如果要大于这个值且正常运行，必须改变 i 定义的类型了。后边如果要查看一段程序运行了多长时间，可以通过这种方式来查看。

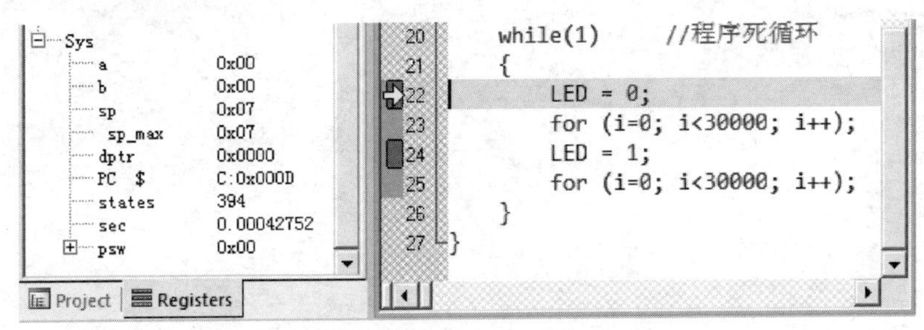

图 4-10 查看程序运行时间

实际上，进入 debug 模式，除了可以看程序运行了多长时间外，还可以观察各寄存器、各变量的数值变化情况。单击 View 菜单中的 Watch Windows→Watch 1 命令，可以打开变量观察窗口，如图 4-11 所示。

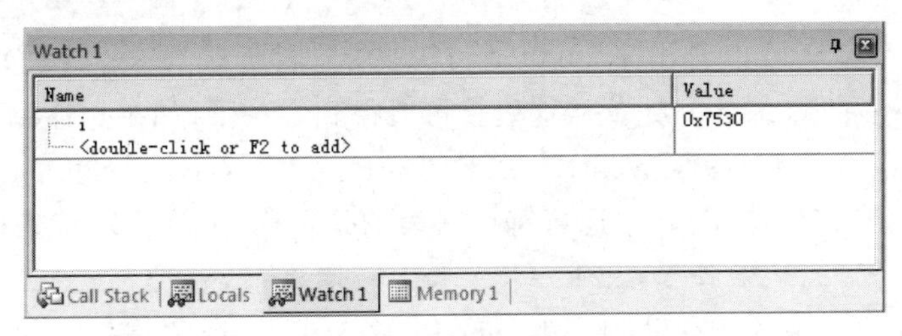

图 4-11 变量观察窗口

在这个窗口内，双击或按 F2 键，然后输入想观察的变量或寄存器名，后边就会显示它的数值，这个功能在后边的调试程序中比较有用，读者先了解一下。

4.8 流水灯程序

前边学了点亮一个 LED 小灯，然后又学了 LED 小灯闪烁，现在要进一步学习如何让 8 个小灯依次一个接一个地被点亮，流动起来，也就是常说的流水灯。先来看 8 个 LED 的核心电路图，如图 4-12 所示。

通过前面的介绍，可以了解到控制引脚 P0.0 经过 74HC245 控制了 DB0，P0.1 控制 DB1，…，P0.7 控制 DB7。还学到一字节是 8 位，如果写一个 P0，就代表了 P0.0 到 P0.7 的全部 8 位。比如写 P0 = 0xFE；转换成二进制就是 0b11111110，所以点亮 LED 小灯的程序，实际上可以改成另外一种写法，代码如下：

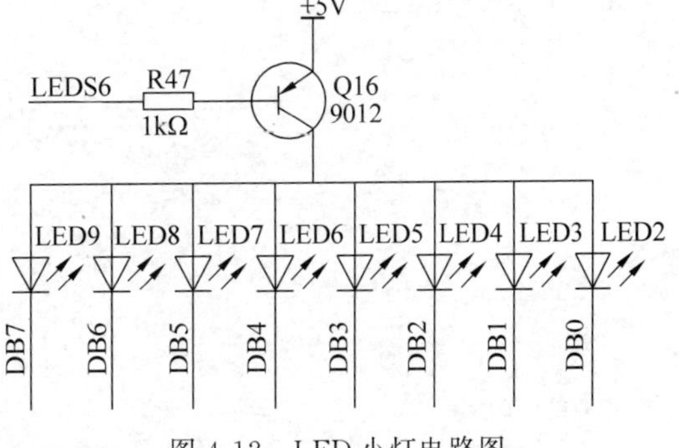

图 4-12 LED 小灯电路图

```
#include <reg52.h>

sbit ADDR0 = P1^0;
sbit ADDR1 = P1^1;
sbit ADDR2 = P1^2;
sbit ADDR3 = P1^3;
sbit ENLED = P1^4;

void main()
{
    ENLED = 0;
    ADDR3 = 1;
    ADDR2 = 1;
    ADDR1 = 1;
    ADDR0 = 0;
    P0 = 0xFE;      //向 P0 写入数据来控制 LED 小灯
    while(1);       //程序停止在这里
}
```

通过上面这个程序可以看出来,可以通过 P0 来控制所有的 8 个 LED 小灯的亮和灭。下面要进行依次亮和灭,怎么办呢?从这里就可以得到方法了,如果想让单片机流水灯流动起来,依次要赋给 P0 的数值就是 0xFE、0xFD、0xFB、0xF7、0xEF、0xDF、0xBF、0x7F。

在 C 语言中,有移位操作,其中运算符<<代表的是左移,运算符>>代表的是右移。比如 a=0x01 << 1;就是 a 的结果等于 0x01 左移一位。读者注意,移位都是指二进制移位,那么移位完了,本来在第 0 位的 1 移动到了第一位上,移动完了,低位是补 0 的。所以 a 的值最终等于 0x02。

还要学习另外一种运算符~,这个运算符是按位取反的意思,同理按位取反也是针对二进制而言。比如 a=~(0x01);0x01 的二进制是 0b00000001,按位取反后就是 0b11111110,那么 a 的值就是 0xFE 了。

学会了这两种运算符,就可以把流水灯的程序写出来,代码如下:

```
#include <reg52.h>

sbit ADDR0 = P1^0;
sbit ADDR1 = P1^1;
sbit ADDR2 = P1^2;
sbit ADDR3 = P1^3;
sbit ENLED = P1^4;

void  main()
{
    unsigned int i = 0;              //定义循环变量 i,用于软件延时
    unsigned char cnt = 0;           //定义计数变量 cnt,用于移位控制

    ENLED = 0;
    ADDR3 = 1;
    ADDR2 = 1;
    ADDR1 = 1;
```

```
    ADDR0 = 0;
    while(1)  //主循环,程序无限循环执行该循环体语句
    {
        P0 = ~(0x01 << cnt);            //P0 等于 1 左移 cnt 位,控制 8 个 LED
        for (i = 0; i < 20000; i++);    //软件延时
        cnt++;                          //移位计数变量自加 1
        if (cnt >= 8)                   //移位计数超过 7 后,再重新从 0 开始
        {
            cnt = 0;
        }
    }
}
```

程序中 cnt 是 count 的缩写,是计数的意思,是经常用的一个变量名称。当 cnt 等于 0 的时候,1 左移 0 位还是 1,那么写成二进制后就是 0b00000001,对这个数字按位取反就是 0b11111110,亮的是最右边的小灯。当 cnt 等于 7 的时候,1 左移 7 位就是 0b10000000,按位取反后是 0b01111111,亮的是最左边的小灯。中间过程读者可以自己分析。

流水灯程序的讲解结束后,关于小灯的讲解,就暂时告一段落了,后边还有小灯的高级用法,到时候再详细讲解。

4.9　习题

1. 熟练掌握二进制、十进制和十六进制的转换方法。
2. 掌握 C 语言变量类型与取值范围,for、while 等基本语句的用法。
3. 了解函数的基本结构,能够独立进入程序 Debug,多多动手操作,熟练掌握 Keil 软件环境的一些基本操作。
4. 将流水灯程序中左移操作理解透彻后,独立完成流水灯右移操作。
5. 独立完成一个左移到头接着右移,右移到头再左移的花样流水灯程序。

第 5 章

定时器与数码管基础

通过前面的讲解，读者会发现，自己逐渐进入比较实质性的学习了，需要记住的内容也更多了，个别地方可能会感觉吃力。但是读者不要担心，要有信心。这跟小孩学走路一样，刚开始走得不太稳，没关系，多走几步多练练。看教材的时候要专心，一遍看不懂，思考一下，再回头看第二遍和第三遍，没准一下就明白了。如果三遍还看不明白，那就把不懂的问题放一放，继续往下学，然后再回头看一遍，也可以到相关群或者论坛中多咨询他人，多讨论，有些不明白的问题可能就茅塞顿开了。

5.1 逻辑电路与逻辑运算

教学视频

在数字电路中经常会遇到逻辑电路，而在 C 语言中则经常用到逻辑运算。二者在原理上是相互关联的，在这里就先简单介绍一下，随着学习的深入，再慢慢加深理解。

首先，在“逻辑”概念范畴内，存在“真”和“假”两个逻辑值，而将其对应到数字电路或 C 语言中，就变成了“非 0 值”和“0 值”两个值，即逻辑上的“假”就是数字电路或 C 语言中的“0”值，而逻辑“真”就是其他一切“非 0”值。

然后，具体分析几个主要的逻辑运算符。假定有两个字节变量：A 和 B，二者进行某种逻辑运算后的结果为 F。

以下逻辑运算符都是按照变量整体值进行运算的。

(1) &&(逻辑与)。F=A && B，当 A、B 的值都为真(即非 0 值，下同)时，其运算结果 F 为真(具体数值为 1，下同)；当 A、B 值中任意一个为假(即 0，下同)时，结果 F 为假(具体数值为 0，下同)。

(2) ||(逻辑或)。F=A || B，当 A、B 值中任意一个为真时，其运算结果 F 为真；当 A、B 值都为假时，结果 F 为假。

(3) !(逻辑非)，F=!A，当 A 值为假时，其运算结果 F 为真；当 A 值为真时，结果 F 为假。

以下逻辑运算符都是按照变量内的每一个位进行运算的，通常也称为位运算符：

(4) &(按位与)，F=A & B，将 A、B 两字节中的每一位都进行与运算，再将得到的每一位结果组合为总结果 F，例如 A=0b11001100，B=0b11110000，则结果 F 就等于 0b11000000。

(5) |(按位或)，F=A | B，将 A、B 两字节中的每一位都进行或运算，再将得到的每一位结果组合为总结果 F，例如 A=0b11001100，B=0b11110000，则结果 F 就等于

0b11111100。

(6) ～(按位取反),F=～A,将 A 字节内的每一位进行非运算(就是取反),再将得到的每一位结果组合为总结果 F,例如 A=0b11001100,则结果 F 就等于 0b00110011;这个运算符在前面的流水灯实验里已经用过了,现在再回头看看,是不是清楚多了。

(7) ^(按位异或),异或的意思是,如果运算双方的值不同(相异)则结果为真,双方值相同,则结果为假。在 C 语言里没有按变量整体值进行的异或运算,所以仅以按位异或为例,F=A^B,A=0b11001100,B=0b11110000,则结果 F 就等于 0b00111100。

看资料或芯片手册的时候,会经常遇到一些电路符号,表 5-1 列出了数字电路中常用的

表 5-1　逻辑电路符号

序号	名 称	GB/T 4728.12—1996		国外流行图形符号	曾用图形符号
		限定符号	国标图形符号		
1	与门	&	&		
2	或门	≥1	≥1		+
3	非门	逻辑非入和出	1 1		
4	与非门		&		
5	或非门		≥1		+
6	与或非门		& ≥1		+
7	异或门	=1	=1		⊕
8	同或门	=	= =1		⊙ ⊕
9	集电极开路OC门、漏极开路OD门	L 形开路输出	&		
10	缓冲器	▷	▷		

逻辑电路符号,知道这些符号有利于理解器件的逻辑结构,尤其要重点认识表5-1中的国外流行图形符号。在这里先简单看一下,如果日后遇到了可以进行查阅。

5.2 定时器

定时器是单片机系统的一个重点,但并不是难点,读者一定要完全理解并且熟练掌握定时器的应用。

5.2.1 初步认识定时器

1. 时钟周期

时钟周期是时序中最小的时间单位,具体计算的方法为

$$时钟周期=\frac{1}{时钟源频率}$$

KST-51单片机开发板上用的晶振是11.0592MHz,那么对于这个单片机系统来说,时钟周期=1/11059200s。

2. 机器周期

机器周期是单片机完成一个操作的最短时间。机器周期主要针对汇编语言而言,在汇编语言下程序的每一条语句执行所使用的时间都是机器周期的整数倍,而且语句占用的时间是可以计算出来的,而C语言一条语句的时间是不确定的,受到诸多因素的影响。51单片机系列在其标准架构下,一个机器周期是12个时钟周期,也就是12/11059200s。现在有不少增强型的51单片机,其速度都比较快,有的1个机器周期等于4个时钟周期,有的1个机器周期就等于1个时钟周期,也就是说大体上其速度可以达到标准51架构的3倍或12倍。因为本书是讲标准的51单片机,所以后边的内容如果遇到这个概念,全部是指12个时钟周期。

这两个概念了解即可,下面来讲讲重头戏——定时器和计数器。定时器和计数器是单片机内部的同一个模块,通过配置SFR(特殊功能寄存器)可以实现两种不同的功能,大多数情况下使用的是定时器功能,因此下面主要讲定时器功能,计数器功能读者了解一下即可。

顾名思义,定时器就是用来进行定时的。定时器内部有一个寄存器,让它开始计数后,这个寄存器的值每经过一个机器周期就会自动加1,因此,可以把机器周期理解为定时器的计数周期。就像钟表,每经过1s,数字自动加1,而这个定时器就是每过一个机器周期的时间,也就是12/11059200s,数字自动加1。还有一个特别注意的地方,就是钟表是加到60后,秒数就自动变成0了,这种情况在单片机或计算机里称为溢出。那定时器加到多少才会溢出呢?后面会讲到定时器有多种工作模式,分别使用不同的位宽(指使用多少个二进制位),假如是16位的定时器,也就是两字节,计数的最大值就是65535,那么加到65535后,再加1就算溢出,如果有其他位数,道理是一样的,对于51单片机来说,溢出后,这个值会直接变成0。从某个初始值开始,经过确定的时间后溢出,这个过程就是定时的含义。

5.2.2 定时器相关的寄存器

标准的51单片机内部有T0和T1两个定时器,T就是Timer的缩写,现在很多51系

列单片机还会增加额外的定时器，在这里先讲定时器0(T0)和定时器1(T1)。前边提到过，对于单片机的每一个功能模块，都是由它的SFR，也就是特殊功能寄存器来控制。与定时器有关的特殊功能寄存器，有以下几个，读者不需要记忆这些寄存器的名称和作用，只要大概知道就行，用的时候，随时可以查手册，找到每个寄存器的名称和每个寄存器所起到的作用。

表5-2是定时值存储寄存器，是存储定时器的计数值的。TH0/TL0用于T0，TH1/TL1用于T1。

表5-2 定时值存储寄存器

名称	描 述	SFR地址	复位值
TH0	定时器0高字节	0x8C	0x00
TL0	定时器0低字节	0x8A	0x00
TH1	定时器1高字节	0x8D	0x00
TL1	定时器1低字节	0x8B	0x00

表5-3是定时器控制寄存器TCON的位分配，表5-4则是对每一位的具体含义的描述。

表5-3 TCON的位分配(地址0x88、可位寻址)

位	7	6	5	4	3	2	1	0
符号	TF1	TR1	TF0	TR0	IE1	IT1	IE0	IT0
复位值	0	0	0	0	0	0	0	0

表5-4 TCON的位描述

位	符号	描 述
7	TF1	定时器1溢出标志。一旦定时器1发生溢出时硬件置1。清0有两种方式：软件清0或者进入定时器中断时硬件清0
6	TR1	定时器1运行控制位。软件置位/清0来进行启动/停止定时器
5	TF0	定时器0溢出标志。一旦定时器0发生溢出时硬件置1。清0有两种方式：软件清0或者进入定时器中断时硬件清0
4	TR0	定时器0运行控制位。软件置位/清0来进行启动/停止定时器
3	IE1	外部中断部分，与定时器无关，暂且不看
2	IT1	
1	IE0	
0	IT0	

读者注意在表5-4的描述中，只要写到硬件置1或者清0，就是指一旦符合条件，单片机将自动完成动作，只要写软件置1或者清0，就是指必须用程序去完成这个动作，后续遇到此类描述就不再另做说明了。

对于TCON这个SFR，其中有TF1、TR1、TF0、TR0这4位需要理解清楚，它们分别对应于T1和T0，以定时器1为例讲解，那么定时器0同理。先看TR1，当程序中写TR1=1以后，定时器值就会每经过一个机器周期自动加1，当程序中写TR1=0以后，定时器就会停止加1，其值会保持不变化。TF1是一个标志位，它的作用是告诉大家定时器溢出了。比如定时器设置成16位模式，那么每经过一个机器周期，TL1加1一次，当TL1加到255后，再加1，TL1变成0，TH1会加1一次，如此一直加到TH1和TL1都是255(TH1和TL1组成的16位整型数为65535)以后,再加1一次,就会溢出了,TH1和TL1同时都变为0,只要一溢出,TF1马上自动变成1,告诉大家定时器溢出了,仅仅是提供给读者一个信号,让读者知道定时器溢出了,它不会对定时器是否继续运行产生任何影响。

本节开头就提到了定时器有多种工作模式,工作模式的选择就由定时器模式寄存器TMOD来控制,TMOD的位分配和描述如表5-5和表5-6所示,TMOD的位功能如表5-7所示。

表5-5 TMOD的位分配(地址0x89、不可位寻址)

位	7	6	5	4	3	2	1	0
符号	GATE (T1)	C/T (T1)	M1 (T1)	M0 (T1)	GATE (T0)	C/T (T0)	M1 (T0)	M0 (T0)
复位值	0	0	0	0	0	0	0	0

表5-6 TMOD的位描述

符号	描述
T1/T0	在表5-5中,标T1的表示控制定时器1的位,标T0的表示控制定时器0的位
GATE	该位被置1时为门控位。仅当INTx引脚为高并且TRx控制位被置1时使能定时器x,定时器开始计时,当该位被清0时,只要TRx位被置1,定时器x就使能开始计时,不受到单片机引脚INTx外部信号的干扰,常用来测量外部信号脉冲宽度。这是定时器一个额外功能,暂不介绍
C/T	定时器或计数器选择位。该位被清0时用作定时器功能(内部系统时钟),被置1用作计数器功能

表5-7 TMOD的M1/M0工作模式

M1	M0	工作模式	描述
0	0	0	兼容8048单片机的13位定时器,THn的8位和TLn的5位组成一个13位定时器
0	1	1	THn和TLn组成一个16位的定时器
1	0	2	8位自动重装模式,定时器溢出后THn重装到TLn中
1	1	3	禁用定时器1,定时器0变成两个8位定时器

可能读者已经注意到了,表5-3的TCON标注了"可位寻址",而表5-5的TMOD标注的是"不可位寻址"。意思就是说:比如TCON有一个位TR1,可以在程序中直接进行TR1=1这样的操作,但对TMOD里的位,比如(T1)M1,进行M1=1这样的操作就是错误的。要操作就必须一次操作整个字节,也就是必须一次性对TMOD所有位操作,不能对其中某一位单独进行操作。那么能不能只修改其中的一位而不影响其他位的值呢?当然可以,在后续内容中读者就会学到方法,现在就先不关心它了。

表5-7列出的就是定时器的4种工作模式,其中模式0是为了兼容老的8048系列单片机而设计的,现在的51单片机几乎不会用到这种模式,而模式3根据应用经验,它的功能用模式2完全可以取代,所以基本上也是不会用到的,那么就重点来学习模式1和模式2。

模式1是THn和TLn组成了一个16位的定时器,计数范围是0~65535,溢出后,只要不对THn和TLn重新赋值,则从0开始计数。模式2是8位自动重装载模式,只有TLn做加1计数,计数范围为0~255,THn的值不会变化,而会保持原来的值;TLn溢出后,TFn就直接置1了,并且THn原先的值直接赋给TLn,然后TLn从新赋值的这个数字开始计数。这个功能可以用来产生串口的通信波特率,讲串口的时候要用到。本节我们重点来学习模式 1。为了加深大家理解定时器的原理,先来看一下模式 1 的电路示意图,如图 5-1 所示。

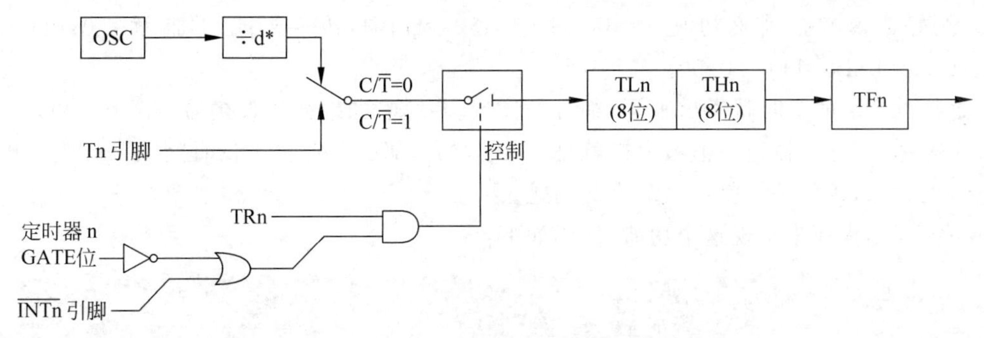

图 5-1 定时器/计数器模式 1 的电路示意图

一起来分析一下这个示意图,日后如果再遇到类似的图,就可以自己研究了。OSC 表示时钟频率,因为 1 个机器周期等于 12 个时钟周期,所以 d 就等于 12。下边 GATE 右侧的门是一个非门,再右侧是一个或门,再往右是一个与门,读者可以对照一下 5.1 节的内容。

从图 5-1 可以看出,下边部分电路是控制了上边部分电路。先来看是如何控制的(以定时器 0 为例)。

(1) TR0 和下边或门的结果要进行与运算,TR0 如果是 0,与运算完了肯定是 0,所以如果要让定时器工作,那么 TR0 就必须置 1。

(2) 这里的与门结果要想得到 1,那么前面的或门出来的结果必须也得是 1 才行。在 GATE 位为 1 的情况下,经过一个非门变成 0,或门结果要想是 1,那 INT0 即 P3.2 引脚必须是 1 的情况下,这个时候定时器才会工作,而 INT0 引脚是 0 的情况下,定时器不工作,这就是 GATE 位的作用。

(3) 当 GATE 位为 0 的时候,经过一个非门会变成 1,那么不管 INT0 引脚是什么电平,经过或门后肯定都是 1,定时器就会工作。

(4) 要想让定时器工作,就是自动加 1,从图上看有两种方式。第一种方式是开关打到上边的箭头,就是 C/T=0 时,一个机器周期 TL 就会加 1 一次;第二种方式是开关打到下边的箭头,即 C/T =1 时,T0 引脚(即 P3.4 引脚)有一个脉冲,TL 就加 1 一次,这就是计数器功能。

5.2.3 定时器的应用

了解了定时器相关的寄存器,下面就来做一个定时器的程序,巩固前面学到的内容。下面的程序先使用定时器 0,在使用定时器 0 的时候,需要以下几个步骤:

第 1 步:设置特殊功能寄存器 TMOD,配置好工作模式。

第 2 步:设置计数寄存器 TH0 和 TL0 的初值。

第 3 步:设置 TCON,通过 TR0 置 1 来让定时器开始计数。

第 4 步:判断 TCON 寄存器的 TF0 位,监测定时器溢出情况。

写程序之前,要先学会如何用定时器定时。晶振是 11.0592MHz,时钟周期就是 1/11059200,机器周期是 12/11059200,假如要定时 20ms(0.02s),要经过 x 个机器周期得到 0.02s,下面来算一下 $x\times12/11059200=0.02$,得到 $x=18432$。16 位定时器的溢出值是

65536(因 65535 再加 1 才是溢出)，于是就可以这样操作，先给 TH0 和 TL0 一个初始值，让它们经过 18432 个机器周期后刚好达到 65536，也就是溢出，溢出后可以通过检测 TF0 的值得知，刚好是 0.02s。那么初值 $y=65536-18432=47104$，转换成十六进制就是 0xB800，也就是 TH0＝0xB8，TL0＝0x00。

这样 0.02s 的定时就做出来了，细心的读者会发现，如果初值直接给一个 0x0000，一直到 65536 溢出，定时器定时值最大也就是 71ms 左右，那么想定时更长时间怎么办呢？用小学学过的逻辑，倍数关系就可以解决此问题。

下面就用程序来实现这个功能，代码如下：

```
#include <reg52.h>

sbit LED = P0^0;
sbit ADDR0 = P1^0;
sbit ADDR1 = P1^1;
sbit ADDR2 = P1^2;
sbit ADDR3 = P1^3;
sbit ENLED = P1^4;

void main()
{
    unsigned char cnt = 0;          //定义一个计数变量,记录 T0 溢出次数

    ENLED = 0;                      //使能 U3,选择独立 LED
    ADDR3 = 1;
    ADDR2 = 1;
    ADDR1 = 1;
    ADDR0 = 0;
    TMOD = 0x01;                    //设置 T0 为模式 1
    TH0  = 0xB8;                    //为 T0 赋初值 0xB800
    TL0  = 0x00;
    TR0  = 1;                       //启动 T0

    while (1)
    {
        if (TF0 == 1)               //判断 T0 是否溢出
        {
            TF0 = 0;                //T0 溢出后,清 0 中断标志
            TH0 = 0xB8;             //并重新赋初值
            TL0 = 0x00;
            cnt++;                  //计数值自加 1
            if (cnt >= 50)          //判断 T0 溢出是否达到 50 次
            {
                cnt = 0;            //达到 50 次后计数值清 0
                LED = ~LED;         //LED 取反：0-->1、1-->0
            }
        }
    }
}
```

程序中都写了注释，结合前几章学的内容，读者自己分析一下，不难理解。本程序实现的结果是开发板上最右边的小灯点亮一秒，熄灭一秒，也就是以 0.5Hz 的频率进行闪烁。

5.3 数码管

LED 小灯是一种简单的 LED,只能通过亮和灭表达简单的信息。而本节要学习一种能表达更复杂信息的器件——LED 数码管。

5.3.1 数码管概述

数码管的原理图如图 5-2 所示。

这是比较常见的数码管原理图,开发板上一共有 6 个数码管。前边有了 LED 小灯的学习,数码管学习就会轻松得多了。从图 5-2 可以看出来,数码管共有 a、b、c、d、e、f、g、dp 这 8 个段,而实际上,这 8 个段每一段都是一个 LED 小灯,所以一个数码管就是由 8 个 LED 小灯组成的。数码管内部结构示意图如图 5-3 所示。

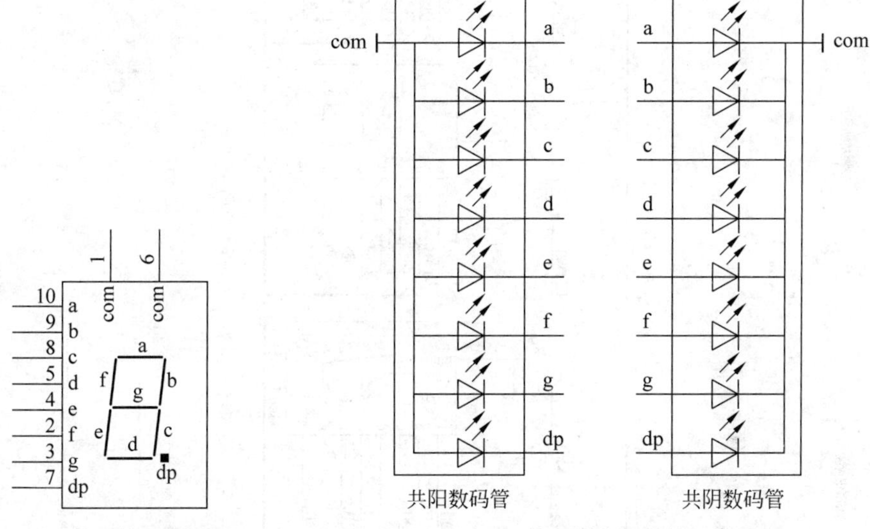

图 5-2 数码管的原理图

图 5-3 数码管内部结构示意图

数码管分为共阳和共阴两种,共阴数码管就是 8 只 LED 小灯的阴极是连接在一起的,阴极是公共端,由阳极控制单个小灯的亮灭。同理,共阳数码管就是阳极接在一起,读者可以认真研究图 5-3。细心的读者会发现,图 5-2 的数码管上边有 2 个 com,这就是数码管的公共端。为什么有 2 个呢,一方面是 2 个可以起到对称的效果,刚好是 10 个引脚,另一方面,公共端通过的电流较大,读者初中就学过,并联电路电流之和等于总电流,用 2 个 com 可以把公共电流平均到 2 个引脚上去,降低单条线路承受的电流。

从开发板的电路图上能看出来,所用的数码管都是共阳数码管,一共有 6 个,如图 5-4 所示。

6 个数码管的 com 都是接到了正极上,当然,和 LED 小灯电路一样,也是由 74HC138 控制三极管的导通来控制整个数码管的使能。先来看最右边的 DS1 这个数码管,从原理图上可以看出,控制 DS1 的三极管是 Q17,控制 Q17 的引脚是 LEDS0,对应到 74HC138 上就是 U3 的 Y0 输出,如图 5-5 所示。

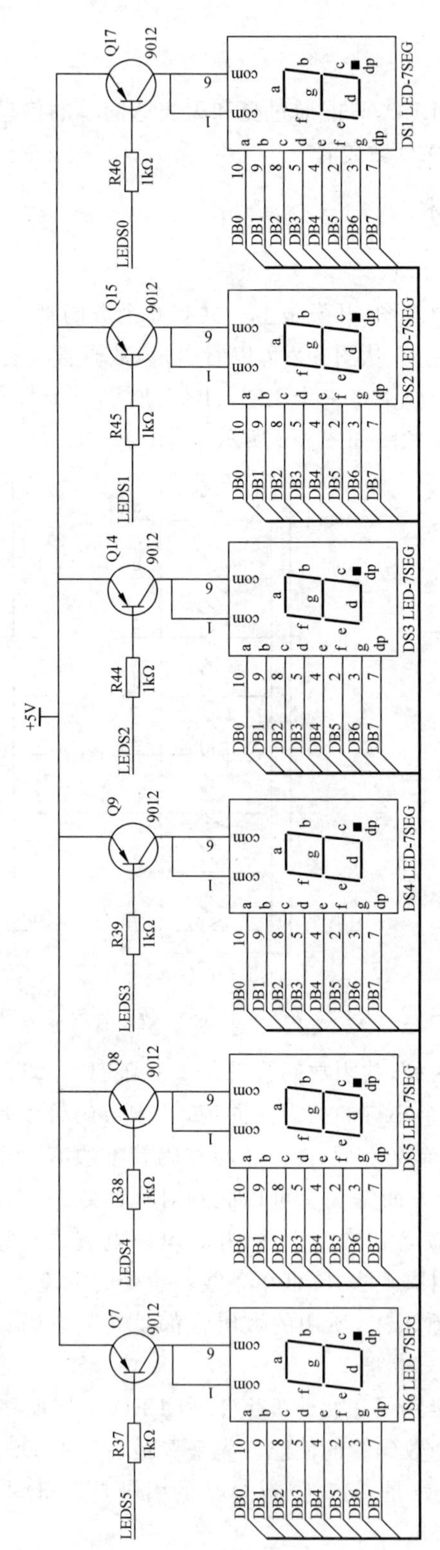

图 5-4 KST-51 数码管电路

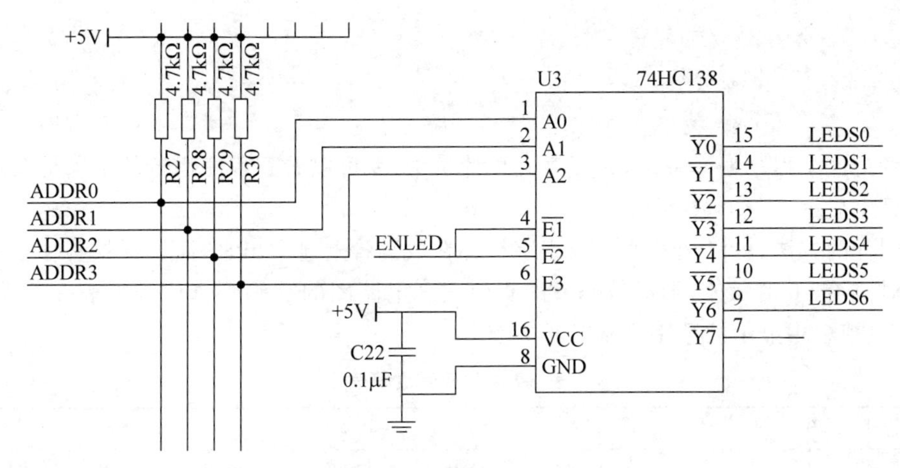

图 5-5　74HC138 控制图

现在的目的是让 LEDS0 引脚输出低电平，相信读者现在可以根据前边学过的知识独立地把 ADDR0、ADDR1、ADDR2、ADDR3、ENLED 这 4 个所需输入的值写出来了，现在读者不要偷懒，根据 74HC138 的手册去写一下，不需要你记住这些结论，但是只要遇到就写，锻炼过几次后，遇到同类芯片自己就知道如何去解决问题了。

数码管通常是用来显示数字的，开发板上有 6 个数码管，习惯上称为 6 位，那控制位选择的就是 74HC138 了。而数码管内部的 8 个 LED 小灯称为数码管的段，那么数码管的段选择(该段的亮灭)是通过 P0 口控制，经过 74HC245 驱动。

5.3.2　数码管的真值表

现把数码管的 8 个段直接当成 8 个 LED 小灯来控制，那就是 a、b、c、d、e、f、g、dp 一共 8 个 LED 小灯。通过图 5-2 可以看出，如果点亮 b 和 c 这两个 LED 小灯，也就是数码管的 b 段和 c 段，其他的所有的段都熄灭，就可以让数码管显示出一个数字 1，那么这个时候实际上 P0 的值就是 0b11111001，十六进制就是 0xF9。那么写一个程序，看一看数码管显示的效果，代码如下：

```
#include <reg52.h>

sbit ADDR0 = P1^0;
sbit ADDR1 = P1^1;
sbit ADDR2 = P1^2;
sbit ADDR3 = P1^3;
sbit ENLED = P1^4;

void main()
{
    ENLED = 0;      //使能 U3,选择数码管 DS1
    ADDR3 = 1;
    ADDR2 = 0;
    ADDR1 = 0;
    ADDR0 = 0;
```

```
    P0 = 0xF9;     //点亮数码管段 b 和 c
    while (1);
}
```

读者把这个程序编译一下,并下载到单片机中,就可以看到程序运行的结果是在最右侧的数码管上显示了一个数字 1。

用同样的方法,可以把其他的数字字符都在数码管上显示出来,而根据数码管显示的数字字符对应给 P0 的赋值,形成数码管的真值表。电路图的数码管真值表如表 5-8 所示,注意,这个真值表中显示的数字都不带小数点。

表 5-8 数码管真值表

数字字符	0	1	2	3	4	5	6	7
数值	0xC0	0xF9	0xA4	0xB0	0x99	0x92	0x82	0xF8
数字字符	8	9	A	B	C	D	E	F
数值	0x80	0x90	0x88	0x83	0xC6	0xA1	0x86	0x8E

读者可以把上边那个用数码管显示数字 1 程序中的 P0 的赋值随便修改成表 5-8 真值表中的数值,看看显示的数字的效果。

5.3.3 数码管的静态显示

在第 3 章学习了 74HC138,了解到 74HC138 在同一时刻只能让一个输出口为低电平,也就是说在一个时刻内,只能使能一个数码管,并根据给出的 P0 值改变这个数码管的显示字符,可以将此理解为数码管的静态显示。

数码管静态显示是相对于动态显示而言的,静态显示对于一两个数码管还行,对于多个数码管,静态显示实现的意义就没有了。本节先用一个数码管的静态显示实现一个简单的秒表,为后面的动态显示打下基础。

先来介绍 51 单片机的关键字 code。前边定义变量的时候,一般用到 unsigned char 或者 unsigned int 这两个关键字,用这两个关键字定义的变量都是放在单片机的 RAM 中,在程序中可以随意改变这些变量的值。但是还有一种数据,在程序中要使用,却不会改变它的值,定义这种数据时可以加一个 code 关键字修饰一下,这个数据就会存储到程序空间 Flash 中,这样可以大大节省单片机 RAM 的使用量,毕竟单片机 RAM 空间比较小,而程序空间则大得多。那么现在要使用的数码管真值表,只会使用它们的值,而不需要改变它们,就可以用 code 关键字把它放入 Flash 中了,具体程序代码如下。

```
#include <reg52.h>

sbit ADDR0 = P1^0;
sbit ADDR1 = P1^1;
sbit ADDR2 = P1^2;
sbit ADDR3 = P1^3;
sbit ENLED = P1^4;

//用数组存储数码管的真值表,数组将在第 6 章详细介绍
```

```
unsigned char code LedChar[] = {
    0xC0, 0xF9, 0xA4, 0xB0, 0x99, 0x92, 0x82, 0xF8,
    0x80, 0x90, 0x88, 0x83, 0xC6, 0xA1, 0x86, 0x8E
};

void main()
{
    unsigned char cnt = 0;          //记录 T0 中断次数
    unsigned char sec = 0;          //记录经过的秒数

    ENLED = 0;                      //使能 U3,选择数码管 DS1
    ADDR3 = 1;
    ADDR2 = 0;
    ADDR1 = 0;
    ADDR0 = 0;
    TMOD = 0x01;                    //设置 T0 为模式 1
    TH0  = 0xB8;                    //为 T0 赋初值 0xB800
    TL0  = 0x00;
    TR0  = 1;                       //启动 T0

    while (1)
    {
        if (TF0 == 1)               //判断 T0 是否溢出
        {
            TF0 = 0;                //T0 溢出后,清 0 中断标志
            TH0 = 0xB8;             //并重新赋初值
            TL0 = 0x00;
            cnt++;                  //计数值自加 1
            if (cnt >= 50)          //判断 T0 溢出是否达到 50 次
            {
                cnt = 0;            //达到 50 次后计数值清 0
                P0 = LedChar[sec];  //当前秒数对应的真值表中的值送到 P0 口
                sec++;              //秒数记录自加 1
                if (sec >= 16)      //当秒数超过 0x0F(15)后,重新从 0 开始
                {
                    sec = 0;
                }
            }
        }
    }
}
```

5.4 习题

1. 熟练掌握单片机定时器的原理和应用方法。

2. 通过研究定时器模式 1 的示意图,自己打开 STC89C52RC 数据手册的定时器部分,独立研究模式 0、模式 2 和模式 3 的示意图,锻炼研究示意图的能力。

3. 使用定时器实现左右移动的流水灯程序。

4. 了解数码管的原理,掌握数码管真值表的计算方法。

5. 编程实现数码管静态显示秒表的倒计时。

第 6 章

中断与数码管动态显示

中断是单片机系统中的重点，因为有了中断，单片机就具备了快速协调多模块工作的能力，可以完成复杂的任务。本章首先学习一些必要的 C 语言基础知识，然后讲解数码管动态显示的原理，并最终借助中断系统完成实用的数码管动态显示程序。读者对本章内容要多多研究，完全掌握并能熟练运用。

6.1 C 语言的数组

6.1.1 数组的基本概念

第 4 章已经学过变量的基本类型，比如 char、int 等。这种变量类型描述的都是单个具有特定意义的数据，当要处理同类但是却包含很多个数据组合的时候，就可以用到数组了，比如数码管的真值表，就是用一个数组来表示的。

从概念上讲，数组是具有相同数据类型的有序数据的组合，一般来讲，数组定义后满足以下三个条件。

(1) 具有相同的数据类型。

(2) 具有相同的名字。

(3) 数据在存储器中是被连续存放的。

比如数码管真值表，如果把关键字 code 去掉，数组元素将被保存在 RAM 中，在程序中可读可写，同时也可以在中括号中标明这个数组所包含的元素个数，比如：

```
unsigned char LedChar[16] = {
    0xC0, 0xF9, 0xA4, 0xB0, 0x99, 0x92, 0x82, 0xF8,
    0x80, 0x90, 0x88, 0x83, 0xC6, 0xA1, 0x86, 0x8E
};
```

在这个数组中的每个值都称为数组的一个元素，这些元素都具备相同的数据类型，就是 unsigned char 型，它们有一个共同的名字 LedChar，不管放到 RAM 中还是 Flash 中，它们都是存放在一块连续的存储空间里的。

有一点要特别注意，这个数组一共有 16(中括号里面的数值)个元素，但是数组的单个元素的表达方式——下标是从 0 开始，因此，实际上上边这个数组的首个元素 LedChar[0]的值是 0xC0，而 LedChar[15]的值是 0x8E，下标从 0～15 一共是 16 个元素。

数组 LedChar 只有一个下标，称为一维数组，还有两个下标和多个下标的，称为二维数组和多维数组。比如“unsigned char a[2][3];”表示这是一个 2 行 3 列的二维数组。在大多数情况下使用的是一维数组，对于初学者来说，先来研究一维数组，多维数组等遇到了再来了解。

6.1.2 数组的声明

一维数组的声明格式如下：

```
数据类型 数组名[数组长度];
```

(1) 数组的数据类型声明的是该数组的每个元素的类型，即一个数组中的元素具有相同的数据类型。

(2) 数组名的声明要符合C语言固定的标识符的声明要求，只能由字母、数字、下画线三种符号组成，且第一个字符只能是字母或者下画线。

(3) 方括号中的数组长度是一个常量或常量表达式，并且必须是正整数。

6.1.3 数组的初始化

数组在进行声明的同时可以进行初始化操作，格式如下：

```
数据类型 数组名[数组长度] = {初值列表};
```

还是以数码管的真值表为例讲解数组使用的注意事项。

```
unsigned char LedChar[16] = {
    0xC0, 0xF9, 0xA4, 0xB0, 0x99, 0x92, 0x82, 0xF8,
    0x80, 0x90, 0x88, 0x83, 0xC6, 0xA1, 0x86, 0x8E
};
```

(1) 初值列表里的数据之间要用逗号隔开。

(2) 初值列表里的初值的数量必须等于或小于数组长度，当小于数组长度时，数组的后边没有赋初值的元素由系统自动赋值为0。

(3) 若给数组的所有元素都赋初值，可以省略数组的长度。

(4) 系统为数组分配连续的存储单元的时候，数组元素的相对次序由下标决定，就是说LedChar[0]，LedChar[1]，…，LedChar[15]是按照顺序依次排下来的。

6.1.4 数组的使用和赋值

在C语言程序中，是不能一次使用整个数组的，只能使用数组的单个元素。一个数组元素相当于一个变量，使用数组元素的时候与使用相同数据类型的变量的方法是一样的。比如LedChar这个数组，如果没加code关键字，那么它可读可写，可以写成a=LedChar[0]，把数组的一个元素的值传送给a这个变量，也可以写成LedChar[0]=a，把a变量的值传送给数组中的一个元素，要注意以下三点。

(1) 引用数组的时候，方括号里的数字代表的是数组元素的下标，而数组初始化的时候方括号里的数字代表的是这个数组中元素的总数。

(2) 数组元素的方括号里的下标可以是整型常数、整型变量或者表达式，而数组初始化的时候方括号里的数字必须是常数而不能是变量。

(3) 数组整体赋值只能在初始化的时候进行，程序执行代码中只能对单个元素赋值。

6.2 if语句

到目前为止，我们对if语句应该已经不陌生了，前边程序已用过多次了，下面系统地介绍一下，方便后边的深入学习。if语句有两个关键字：if和else，把这两个关键字翻译一下就是："如果"和"否则"。if 语句一共有 3 种格式，分别介绍如下。

1. if 语句的默认形式

```
if (条件表达式)
{
    语句 1;
}
```

其执行过程是，if(即如果)条件表达式的值为"真"，则执行语句 1；如果条件表达式的值为"假"，则不执行语句 1。真和假的概念不再赘述，参考第 5 章。

这里要提醒大家一点，C 语言中分号表示一条语句的结束，因此，如果 if 后边只有一条执行语句，可以省略大括号，如果有多条执行语句，则必须加大括号。

```
if (sec >= 16)
{
    sec = 0;
}
```

当 sec 的值大于或等于 16 的时候，括号里的值才是"真"，那么就执行 sec=0 这条语句，当 sec 的值小于 16 时，那么括号里就为"假"，就不执行这条语句。

2. if…else 语句

有些情况下，除了要在括号里条件满足时执行相应的语句外，还要在不满足该条件的时候，执行其他的语句，这时就用到了 if…else 语句，它的基本语法形式是：

```
if (条件表达式)
{
    语句 1;
}
else
{
    语句 2;
}
```

比如前面的最后一段程序也可以写成：

```
P0 = LedChar[sec];
if (sec >= 15)
{
    sec = 0;
}
else
{
    sec++;
}
```

这个程序可以修改下载到单片机里验证一下，程序逻辑读者自己动脑筋分析，注意条件表达式内 16 到 15 的变化，想一下为什么，这里就不多解释了。

3. if…else if 语句

if…else 语句是一个二选一的语句，或者执行 if 分支后的语句，或者执行 else 分支后的语句。还有一种多选一的用法就是 if…else if 语句。基本语法格式如下：

```
if (条件表达式 1)          {语句 1;}
```

```
else if (条件表达式 2)     {语句 2;}
else if (条件表达式 3)     {语句 3;}
…
else                       {语句 n;}
```

执行过程是：依次判断条件表达式的值，当出现某个值为"真"时，则执行相对应的语句，然后跳出整个 if 的语句块，执行"语句 n"后面的程序；如果所有的表达式都为"假"，则执行 else 分支的"语句 n"后，再执行"语句 n"后面的程序。

if 语句在 C 语言编程中使用频率很高，用法也不复杂，所以必须熟练掌握。

6.3 switch 语句

用 if…else 语句处理多分支的时候，分支太多就会显得不方便，且容易出现 if 和 else 配对出现错误的情况，在 C 语言中提供了另一种多分支选择的语句——switch 语句，它的基本语法格式如下：

```
switch (表达式)
{
    case 常量表达式 1: 语句 1;
    case 常量表达式 2: 语句 2;
    …
    case 常量表达式 n: 语句 n;
    default: 语句 n+1;
}
```

执行过程是：首先计算"表达式"的值，然后从第一个 case 开始，与"常量表达式 x"进行比较，如果与当前常量表达式的值不相等，那么就不执行冒号后边的语句 x，一旦发现和某个常量表达式的值相等了，那么它会执行之后所有的语句，如果直到最后一个"常量表达式 n"都没有找到相等的值，那么就执行 default 后的"语句 n+1"。请特别注意一点，当找到一个相等的 case 分支后，会执行该分支以及之后所有分支的语句，很明显这不是读者想要的结果。

在 C 语言中，有一条 break 语句，作用是跳出当前的循环语句（包括 for 循环和 while 循环），同时，它还能用来结束 switch 语句块。switch 的分支语句一共有 n+1 种，而通常都是希望选择其中的一个分支来执行，执行完后就结束整个 switch 语句，而继续执行 switch 后面的语句，此时就可以通过在每个分支后加上 break 语句来实现了。

```
switch (表达式)
{
    case 常量表达式 1: 语句 1; break;
    case 常量表达式 2: 语句 2; break;
    …
    case 常量表达式 n: 语句 n; break;
    default: 语句 n+1; break;
}
```

加了这个 break 语句后，一旦"常量表达式 x"与"表达式"的值相等了，那么就执行"语句 x"，执行完后，由于有了 break，就直接跳出 switch 语句，继续执行 switch 语句后面的程序了，这样就可以避免执行不必要的语句。了解 switch 语句后，就可以在下面程序中使用并巩固它。

6.4 数码管的动态显示

6.4.1 动态显示的基本原理

在第5章学习数码管静态显示的时候说到，74HC138只能在同一时刻导通一个三极管，数码管靠6个三极管控制，如何让数码管同时显示呢？这就用到了动态显示的概念。

多个数码管显示数字的时候，实际上是轮流点亮数码管(一个时刻内只有一个数码管是亮的)，利用人眼的视觉暂留现象(也叫余晖效应)，就可以做到看起来是所有数码管都同时亮了，这就是动态显示，也叫作动态扫描。

例如，有两个数码管，要显示"12"这个数字，先让高位的位选三极管导通，然后控制段选让其显示"1"，延时一定时间后再让低位的位选三极管导通，然后控制段选让其显示"2"。把这个流程以一定的速度循环运行就可以让数码管显示出"12"，由于交替速度非常快，人眼识别到的就是"12"这两位数字同时亮了。

那么一个数码管需要点亮多长时间呢？要多长时间完成一次全部数码管的扫描呢？很明显，整体扫描时间=单个数码管点亮时间×数码管个数。答案是10ms以内。当电视机和显示器还处在CRT(电子显像管)时代的时候，有一句很流行的广告语——"100Hz无闪烁"，没错，只要刷新频率大于100Hz，即刷新时间小于10ms，就可以做到无闪烁，这也就是动态扫描的硬性指标。也许有人会问，有最小值的限制吗？理论上没有，但实际上做到更快的刷新却没有任何意义，因为已经无闪烁了，再快也还是无闪烁，只是徒然增加CPU的负荷而已(因为1s内要执行更多次的扫描程序)。所以，通常设计程序的时候，都是取一个接近10ms，又比较规整的值就行了。开发板上有6个数码管，那么现在就来着手编写一个数码管动态扫描的程序，实现兼验证上面讲的动态显示原理。

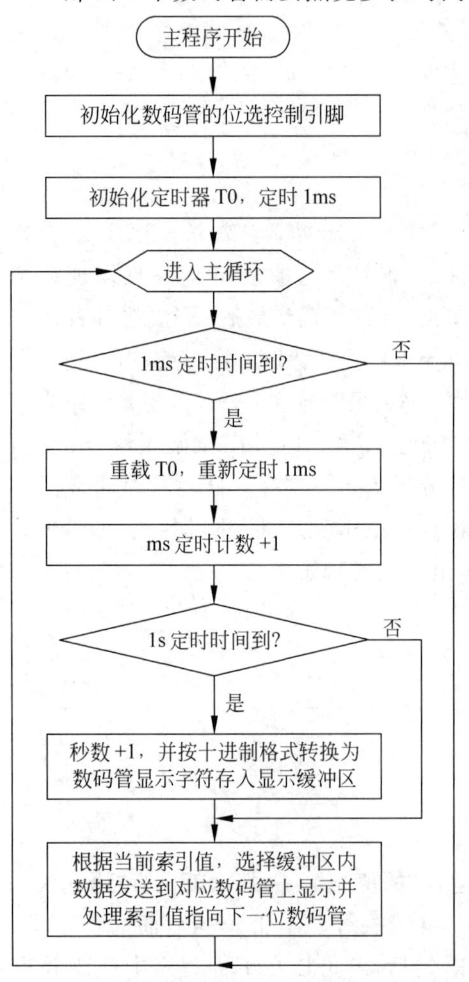

图6-1 数码管动态显示秒表程序流程图

目标还是实现秒表功能，只不过这次有6个位了，最大可以计到999999s。那么现在要实现的程序相对于前几章的例程来说复杂得多，既要处理秒表计数，又要处理动态扫描。在编写这类稍复杂的程序时，建议初学者先用程序流程图把程序的整个流程厘清，在动手编写程序之前先把整个程序的结构框架搭好，把每一个环节要实现的功能先细化出来，然后再用程序代码一步一步地实现。这样就可以避免无处下手。如图6-1所示就是本例的程序流程图，大家先根据流程图把程序的执行过程在大脑里走一遍，然后再看接下来的程序代码，体会流程图的作用，看是不是能帮助读者更顺畅地厘清程序流程。

```
#include <reg52.h>

sbit ADDR0 = P1^0;
sbit ADDR1 = P1^1;
sbit ADDR2 = P1^2;
sbit ADDR3 = P1^3;
sbit ENLED = P1^4;

unsigned char code LedChar[] = {  //数码管显示字符转换表
    0xC0, 0xF9, 0xA4, 0xB0, 0x99, 0x92, 0x82, 0xF8,
    0x80, 0x90, 0x88, 0x83, 0xC6, 0xA1, 0x86, 0x8E
};
unsigned char LedBuff[6] = {      //数码管显示缓冲区,初值 0xFF 确保启动时都不亮
    0xFF, 0xFF, 0xFF, 0xFF, 0xFF, 0xFF
};

void main()
{
    unsigned char i = 0;          //动态扫描的索引
    unsigned int  cnt = 0;        //记录 T0 中断次数
    unsigned long sec = 0;        //记录经过的秒数

    ENLED = 0;                    //使能 U3,选择控制数码管
    ADDR3 = 1;                    //因为需要动态改变 ADDR0 - 2 的值,所以不需要再初始化
    TMOD = 0x01;                  //设置 T0 为模式 1
    TH0  = 0xFC;                  //为 T0 赋初值 0xFC67,定时 1ms
    TL0  = 0x67;
    TR0  = 1;                     //启动 T0

    while (1)
    {
        if (TF0 == 1)             //判断 T0 是否溢出
        {
            TF0 = 0;              //T0 溢出后,清 0 中断标志
            TH0 = 0xFC;           //并重新赋初值
            TL0 = 0x67;
            cnt++;                //计数值自加 1
            if (cnt >= 1000)      //判断 T0 溢出是否达到 1000 次
            {
                cnt = 0;          //达到 1000 次后计数值清 0
                sec++;            //秒计数自加 1
                //以下代码将 sec 按十进制位从低到高依次提取并转为数码管显示字符
                LedBuff[0] = LedChar[sec%10];
                LedBuff[1] = LedChar[sec/10%10];
                LedBuff[2] = LedChar[sec/100%10];
                LedBuff[3] = LedChar[sec/1000%10];
                LedBuff[4] = LedChar[sec/10000%10];
                LedBuff[5] = LedChar[sec/100000%10];
            }
```

```
            //以下代码完成数码管动态扫描刷新
            if (i == 0)
            { ADDR2 = 0; ADDR1 = 0; ADDR0 = 0; i++; P0 = LedBuff[0]; }
            else if (i == 1)
            { ADDR2 = 0; ADDR1 = 0; ADDR0 = 1; i++; P0 = LedBuff[1]; }
            else if (i == 2)
            { ADDR2 = 0; ADDR1 = 1; ADDR0 = 0; i++; P0 = LedBuff[2]; }
            else if (i == 3)
            { ADDR2 = 0; ADDR1 = 1; ADDR0 = 1; i++; P0 = LedBuff[3]; }
            else if (i == 4)
            { ADDR2 = 1; ADDR1 = 0; ADDR0 = 0; i++; P0 = LedBuff[4]; }
            else if (i == 5)
            { ADDR2 = 1; ADDR1 = 0; ADDR0 = 1; i = 0; P0 = LedBuff[5]; }
        }
    }
}
```

这段程序可以先抄到Keil中，然后边抄边结合程序流程图理解，最终下载到实验板上看一下运行结果。其中if…else语句就是每1ms快速地刷新一个数码管，这样6个数码管整体刷新一遍的时间就是6ms，视觉感官上就是6个数码管同时亮起来了。

在C语言中，“/”等同于数学里的除法运算，“%”等同于小学学的求余数运算，这个前边已有介绍。如果是123456这个数字，要在数码管上正常显示个位，就是直接对10取余数，这个“6”就出来了，十位数字就是先除以10，然后再对10取余数，以此类推，就把6个数字全部显示出来了。

对于多选一的动态刷新数码管的方式，如果用switch语句会有更好的效果。下面用switch语句完成，代码如下。

```
#include <reg52.h>

sbit ADDR0 = P1^0;
sbit ADDR1 = P1^1;
sbit ADDR2 = P1^2;
sbit ADDR3 = P1^3;
sbit ENLED = P1^4;

unsigned char code LedChar[] = {      //数码管显示字符转换表
    0xC0, 0xF9, 0xA4, 0xB0, 0x99, 0x92, 0x82, 0xF8,
    0x80, 0x90, 0x88, 0x83, 0xC6, 0xA1, 0x86, 0x8E
};
unsigned char LedBuff[6] = {          //数码管显示缓冲区,初值0xFF确保启动时都不亮
    0xFF, 0xFF, 0xFF, 0xFF, 0xFF, 0xFF
};

void main()
{
    unsigned char i = 0;              //动态扫描的索引
    unsigned int  cnt = 0;            //记录T0中断次数
    unsigned long sec = 0;            //记录经过的秒数
```

```
    ENLED = 0;                     //使能 U3,选择控制数码管
    ADDR3 = 1;                     //因为需要动态改变 ADDR0 - 2 的值,所以不需要再初始化了
    TMOD = 0x01;                   //设置 T0 为模式 1
    TH0  = 0xFC;                   //为 T0 赋初值 0xFC67,定时 1ms
    TL0  = 0x67;
    TR0  = 1;                      //启动 T0

    while (1)
    {
        if (TF0 == 1)              //判断 T0 是否溢出
        {
            TF0 = 0;               //T0 溢出后,清 0 中断标志
            TH0 = 0xFC;            //并重新赋初值
            TL0 = 0x67;
            cnt++;                 //计数值自加 1
            if (cnt >= 1000)       //判断 T0 溢出是否达到 1000 次
            {
                cnt = 0;           //达到 1000 次后计数值清 0
                sec++;             //秒计数自加 1
                //以下代码将 sec 按十进制位从低到高依次提取并转为数码管显示字符
                LedBuff[0] = LedChar[sec % 10];
                LedBuff[1] = LedChar[sec/10 % 10];
                LedBuff[2] = LedChar[sec/100 % 10];
                LedBuff[3] = LedChar[sec/1000 % 10];
                LedBuff[4] = LedChar[sec/10000 % 10];
                LedBuff[5] = LedChar[sec/100000 % 10];
            }
            //以下代码完成数码管动态扫描刷新
            switch (i)
            {
                case 0: ADDR2 = 0; ADDR1 = 0; ADDR0 = 0; i++; P0 = LedBuff[0]; break;
                case 1: ADDR2 = 0; ADDR1 = 0; ADDR0 = 1; i++; P0 = LedBuff[1]; break;
                case 2: ADDR2 = 0; ADDR1 = 1; ADDR0 = 0; i++; P0 = LedBuff[2]; break;
                case 3: ADDR2 = 0; ADDR1 = 1; ADDR0 = 1; i++; P0 = LedBuff[3]; break;
                case 4: ADDR2 = 1; ADDR1 = 0; ADDR0 = 0; i++; P0 = LedBuff[4]; break;
                case 5: ADDR2 = 1; ADDR1 = 0; ADDR0 = 1; i = 0; P0 = LedBuff[5]; break;
                default: break;
            }
        }
    }
}
```

程序完成的功能是一模一样的,但读者看一下,switch 语句是不是比 if…else 语句显得要整齐呢?

6.4.2 数码管显示消隐

不知道读者是否发现了,这两个数码管动态显示程序的运行效果似乎并不是那么完美,第一个问题,读者仔细看,数码管不应该亮的段,似乎有微微的发亮。这种现象叫作“鬼影”,这个“鬼影”严重影响了视觉效果,该如何解决呢?

读者在今后可能会遇到各种各样的实际问题,可能很多都是没有讲过的,遇到问题怎么

办呢？读者要相信，作为初学者，遇到的问题肯定有前辈已经遇到过，他们一般都会在网上发表各种帖子，各种讨论，所以遇到问题，首先就应该形成到网上搜索的条件反射。这个问题读者可以到网上搜："数码管消隐"或者"数码管鬼影解决"，多找相关关键词搜索试试，会搜索也是一种能力。

读者在网上搜索后会发现，解决这类问题的方法有两个，其中之一是延时，延时之后肉眼就可能看不到这个"鬼影"了。但是延时是一个非常拙劣的手段，且不说延时多久能看不到"鬼影"，延时后，数码管亮度会普遍降低。我们解决问题不能只知其然，还要知其所以然，首先就来弄明白为什么会出现"鬼影"。

"鬼影"的出现，主要是在数码管位选和段选产生的瞬态造成的。举个简单例子，在数码管动态显示的那部分程序中，实际上每一个数码管点亮的持续时间是1ms，1ms后进行下个数码管的切换。在进行数码管切换的时候，比如从case 5要切换到case 0的时候，case 5的位选用的是"ADDR0＝1；ADDR1＝0；ADDR2＝1；"，假如此刻case 5也就是最高位数码管对应的值是0，要切换成case 0的数码管位选是"ADDR0＝0；ADDR1＝0；ADDR2＝0；"，而对应的数码管的值假如是1。又因为C语言程序是一句一句顺序往下执行的，每一条语句的执行都会占用一定的时间，即使这个时间非常短暂。但是当把"ADDR0＝1"改变成"ADDR0＝0"时，这个瞬间存在了一个中间状态"ADDR0＝0；ADDR1＝0；ADDR2＝1；"在这个瞬间上，就给case 4对应的数码管DS5瞬间赋值了0。当全部写完了"ADDR0＝0；ADDR1＝0；ADDR2＝0；"后，P0还没有正式赋值，而P0却保持了前一次的值，也就是在这个瞬间，又给case 0对应的数码管DS1赋值了一个0。直到把case 0后边的语句全部完成后，刷新才正式完成。而在这个刷新过程中，有两个瞬间给错误的数码管赋了值，虽然很弱(因为亮的时间很短)，但还是能够发现。

搞明白了原理后，解决起来就不是困难的事情了，只要避开这个瞬间错误就可以了。不产生瞬间错误的方法是，在进行位选切换期间，避免一切数码管的赋值即可。方法有两个：一个方法是刷新之前关闭所有的段，改变好了位选后，再打开段即可；另一个方法是关闭数码管的位，赋值过程都做好后，再重新打开即可。

关闭段：在switch(i)这条语句之前，加一句"P0＝0xFF；"这样就把数码管所有的段都关闭了，当把ADDR的值全部写完后，再给P0赋对应的值即可。

关闭位：在switch(i)这条语句之前，加上一句"ENLED＝1；"，等到把"ADDR2＝0；ADDR1＝0；ADDR0＝0；i++；P0＝LedBuff[0]；"这几条刷新语句全部写完，再加上一句"ENLED＝0；"，然后再进行break操作即可。

这里逻辑思路上稍微有点复杂，大家一定要理解深刻，彻底弄明白，把这个瞬态的问题弄明白了，后边很多牵扯到此类情况的问题，都可以迎刃而解。

对于数码管程序，还有第二个问题，读者仔细看，数码管上的数字每一秒变化一次，变化的时候，不参加变化的数码管可能出现一次抖动，这个抖动称为数码管抖动。这种数码管抖动是什么原因造成的呢？为何在数据改变的时候才抖动呢？

来分析一下程序，程序在定时到1s的时候，执行了"秒数＋1并转换为数码管显示字符"这个操作，一个32位整型数的除法运算，实际上是比较耗费时间的，至于这一段程序究竟耗费了多少时间，读者可以通过第4章讲的调试方法来看看这段程序运行用了多少时间。由于每次定时到1s的时候，程序都多运行了这么一段，导致了某个数码管的点亮时间比其他情况下要长一些，总时间就变成了“1ms＋本段程序运行时间”，与此同时，其他的数码管就熄灭了“5ms＋本段程序运行时间”，如果这段程序运行时间非常短，那么可以忽略不计，但很明显，现在这段程序运行时间已经比较长了，以至于严重影响到视觉效果了，所以要采取另一种思路解决这个问题。

6.5 单片机中断系统

6.5.1 中断的产生背景

请设想这样一个场景：此刻我正在厨房用煤气烧一壶水，而烧开一壶水刚好需要10min，我是一个主体，烧水是一个目的，而且我只能在这里烧水，因为一旦水开了，溢出来浇灭煤气，有可能引发一场灾难。但就在这个时候呢，又听到了电视里传来《天龙八部》的主题歌，马上就要开演了，真想夺门而出，去看我最喜欢的电视剧。然而，听到这个水壶发出的“咕嘟”的声音，我清楚：除非等水烧开了，否则是无法享受我喜欢的电视剧的。

这里边主体只有一个，而要做的有两件事情：一件是看电视；另一件是烧水，而电视和烧水是两个独立的客体，它们是同时进行的。其中烧水需要10min，但不需要了解烧水的过程，只需要得到水烧开的这样一个结果就行了，提下水壶和关闭煤气只需要几秒的时间而已。所以采取的办法就是：烧水的时候，定上一个闹钟，定时10min，然后我就可以安心看电视了。当10min时间到了，闹钟响了，此刻水也烧开了，就过去把煤气灭掉，然后继续回来看电视就可以了。

这个场景和单片机有什么关系呢？

在单片机的程序处理过程中也有很多类似的场景，当单片机正在专心致志地做一件事情（看电视）的时候，总会有一件或者多件紧迫或者不紧迫的事情发生，需要去关注，有一些需要停下手头的工作马上去处理（比如水开了），只有处理完了，才能回头继续完成刚才的工作（看电视）。这种情况下单片机的中断系统就该发挥它的强大作用了，合理巧妙地利用中断，不仅可以获得处理突发状况的能力，而且可以使单片机能够“同时”完成多项任务。

6.5.2 定时器中断的应用

在第5章学过了定时器，而实际上定时器的一般用法都是采取中断方式来实现的，在第5章用查询法，就是使用if(TF0==1)这样的语句先用定时器，目的是明确告诉读者定时器和中断不是一回事，定时器是单片机模块的一个资源，是确确实实存在的一个模块，而中断，是单片机的一种运行机制。尤其是初学者，很多人会误以为定时器和中断是一个概念，只有定时器才会触发中断，但实际上很多事件都会触发中断，除了“烧水”，还有“有人按门铃”“来电话了”等事件。

标准51单片机中控制中断的寄存器有两个：一个是中断使能寄存器；另一个是中断优先级寄存器。中断使能寄存器IE的位分配和位描述如表6-1和表6-2所示。随着一些增强型51单片机的问世，可能会有增加的寄存器，读者理解了这里所讲的，其他的寄存器通过自己研读数据手册就可以理解并且用起来了。

表 6-1 IE 的位分配(地址 0xA8、可位寻址)

位	7	6	5	4	3	2	1	0
符号	EA	—	ET2	ES	ET1	EX1	ET0	EX0
复位值	0	—	0	0	0	0	0	0

表 6-2 IE 的位描述

位	符 号	描 述
7	EA	总中断使能位,相当于总开关
6	—	—
5	ET2	定时器 2 中断使能
4	ES	串口中断使能
3	ET1	定时器 1 中断使能
2	EX1	外部中断 1 使能
1	ET0	定时器 0 中断使能
0	EX0	外部中断 0 使能

中断使能寄存器 IE 的位 0～5 控制了 6 个中断使能,而第 6 位没有用到,第 7 位是总开关。总开关就相当于家里或者学生宿舍里的电源总闸门,而 0～5 位这 6 位相当于每个分中断开关。也就是说,只要用到中断,就要写 EA=1 这一条语句,打开中断总开关,然后用到哪个分中断,再打开相对应的控制位就可以了。

现在就把前面的数码管动态显示的程序改用中断再实现出来,同时数码管显示抖动和"鬼影"也一并处理掉了。程序运行的流程跟图 6-1 所示的流程图是基本一致的,但因为加入了中断,所以整个流程被分成了两部分,转换为数码管显示字符的部分还留在主循环内,而实现 1s 定时和动态扫描部分则移到了中断函数内,并加入了消隐的处理。下面来看程序:

```
#include <reg52.h>
sbit ADDR0 = P1^0;
sbit ADDR1 = P1^1;
sbit ADDR2 = P1^2;
sbit ADDR3 = P1^3;
sbit ENLED = P1^4;
unsigned char code LedChar[] = {  //数码管显示字符转换表
    0xC0, 0xF9, 0xA4, 0xB0, 0x99, 0x92, 0x82, 0xF8,
    0x80, 0x90, 0x88, 0x83, 0xC6, 0xA1, 0x86, 0x8E
};
unsigned char LedBuff[6] = {       //数码管显示缓冲区,初值 0xFF 确保启动时都不亮
    0xFF, 0xFF, 0xFF, 0xFF, 0xFF, 0xFF
};
unsigned char i = 0;               //动态扫描的索引
unsigned int cnt = 0;              //记录 T0 中断次数
unsigned char flag1s = 0;          //1s 定时标志
void main()
{
    unsigned long sec = 0;         //记录经过的秒数
    EA = 1;                        //使能总中断
    ENLED = 0;                     //使能 U3,选择数码管
```

```
    ADDR3 = 1;                    //因为需要动态改变 ADDR0 - 2 的值,所以不需要再初始化
    TMOD = 0x01;                  //设置 T0 为模式 1
    TH0  = 0xFC;                  //为 T0 赋初值 0xFC67,定时 1ms
    TL0  = 0x67;
    ET0  = 1;                     //使能 T0 中断
    TR0  = 1;                     //启动 T0
    while (1)
    {
        if (flag1s == 1)          //判断 1s 定时标志
        {
            flag1s = 0;           //1 秒定时标志清 0
            sec++;                //秒计数自加 1
            //以下代码将 sec 按十进制位从低到高依次提取并转为数码管显示字符
            LedBuff[0] = LedChar[sec % 10];
            LedBuff[1] = LedChar[sec/10 % 10];
            LedBuff[2] = LedChar[sec/100 % 10];
            LedBuff[3] = LedChar[sec/1000 % 10];
            LedBuff[4] = LedChar[sec/10000 % 10];
            LedBuff[5] = LedChar[sec/100000 % 10];
        }
    }
}
/* 定时器 0 中断服务函数 */
void InterruptTimer0() interrupt 1
{
    TH0 = 0xFC;                   //重新加载初值
    TL0 = 0x67;
    cnt++;                        //中断次数计数值加 1
    if (cnt >= 1000)              //中断 1000 次即 1s
    {
        cnt = 0;                  //清 0 计数值以重新开始下 1s 计时
        flag1s = 1;               //设置 1s 定时标志为 1
    }
    //以下代码完成数码管动态扫描刷新
    P0 = 0xFF;                    //显示消隐
    switch (i)
    {
        case 0: ADDR2 = 0; ADDR1 = 0; ADDR0 = 0; i++; P0 = LedBuff[0]; break;
        case 1: ADDR2 = 0; ADDR1 = 0; ADDR0 = 1; i++; P0 = LedBuff[1]; break;
        case 2: ADDR2 = 0; ADDR1 = 1; ADDR0 = 0; i++; P0 = LedBuff[2]; break;
        case 3: ADDR2 = 0; ADDR1 = 1; ADDR0 = 1; i++; P0 = LedBuff[3]; break;
        case 4: ADDR2 = 1; ADDR1 = 0; ADDR0 = 0; i++; P0 = LedBuff[4]; break;
        case 5: ADDR2 = 1; ADDR1 = 0; ADDR0 = 1; i = 0; P0 = LedBuff[5]; break;
        default: break;
    }
}
```

读者可以先把程序抄下来,编译下载到单片机中运行,看看实际效果。是否可以看到,近乎完美的显示效果终于做成功了。下面解析一下这个程序。

在这个程序中有两个函数:一个是主函数;另一个是中断服务函数。主函数 main()就不用说了,重点强调一下中断服务函数,它的书写格式是固定的,首先中断函数前边 void 表示函数返回空,即中断函数不返回任何值,函数名是 InterruptTimer0(),在符合函数命名规

则的前提下，这个函数名可以随便取，取这个名称是为了方便区分和记忆，而后是 interrupt 这个关键字，一定不能错，这是中断特有的关键字，另外后边还有个数字 1，这个数字 1 怎么来的呢？先来看表 6-3。

表 6-3 中断查询序列

中断函数编号	中断名称	中断标志位	中断使能位	中断向量地址	默认优先级
0	外部中断 0	IE0	EX0	0x0003	1(最高)
1	T0 中断	TF0	ET0	0x000B	2
2	外部中断 1	IE1	EX1	0x0013	3
3	T1 中断	TF1	ET1	0x001B	4
4	UART 中断	TI/RI	ES	0x0023	5
5	T2 中断	TF2/EXF2	ET2	0x002B	6

表 6-3 同样不需要读者记住，需要的时候来查就可以了。现在看第 2 行的 T0 中断，要使能这个中断就要把它的中断使能位 ET0 置 1，当它的中断标志位 TF0 变为 1 时，就会触发 T0 中断了，这时就应该来执行中断函数了，单片机又怎样找到这个中断函数呢？靠的就是中断向量地址，所以 interrupt 后面中断函数编号的数字 x 就是根据中断向量得出的，它的计算方法是 x×8+3=向量地址。当然表中都已经给算好放在第一栏了，可以直接查出来用就行了。到此为止，中断函数的命名规则都搞清楚了。

中断函数写好后，每当满足中断条件而触发中断后，系统就会自动调用中断函数。比如上面这个程序，平时一直在主程序 while(1)的循环中执行，假如程序有 100 行，当执行到 50 行时，定时器溢出了，那么单片机就会立刻跑到中断函数中执行中断程序，中断程序执行完毕后再自动返回到刚才的第 50 行处继续执行下面的程序，这样就保证了动态显示间隔是固定的 1ms，不会因为程序执行时间不一致导致数码管显示的抖动。

6.5.3 中断的优先级

中断优先级的内容先大概了解即可，后边实际应用的时候再详细理解。

在讲中断产生背景的时候，仅仅讲了看电视和烧水的例子，但是实际生活中还有更复杂的，比如正在看电视，这个时候来电话了，要进入接电话的“中断”程序中，就在接电话的同时，听到了水开的声音，水开的“中断”也发生了，就必须要放下手上的电话，先把煤气关掉，然后再回来接听电话，最后听完了电话再看电视，这里就产生了一个优先级的问题。

还有一种情况，在看电视的时候，听到水开的声音，水开的“中断”发生了，要进入关煤气的“中断”程序中，而在关煤气的同时，电话响了，而这个时候，处理方式是先把煤气关闭，再去接听电话，最后再看电视。

从这两个过程中可以得到一个结论就是，最最紧急的事情一旦发生，不管当时处在哪个“程序”中，必须先去处理最最紧急的事情，处理完毕再去解决其他事情。单片机程序中有时候也是这样的，有一般紧急的中断，有特别紧急的中断，这取决于具体的系统设计，这就涉及中断优先级和中断嵌套的概念。本章先简单介绍相关寄存器，不做例程说明。

中断优先级有两种：一种是抢占优先级；另一种是固有优先级。先介绍抢占优先级。来看表 6-4 和表 6-5 所示的中断优先级寄存器 IP。

表 6-4　IP 的位分配(地址 0xB8、可位寻址)

位	7	6	5	4	3	2	1	0
符号	—	—	PT2	PS	PT1	PX1	PT0	PX0
复位值	—	—	0	0	0	0	0	0

表 6-5　IP 的位描述

位	符　号	描　述
7	—	保留
6	—	保留
5	PT2	定时器 2 中断优先级控制位
4	PS	串口中断优先级控制位
3	PT1	定时器 1 中断优先级控制位
2	PX1	外部中断 1 中断优先级控制位
1	PT0	定时器 0 中断优先级控制位
0	PX0	外部中断 0 中断优先级控制位

IP 寄存器的每一位,表示对应中断的抢占优先级,每一位的复位值都是 0,当把某一位设置为 1 的时候,这一位的优先级就比其他位的优先级高了。比如设置了 PT0 位为 1 后,当单片机在主循环或者任何其他中断程序中执行时,一旦定时器 T0 发生中断,作为更高的优先级,程序马上就会到 T0 的中断程序中来执行。反过来,当单片机正在 T0 中断程序中执行时,如果有其他中断发生了,还是会继续执行 T0 中断程序,直到把 T0 中的中断程序执行完后,才会去执行其他中断程序。

当进入低优先级中断中执行时,如又发生了高优先级的中断,则立刻进入高优先级中断执行,处理完高优先级中断后,再返回处理低优先级中断,这个过程就称为中断嵌套,也称为抢占。所以抢占优先级的概念就是,优先级高的中断可以打断优先级低的中断的执行,从而形成嵌套。当然反过来,优先级低的中断是不能打断优先级高的中断的。

既然有抢占优先级,自然就也有非抢占优先级了,也称为固有优先级。表 6-3 中的最后一列给出的就是固有优先级,请注意,在中断优先级的编号中,一般都是数字越小优先级越高。从表 6-3 中可以看到一共有 1～6 共 6 级的优先级,这里的优先级与抢占优先级的不同点就是,它不具有抢占的特性,也就是说即使在低优先级中断执行过程中又发生了高优先级的中断,那么高优先级的中断也只能等到低优先级中断执行完后才能得到响应。既然不能抢占,那么优先级有什么用呢?

优先级一般用于多个中断同时存在时的仲裁。比如有多个中断同时发生了,当然实际上发生这种情况的概率很低,但另外一种情况就常见得多了,那就是出于某种原因暂时关闭了总中断,即 EA＝0,执行完一段代码后又重新使能了总中断,即 EA＝1,那么在这段时间里就很可能有多个中断都发生了,但因为总中断是关闭的,所以它们当时都得不到响应,而当总中断再次使能后,它们就会在同时请求响应了,很明显,这时也必须有个先后顺序才行,这就是非抢占优先级的作用了(见表 6-3),谁优先级最高先响应谁,然后按编号排队,依次得到响应。

抢占优先级和非抢占优先级的协同,可以使单片机中断系统有条不紊地工作,既不会无休止地嵌套,又可以保证必要时紧急任务得到优先处理。在后续的学习过程中,中断系统会与读者如影随形,随着学习的深入,相信读者会对它的理解更加深入。

6.6 习题

1. 掌握C语言数组的概念、定义和应用。

2. 掌握if语句和switch语句的用法及区别,编程的时候能够正确选择使用。

3. 彻底理解中断的原理和应用方法,能独立把本章节程序编写完毕并且下载到实验板上实践。

4. 尝试修改程序,使数码管只显示有效位,也就是高位的0不显示。

5. 尝试写一个从999999开始倒计时的程序,并且改用定时器T1的中断来完成,通过写这个程序,熟练掌握定时器和中断的应用。

第7章

变量进阶与点阵LED

当走在马路上的时候，经常会看到马路两侧有一些LED点阵的广告牌，这些广告牌看起来绚烂夺目，非常吸引人，而且还会变换不同的显示方式。本章就会学习点阵LED的控制方式，但是首先得了解一些C语言中变量的进阶知识——变量的作用域和存储类别。

7.1 变量的作用域

所谓作用域就是指变量起作用的范围，也是变量的有效范围。变量按作用域可以分为局部变量和全局变量。

7.1.1 局部变量

在一个函数内部声明的变量是局部变量，它只在本函数内有效，在本函数以外是不能使用的。此外，函数的形参也是局部变量，形参会在后面再详细解释。

比如第6章程序中定义的unsigned long sec变量，它是定义在main函数内部的，所以只能由main函数使用，中断函数就不能使用这个变量。同理，如果在中断函数内部定义的变量，在main函数中也是不能使用的。

7.1.2 全局变量

在函数外部声明的变量是全局变量。一个源程序文件可以包含一个或者多个函数，全局变量的作用范围是从它开始声明的位置一直到程序结束。

比如第6章程序中定义的unsigned char LedBuff[6]数组，它的作用域就是从开始定义的位置一直到程序结束，不管是main函数还是中断函数InterruptTimer0，都可以直接使用这个数组。

局部变量只有在声明它的函数范围内可以使用，而全局变量可以被作用域内的所有函数直接使用。所以在一个函数内既可以使用本函数内声明的局部变量，也可以使用全局变量。从编程规范上讲，一个程序文件内所有的全局变量都应定义在文件的开头部分，即在文件中所有函数之前。

由于C语言函数只有一个返回值，但经常会希望一个函数可以提供或影响多个结果值，这时就可以利用全局变量实现。但是考虑到全局变量的一些特征，应该限制全局变量的使用，过多地使用全局变量也会带来一些问题。

(1) 全局变量可以被作用域内所有的函数直接引用,可以增加函数间数据联系的途径,但同时加强了函数模块之间的数据联系,使这些函数的独立性降低,对其中任何一个函数的修改都可能影响到其他函数的执行结果,函数之间过于紧密的联系不利于程序的维护。

(2) 全局变量的应用会降低函数的通用性。函数在执行的时候过多依赖于全局变量,不利于函数的重复利用。目前编写的程序还都比较简单,就一个.c文件,但以后要学到一个程序中有多个.c文件,当一个函数被另外一个.c文件调用的时候,必须将这个全局变量的变量值一起移植,而全局变量不只被一个函数调用,这样会引起一些不可预见的后果。

(3) 过多地使用全局变量会降低程序的清晰度,使程序的可读性下降。在各个函数执行的时候都可能改变全局变量值,往往难以清楚地判断出每个时刻各个全局变量的值。

(4) 定义全局变量会永久占用单片机的内存单元,而局部变量只有进入定义局部变量的函数时才会占用内存单元,函数退出后会自动释放所占用的内存。所以大量的全局变量会额外增加内存消耗。

综上所述,在编程规范上有一条原则,就是尽量减少全局变量的使用,能用局部变量代替的就不用全局变量。

还有一种特殊情况,读者在看程序的时候要注意,C语言是允许局部变量和全局变量同名的,它们定义后在内存中占有不同的内存单元。如果在同一源文件中,全局变量和局部变量同名,在局部变量作用域范围内,只有局部变量有效,全局变量不起作用,也就是说局部变量具有更高优先级。但是从编程规范上讲,要避免全局变量与局部变量重名,从而避免不必要的误解和误操作。

7.2 变量的存储类别

变量的存储类别有动态(自动)、静态、寄存器和外部存储四种。其中后两种暂不介绍,主要介绍动态存储和静态存储。

函数中的局部变量,如果不加static关键字修饰都属于动态变量,也叫作动态存储变量。这种存储类别的变量,在调用该函数的时候,系统会给它们分配存储空间,在函数调用结束后会自动释放这些存储空间。动态存储变量的关键字是auto,但是这个关键字是可以省略的,所以平时都不用。

那么与动态变量相对的就是静态变量,也叫作静态存储变量。首先,全局变量均是静态变量,此外,还有一种特殊的局部变量也是静态变量。即在定义局部变量时前边加上static关键字,加上这个关键字的变量就称为静态局部变量。它的特点是,在整个生存期中只赋一次初值,在第一次执行该函数时,它的值就是给定的那个初值,而之后在该函数所有的执行次数中,它的值都是上一次函数执行结束后的值,即它可以保持前次的执行结果。

有这样一种情况,某个变量只在一个函数中使用,但想在函数多次调用期间保持这个变量的值而不丢失,也就是说在该函数的本次调用中该变量值的改变要依赖于上一次调用函数时的值,而不能每次都从初值开始。如果使用局部动态变量,每次进入函数后上一次的值就丢失了,它每次都从初值开始,如果定义成全局变量,又违背了上面提到的尽量减少全局变量的使用这条原则,那么此时,局部静态变量就是最好的解决方案了。

比如第6章最后的例子中有一个控制数码管动态扫描显示用的索引变量i和实现秒定

时的变量 cnt，当时就是定义成了全局变量，现在就可以改成局部静态变量来试试。代码如下：

```
#include <reg52.h>
sbit ADDR0 = P1^0;
sbit ADDR1 = P1^1;
sbit ADDR2 = P1^2;
sbit ADDR3 = P1^3;
sbit ENLED = P1^4;
unsigned char code LedChar[] = {  //数码管显示字符转换表
    0xC0, 0xF9, 0xA4, 0xB0, 0x99, 0x92, 0x82, 0xF8,
    0x80, 0x90, 0x88, 0x83, 0xC6, 0xA1, 0x86, 0x8E
};
unsigned char LedBuff[6] = {      //数码管显示缓冲区,初值 0xFF 确保启动时都不亮
    0xFF, 0xFF, 0xFF, 0xFF, 0xFF, 0xFF
};
unsigned char flag1s = 0;         //1s 定时标志
void main()
{
    unsigned long sec = 0;        //记录经过的秒数
    EA = 1;                       //使能总中断
    ENLED = 0;                    //使能 U3,选择数码管
    ADDR3 = 1;                    //因为需要动态改变 ADDR0 - 2 的值,所以不需要再初始化了
    TMOD = 0x01;                  //设置 T0 为模式 1
    TH0  = 0xFC;                  //为 T0 赋初值 0xFC67,定时 1ms
    TL0  = 0x67;
    ET0  = 1;                     //使能 T0 中断
    TR0  = 1;                     //启动 T0
    while (1)
    {
        if (flag1s == 1)          //判断 1s 定时标志
        {
            flag1s = 0;           //1s 定时标志清 0
            sec++;                //秒计数自加 1
            //以下代码将 sec 按十进制位从低到高依次提取并转为数码管显示字符
            LedBuff[0] = LedChar[sec%10];
            LedBuff[1] = LedChar[sec/10%10];
            LedBuff[2] = LedChar[sec/100%10];
            LedBuff[3] = LedChar[sec/1000%10];
            LedBuff[4] = LedChar[sec/10000%10];
            LedBuff[5] = LedChar[sec/100000%10];
        }
    }
}
/* 定时器 0 中断服务函数 */
void InterruptTimer0() interrupt 1
{
    static unsigned char i = 0;   //动态扫描的索引,定义为局部静态变量
    static unsigned int cnt = 0;  //记录 T0 中断次数,定义为局部静态变量
    TH0 = 0xFC;                   //重新加载初值
    TL0 = 0x67;
    cnt++;                        //中断次数计数值加 1
    if (cnt >= 1000)              //中断 1000 次,即 1s
    {
        cnt = 0;                  //清 0 计数值以重新开始下一秒计时
        flag1s = 1;               //设置 1s 定时标志为 1
```

```
    }

    //以下代码完成数码管动态扫描刷新
    P0 = 0xFF;                          //显示消隐
    switch (i)
    {
        case 0: ADDR2 = 0; ADDR1 = 0; ADDR0 = 0; i++; P0 = LedBuff[0]; break;
        case 1: ADDR2 = 0; ADDR1 = 0; ADDR0 = 1; i++; P0 = LedBuff[1]; break;
        case 2: ADDR2 = 0; ADDR1 = 1; ADDR0 = 0; i++; P0 = LedBuff[2]; break;
        case 3: ADDR2 = 0; ADDR1 = 1; ADDR0 = 1; i++; P0 = LedBuff[3]; break;
        case 4: ADDR2 = 1; ADDR1 = 0; ADDR0 = 0; i++; P0 = LedBuff[4]; break;
        case 5: ADDR2 = 1; ADDR1 = 0; ADDR0 = 1; i = 0; P0 = LedBuff[5]; break;
        default: break;
    }
}
```

读者注意看程序中中断函数里的局部变量 i，为其加上了 static 关键字修饰，就成为静态局部变量。它的初始化 i=0 操作只进行一次，程序执行代码中会进行 i++ 等操作，那么下次再进入中断函数的时候，i 会保持上次中断函数执行完的值。如果去掉 static，那么每次进入中断函数后，i 都会被初始化成 0。读者可以自己修改程序，看一下实际效果上是否和理论相符。

7.3 点阵的初步认识

点阵 LED 作为一种现代电子媒体，具有灵活的显示面积（可任意分割和拼装）、高亮度、长寿命、数字化、实时性等特点，应用非常广泛。

前边学了 LED 小灯和 LED 数码管后，学 LED 点阵就要轻松多了。一个数码管由 8 个 LED 组成，同理，一个 8×8 的点阵就由 64 个 LED 小灯组成。图 7-1 就是一个点阵 LED 最小单元，即一个 8×8 的点阵 LED，图 7-2 是它的内部结构原理图。

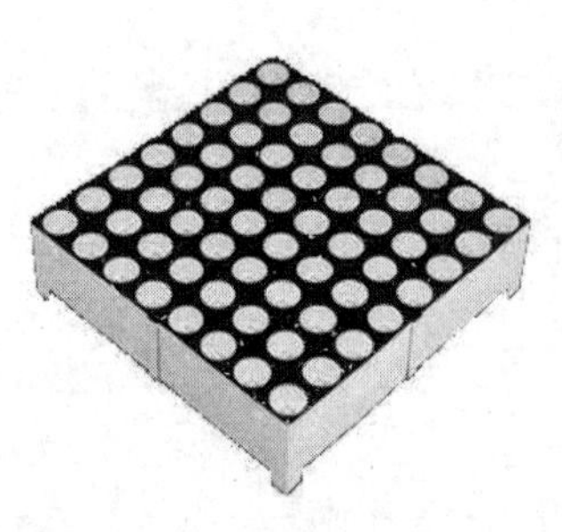

图 7-1　8×8 点阵 LED 外观

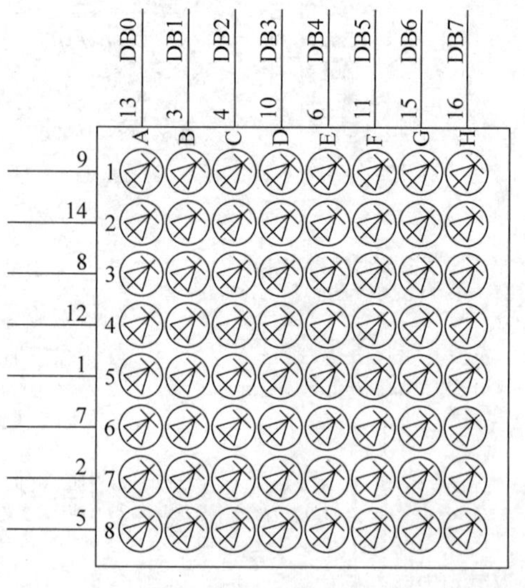

图 7-2　8×8 点阵 LED 的内部结构原理图

从图 7-2 可以看出，点阵 LED 点亮原理是很简单的。在图 7-2 中大方框外侧的是点阵 LED 的引脚号，左侧的 8 个引脚接内部 LED 的阳极，上侧的 8 个引脚接内部 LED 的阴极。如果把引脚 9 置成高电平、引脚 13 置成低电平，则左上角的那个 LED 小灯会亮。下面就用程序来实现一下，特别注意，控制点阵左侧引脚的 74HC138 是原理图上的 U4，8 个引脚自上而下依次由 U4 的 Y0～Y7 输出来控制。

```
#include <reg52.h>

sbit LED = P0^0;
sbit ADDR0 = P1^0;
sbit ADDR1 = P1^1;
sbit ADDR2 = P1^2;
sbit ADDR3 = P1^3;
sbit ENLED = P1^4;

void main()
{
    ENLED = 0;   //U3、U4 两片 74HC138 总使能
    ADDR3 = 0;   //使能 U4 使之正常输出
    ADDR2 = 0;   //经 U4 的 Y0 输出开启三极管 Q10
    ADDR1 = 0;
    ADDR0 = 0;
    LED = 0;     //向 P0.0 写入 0 来点亮左上角的一个点
    while(1);    //程序停止在这里
}
```

同理，通过对 P0 的整体赋值可以一次点亮点阵的一行，这次用程序来点亮点阵的第二行，对应地需要编号 U4 的 74HC138 在其 Y1 引脚输出低电平。代码如下：

```
#include <reg52.h>

sbit ADDR0 = P1^0;
sbit ADDR1 = P1^1;
sbit ADDR2 = P1^2;
sbit ADDR3 = P1^3;
sbit ENLED = P1^4;

void main()
{
    ENLED = 0;     //U3、U4 两片 74HC138 总使能
    ADDR3 = 0;     //使能 U4 使之正常输出
    ADDR2 = 0;     //经 U4 的 Y1 输出开启三极管 Q11
    ADDR1 = 0;
    ADDR0 = 1;
    P0 = 0x00;     //向 P0 写入 0 来点亮一行
    while(1);      //程序停止在这里
}
```

从这里可以逐步发现点阵的控制原理。前面讲了一个数码管是 8 个 LED 小灯，一个点阵是 64 个 LED 小灯。同理，可以把一个点阵理解成是 8 个数码管。经过前面的学习已经

掌握了6个数码管同时显示的方法,那么8个数码管也应该轻轻松松掌握了。下面的代码就利用定时器中断和数码管动态显示的原理把这个点阵全部点亮。

```
#include <reg52.h>

sbit ADDR0 = P1^0;
sbit ADDR1 = P1^1;
sbit ADDR2 = P1^2;
sbit ADDR3 = P1^3;
sbit ENLED = P1^4;

void main()
{
    EA = 1;                          //使能总中断
    ENLED = 0;                       //使能 U4,选择 LED 点阵
    ADDR3 = 0;                       //因为需要动态改变 ADDR0 - 2 的值,所以不需要再初始化
    TMOD = 0x01;                     //设置 T0 为模式 1
    TH0  = 0xFC;                     //为 T0 赋初值 0xFC67,定时 1ms
    TL0  = 0x67;
    ET0 = 1;                         //使能 T0 中断
    TR0 = 1;                         //启动 T0
    while (1);                       //程序停在这里,等待定时器中断
}
/* 定时器 0 中断服务函数 */
void InterruptTimer0() interrupt 1
{
    static unsigned char i = 0;      //动态扫描的索引

    TH0 = 0xFC;                      //重新加载初值
    TL0 = 0x67;
    //以下代码完成 LED 点阵动态扫描刷新
    P0 = 0xFF;                       //显示消隐
    switch (i)
    {
        case 0: ADDR2 = 0; ADDR1 = 0; ADDR0 = 0; i++; P0 = 0x00; break;
        case 1: ADDR2 = 0; ADDR1 = 0; ADDR0 = 1; i++; P0 = 0x00; break;
        case 2: ADDR2 = 0; ADDR1 = 1; ADDR0 = 0; i++; P0 = 0x00; break;
        case 3: ADDR2 = 0; ADDR1 = 1; ADDR0 = 1; i++; P0 = 0x00; break;
        case 4: ADDR2 = 1; ADDR1 = 0; ADDR0 = 0; i++; P0 = 0x00; break;
        case 5: ADDR2 = 1; ADDR1 = 0; ADDR0 = 1; i++; P0 = 0x00; break;
        case 6: ADDR2 = 1; ADDR1 = 1; ADDR0 = 0; i++; P0 = 0x00; break;
        case 7: ADDR2 = 1; ADDR1 = 1; ADDR0 = 1; i = 0; P0 = 0x00; break;
        default: break;
    }
}
```

7.4 点阵的图形显示

独立的LED小灯可以实现流水灯,数码管可以显示多位数字,点阵LED则可以显示一些花样。

要显示花样,往往要先做出一些小图形,将这些小图形的数据转换到程序中,这时需要

取模软件。介绍一款简单的取模软件——字模提取软件，这种取模软件可以在网上下载，其操作界面如图 7-3 所示。

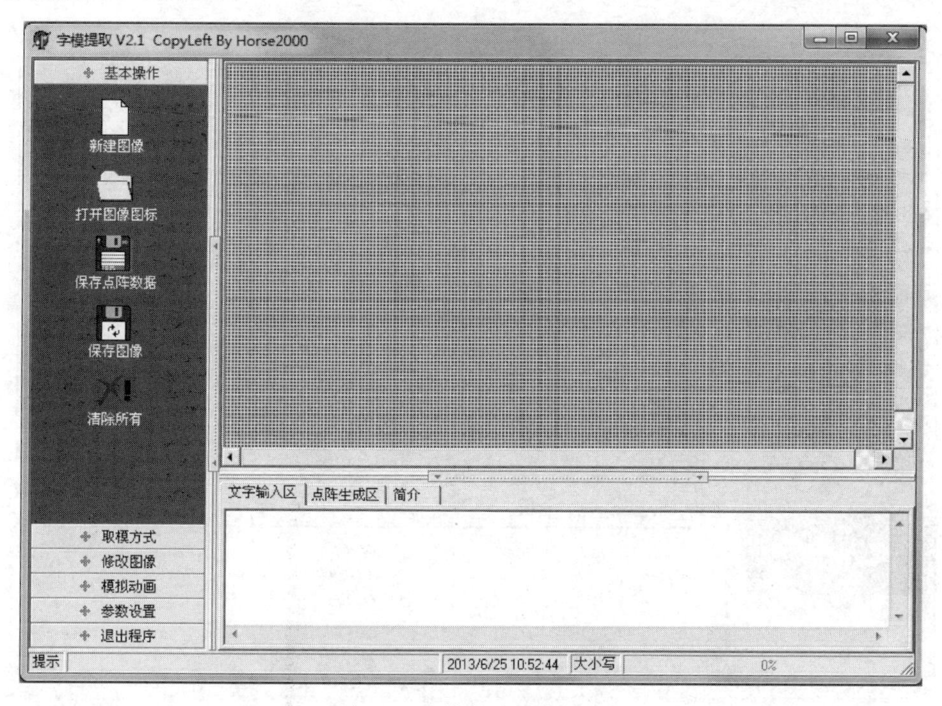

图 7-3　字模提取软件界面

单击“新建图像”命令，根据开发板上的点阵，把宽度和高度均改成 8，然后单击“确定”按钮，如图 7-4 所示。

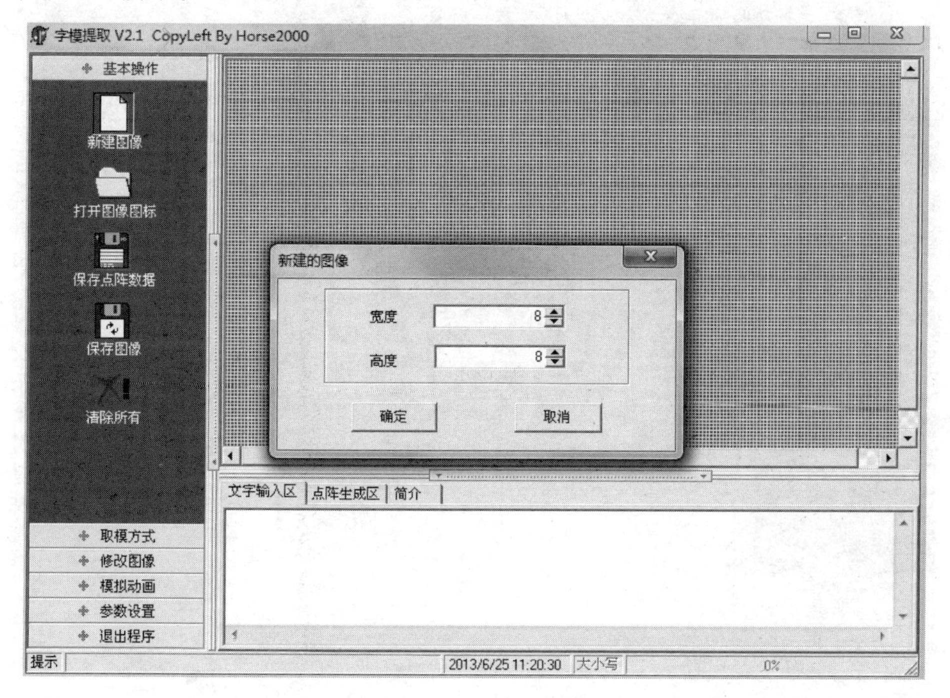

图 7-4　新建图形

选择左侧的“模拟动画”菜单,再单击“放大格点”命令,一直放大到最大,就可以在8×8的点阵图形中用鼠标填充黑点画图形了,如图7-5所示。

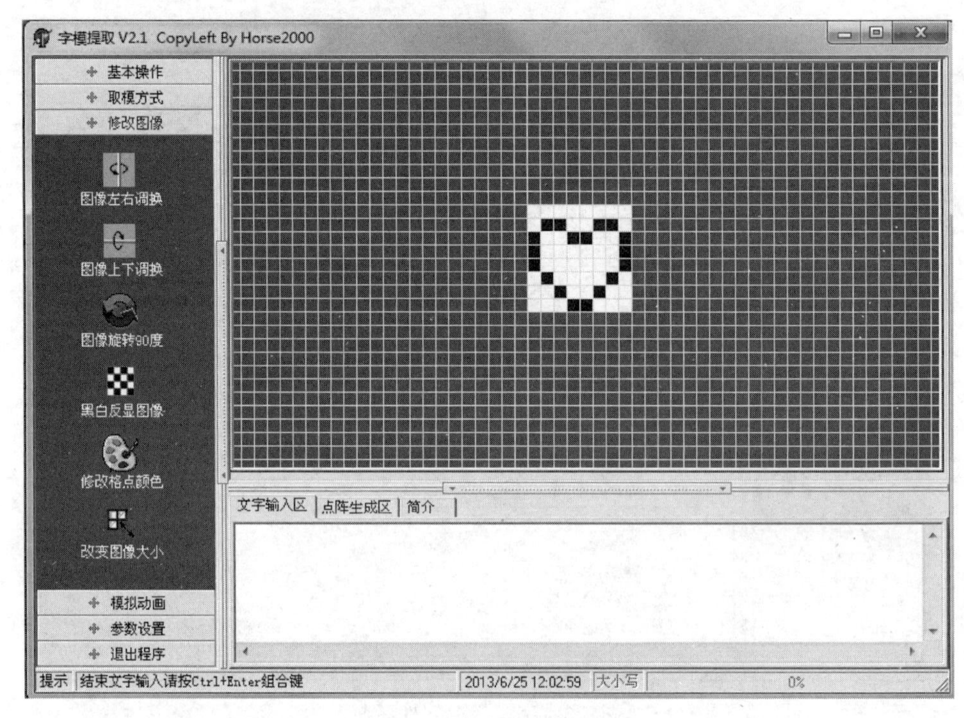

图7-5 字模提取软件画图

经过精心设计,画出一个心形图形,并且填充满,最终出现想要的效果图,如图7-6所示。

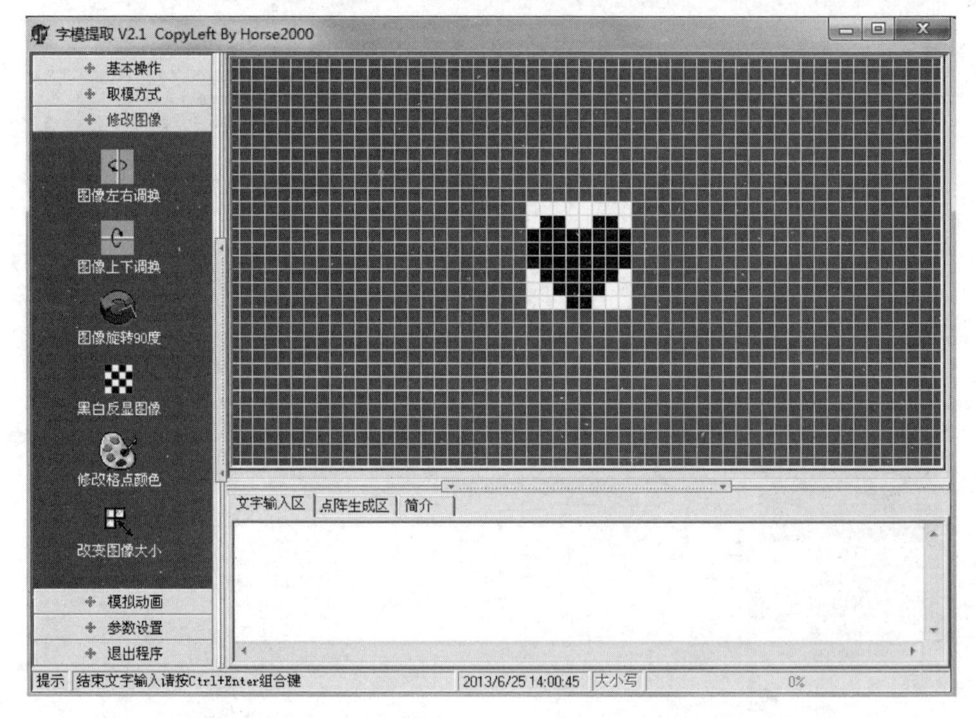

图7-6 心形图形

由于取模软件是把黑色取为1，白色取为0，但点阵是1对应LED熄灭，0对应LED点亮，而我们需要的是一颗点亮的"心"，所以要选择"修改图像"菜单中的"黑白反显图像"命令，再单击"基本操作"菜单中的"保存图像"命令，即可保存设计好的图片，如图7-7所示。

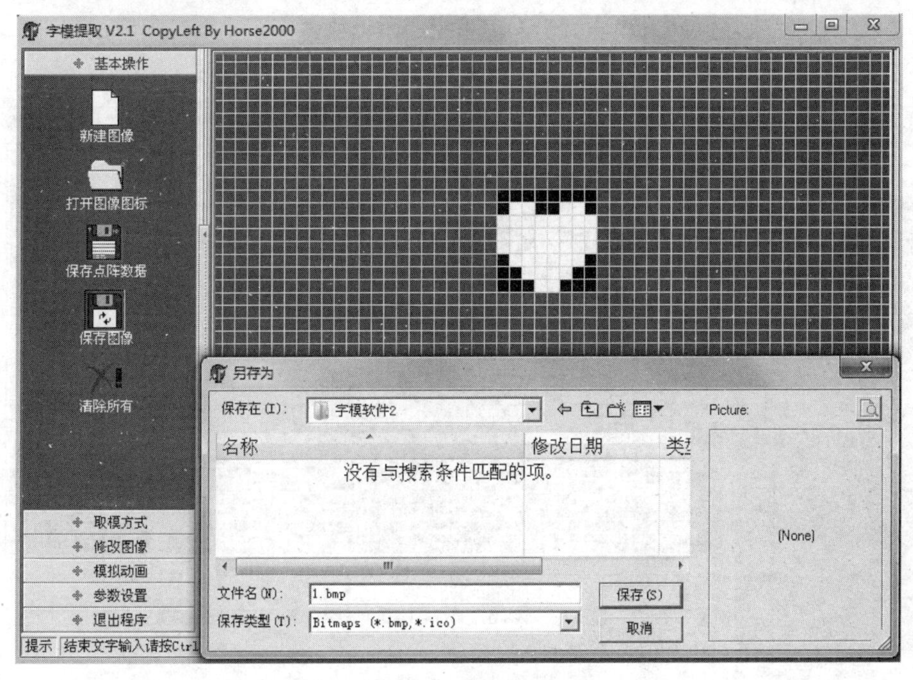

图7-7 保存图形

保存文件只是为了再次使用或修改更方便，当然也可以不保存。操作完这一步，单击"参数设置"菜单中的"其他选项"命令，如图7-8所示。

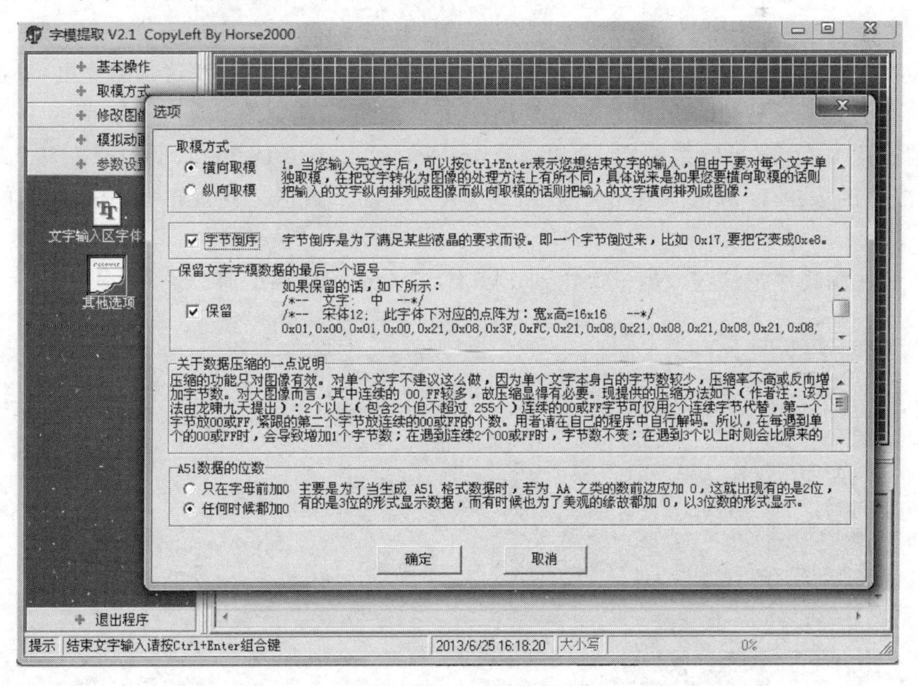

图7-8 选项设置

这里的选项要结合图 7-2 进行设置，可以看到 P0 口控制的是一行，所以选择“横向取模”选项，如果控制的是一列，就要选择“纵向取模”选项。选中“字节倒序”选项，是因为图 7-2 中左边是低位 DB0，右边是高位 DB7，所以是字节倒序。其他两个选项大家自己了解。单击“确定”按钮，选择“取模方式”菜单，单击“C51 格式”后，在“点阵生成区”自动产生了 8 字节的数据，这 8 字节的数据就是取出来的“模”，如图 7-9 所示。

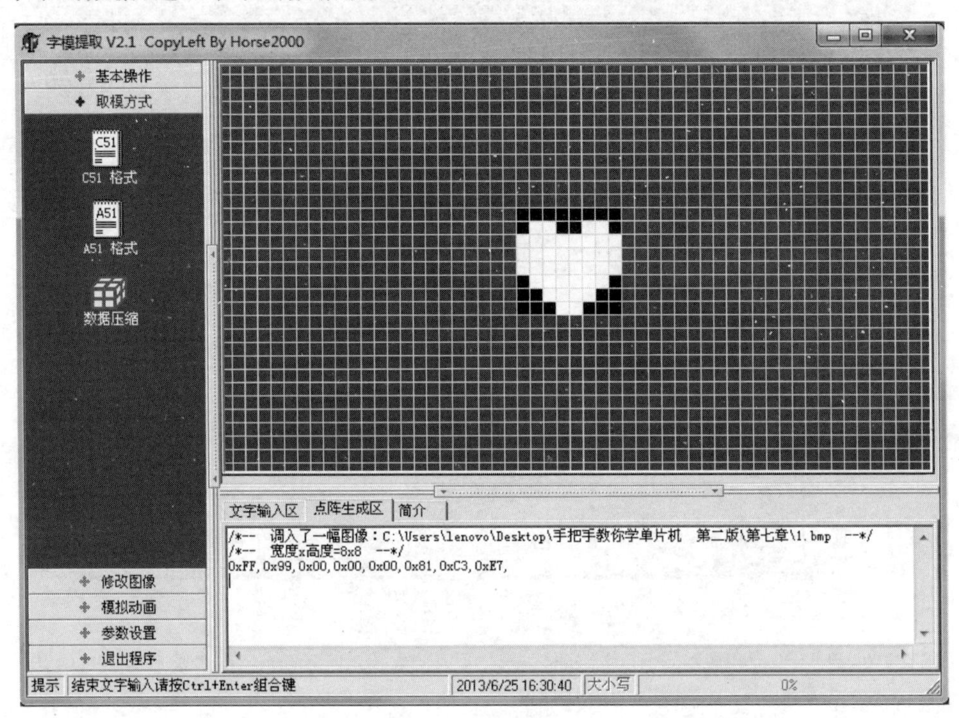

图 7-9 取模结果

读者注意，虽然是使用软件取模，但是也得知道其原理是什么，在这张图片里，黑色的一个格子表示一位二进制的 1，白色的一个格子表示一位二进制的 0。第一字节是 0xFF，其实就是这个 8×8 图形的第一行，全黑就是 0xFF；第二字节是 0x99，低位在左边，高位在右边，黑色的表示 1，白色的表示 0，就组成了 0x99 这个数值。同理可知其他数据的生成过程。

下面就用程序把这些数据依次送到点阵上，看看运行效果如何。

```
#include <reg52.h>

sbit ADDR0 = P1^0;
sbit ADDR1 = P1^1;
sbit ADDR2 = P1^2;
sbit ADDR3 = P1^3;
sbit ENLED = P1^4;
unsigned char code image[] = {     //图片的字模表
    0xFF, 0x99, 0x00, 0x00, 0x00, 0x81, 0xC3, 0xE7
};
```

```
void main()
{
    EA = 1;                          //使能总中断
    ENLED = 0;                       //使能 U4,选择 LED 点阵
    ADDR3 = 0;
    TMOD = 0x01;                     //设置 T0 为模式 1
    TH0  = 0xFC;                     //为 T0 赋初值 0xFC67,定时 1ms
    TL0  = 0x67;
    ET0  = 1;                        //使能 T0 中断
    TR0  = 1;                        //启动 T0
    while (1);
}
/* 定时器 0 中断服务函数 */
void InterruptTimer0() interrupt 1
{
    static unsigned char i = 0;     //动态扫描的索引

    TH0 = 0xFC;                      //重新加载初值
    TL0 = 0x67;
    //以下代码完成 LED 点阵动态扫描刷新
    P0 = 0xFF;                       //显示消隐
    switch (i)
    {
        case 0: ADDR2 = 0; ADDR1 = 0; ADDR0 = 0; i++; P0 = image[0]; break;
        case 1: ADDR2 = 0; ADDR1 = 0; ADDR0 = 1; i++; P0 = image[1]; break;
        case 2: ADDR2 = 0; ADDR1 = 1; ADDR0 = 0; i++; P0 = image[2]; break;
        case 3: ADDR2 = 0; ADDR1 = 1; ADDR0 = 1; i++; P0 = image[3]; break;
        case 4: ADDR2 = 1; ADDR1 = 0; ADDR0 = 0; i++; P0 = image[4]; break;
        case 5: ADDR2 = 1; ADDR1 = 0; ADDR0 = 1; i++; P0 = image[5]; break;
        case 6: ADDR2 = 1; ADDR1 = 1; ADDR0 = 0; i++; P0 = image[6]; break;
        case 7: ADDR2 = 1; ADDR1 = 1; ADDR0 = 1; i = 0; P0 = image[7]; break;
        default: break;
    }
}
```

对于 8×8 的点阵来说,可以显示一些简单的图形、字符等。但大部分汉字通常要用到 16×16 个点,而 8×8 的点阵只能显示一些简单笔画的汉字,读者可以自己取模试试看。使用大屏显示汉字的方法和小屏的方法类似,所需要做的只是按照相同的原理来扩展行数和列数。

7.5 点阵的动画显示

点阵的动画显示,说到底就是对多张图片分别进行取模,使用程序算法巧妙地切换图片,多张图片组合起来就形成了一段动画,动画片、游戏等的基本原理都是如此。

7.5.1 点阵的纵向移动

7.4 节介绍了如何在点阵上画一个心形,有时读者希望这些显示是动起来的,而不是静止的。对于点阵本身我们已经没有多少知识点可以介绍了,需要使用编程算法来解决这个

问题。例如让点阵显示一个“I♥U”的动画，首先要把这个图形用取模软件画出来看一下，如图 7-10 所示。

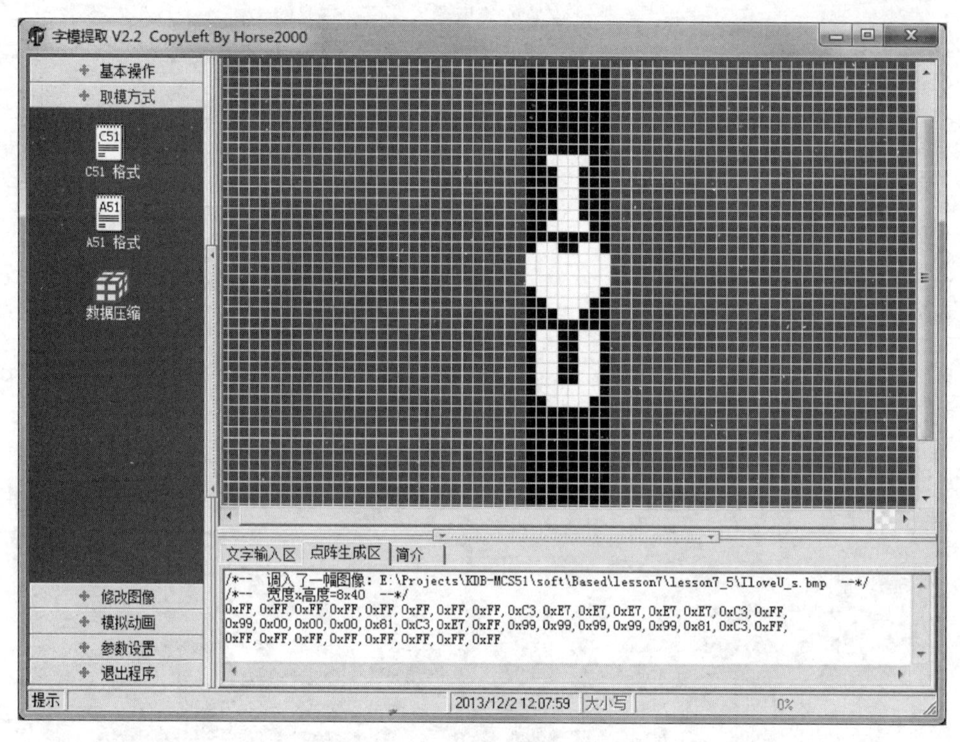

图 7-10 上下移动横向取模

这张图片共有 40 行，每 8 行组成一张点阵图片，并且每向上移动一行就出现一张新图片，一共组成了 32 张图片。

用变量 index 代表每张图片的起始位置，每次从 index 开始向下数 8 行代表当前的图片，250ms 改变一张图片，然后不停地动态刷新，这样图片就变成动画了。首先要对显示的图片进行横向取模，虽然这是 32 张图片，但由于每一张图片都是和下一行连续的，所以实际的取模值只需要 40 字节就可以完成，程序如下。

```
#include <reg52.h>

sbit ADDR0 = P1^0;
sbit ADDR1 = P1^1;
sbit ADDR2 = P1^2;
sbit ADDR3 = P1^3;
sbit ENLED = P1^4;

unsigned char code image[] = {        //图片的字模表
    0xFF,0xFF,0xFF,0xFF,0xFF,0xFF,0xFF,0xFF,
    0xC3,0xE7,0xE7,0xE7,0xE7,0xE7,0xC3,0xFF,
    0x99,0x00,0x00,0x00,0x81,0xC3,0xE7,0xFF,
    0x99,0x99,0x99,0x99,0x99,0x81,0xC3,0xFF,
    0xFF,0xFF,0xFF,0xFF,0xFF,0xFF,0xFF,0xFF
};
```

```
void main()
{
    EA = 1;                              //使能总中断
    ENLED = 0;                           //使能 U4,选择 LED 点阵
    ADDR3 = 0;
    TMOD = 0x01;                         //设置 T0 为模式 1
    TH0  = 0xFC;                         //为 T0 赋初值 0xFC67,定时 1ms
    TL0  = 0x67;
    ET0  = 1;                            //使能 T0 中断
    TR0  = 1;                            //启动 T0
    while (1);
}
/* 定时器 0 中断服务函数 */
void InterruptTimer0() interrupt 1
{
    static unsigned char i = 0;          //动态扫描的索引
    static unsigned char tmr = 0;        //250ms 软件定时器
    static unsigned char index = 0;      //图片刷新索引

    TH0 = 0xFC;                          //重新加载初值
    TL0 = 0x67;
    //以下代码完成 LED 点阵动态扫描刷新
    P0 = 0xFF;                           //显示消隐
    switch (i)
    {
        case 0: ADDR2 = 0; ADDR1 = 0; ADDR0 = 0; i++; P0 = image[index + 0]; break;
        case 1: ADDR2 = 0; ADDR1 = 0; ADDR0 = 1; i++; P0 = image[index + 1]; break;
        case 2: ADDR2 = 0; ADDR1 = 1; ADDR0 = 0; i++; P0 = image[index + 2]; break;
        case 3: ADDR2 = 0; ADDR1 = 1; ADDR0 = 1; i++; P0 = image[index + 3]; break;
        case 4: ADDR2 = 1; ADDR1 = 0; ADDR0 = 0; i++; P0 = image[index + 4]; break;
        case 5: ADDR2 = 1; ADDR1 = 0; ADDR0 = 1; i++; P0 = image[index + 5]; break;
        case 6: ADDR2 = 1; ADDR1 = 1; ADDR0 = 0; i++; P0 = image[index + 6]; break;
        case 7: ADDR2 = 1; ADDR1 = 1; ADDR0 = 1; i = 0; P0 = image[index + 7]; break;
        default: break;
    }
    //以下代码完成每 250ms 改变一帧图像
    tmr++;
    if (tmr >= 250)                      //达到 250ms 时改变一次图片索引
    {
        tmr = 0;
        index++;
        if (index >= 32)                 //图片索引达到 32 后归零
        {
            index = 0;
        }
    }
}
```

把这个程序下载到单片机上,即可看到“I♥U”一直往上走动的动画。

当然,学习还要继续。往上走动的动画代码写出来了,那往下走动的动画代码,读者就要自己独立完成了,不要偷懒,一定要去写代码调试代码。看只能了解知识,而能力是在真

正的写代码、调试代码中培养起来的。

7.5.2 点阵的横向移动

点阵上下移动会了,左右移动该如何操作呢?

方法1:最简单的方法就是把板子侧过来放,纵向取模。

这里读者是不是有种头顶冒汗的感觉?要做好技术,但是不能沉溺于技术。技术是工具,在做开发的时候除了用好这个工具外,也得多拓展自己解决问题的思路,慢慢培养多角度思维方式。

把开发板正过来,左右移动就完不成了吗?当然不是。读者学多了就会慢慢培养出一种能力,就是一旦硬件设计好了,就可以直接确定该硬件能否完成某种功能,这在进行电路设计的时候最为重要。在开发产品的时候,首先是设计电路,设计电路的时候,读者就要在大脑中通过思维来验证开发板硬件和程序能否完成想要的功能,一旦硬件做好了,开发板就是靠编程来完成了。只要硬件逻辑没问题,所有的功能均可由软件实现。

在进行硬件电路设计的时候,也得充分考虑软件编程的方便性。因为程序是用P0控制点阵的整行,所以对于这样的电路设计,编写上下移动程序是比较容易的。如果设计电路的时候知道图形要左右移动,那么在画开发板时就要尽可能地把点阵横过来放,这样可使编程方便,减少软件工作量。

方法2:利用二维数组来实现,算法和上下移动相似。

二维数组的声明方式是:

```
数据类型 数组名[数组长度1][数组长度2];
```

与一维数组类似,数据类型是全体元素的数据类型,数组名是标识符,数组长度1和数组长度2分别代表数组具有的行数和列数。数组元素的下标一律从0开始。例如:

```
unsigned char a[2][3];
```

声明了一个具有2行3列的无符号字符型的二维数组a。

二维数组的数组元素总个数是两个长度的乘积。二维数组在内存中存储的时候,采用行优先的方式来存储,即在内存中先存放第0行的元素,再存放第一行的元素……同一行中再按照列顺序存放,a[2][3]的物理存储结构如表7-1所示。

表7-1 a[2][3]的物理存储结构

a[0][0]	a[0][1]	a[0][2]	a[1][0]	a[1][1]	a[1][2]

二维数组的初始化方法分两种情况,前边学一维数组的时候学过,数组元素的数量可以小于数组元素个数,没有赋值的会自动给0。当数组元素的数量等于数组个数的时候,如下所示:

```
unsigned char a[2][3] = {{1,2,3}, {4,5,6}};
```

或者是

```
unsigned char a[2][3] = {1,2,3,4,5,6};
```

当数组元素的数量小于数组个数的时候,如下所示:

```
unsigned char a[2][3] = {{1,2}, {3,4}};
```

等价于

```
unsigned char a[2][3] = {1,2,0,3,4,0};
```

而反过来的写法

```
unsigned char a[2][3] = {1,2,3,4};
```

等价于

```
unsigned char a[2][3] = {{1,2,3}, {4,0,0}};
```

此外，二维数组初始化的时候，行数可以省略，编译系统会自动根据列数计算出行数，但是列数不能省略。

讲这些只是为了让读者了解一下，看别人写的代码的时候别发懵就行了，但是今后写程序的时候，按照规范，行数、列数都不要省略，全部写齐，初始化的时候，全部写成

```
unsigned char a[2][3] = {{1,2,3}, {4,5,6}};
```

的形式，而不允许写成一维数组的格式，以防止大家出错，同时也能提高程序的可读性。

要做“I♥U”横向移动的动画，先把需要的图片画出来，再逐一取模，和上一张图片类似的是，这个图形共有 30 张图片，通过程序每 250ms 改变一张图片，就可以做出动画效果了。但不同的是，这个是要横向移动，横向移动的图片切换时，字模数据不是连续的，所以这次要对 30 张图片分别取模，如图 7-11 所示。

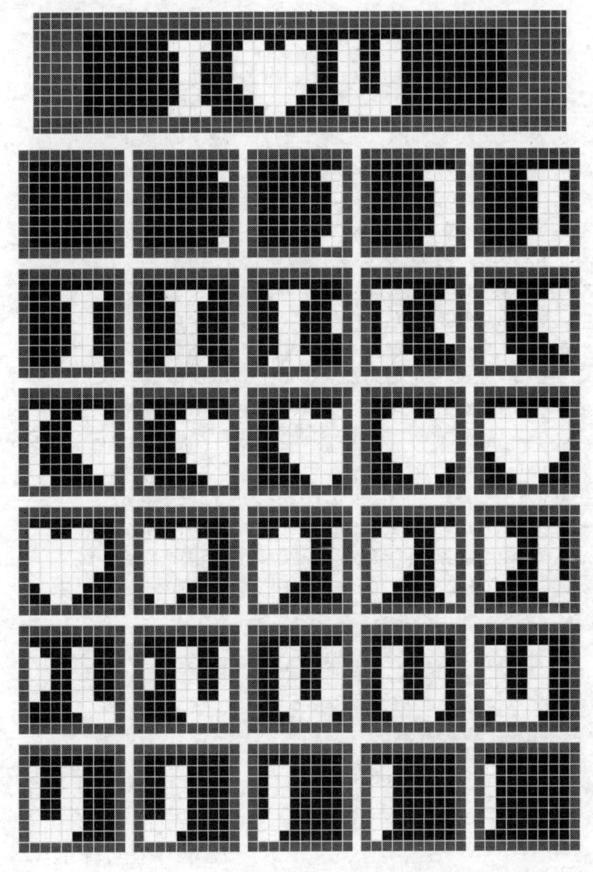

图 7-11　横向动画取模图片

图 7-11 中最上面的图形是横向连在一起的效果,而实际上要把它分解为 30 个帧,每帧图片单独取模,取出来都是 8 字节的数据,一共就是 30×8 个数据,用一个二维数组来存储这些数据。

```
#include <reg52.h>

sbit ADDR0 = P1^0;
sbit ADDR1 = P1^1;
sbit ADDR2 = P1^2;
sbit ADDR3 = P1^3;
sbit ENLED = P1^4;

unsigned char code image[30][8] = {
    {0xFF,0xFF,0xFF,0xFF,0xFF,0xFF,0xFF,0xFF},  //动画帧 1
    {0xFF,0x7F,0xFF,0xFF,0xFF,0xFF,0xFF,0x7F},  //动画帧 2
    {0xFF,0x3F,0x7F,0x7F,0x7F,0x7F,0x7F,0x3F},  //动画帧 3
    {0xFF,0x1F,0x3F,0x3F,0x3F,0x3F,0x3F,0x1F},  //动画帧 4
    {0xFF,0x0F,0x9F,0x9F,0x9F,0x9F,0x9F,0x0F},  //动画帧 5
    {0xFF,0x87,0xCF,0xCF,0xCF,0xCF,0xCF,0x87},  //动画帧 6
    {0xFF,0xC3,0xE7,0xE7,0xE7,0xE7,0xE7,0xC3},  //动画帧 7
    {0xFF,0xE1,0x73,0x73,0x73,0xF3,0xF3,0xE1},  //动画帧 8
    {0xFF,0x70,0x39,0x39,0x39,0x79,0xF9,0xF0},  //动画帧 9
    {0xFF,0x38,0x1C,0x1C,0x1C,0x3C,0x7C,0xF8},  //动画帧 10
    {0xFF,0x9C,0x0E,0x0E,0x0E,0x1E,0x3E,0x7C},  //动画帧 11
    {0xFF,0xCE,0x07,0x07,0x07,0x0F,0x1F,0x3E},  //动画帧 12
    {0xFF,0x67,0x03,0x03,0x03,0x07,0x0F,0x9F},  //动画帧 13
    {0xFF,0x33,0x01,0x01,0x01,0x03,0x87,0xCF},  //动画帧 14
    {0xFF,0x99,0x00,0x00,0x00,0x81,0xC3,0xE7},  //动画帧 15
    {0xFF,0xCC,0x80,0x80,0x80,0xC0,0xE1,0xF3},  //动画帧 16
    {0xFF,0xE6,0xC0,0xC0,0xC0,0xE0,0xF0,0xF9},  //动画帧 17
    {0xFF,0x73,0x60,0x60,0x60,0x70,0x78,0xFC},  //动画帧 18
    {0xFF,0x39,0x30,0x30,0x30,0x38,0x3C,0x7E},  //动画帧 19
    {0xFF,0x9C,0x98,0x98,0x98,0x9C,0x1E,0x3F},  //动画帧 20
    {0xFF,0xCE,0xCC,0xCC,0xCC,0xCE,0x0F,0x1F},  //动画帧 21
    {0xFF,0x67,0x66,0x66,0x66,0x67,0x07,0x0F},  //动画帧 22
    {0xFF,0x33,0x33,0x33,0x33,0x33,0x03,0x87},  //动画帧 23
    {0xFF,0x99,0x99,0x99,0x99,0x99,0x81,0xC3},  //动画帧 24
    {0xFF,0xCC,0xCC,0xCC,0xCC,0xCC,0xC0,0xE1},  //动画帧 25
    {0xFF,0xE6,0xE6,0xE6,0xE6,0xE6,0xE0,0xF0},  //动画帧 26
    {0xFF,0xF3,0xF3,0xF3,0xF3,0xF3,0xF0,0xF8},  //动画帧 27
    {0xFF,0xF9,0xF9,0xF9,0xF9,0xF9,0xF8,0xFC},  //动画帧 28
    {0xFF,0xFC,0xFC,0xFC,0xFC,0xFC,0xFC,0xFE},  //动画帧 29
    {0xFF,0xFE,0xFE,0xFE,0xFE,0xFE,0xFE,0xFF}   //动画帧 30
};

void main()
{
    EA = 1;                                     //使能总中断
    ENLED = 0;                                  //使能 U4,选择 LED 点阵
    ADDR3 = 0;
    TMOD = 0x01;                                //设置 T0 为模式 1
    TH0  = 0xFC;                                //为 T0 赋初值 0xFC67,定时 1ms
```

```
    TL0   = 0x67;
    ET0   = 1;                                    //使能 T0 中断
    TR0   = 1;                                    //启动 T0
    while (1);
}
/* 定时器 0 中断服务函数 */
void InterruptTimer0() interrupt 1
{
    static unsigned char i = 0;                   //动态扫描的索引
    static unsigned char tmr = 0;                 //250ms 软件定时器
    static unsigned char index = 0;               //图片刷新索引

    TH0 = 0xFC;                                   //重新加载初值
    TL0 = 0x67;
    //以下代码完成 LED 点阵动态扫描刷新
    P0 = 0xFF;                                    //显示消隐
    switch (i)
    {
        case 0: ADDR2 = 0; ADDR1 = 0; ADDR0 = 0; i++; P0 = image[index][0]; break;
        case 1: ADDR2 = 0; ADDR1 = 0; ADDR0 = 1; i++; P0 = image[index][1]; break;
        case 2: ADDR2 = 0; ADDR1 = 1; ADDR0 = 0; i++; P0 = image[index][2]; break;
        case 3: ADDR2 = 0; ADDR1 = 1; ADDR0 = 1; i++; P0 = image[index][3]; break;
        case 4: ADDR2 = 1; ADDR1 = 0; ADDR0 = 0; i++; P0 = image[index][4]; break;
        case 5: ADDR2 = 1; ADDR1 = 0; ADDR0 = 1; i++; P0 = image[index][5]; break;
        case 6: ADDR2 = 1; ADDR1 = 1; ADDR0 = 0; i++; P0 = image[index][6]; break;
        case 7: ADDR2 = 1; ADDR1 = 1; ADDR0 = 1; i = 0; P0 = image[index][7]; break;
        default: break;
    }
    //以下代码完成每 250ms 改变一帧图像
    tmr++;
    if (tmr >= 250)                               //达到 250ms 时改变一次图片索引
    {
        tmr = 0;
        index++;
        if (index >= 30)                          //图片索引达到 30 张后归 0
        {
            index = 0;
        }
    }
}
```

下载到开发板上看看，是不是有一种特别好的感觉呢？在外行人看来，技术是很神秘的，其实做出来会发现，也就是那么回事而已，每 250ms 更改一张图片，每 1ms 在定时器中断里刷新单张图片的某一行。

不管是上下移动还是左右移动，读者要建立一种概念，就是对一帧帧的图片进行切换，这种切换带给读者动态的视觉效果。比如 DV 拍摄动画，实际上就是快速地拍摄一帧帧图片，然后快速回放这些图片，把动画效果显示出来。因为硬件设计的缘故，所以在写上下移动程序的时候，数组定义的元素比较少，但是实际上读者也可理解成是 32 张图片的切换显示，而并非真正的“移动”。

7.6 习题

1. 掌握变量的作用域以及存储类别。
2. 了解点阵的显示原理,理解点阵动画显示原理。
3. 独立完成点阵显示“I♥U”向下移动的程序。
4. 独立完成点阵显示“I♥U”向右移动的程序。
5. 用点阵做一个 9～0 的倒计时牌显示。
6. 尝试实现流水灯、数码管和点阵的同时显示。

第 8 章

函数进阶与按键

用户与单片机之间的信息交互依赖两类设备：输入设备和输出设备。前边讲的 LED 小灯、数码管、点阵都是输出设备，本章就来学习最常用的输入设备——按键，同时还会学到硬件电路的一些基础知识与 C 语言函数的一些进阶知识。

8.1 单片机最小系统

8.1.1 电源

在学习过程中，很多指标都是概念指标，比如说 +5V 代表 1，GND 代表 0 等。但在实际电路中的电压值并不是完全精准的，那这些指标的允许范围是什么呢？随着所学内容的不断增多，读者要慢慢培养阅读数据手册的习惯。

例如，要使用 STC89C52RC 单片机的时候，找到它的数据手册第 11 页，看第二项——工作电压：3.4～5.5V(5V 单片机)，这说明这个单片机正常的工作电压是一个范围值，只要电源 VCC 在 3.4～5.5V 都可以正常工作，电压超过 5.5V 是绝对不允许的，会烧坏单片机，电压低于 3.4V，单片机不会损坏，但是也不能正常工作。而在这个范围内，典型、常用的电压值就是 5V，这就是后面括号里"5V 单片机"这个名称的由来。除此之外，还有一种常用的工作电压是 2.7～3.6V 且典型值是 3.3V 的单片机，也就是所谓的"3.3V 单片机"。随着接触更多的器件，对这点会有更深刻的理解。

再顺便多讲一点，打开 74HC138 的数据手册，会发现 74HC138 手册的第二页也有一个表格，上边写了 74HC138 的工作电压范围，最小值是 4.75V，额定值是 5V，最大值是 5.25V，可以得知它的工作电压是 4.75～5.25V。讲这些的目的是让读者清楚地了解，获取器件工作参数的一个重要、权威的途径就是查阅该器件的数据手册。

8.1.2 晶振

晶振通常分为无源晶振和有源晶振两种类型，无源晶振一般称为 crystal(晶体)，而有源晶振则称为 oscillator(振荡器)。

有源晶振是一个完整的谐振振荡器，它是利用石英晶体的压电效应起振，所以有源晶振需要供电，当把有源晶振电路做好后，不需要外接其他器件，只要给它供电，它就可以主动产生振荡频率，并且可以提供高精度的频率基准，信号质量也比无源信号稳定。

无源晶振自身无法振荡起来，它需要芯片内部的振荡电路一起工作才能振荡，它允许不同的电压,但是信号质量和精度较有源晶振差一些。相对价格来说,无源晶振要比有源晶振价格便宜很多。无源晶振两侧通常都会有一个电容,其容值一般为 10～40pF,如果手册中有具体电容值的要求,则根据要求选电容,如果手册没有要求,则选用 20pF 比较好,这是一个经验值,具有普遍的适用性。

下面认识一下比较常用的两种晶振,实物如图 8-1 和图 8-2 所示。

图 8-1 有源晶振实物

图 8-2 无源晶振实物

有源晶振通常有 4 个引脚:VCC、GND、晶振输出引脚和一个用不到的悬空引脚(有些晶振也把该引脚作为使能引脚)。无源晶振有 2 个或 3 个引脚,如果是 3 个引脚,则中间的引脚接晶振的外壳,使用时要接到 GND,两侧的引脚就是晶体的两个引出脚了,这两个引脚作用是等同的,就像电阻的两个引脚一样,没有正负之分。对于无源晶振,用单片机上的两个晶振引脚接上即可,而有源晶振,只接到单片机晶振的输入引脚,输出引脚不需要连接,两种晶振接法分别如图 8-3 和图 8-4 所示。

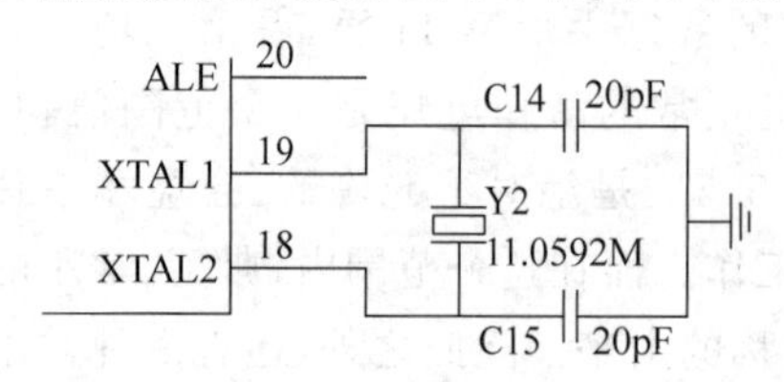

图 8-3 无源晶振接法

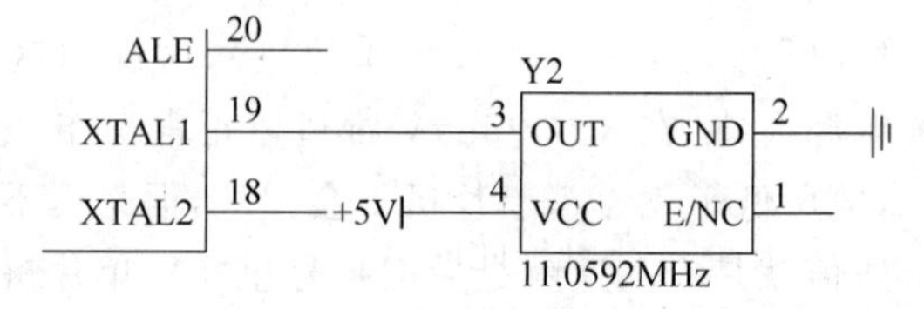

图 8-4 有源晶振接法

8.1.3 复位电路

先分析 KST-51 开发板的复位电路,如图 8-5 所示。

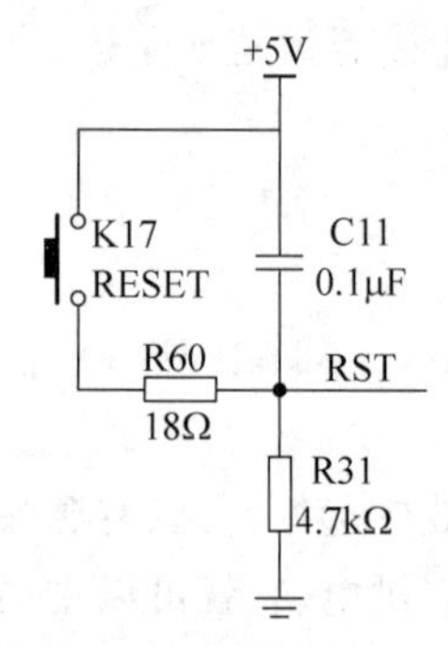

图 8-5 KST-51 开发板复位电路

当这个电路处于稳态时,电容起到隔离直流的作用,隔离了＋5V,而左侧的复位按键是弹起状态,复位按键下面部分电路就不产生电压差,所以按键和电容 C11 以下部分的电位都是和 GND 相等的,也就是 0V。这个单片机是高电平复位,低电平正常工作,所以正常工作的电压是 0V。

再来分析从没有电到上电的瞬间,电容 C11 上方电压是 5V,下方是 0V,根据初中所学的知识,电容 C11 要进行充电,正离子从上往下充电,负电子从 GND 往上充电,这时电容对电路来说相当于一根导线,全部电压都加在 R31 上,RST 端口位置的电压就是 5V,随着电容充电越来越多,电流会越来越小,而

RST端口上的电压值等于电流乘以R31的阻值，因此也就会越来越小，一直到电容完全充满后，线路上不再有电流，这时RST和GND的电位就相等了，也就是0V。

从这个过程来看，加上这个电路，单片机系统上电后，RST引脚会先保持一小段时间的高电平而后变成低电平，这个过程就是上电复位的过程。这个“一小段时间”到底是多少才合适呢？每种单片机不完全一样，51单片机手册里写的是持续时间不少于两个机器周期。每种单片机的复位电压值不完全一样，按照通常值0.7VCC作为复位电压值，复位时间的计算比较复杂，这里只给大家一个结论，时间 $t=1.2RC$，取 $R=4700\Omega$，$C=0.0000001\text{F}$，那么计算出 t 就是0.000564s，即564μs，远远大于两个机器周期(2μs)，在电路设计的时候一般留够余量就行。

按键复位(即手动复位)有两个过程，按下按键之前，RST的电压是0V，当按下按键后电路导通，同时电容也会在瞬间进行放电，RST电压值变为4700VCC/(4700+18)，处于高电平复位状态。松开按键后和上电复位类似，先是电容充电，后电流逐渐减小直到RST电压变0V。按下按键的时间通常都会有几百毫秒，这个时间足够复位了。按下按键的瞬间，电容两端的5V电压(注意不是电源的5V和GND之间)会直接接通，此刻会有一个瞬间的大电流冲击，在局部范围内产生电磁干扰，为了抑制这个大电流所引起的干扰，这里在电容放电回路中串入一个18Ω的电阻来限流。

如果有的读者已经想开始设计自己的电路板，那么单片机最小系统的设计现在已经有了足够的理论依据了，可以考虑尝试一下。基础比较薄弱的读者先不要着急，继续跟着往下学，把相关知识都学完了再动手操作也不迟。

8.2 函数的调用

在一个程序的编写过程中，随着代码量的增加，如果把所有的语句都写到main函数中，一方面程序会显得比较乱，另一方面，当同一个功能需要在不同地方执行时，就得再重复写一遍相同的语句。此时，如果把一些零碎的功能单独写成一个函数，则在需要它们时只需进行一些简单的函数调用，这样既有助于程序结构的条理清晰，又可以避免大量的代码重复。

在实际工程项目中，一个程序通常都是由很多个子程序模块组成的，一个模块实现一个特定的功能，在C语言中，模块用函数表示。一个C程序一般由一个主函数和若干其他函数构成。主函数可以调用其他函数，其他函数可以相互调用，但其他函数不能调用主函数。在51单片机程序中，还有中断服务函数，在相应的中断到来后自动调用，不需要也不能由其他函数调用。

函数调用的一般形式是：

```
函数名(实参列表)
```

函数名就是需要调用的函数的名称，实参列表就是根据实际需求调用函数要传递给被调用函数的参数列表，不需要传递参数时只保留括号就可以了，传递多个参数时参数之间要用逗号隔开。

先举例看一下函数调用如何使程序结构更加条理清晰的。回顾图6-1的程序流程图和编写的实况程序，相对来说，该主函数的结构比较复杂，很难一眼看清楚它的执行流程。如果把其中最重要的两件事——秒计数和数码管动态扫描刷新——都用单独的函数来实现会怎样呢？来看以下程序。

```
#include <reg52.h>

sbit ADDR0 = P1^0;
sbit ADDR1 = P1^1;
sbit ADDR2 = P1^2;
sbit ADDR3 = P1^3;
sbit ENLED = P1^4;

unsigned char code LedChar[] = {  //数码管显示字符转换表
    0xC0, 0xF9, 0xA4, 0xB0, 0x99, 0x92, 0x82, 0xF8,
    0x80, 0x90, 0x88, 0x83, 0xC6, 0xA1, 0x86, 0x8E
};
unsigned char LedBuff[6] = {      //数码管显示缓冲区,初值 0xFF 确保启动时 LED 都不亮
    0xFF, 0xFF, 0xFF, 0xFF, 0xFF, 0xFF
};

void SecondCount();
void LedRefresh();

void main()
{
    ENLED = 0;                    //使能 U3,选择数码管
    ADDR3 = 1;                    //因为需要动态改变 ADDR0 - 2 的值,所以不需要再初始化
    TMOD = 0x01;                  //设置 T0 为模式 1
    TH0  = 0xFC;                  //为 T0 赋初值 0xFC67,定时 1ms
    TL0  = 0x67;
    TR0  = 1;                     //启动 T0
    while (1)
    {
        if (TF0 == 1)             //判断 T0 是否溢出
        {
            TF0 = 0;              //T0 溢出后,清 0 中断标志
            TH0 = 0xFC;           //重新赋初值
            TL0 = 0x67;
            SecondCount();        //调用秒计数函数
            LedRefresh();         //调用数码管动态扫描刷新函数
        }
    }
}
/* 秒计数函数,每秒进行一次"秒数 + 1"运算,并转换为数码管显示字符 */
void SecondCount()
{
    static unsigned int  cnt = 0; //记录 T0 中断次数
    static unsigned long sec = 0; //记录经过的秒数

    cnt++;                        //计数值自加 1
    if (cnt >= 1000)              //判断 T0 溢出是否达到 1000 次
    {
        cnt = 0;                  //达到 1000 次后计数值清 0
        sec++;                    //秒计数自加 1
```

```
            LedBuff[0] = LedChar[sec % 10];
            LedBuff[1] = LedChar[sec/10 % 10];
            LedBuff[2] = LedChar[sec/100 % 10];
            LedBuff[3] = LedChar[sec/1000 % 10];
            LedBuff[4] = LedChar[sec/10000 % 10];
            LedBuff[5] = LedChar[sec/100000 % 10];
        }
    }
    /* 数码管动态扫描刷新函数 */
    void LedRefresh()
    {
        static unsigned char i = 0;                           //动态扫描的索引

        switch (i)
        {
            case 0: ADDR2 = 0; ADDR1 = 0; ADDR0 = 0; i++; P0 = LedBuff[0]; break;
            case 1: ADDR2 = 0; ADDR1 = 0; ADDR0 = 1; i++; P0 = LedBuff[1]; break;
            case 2: ADDR2 = 0; ADDR1 = 1; ADDR0 = 0; i++; P0 = LedBuff[2]; break;
            case 3: ADDR2 = 0; ADDR1 = 1; ADDR0 = 1; i++; P0 = LedBuff[3]; break;
            case 4: ADDR2 = 1; ADDR1 = 0; ADDR0 = 0; i++; P0 = LedBuff[4]; break;
            case 5: ADDR2 = 1; ADDR1 = 0; ADDR0 = 1; i = 0; P0 = LedBuff[5]; break;
            default: break;
        }
    }
```

看一下，主函数的结构是不是清晰多了——每隔 1ms 就去干两件事，至于这两件事是什么，交由各自的函数实现。还请读者注意一点：原来程序中的 i、cnt、sec 这三个变量在放到单独的函数中后，都加了 static 关键字而变成了静态变量。因为原来的 main()永远不会结束，所以它们的值也总是得到保持，但它们在各自的功能函数内，如不加 static 修饰，那么每当函数被调用时，它们的值都成为初值。借此也对静态变量再加深一下理解吧。

当然，这是我们刻意把程序功能做了这样的划分，主要的目的是讲解函数的调用。对于这个程序，即使不划分函数也复杂不到哪里去，但继续往下学读者就能领会到划分功能函数的必要性了。现在还是把注意力放在学习函数调用上，有以下几点需要注意：

(1) 函数调用的时候，不需要加函数类型。在主函数内调用 SecondCount()和 LedRefresh()时都没有加 void。

(2) 调用函数与被调用函数的位置关系。C 语言规定：函数在被调用之前，必须先被定义或声明，即在一个文件中，一个函数应该先定义，然后才能被调用，也就是调用函数应位于被调用函数的后面。一般推荐 main 函数写在最前面(因为它起到提纲挈领的作用)，其后再定义各个功能函数，而中断函数则写在文件的最后。那么主函数要调用定义在它之后的函数，怎么办呢？在文件开头(所有函数定义之前)开辟一块区域，叫作函数声明区，用来把被调用的函数声明一下，如此，该函数就可以被随意调用了。

(3) 函数声明的时候必须加函数类型、函数的形式参数，最后加上一个分号表示结束。函数声明行与函数定义行的唯一区别就是最后的分号，其他的都必须保持一致。这点尤其重要，初学者很容易因粗心大意而搞错分号，或是修改了定义行中的形式参数却忘了修改声明行中的形式参数，导致程序编译出错。

8.3 函数的形式参数和实际参数

上一个例子中,在进行函数调用的时候,不需要任何参数传递,所以函数定义和调用时括号内都是空的,但是更多的时候需要在主函数和被调用函数之间传递参数。在调用一个有参数的函数时,函数名后边括号中的参数叫作实际参数,简称实参。而被调用的函数在进行定义时,括号里的参数叫作形式参数,简称形参。下面用一个简单程序例子说明。

```
unsigned char add(unsigned char x, unsigned char y);  //函数声明
void main()
{
    unsigned char a = 1;
    unsigned char b = 2;
    unsigned char c = 0;
    c = add(a, b);                          //调用时,a 和 b 就是实参,把函数的返回值赋给 c
                                            //执行完成后,c 的值就是 3
    while(1);
}
unsigned char add(unsigned char x, unsigned char y) //函数定义,括号中的 x 和 y 就是形参

{
    unsigned char z = 0;
    z = x + y;
    return z;                               //返回值 z 的类型就是函数 add 的类型
}
```

这个演示程序虽然很简单,但是函数调用的全部内容都囊括在内了。主函数 main 和被调用函数 add 之间的数据通过形参和实参发生了传递关系,而函数运算完成后把值传递给了变量 c,函数只要不是 void 类型,就都会有返回值,返回值类型就是函数的类型。关于形参和实参,还有以下几点需要注意。

(1) 函数定义中指定的形参,在未发生函数调用时不占内存,只有函数调用时,函数 add 中的形参才被分配内存单元。在调用结束后,形参所占的内存单元也被释放,形参是局部变量。

(2) 实参可以是常量,也可以是简单或者复杂的表达式,但是要求它们必须有确定的值,在调用发生时将实参的值传递给形参。如上边这个程序也可以写成

```
c = add(1, a+b);
```

(3) 形参必须指定数据类型,和定义变量一样,因为它本来就是局部变量。

(4) 实参和形参的数据类型应该相同或者赋值兼容。和变量赋值一样,当形参和实参出现不同类型时,按照不同类型数值的赋值规则进行转换。

(5) 主函数在调用函数之前,应对被调函数做原型声明。

(6) 实参向形参的数据传递是单向传递,不能由形参再回传给实参。也就是说,实参值传递给形参后,调用结束,形参单元被释放,而实参单元仍保留并且维持原值。

8.4 按键

8.4.1 独立按键

常用的按键电路有两种形式:独立式按键和矩阵式按键。独立式按键比较简单,它们

各自与独立的输入线相连接，如图 8-6 所示。

4 条输入线接到单片机的 I/O 口上，当按下按键 K1 时，+5V 依次通过电阻 R1 和按键 K1 最终进入 GND，形成一条通路，这条线路的全部电压都加到电阻 R1 上，引脚 KeyIn1 就是一个低电平。当松开按键后，线路断开，不会有电流通过，KeyIn1 和+5V 应该是等电位，是一个高电平。因此，可以通过引脚 KeyIn1 这个 I/O 口的高低电平来判断是否有按键按下。

这个电路中按键的原理讲清楚了，但是实际上在单片机 I/O 口内部，也有一个上拉电阻。按键是接到 P2 口上，P2 口上电默认是准双向 I/O 口。下面简单了解一下准双向 I/O 口的电路，如图 8-7 所示。

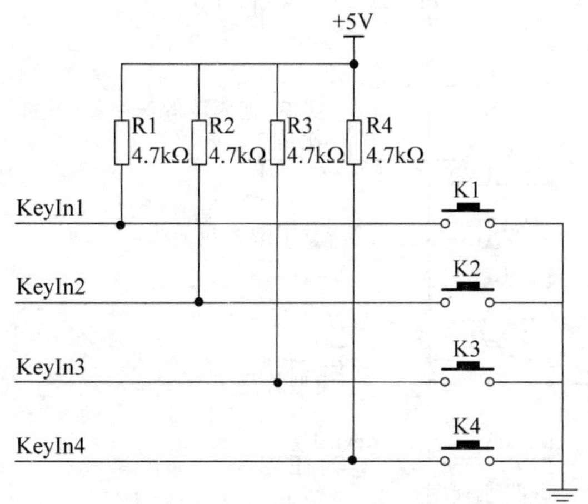

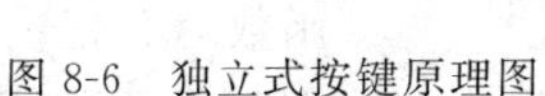
图 8-6　独立式按键原理图

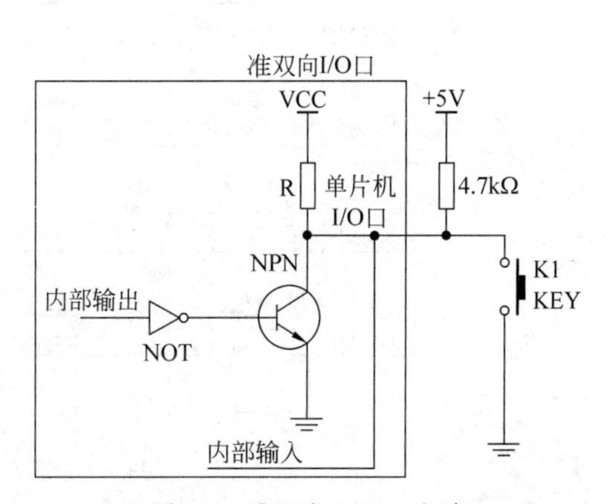

图 8-7　准双向 I/O 口电路

首先说明一点，就是现在绝大多数单片机的 I/O 口都是使用 MOS 管而非三极管，但用在这里的 MOS 管，其原理和三极管是一样的，因此用三极管替代来进行原理讲解，把前面讲过的三极管的知识搬过来，一切都是适用的，有助于读者理解。

图 8-7 方框内的电路都是指单片机内部部分，方框外的就是外接的上拉电阻和按键。这个地方要注意一下，就是当要读取外部按键信号的时候，单片机必须先给该引脚写“1”，也就是高电平，这样才能正确读取到外部按键信号，下面来分析一下缘由。

当内部输出是高电平时，经过一个反向器变成低电平，NPN 三极管不会导通，单片机 I/O 口从内部来看，由于上拉电阻 R 的存在，所以是一个高电平。当外部没有按键按下将电平拉低，VCC 也是+5V，它们之间虽然有两个电阻，但是没有压差，就不会有电流，线上所有的位置都是高电平，这时就可以正常读取按键的状态了。

当内部输出是低电平时，经过一个反相器变成高电平，NPN 三极管导通，单片机的内部 I/O 口就是一个低电平，这时，外部虽然也有上拉电阻的存在，但是两个电阻是并联关系，不管按键是否按下，单片机的 I/O 口上输入单片机内部的状态都是低电平，因此无法正常读取按键的状态。

这与水流很类似，内部和外部，只要有一边是低电位，电流就会顺流而下，由于只有上拉电阻，下边没有分压电阻，直接到 GND 上，所以不管另一边是高电位还是低电位，电平都是低电平。

从上面的分析可以得出一个结论，这种具有上拉的准双向 I/O 口，如果要正常读取外部信号的状态,必须首先保证自己内部输出的是1,如果内部输出0,则无论外部信号是1还是0,这个引脚读进来的都是0。

8.4.2 矩阵按键

在某一个系统设计中,当需要使用很多按键时,做成独立按键会大量占用I/O口,因此引入了矩阵按键的设计。如图8-8所示是KST-51开发板上的矩阵按键电路原理图,使用8个I/O口实现16个按键。

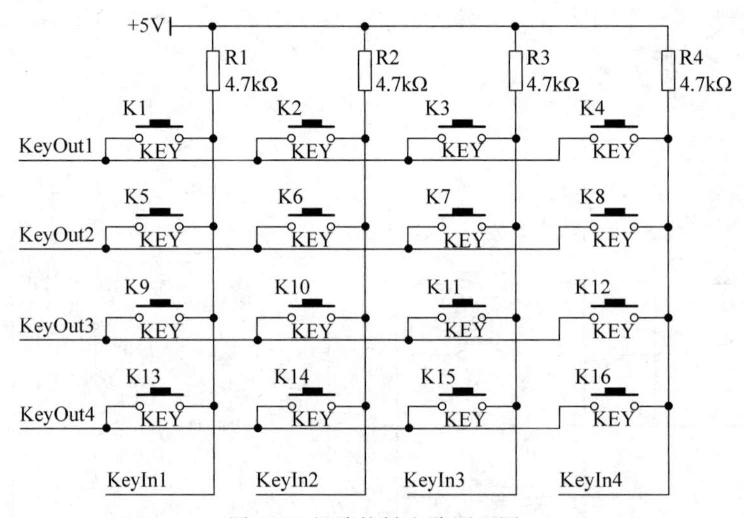

图8-8 矩阵按键电路原理图

如果理解了独立按键,就不难理解矩阵按键,下面分析一下。图8-8中,一共有4组按键,只看其中一组,如图8-9所示。认真看一下,如果KeyOut1输出一个低电平,则KeyOut1相当于GND,此时,K1、K2、K3、K4相当于4个独立按键。当然这时KeyOut2、KeyOut3、KeyOut4必须都输出高电平,才能保证与它们相连的3路按键不会对这一路产生干扰,可以对照两张原理图分析一下。

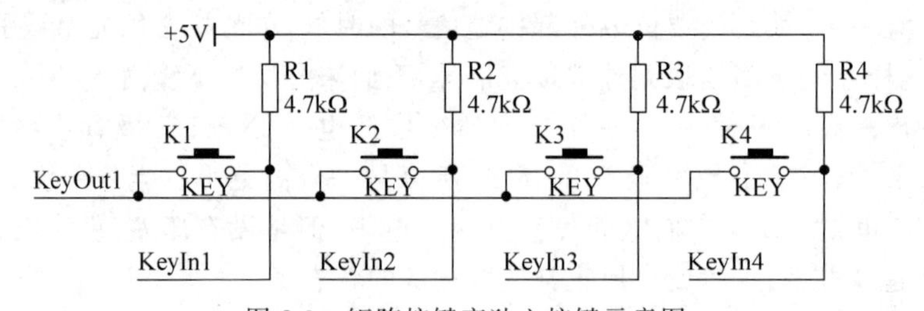

图8-9 矩阵按键变独立按键示意图

8.4.3 独立按键的扫描

了解了原理,下面编写一个独立按键的程序,把最基本的功能验证一下。

```
#include <reg52.h>

sbit ADDR0 = P1^0;
```

```
sbit ADDR1 = P1^1;
sbit ADDR2 = P1^2;
sbit ADDR3 = P1^3;
sbit ENLED = P1^4;
sbit LED9 = P0^7;
sbit LED8 = P0^6;
sbit LED7 = P0^5;
sbit LED6 = P0^4;
sbit KEY1 = P2^4;
sbit KEY2 = P2^5;
sbit KEY3 = P2^6;
sbit KEY4 = P2^7;

void main()
{

    ENLED = 0;              //选择独立 LED 进行显示
    ADDR3 = 1;
    ADDR2 = 1;
    ADDR1 = 1;
    ADDR0 = 0;
    P2 = 0xF7;              //P2.3 置 0,即 KeyOut1 输出低电平

    while (1)
    {
        //将按键扫描引脚的值传递到 LED 上
        LED9 = KEY1;        //按键按下时为 0,对应的 LED 点亮
        LED8 = KEY2;
        LED7 = KEY3;
        LED6 = KEY4;
    }
}
```

本程序固定在 KeyOut1 上输出低电平，而 KeyOut2～KeyOut4 保持高电平，相当于把矩阵按键的第一行，即 K1～K4 作为 4 个独立按键来处理，然后把这 4 个按键的状态直接送给 LED9～LED6 这 4 个 LED 小灯，那么当按键按下时，对应按键的输入引脚是 0，对应小灯控制信号也是 0，于是灯亮，这说明上述关于按键检测的理论都是可实现的。

绝大多数情况下，按键是不会一直按住的，所以通常检测按键的动作并不是检测一个固定的电平值，而是检测电平值的变化，即按键在按下和弹起这两种状态之间的变化，只要发生了这种变化，就说明按键产生了动作。

在程序中，可以把每次扫描到的按键状态都保存起来，当一次按键状态扫描进来的时候，与前一次的状态做比较，如果发现这两次按键状态不一致，则说明按键产生了动作。若上一次的状态是未按下，而现在是按下，则此时按键的动作就是“按下”；若上一次的状态是按下而现在是未按下，则此时按键的动作就是“弹起”。显然，每次按键动作都会包含一次“按下”和一次“弹起”，可以任选其一来执行程序，或者两个都用以执行不同的程序也是可以的。下面就编写程序实现这个功能，只取按键 K4 为例。

```
#include <reg52.h>

sbit ADDR0 = P1^0;
sbit ADDR1 = P1^1;
sbit ADDR2 = P1^2;
sbit ADDR3 = P1^3;
sbit ENLED = P1^4;
sbit KEY1 = P2^4;
sbit KEY2 = P2^5;
sbit KEY3 = P2^6;
sbit KEY4 = P2^7;

unsigned char code LedChar[] = {        //数码管显示字符转换表
    0xC0, 0xF9, 0xA4, 0xB0, 0x99, 0x92, 0x82, 0xF8,
    0x80, 0x90, 0x88, 0x83, 0xC6, 0xA1, 0x86, 0x8E
};

void main()
{
    bit backup = 1;                     //定义一个位变量,保存前一次扫描的按键值
    unsigned char cnt = 0;              //定义一个计数变量,记录按键按下的次数

    ENLED = 0;                          //选择数码管 DS1 进行显示
    ADDR3 = 1;
    ADDR2 = 0;
    ADDR1 = 0;
    ADDR0 = 0;
    P2 = 0xF7;                          //P2.3 置 0,即 KeyOut1 输出低电平
    P0 = LedChar[cnt];                  //显示按键次数初值

    while (1)
    {
        if (KEY4 != backup)             //如果当前值与前次值不相等,则说明此时按键有动作
        {
            if (backup == 0)            //如果前次值为 0,则说明当前是由 0 变 1,即按键弹起
            {
                cnt++;                  //按键次数 + 1
                if (cnt >= 10)
                {                       //只用 1 个数码管显示,所以加到 10 就清 0 重新开始
                    cnt = 0;
                }
                P0 = LedChar[cnt];      //计数值显示到数码管上
            }
            backup = KEY4;              //更新备份为当前值,以备下次比较
        }
    }
}
```

先来介绍出现在程序中的一个新知识点,就是变量类型——bit,这个在标准 C 语言中是没有的。51 单片机有一种特殊的变量类型就是 bit 型。比如 unsigned char 型是定义了

一个无符号的8位的数据，它占用1字节(Byte)的内存，而bit型是1位数据，只占用1位(bit)内存，用法和标准C中其他的基本数据类型是一致的。它的优点就是节省内存空间，8个bit型变量才相当于1个char型变量所占用的空间。虽然它只有0和1两个值，但可以表示很多信息，例如，按键的按下和弹起，LED灯的亮和灭，三极管的导通与关断等。联想一下已经学过的内容，它是不是能用最小的内存代价完成很多工作呢？

在这个程序中，以K4为例，按一次按键，就会产生“按下”和“弹起”两个动态的动作，选择在“弹起”时对数码管进行加1操作。理论是如此，大家可以在开发板上用K4按键做实验试试，多按几次，是不是会发生这样一种现象：有的时候明明只按了一下按键，数字却加了不止1，而是2或者更多？但是程序并没有任何逻辑上的错误，这是怎么回事呢？这就引出了按键抖动和按键消抖的问题。

8.4.4 按键消抖

通常按键所用的开关都是机械弹性开关，当机械触点断开、闭合时，由于机械触点的弹性作用，一个按键开关在闭合时，不会马上就稳定接通，在断开时，也不会一下子彻底断开，而是在闭合和断开的瞬间伴随了一连串的抖动，如图8-10所示。

按键稳定闭合时间长短是由操作人员决定的，通常都会在100ms以上，刻意快速按键时间为40～50ms，已经很难再低了。抖动时间是由按键的机械特性决定的，一般都会在10ms以内，为了确保程序对按键的一次闭合或者一次断开只响应一次，必须进行按键的消抖处理。当检测到按键状态变化时，不是立即去响应动作，而是先等待闭合或断开稳定后再进行处理。按键消抖可分为硬件消抖和软件消抖。

硬件消抖就是在按键上并联一个电容，如图8-11所示。利用电容的充放电特性对抖动过程中产生的电压毛刺进行平滑处理，从而实现消抖。但实际应用中，这种方式的效果往往不是很好，而且还增加了成本和电路复杂度，所以实际中的应用并不多。

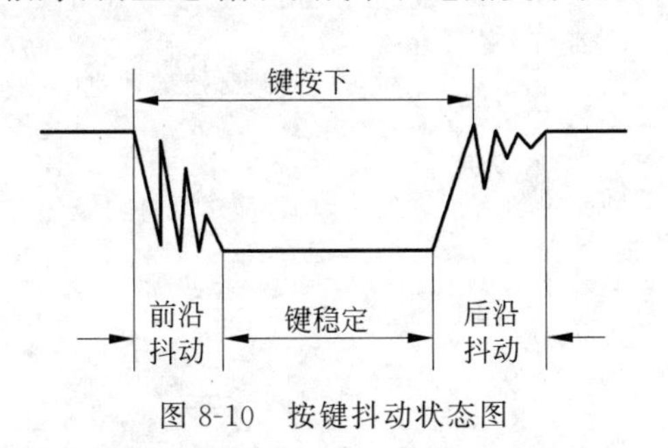

图8-10　按键抖动状态图

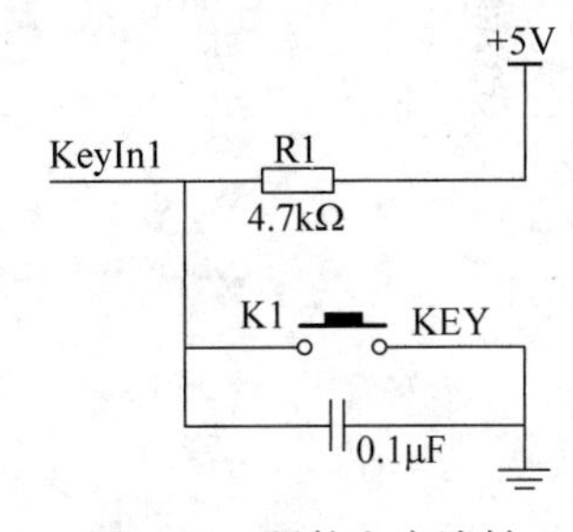

图8-11　硬件电容消抖

在绝大多数情况下，我们是用软件(程序)来实现消抖的。最简单的消抖原理，就是当检测到按键状态变化后，先等待10ms左右的延时，让抖动消失后再进行一次按键状态检测，如果与刚才检测到的状态相同，则可以确认按键已经稳定动作。将上一个程序稍加改动，得到新的带消抖功能的程序，具体如下：

```
#include <reg52.h>

sbit ADDR0 = P1^0;
sbit ADDR1 = P1^1;
```

```
sbit ADDR2 = P1^2;
sbit ADDR3 = P1^3;
sbit ENLED = P1^4;
sbit KEY1 = P2^4;
sbit KEY2 = P2^5;
sbit KEY3 = P2^6;
sbit KEY4 = P2^7;

unsigned char code LedChar[] = {          //数码管显示字符转换表
    0xC0, 0xF9, 0xA4, 0xB0, 0x99, 0x92, 0x82, 0xF8,
    0x80, 0x90, 0x88, 0x83, 0xC6, 0xA1, 0x86, 0x8E
};

void delay();

void main()
{
    bit keybuf = 1;                       //按键值暂存,临时保存按键的扫描值
    bit backup = 1;                       //按键值备份,保存前一次的扫描值
    unsigned char cnt = 0;                //按键计数,记录按键按下的次数

    ENLED = 0;                            //选择数码管 DS1 进行显示
    ADDR3 = 1;
    ADDR2 = 0;
    ADDR1 = 0;
    ADDR0 = 0;
    P2 = 0xF7;                            //P2.3 置 0,即 KeyOut1 输出低电平
    P0 = LedChar[cnt];                    //显示按键次数初值

    while (1)
    {
        keybuf = KEY4;                    //把当前扫描值暂存
        if (keybuf != backup)             //当前值与前次值不相等说明此时按键有动作
        {
            delay();                      //延时大约 10ms
            if (keybuf == KEY4)           //判断扫描值有没有发生改变,即按键抖动
            {
                if (backup == 0)          //如果前次值为 0,则说明当前是弹起动作
                {
                    cnt++;                //按键次数 + 1
                    if (cnt >= 10)
                    {                     //只用 1 个数码管显示,所以加到 10 就清 0 重新开始
                        cnt = 0;
                    }
                    P0 = LedChar[cnt]; //计数值显示到数码管上
                }
                backup = keybuf;          //更新备份为当前值,以备进行下次比较
            }
        }
    }
}
/* 软件延时函数,延时约 10ms */
```

```
void delay()
{
    unsigned int i = 1000;

    while (i--);
}
```

把这个程序下载到开发板上再进行试验，只按一下按键却加了多次数字的问题是不是就解决了？把问题解决掉的感觉是不是很好呢？

这个程序用了一个简单的算法实现了按键的消抖。对于这种很简单的演示程序，可以这样来写，但是实际做项目开发的时候，程序量往往很大，各种状态值也很多，while(1)主循环要不停地扫描各种状态值是否发生变化，及时地进行任务调度，如果程序中间加了这种delay延时操作，则很可能某一事件发生了，但是程序还在进行delay延时操作中，delay延时操作完再去检测事件的时候，已经晚了，检测不到那个事件了。为了避免这种情况的发生，要尽量缩短while(1)循环一次所用的时间，而需要进行长时间延时的操作，必须用其他的办法来处理。

那么消抖操作所需要的延时该怎么处理呢？其实除了这种简单的延时，还有更优异的方法处理按键抖动问题。举个例子：如果启用一个定时中断，每2ms进行一次中断，扫描一次按键状态并且存储起来，则连续扫描8次后，看看这连续8次的按键状态是否一致。8次按键的时间大概是16ms，在16ms内，如果按键状态一直保持一致，那就可以确定现在按键处于稳定的阶段，而非处于抖动的阶段，如图8-12所示。

11111111111111111101001000000000000000000000000100101111111111111111111111
弹起　抖动　按下　抖动　弹起

图8-12　按键连续扫描判断

假如左边时间是起始0，每经过2ms左移一次，每移动一次，判断当前连续的8次按键状态，如果全是1，则判定为弹起，如果全是0，则判定为按下，如果0和1交错，就认为是抖动，不做任何判定。想一下，这样是不是比简单的延时更加可靠。

利用这种方法，就可以避免通过延时消抖占用单片机执行时间，而是转换成一种按键状态判定而非按键过程判定，我们只对当前按键的连续16ms的8次状态进行判断，而不再关心它在16ms内都做了什么事情。下面就按照这种思路进行程序实现，同样只以K4为例。

```
#include <reg52.h>

sbit ADDR0 = P1^0;
sbit ADDR1 = P1^1;
sbit ADDR2 = P1^2;
sbit ADDR3 = P1^3;
sbit ENLED = P1^4;
sbit KEY1 = P2^4;
sbit KEY2 = P2^5;
sbit KEY3 = P2^6;
sbit KEY4 = P2^7;
```

```
unsigned char code LedChar[] = {        //数码管显示字符转换表
    0xC0, 0xF9, 0xA4, 0xB0, 0x99, 0x92, 0x82, 0xF8,
    0x80, 0x90, 0x88, 0x83, 0xC6, 0xA1, 0x86, 0x8E
};
bit KeySta = 1;                         //当前按键状态

void main()
{
    bit backup = 1;                     //按键值备份,保存前一次的扫描值
    unsigned char cnt = 0;              //按键计数,记录按键按下的次数

    EA = 1;                             //使能总中断
    ENLED = 0;                          //选择数码管 DS1 进行显示
    ADDR3 = 1;
    ADDR2 = 0;
    ADDR1 = 0;
    ADDR0 = 0;
    TMOD = 0x01;                        //设置 T0 为模式 1
    TH0  = 0xF8;                        //为 T0 赋初值 0xF8CD,定时 2ms
    TL0  = 0xCD;
    ET0  = 1;                           //使能 T0 中断
    TR0  = 1;                           //启动 T0
    P2 = 0xF7;                          //P2.3 置 0,即 KeyOut1 输出低电平
    P0 = LedChar[cnt];                  //显示按键次数初值

    while (1)
    {
        if (KeySta != backup)           //当前值与前次值不相等说明此时按键有动作
        {
            if (backup == 0)            //如果前次值为 0,则说明当前是弹起动作
            {
                cnt++;                  //按键次数 + 1
                if (cnt >= 10)
                {                       //只用 1 个数码管显示,所以加到 10 就清 0,重新开始
                    cnt = 0;
                }
                P0 = LedChar[cnt];      //计数值显示到数码管上
            }
            backup = KeySta;            //更新备份为当前值,以备进行下次比较
        }
    }
}
/* T0 中断服务函数,用于按键状态的扫描并消抖 */
void InterruptTimer0() interrupt 1
{
    static unsigned char keybuf = 0xFF;  //扫描缓冲区,保存一段时间内的扫描值

    TH0 = 0xF8;                          //重新加载初值
    TL0 = 0xCD;
    keybuf = (keybuf << 1) | KEY4;       //缓冲区左移一位,并将当前扫描值移入最低位
```

```
        if (keybuf == 0x00)
        {               //连续 8 次扫描值都为 0,即 16ms 内都只检测到按下状态时,可认为按键已按下
            KeySta = 0;
        }
        else if (keybuf == 0xFF)
        {               //连续 8 次扫描值都为 1,即 16ms 内都只检测到弹起状态时,可认为按键已弹起
            KeySta = 1;
        }
        else
        {}              //其他情况说明按键状态尚未稳定,不对 KeySta 变量值进行更新
    }
```

这个算法是在实际工程中经常使用按键所总结出来的一个比较好的消抖方法。当然，按键消抖还有其他的方法，程序实现更是多种多样，读者可以尝试其他算法，拓展思路。

8.4.5 矩阵按键的扫描

我们讲独立按键扫描的时候，已经简单了解了矩阵按键。矩阵按键相当于4组，每组各4个独立按键，一共是16个按键。如何区分这些按键呢？想一下我们生活的地球，要想确定我们所在的位置，就要借助经纬线，而矩阵按键就是通过行线和列线来确定哪个按键被按下。在程序中如何进行这项操作呢？

前边讲过，按键按下通常都会保持100ms以上，如果在按键扫描中断中，每次让矩阵按键的一个KeyOut输出低电平，其他三个输出高电平，判断当前所有KeyIn的状态，下次中断时，再让下一个KeyOut输出低电平，其他三个输出高电平，再次判断所有KeyIn的状态，通过快速的中断，不停地循环判断，就可以最终确定哪个按键按下了。这个原理是不是跟数码管动态扫描刷新有点类似？数码管在动态赋值，而按键在动态读取状态。至于扫描间隔时间和消抖时间，因为现在有4个KeyOut输出，要中断4次，才能完成一次全部按键的扫描，显然再采用2ms中断判断8次扫描值的方式时间就太长了($2\times4\times8=64$ms)，可改用1ms中断判断4次采样值，这样消抖时间还是16ms($1\times4\times4$)。下面就用程序实现出来，程序循环扫描板子上的K1～K16这16个矩阵按键，分离出按键动作并在按键按下时把当前按键的编号显示在一位数码管上(用0～F表示，显示值＝按键编号－1)。

```
#include <reg52.h>

sbit ADDR0 = P1^0;
sbit ADDR1 = P1^1;
sbit ADDR2 = P1^2;
sbit ADDR3 = P1^3;
sbit ENLED = P1^4;
sbit KEY_IN_1  = P2^4;
sbit KEY_IN_2  = P2^5;
sbit KEY_IN_3  = P2^6;
sbit KEY_IN_4  = P2^7;
sbit KEY_OUT_1 = P2^3;
sbit KEY_OUT_2 = P2^2;
```

```
sbit KEY_OUT_3 = P2^1;
sbit KEY_OUT_4 = P2^0;

unsigned char code LedChar[ ] = {                    //数码管显示字符转换表
    0xC0, 0xF9, 0xA4, 0xB0, 0x99, 0x92, 0x82, 0xF8,
    0x80, 0x90, 0x88, 0x83, 0xC6, 0xA1, 0x86, 0x8E
};
unsigned char KeySta[4][4] = {                       //全部矩阵按键的当前状态
    {1, 1, 1, 1},  {1, 1, 1, 1},  {1, 1, 1, 1},  {1, 1, 1, 1}
};

void main()
{
    unsigned char i, j;
    unsigned char backup[4][4] = {                   //按键值备份,保存前一次的值
        {1, 1, 1, 1},  {1, 1, 1, 1},  {1, 1, 1, 1},  {1, 1, 1, 1}
    };

    EA = 1;                                          //使能总中断
    ENLED = 0;                                       //选择数码管 DS1 进行显示
    ADDR3 = 1;
    ADDR2 = 0;
    ADDR1 = 0;
    ADDR0 = 0;
    TMOD = 0x01;                                     //设置 T0 为模式 1
    TH0  = 0xFC;                                     //为 T0 赋初值 0xFC67,定时 1ms
    TL0  = 0x67;
    ET0  = 1;                                        //使能 T0 中断
    TR0  = 1;                                        //启动 T0
    P0 = LedChar[0];                                 //默认显示 0

    while (1)
    {
        for (i = 0; i < 4; i++)                      //循环检测 4×4 的矩阵按键
        {
            for (j = 0; j < 4; j++)
            {
                if (backup[i][j] != KeySta[i][j])    //检测按键动作
                {
                    if (backup[i][j] != 0)           //按键按下时,执行动作
                    {
                        P0 = LedChar[i * 4 + j];     //将编号显示到数码管
                    }
                    backup[i][j] = KeySta[i][j];     //更新前一次的备份值
                }
            }
        }
    }
}
/* T0 中断服务函数,扫描矩阵按键状态并消抖 */
void InterruptTimer0() interrupt 1
{
    unsigned char i;
```

```
    static unsigned char keyout = 0;                  //矩阵按键扫描输出索引
    static unsigned char keybuf[4][4] = {             //矩阵按键扫描缓冲区
        {0xFF, 0xFF, 0xFF, 0xFF},  {0xFF, 0xFF, 0xFF, 0xFF},
        {0xFF, 0xFF, 0xFF, 0xFF},  {0xFF, 0xFF, 0xFF, 0xFF}
    };

    TH0 = 0xFC;                                       //重新加载初值
    TL0 = 0x67;
    //将一行的 4 个按键值移入缓冲区
    keybuf[keyout][0] = (keybuf[keyout][0] << 1) | KEY_IN_1;
    keybuf[keyout][1] = (keybuf[keyout][1] << 1) | KEY_IN_2;
    keybuf[keyout][2] = (keybuf[keyout][2] << 1) | KEY_IN_3;
    keybuf[keyout][3] = (keybuf[keyout][3] << 1) | KEY_IN_4;
    //消抖后更新按键状态
    for (i = 0; i < 4; i++)                           //每行 4 个按键,所以循环 4 次
    {
        if ((keybuf[keyout][i] & 0x0F) == 0x00)
        {         //连续 4 次扫描值为 0,即 4 × 4ms 内都是按下状态时,可认为按键已稳定地按下
            KeySta[keyout][i] = 0;
        }
        else if ((keybuf[keyout][i] & 0x0F) == 0x0F)
        {         //连续 4 次扫描值为 1,即 4 × 4ms 内都是弹起状态时,可认为按键已稳定地弹起
            KeySta[keyout][i] = 1;
        }
    }
    //执行下一次的扫描输出
    keyout++;                              //输出索引递增
    keyout = keyout & 0x03;                //索引值加到 4,即自动归 0
    switch (keyout)                        //根据索引释放当前输出引脚,拉低下次的输出引脚
    {
        case 0: KEY_OUT_4 = 1; KEY_OUT_1 = 0; break;
        case 1: KEY_OUT_1 = 1; KEY_OUT_2 = 0; break;
        case 2: KEY_OUT_2 = 1; KEY_OUT_3 = 0; break;
        case 3: KEY_OUT_3 = 1; KEY_OUT_4 = 0; break;
        default: break;
    }
}
```

这个程序完成了矩阵按键的扫描、消抖、动作分离的全部内容,希望读者认真研究,彻底掌握矩阵按键的原理和应用方法。在程序中还有两点值得说明。

首先,可能读者已经发现了,中断函数中扫描 KeyIn 输入和切换 KeyOut 输出的顺序与前面提到的顺序不同,程序中先对所有的 KeyIn 输入做了扫描、消抖,然后才切换到了下一次的 KeyOut 输出,也就是说中断每次扫描的实际是上一次输出选择的那行按键,这是为什么呢? 因为任何信号从输出到稳定都需要一段时间,有时它足够快而有时却不够快,这取决于具体的电路设计,这里的输入与输出顺序的颠倒就是为了让输出信号有足够的时间(一次中断间隔)来稳定,并有足够的时间来完成它对输入的影响,当按键电路中还有硬件电容消抖时,这样处理就是绝对必要的了,虽然这样使程序理解起来有点绕,但它的适应性是最好的,即这段程序足够"健壮",足以应对各种恶劣情况。

其次,是一点小小的编程技巧。注意看"keyout=keyout & 0x03;"这一行,在这里要让

keyout 在 0～3 变化,加到 4 就自动归零,按照常规可以用前面讲过的 if 语句轻松实现,但是现在看一下这条语句,是不是同样可以做到这一点呢？因为 0、1、2、3 这四个数值正好占用两个二进制的位,所以把一字节的高 6 位一直清 0,这个字节的值自然就是一种到 4 归零的效果了。这条语句比 if 语句更为简洁,而效果完全一样。

8.5 简易加法计算器

学到这里,我们已经掌握了一种显示设备和一种输入设备的使用,那么是不是可以做点综合性实验了？下面就来做一个简易的加法计算器,用程序实现从开发板上标有 0～9 数字的按键输入相应数字,该数字要实时显示到数码管上,用标有向上箭头的按键代替加号,按下加号后可以再输入一串数字,然后回车键计算加法结果,并同时显示到数码管上。虽然这远不是一个完善的计算器程序,但作为初学者也足够研究一阵子了。

首先,本程序相对于之前的例程要复杂得多,需要完成的工作也多得多,所以把各个子功能都作成独立的函数,以使程序便于编写和维护。分析程序的时候就从主函数和中断函数入手,随着程序的流程进行就可以了。可以体会划分功能函数的好处,想想如果还是只有主函数和中断函数来实现的话,程序会是什么样子。

其次,读者可以看到在把矩阵按键扫描分离出动作以后,并没有直接使用行列数所组成的数值作为分支判断执行动作的依据,而是把抽象的行列数转换为了一种叫作标准键盘键码(就是计算机键盘的编码)的数据,然后用得到的这个数据作为下一步分支判断执行动作的依据,为什么多此一举呢？有两层含义：第一,尽量让自己设计的东西(包括硬件和软件)向已有的行业规范或标准看齐,这样有助于别人理解认可你的设计,也有助于你的设计与别人的设计相对接；第二,有助于程序的层次化,方便程序的维护与移植,比如用的按键是 4×4,如果后续又增加了一行,成了 4×5,那么由行列数组成的编号可能就变了,就要在程序的各个分支中查找修改,稍不留神就会出错,而采用这种转换后,则只需要维护 KeyCodeMap 这样一个数组表格就行了,看上去就像是把程序的底层驱动与应用层的功能实现函数分离开了,应用层不用关心底层的实现细节,底层改变后也无须在应用层中做相应修改,两层程序之间是一种标准化的接口。这就是程序的层次化,而层次化是构建复杂系统的必备条件,现在就先通过简单的示例学习一下吧。

作为初学者,针对这种程序的学习方式是：先从头到尾读一到三遍,边读边理解,然后边抄边理解,彻底理解透彻后,自己尝试独立写出来。完全采用记忆模式学习例程,学习一两个例程,你可能感觉不到什么提高,当例程学过上百个的时候,厚积薄发的感觉就来了。同时,在抄读的过程中也要注意学习编程规范,这些都是无形的财富,可以为日后的研发工作加分。

```
#include <reg52.h>

sbit ADDR0 = P1^0;
sbit ADDR1 = P1^1;
sbit ADDR2 = P1^2;
sbit ADDR3 = P1^3;
sbit ENLED = P1^4;
```

```
sbit KEY_IN_1  = P2^4;
sbit KEY_IN_2  = P2^5;
sbit KEY_IN_3  = P2^6;
sbit KEY_IN_4  = P2^7;
sbit KEY_OUT_1 = P2^3;
sbit KEY_OUT_2 = P2^2;
sbit KEY_OUT_3 = P2^1;
sbit KEY_OUT_4 = P2^0;

unsigned char code LedChar[] = {            //数码管显示字符转换表
    0xC0, 0xF9, 0xA4, 0xB0, 0x99, 0x92, 0x82, 0xF8,
    0x80, 0x90, 0x88, 0x83, 0xC6, 0xA1, 0x86, 0x8E
};
unsigned char LedBuff[6] = {                //数码管显示缓冲区
    0xFF, 0xFF, 0xFF, 0xFF, 0xFF, 0xFF
};
unsigned char code KeyCodeMap[4][4] = {     //矩阵按键编号到标准键盘键码的映射表
    { 0x31, 0x32, 0x33, 0x26 },             //数字键 1、数字键 2、数字键 3、向上键
    { 0x34, 0x35, 0x36, 0x25 },             //数字键 4、数字键 5、数字键 6、向左键
    { 0x37, 0x38, 0x39, 0x28 },             //数字键 7、数字键 8、数字键 9、向下键
    { 0x30, 0x1B, 0x0D, 0x27 }              //数字键 0、ESC 键、回车键、向右键
};
unsigned char KeySta[4][4] = {              //全部矩阵按键的当前状态
    {1, 1, 1, 1},  {1, 1, 1, 1},  {1, 1, 1, 1},  {1, 1, 1, 1}
};

void KeyDriver();

void main()
{
    EA = 1;                                 //使能总中断
    ENLED = 0;                              //选择数码管进行显示
    ADDR3 = 1;
    TMOD = 0x01;                            //设置 T0 为模式 1
    TH0  = 0xFC;                            //为 T0 赋初值 0xFC67,定时 1ms
    TL0  = 0x67;
    ET0  = 1;                               //使能 T0 中断
    TR0  = 1;                               //启动 T0
    LedBuff[0] = LedChar[0];                //上电显示 0

    while (1)
    {
        KeyDriver();                        //调用按键驱动函数
    }
}
/* 将一个无符号长整型的数字显示到数码管上,num 为待显示数字 */
void ShowNumber(unsigned long num)
{
    signed char i;
    unsigned char buf[6];

    for (i = 0; i < 6; i++)                 //把长整型数转换为 6 位十进制的数组
```

```
    {
        buf[i] = num % 10;
        num = num / 10;
    }
    for (i = 5; i >= 1; i--)          //从最高位起,遇到 0,则转换为空格,遇到非 0,则退出循环
    {
        if (buf[i] == 0)
            LedBuff[i] = 0xFF;
        else
            break;
    }
    for ( ; i >= 0; i--)              //剩余低位都如实转换为数码管显示字符
    {
        LedBuff[i] = LedChar[buf[i]];
    }
}
/* 按键动作函数,根据键码执行相应的操作,keycode 为按键键码 */
void KeyAction(unsigned char keycode)
{
    static unsigned long result = 0;            //用于保存运算结果
    static unsigned long addend = 0;            //用于保存输入的加数

    if ((keycode >= 0x30) && (keycode <= 0x39))  //输入 0~9 的数字
    {
        addend = (addend * 10) + (keycode - 0x30); //整体十进制左移,新数字进入个位
        ShowNumber(addend);                     //运算结果显示到数码管
    }
    else if (keycode == 0x26)                   //向上键用作加号,执行加法或连加运算
    {
        result += addend;                       //进行加法运算
        addend = 0;
        ShowNumber(result);                     //运算结果显示到数码管
    }
    else if (keycode == 0x0D)                   //回车键执行加法运算(实际效果与加号相同)
    {
        result += addend;                       //进行加法运算
        addend = 0;
        ShowNumber(result);                     //运算结果显示到数码管
    }
    else if (keycode == 0x1B)                   //Esc 键,清 0 结果
    {
        addend = 0;
        result = 0;
        ShowNumber(addend);                     //清 0 后的加数显示到数码管
    }
}
/* 按键驱动函数,检测按键动作,调度相应动作函数,需在主循环中调用 */
void KeyDriver()
{
    unsigned char i, j;
    static unsigned char backup[4][4] = {       //按键值备份,保存前一次的值
        {1, 1, 1, 1},  {1, 1, 1, 1},  {1, 1, 1, 1},  {1, 1, 1, 1}
    };
```

```
        for (i = 0; i < 4; i++)                           //循环检测 4×4 的矩阵按键
        {
            for (j = 0; j < 4; j++)
            {
                if (backup[i][j] != KeySta[i][j])     //检测按键动作
                {
                    if (backup[i][j] != 0)            //按键按下时执行动作
                    {
                        KeyAction(KeyCodeMap[i][j]); //调用按键动作函数
                    }
                    backup[i][j] = KeySta[i][j];      //刷新前一次的备份值
                }
            }
        }
}
/* 按键扫描函数,需在定时中断中调用,推荐调用间隔 1ms */
void KeyScan()
{
    unsigned char i;
    static unsigned char keyout = 0;                   //矩阵按键扫描输出索引
    static unsigned char keybuf[4][4] = {              //矩阵按键扫描缓冲区
        {0xFF, 0xFF, 0xFF, 0xFF},  {0xFF, 0xFF, 0xFF, 0xFF},
        {0xFF, 0xFF, 0xFF, 0xFF},  {0xFF, 0xFF, 0xFF, 0xFF}
    };

    //将一行的 4 个按键值移入缓冲区
    keybuf[keyout][0] = (keybuf[keyout][0] << 1) | KEY_IN_1;
    keybuf[keyout][1] = (keybuf[keyout][1] << 1) | KEY_IN_2;
    keybuf[keyout][2] = (keybuf[keyout][2] << 1) | KEY_IN_3;
    keybuf[keyout][3] = (keybuf[keyout][3] << 1) | KEY_IN_4;
    //消抖后更新按键状态
    for (i = 0; i < 4; i++)                            //每行 4 个按键,所以循环 4 次
    {
        if ((keybuf[keyout][i] & 0x0F) == 0x00)
        {         //连续 4 次扫描值为 0,即 4×4ms 内都是按下状态时,可认为按键已稳定地按下
            KeySta[keyout][i] = 0;
        }
        else if ((keybuf[keyout][i] & 0x0F) == 0x0F)
        {         //连续 4 次扫描值为 1,即 4×4ms 内都是弹起状态时,可认为按键已稳定地弹起
            KeySta[keyout][i] = 1;
        }
    }
    //执行下一次的扫描输出
    keyout++;      //输出索引递增
    keyout = keyout & 0x03;     //索引值加到 4 即归 0
    switch (keyout)             //根据索引,释放当前输出引脚,拉低下次的输出引脚
    {
        case 0: KEY_OUT_4 = 1; KEY_OUT_1 = 0; break;
        case 1: KEY_OUT_1 = 1; KEY_OUT_2 = 0; break;
        case 2: KEY_OUT_2 = 1; KEY_OUT_3 = 0; break;
        case 3: KEY_OUT_3 = 1; KEY_OUT_4 = 0; break;
        default: break;
```

```
    }
}
/* 数码管动态扫描刷新函数,需在定时中断中调用 */
void LedScan()
{
    static unsigned char i = 0;              //动态扫描的索引

    P0 = 0xFF;                               //显示消隐
    switch (i)
    {
        case 0: ADDR2 = 0; ADDR1 = 0; ADDR0 = 0; i++; P0 = LedBuff[0]; break;
        case 1: ADDR2 = 0; ADDR1 = 0; ADDR0 = 1; i++; P0 = LedBuff[1]; break;
        case 2: ADDR2 = 0; ADDR1 = 1; ADDR0 = 0; i++; P0 = LedBuff[2]; break;
        case 3: ADDR2 = 0; ADDR1 = 1; ADDR0 = 1; i++; P0 = LedBuff[3]; break;
        case 4: ADDR2 = 1; ADDR1 = 0; ADDR0 = 0; i++; P0 = LedBuff[4]; break;
        case 5: ADDR2 = 1; ADDR1 = 0; ADDR0 = 1; i = 0; P0 = LedBuff[5]; break;
        default: break;
    }
}
/* T0 中断服务函数,用于数码管显示扫描与按键扫描 */
void InterruptTimer0() interrupt 1
{
    TH0 = 0xFC;                              //重新加载初值
    TL0 = 0x67;
    LedScan();                               //调用数码管显示扫描函数
    KeyScan();                               //调用按键扫描函数
}
```

8.6 习题

1. 理解单片机最小系统三要素电路设计规则。
2. 掌握函数间相互调用的方法和规则。
3. 学会独立按键和矩阵按键的电路设计方法和软件编程思路。
4. 用一个按键实现一个数码管数字从 F 到 0 递减的变化程序。
5. 用矩阵按键设计一个简易减法计算器。

第 9 章

实例练习与经验积累

本章主要通过一些实践例程来提高读者对编程的熟练度，并且帮助读者进行一些算法和技巧上的积累。虽然是以练习为主，但也涉及了不少软硬件知识的学习，比如数据类型转换、中断响应延迟、位操作技巧以及 PWM 知识等。在学习本章内容的时候，一定要达到不看教材，就能独立把程序做出来的效果，那样才能基本掌握相关知识点。

9.1 数字秒表实例

9.1.1 不同数据类型间的相互转换

在 C 语言中，不同数据类型之间是可以混合运算的。当表达式中的数据类型不一致时，首先转换为同一种类型，然后再进行计算。C 语言有两种方法实现类型转换：一是自动类型转换，二是强制类型转换。这部分内容比较繁杂，因此根据常用的编程应用来讲解。

当不同数据类型之间混合运算的时候，不同类型的数据首先会转换为同一种类型。转换的主要原则是：短字节的数据向长字节数据转换。比如：

```
unsigned char a;  unsigned int b;  unsigned int c;  c = a * b;
```

在运算的过程中，程序会自动全部按照 unsigned int 型来计算。比如 a=10，b=200，c 的结果就是 2000。那当 a=100，b=700，c 是 70000 吗？新手最容易犯这种错误，读者要注意每个变量类型的取值范围，c 的数据类型是 unsigned int 型，取值范围是 0～65535，而 70000 超过 65535 了，其结果会溢出，最终 c 的结果是 4464(即 70000－65536)。

要想让 c 正常获得 70000 这个结果，需要把 c 定义成一个 unsigned long 型。如果写成：

```
unsigned char a = 100;  unsigned int b = 700;  unsigned long c = 0;  c = a * b;
```

做过实验的学生会发现这个 c 的结果还是 4464，这是什么情况呢？

注意，在 C 语言中，不同类型数据运算的时候，数据会转换为同一种类型进行运算，但是每一步运算都会进行识别判断，不会进行一个总的分析判断。比如这段代码中，a 和 b 相乘的时候，是按照 unsigned int 类型运算的，运算的结果也是 unsigned int 类型的 4464，只是最终把 unsigned int 类型 4464 赋值给了一个 unsigned long 型的变量而已。那么在运算的时候，如何避免这类问题的产生呢？可以采用强制类型转换的方法。

在一个变量前边加上一个数据类型名，并且这个类型名用小括号括起来，就表示把这个变量强制转换成括号里的类型。如“c=(unsigned long)a * b;”,由于强制类型转换运算符优先级高于 *,所以这个地方的运算是先把 a 转换成一个 unsigned long 型的变量,而后与 b 相乘,根据 C 语言的规则,b 会自动转换成一个 unsigned long 型的变量,而后运算完毕结果也是一个 unsigned long 型的,最终赋值给了 c。

不同类型变量之间的相互赋值,短字节类型变量向长字节类型变量赋值时,其值保持不变,比如

```
unsigned char a = 100;   unsigned int b = 700;   b = a;
```

那么最终 b 的值就是 100 了。但如果程序是

```
unsigned char a = 100;   unsigned int b = 700;   a = b;
```

那么 a 的值仅仅是取了 b 的低 8 位,首先要把 700 变成一个 16 位的二进制数据,然后取它的低 8 位出来,也就是 188,这就是长字节类型给短字节类型赋值的结果,会从长字节类型的低位开始截取,直到刚好等于短字节类型长度的位,然后赋给短字节类型。

在 51 单片机里边,有一种特殊情况,就是 bit 类型的变量,bit 类型的强制类型转换,是不符合上面讲的原则的,比如

```
bit a = 0;  unsigned char b;   a = (bit)b;
```

这个地方要特别注意,使用 bit 指令做强制类型转换,不是取 b 的最低位,而是它会判断 b 这个变量是 0,还是非 0 的值,如果 b 是 0,那么 a 的结果就是 0,如果 b 是任意非 0 的其他值,那么 a 的结果都是 1。

9.1.2 定时时间精准性调整

在 6.5.2 节有一个数码管秒表显示程序,该程序是每过 1s 数码管加 1,但是细心的学生做了实验后,经过长时间运行会发现,和实际的时间有了较大误差,那如何去调整这种误差呢? 要解决问题,先找到问题的原因。

先对前面讲过的中断内容做一个较深层次的补充。还是讲解中断的那个场景,当在看电视的时候,突然发生了水烧开的中断,必须去提水,第一,从电视跟前跑到厨房需要一定的时间,第二,因为看的电视是智能数字电视,因此在去提水之前可以使用遥控器将电视进行暂停操作,方便回来后继续从刚才的剧情往下进行。那么暂停电视,跑到厨房提水,这一点点时间是很短的,在实际生活中可以忽略不计,但是在单片机秒表程序中,误差是会累计的,每 1s 都差了几个微秒,时间一久,造成的累计误差就不可小觑了。

单片机系统里,硬件进入中断需要一定的时间,大概是几个机器周期,还要进行原始数据保护,就是把进中断之前程序运行的一些变量先保存起来(专业术语叫作中断压栈),进入中断后,重新给定时器 TH 和 TL 赋值,也需要几个机器周期,这样下来就会消耗一定的时间,得想法把这些时间补偿回来。

方法 1:使用软件 debug 进行补偿。

在前边讲过使用 debug 来观察程序运行时间,可以把 2 次进入中断的时间间隔观察出来,看看和实际定时的时间相差了几个机器周期,然后在进行定时器初值赋值的时候,进行一个调整。我们用的是 11.0592M 的晶振,发现差了几个机器周期,就把定时器初值加上几个机器周期,这样就相当于进行了一个补偿。

方法 2：使用累计误差计算出来。

有时除了程序本身存在的误差外，硬件精度也可能会影响到时钟精度，比如晶振，会随着温度变化出现温漂现象，就是实际值和标称值要差一点。还可以采取累计误差的方法来提高精度。比如可以让时钟运行半个小时或者一个小时，看看最终时间差了几秒，然后算算一共进了多少次定时器中断，把这差的几秒平均分配到每次的定时器中断中，就可以实现时钟的调整。

大家要明白，这个世界上本就没有绝对的精确，只能在一定程度上提高精确度，如果在这个基础上还感觉精度不够，不要着急，后边会专门讲时钟芯片的，通常时钟芯片计时的精度比单片机的精度要高一些。

9.1.3　字节操作修改位的技巧

这里再介绍个编程小技巧，在编程时，有时需要改变一字节中的某一位或者几位，但是又不想改变其他位原有的值，该如何操作呢？

比如学定时器的时候，遇到一个寄存器 TCON，这个寄存器是可以进行位操作的，可以直接写“TR0=1；”，TR0 是 TCON 的一个位，因为这个寄存器是允许位操作，这样写是没有任何问题的。还有一个寄存器 TMOD，这个寄存器是不支持位操作的，如果要使用 T0 的模式 1，希望达到的效果是 TMOD 的低 4 位是 0b0001，但如果直接写成 TMOD = 0x01，实际上已经同时操作到了高 4 位，即属于 T1 的部分，设置成了 0b0000，如果 T1 定时器没有用到，那随便怎么样都行，但是如果程序中既用到了 T0，又用到了 T1，那设置 T0 的同时已经干扰到了 T1 的模式配置，这是大家不希望看到的结果。

在这种情况下，就可以用前边学过的按位与(&)和按位或(|)运算了。对于二进制位操作来说，不管该位原来的值是 0 还是 1，它跟 0 进行按位与运算，得到的结果都是 0，而跟 1 进行按位与运算，将保持原来的值不变；不管该位原来的值是 0 还是 1，它跟 1 进行按位或运算，得到的结果都是 1，而跟 0 进行按位或运算，将保持原来的值不变。

利用上述这个规律就可以着手解决刚才的问题了。如果现在要设置 TMOD，使定时器 0 工作在模式 1 下，又不干扰定时器 1 的配置，可以进行这样的操作：

```
TMOD = TMOD & 0xF0; TMOD = TMOD | 0x01;
```

第一步与 0xF0 做按位与运算后，TMOD 的高 4 位不变，低 4 位清 0，变成了 0bxxxx0000；然后再进行第二步与 0x01 进行按位或运算，那么高 7 位均不变，最低位变成 1 了，这样就完成了只将低 4 位的值修改位 0b0001，而高 4 位保持原值不变的任务，即只设置了 T0 而不影响 T1。熟练掌握并灵活运用这个方法，会给以后的编程带来便利。

另外，在 C 语言中，语句“a&=b;”等价于“a=a&b;”，同理，“a|=b;”等价于“a=a|b;”，那么刚才的一段代码就可以写成“TMOD &=0xF0;TMOD|=0x01; ”这样的简写形式。这种写法可以在一定程度上简化代码，是 C 语言常用的一种编程风格。

9.1.4　数码管扫描刷新函数算法的改进

在学习数码管动态扫描的时候，为了方便读者理解，给大家引入了 switch 的用法，使程序写得细致一些，随着大家编程能力与领悟能力的增强，对于 74HC138 这种非常有规律的数字器件，在编程上也可以改进一下逻辑算法，让程序变得更简洁。这种逻辑算法通常不是靠学一下就可以全部掌握的,而是要在不断地编写程序并研究他人所写程序的过程中一点点积累的。从现在开始,大家就开始积累吧。

数码管动态扫描刷新函数的代码如下：

```
P0 = 0xFF;
switch (i)
{
    case 0: ADDR2 = 0; ADDR1 = 0; ADDR0 = 0; i++; P0 = LedBuff[0]; break;
    case 1: ADDR2 = 0; ADDR1 = 0; ADDR0 = 1; i++; P0 = LedBuff[1]; break;
    case 2: ADDR2 = 0; ADDR1 = 1; ADDR0 = 0; i++; P0 = LedBuff[2]; break;
    case 3: ADDR2 = 0; ADDR1 = 1; ADDR0 = 1; i++; P0 = LedBuff[3]; break;
    case 4: ADDR2 = 1; ADDR1 = 0; ADDR0 = 0; i++; P0 = LedBuff[4]; break;
    case 5: ADDR2 = 1; ADDR1 = 0; ADDR0 = 1; i = 0; P0 = LedBuff[5]; break;
    default: break;
}
```

下面来分析每一个 case 分支,它们的结构是相同的,即改变 ADDR2～ADDR0、改变索引 i、取数据写入 P0,只要把 case 后的常量与 ADDR2～ADDR0 和 LedBuff 的下标对比,就可以发现它们其实是相等的,可以直接把常量值(实际上就是 i 在改变前的值)赋给它们即可,而不必写上 6 遍。还剩下一个 i 的操作,它进行了 5 次相同的++与一次归 0 操作,那么很明显用++和 if 语句判断就可以替代这些操作。下面就是据此改进后的代码：

```
P0 = 0xFF;
P1 = (P1 & 0xF8) | i;
P0 = LedBuff[i];
if (i < 5)
    i++;
else
    i = 0;
```

大家看一下,“P1=(P1 & 0xF8) | i;”这行代码就利用了上面讲到的 & 和|运算来将 i 的低 3 位直接赋值到 P1 口的低 3 位上,而 P0 的赋值也只需要一行代码,i 的处理也很简单。这样写成的代码是不是要简洁得多,也巧妙得多,而功能与前面的 switch 语句是一样的,同样可以完美实现数码管动态显示刷新的功能。

9.1.5 秒表程序

做了一个秒表程序给读者参考,程序中涉及的知识点前面都讲过了,包括定时器、数码管、中断、按键等多个知识点。秒表程序是多个知识点同时应用的综合例程,因此需要完全消化掉。此程序是一个“真正的”并且“实用的”秒表程序,体现在：第一,它有足够的分辨率,保留到小数点后两位,即每 10ms 计一次数,第二,它也足够精确,因为补偿了定时器中断延时造成的误差,如果你愿意,它完全可以被用来测量你的百米成绩。这种综合例程也是将来做大项目程序的基础,因此还是老规矩,读者边抄边理解,理解透彻后独立写出来就算此关通过。

本书配套程序源代码可扫描“前言”中的二维码下载。本实例程序可参见其中 Lesson9-1 目录下的 main.c 文件。

关于这个程序有两点值得提一下：一是定时器配置函数,虽然在程序中通过计算得出初值(重载值),增加了代码,但它换来的是便利性和编程效率的提高,因为只要完成这个函数,之后所有需要用定时器定时 x(ms)的场合,都可以直接把函数拿过去,用所需要的时间数(单位为 ms)作为实参调用它即可,不需要再用计算器算一通了,是不是很值呢?二是没有使用矩阵按键的程序,而是只用矩阵按键的第 4 行作为独立按键来使用,因为秒表只需要两个键就够了,这里是想告诉大家,处理问题要灵活,千万不能墨守成规,能用简单方法解决的问题,就不要选择复杂的方法。

9.2 PWM 知识与实例

PWM 在单片机中的应用是非常广泛的,它的基本原理很简单,但往往应用于不同场合时的意义也不完全一样,这里先介绍基本概念和基本原理。

PWM 是 Pulse Width Modulation 的缩写,它的中文名字是脉冲宽度调制。一种说法是它是利用微处理器的数字输出对模拟电路进行控制的一种有效的技术,其实就是使用数字信号达到一个模拟信号的效果。这是什么概念呢?下面一步步来介绍。

首先从它的名字来看,脉冲宽度调制就是通过改变脉冲宽度来实现不同的效果。先来看三组不同的脉冲信号,如图 9-1 所示。

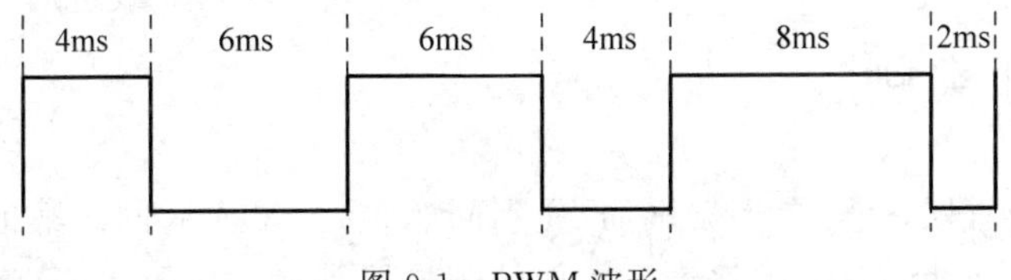

图 9-1 PWM 波形

这是一个周期是 10ms、频率是 100Hz 的波形,但是每个周期内,高低电平脉冲宽度各不相同,这就是 PWM 的本质。这里要记住一个概念“占空比”。占空比是指高电平的时间占整个周期的比例。比如第一部分波形的占空比是 40%,第二部分波形占空比是 60%,第三部分波形占空比是 80%,这就是 PWM 的解释。

那为何它能对模拟电路进行控制呢?想一想,在数字电路里,只有 0 和 1 两种状态,比如第 2 章学的点亮 LED 小灯程序,当写一个“LED=0;”小灯就会亮,当写一个“LED=1;”小灯就会灭掉。当让小灯亮和灭间隔运行的时候,小灯是闪烁状态。如果把这个间隔不断地减小,减小到连肉眼分辨不出来,也就是 100Hz 以上的频率,这个时候小灯表现出来的现象就是既保持亮的状态,但亮度又没有“LED=0;”时的亮度高。不断改变时间参数,让“LED=0;”的时间大于或者小于“LED=1;”的时间,会发现亮度都不一样,这就是模拟电路的感觉了,不再是纯粹的 0 和 1,还有亮度的不断变化。读者会发现,如果用 100Hz 的信号,如图 9-1 所示,假如高电平熄灭小灯,低电平点亮小灯的话,第一部分波形熄灭 4ms,点亮 6ms,亮度最高,第二部分熄灭 6ms,点亮 4ms,亮度次之,第三部分熄灭 8ms,点亮 2ms,亮度最低。那么用程序验证一下理论,用定时器 T0 定时改变 P0.0 的输出来实现 PWM,与纯定时不同的是,这里每周期内都要重载两次定时器初值,即用两个不同的初值来控制高低电平的不同持续时间。为了使亮度的变化更加明显,程序中使用的占空比差距更大。

本书配套程序源代码可扫描“前言”中的二维码下载。本实例程序可参见其中 Lesson9-2 目录下的 main.c 文件。

需要提醒的是，由于标准 51 单片机中没有专门的 PWM 模块，所以用定时器加中断的方式来产生 PWM，而现在有很多的单片机都会集成硬件的 PWM 模块，这种情况下需要做的就是仅仅计算一下周期计数值和占空比计数值，然后配置到相关的 SFR 中即可，程序得到了简化，又确保了 PWM 的输出品质(因为消除了中断延时的影响)。

编译下载程序后，会发现小灯从最亮到灭一共 4 个亮度等级。如果让亮度等级更多，并且让亮度等级连续起来，会产生一个小灯渐变的效果，与呼吸有点类似，所以习惯上称为呼吸灯，这个程序用了两个定时器两个中断，这是第一次这样用，大家可以学习一下。试试这个程序，试完后一定要自己把程序写出来。

本书配套程序源代码可扫描“前言”中的二维码下载。本实例程序可参见其中 Lesson9-3 目录下的 main.c 文件。

呼吸灯效果做出来后，利用这个基本原理，其他各种效果的灯光闪烁都应该可以做出来。大家看到的 KTV 里边那绚丽的灯光闪烁，其实就是采用 PWM 技术控制的。

9.3 交通灯实例

在学习技术的时候，一定要多动脑筋，遇到问题，要三思而后问。其他人告诉你后才明白的结论，可以让你学到知识，但培养不了你的逻辑思维能力。不是不能问，而是要在认真思考的基础上再问。

有学生会有疑问，开发板上只有 8 个流水灯，如果要做多个流水灯、花样灯，怎么办呢？其实前面都提到，开发板上是有 8 个流水灯，还有 6 个数码管，1 个点阵 LED，一个数码管相当于 8 个小灯，一个点阵相当于 64 个小灯，如果全部算上，开发板上实际共接了 8＋6×8＋64＝120 个小灯，如果单独只接小灯，花样灯就做出来了。

还有学生会问，开发板上流水灯和数码管可以一起工作吗？如何一起工作呢？一个数码管是 8 个小灯，但是反过来想一想，8 个流水灯不也相当于一个数码管吗？那开发板上 6 个数码管可以让它们同时亮，7 个数码管就不会同时亮吗？当然了，思考的习惯是要慢慢培养的，想不到这些问题的学生继续努力，每天进步一点，坚持一段时间后回头看看，就会发现学会了很多。

下面做一个交通灯的程序以供参考。因为开发板资源有限，所以把左边 LED8 和 LED9 一起亮作为绿灯，把中间 LED5 和 LED6 一起亮作为黄灯，把右边 LED2 和 LED3 一起亮作为红灯，用数码管的低 2 位做倒计时，让 LED 和数码管同时参与工作。程序并不复杂，也没有什么新知识点，读者完全可以自己分析，然后下载编译试试看。

本书配套程序源代码可扫描“前言”中的二维码下载。本实例程序可参见其中 Lesson9-4 目录下的 main.c 文件。

9.4 51单片机RAM区域的划分

前边介绍单片机资源的时候提到过STC89C52共有512B的RAM，是用来保存数据的，比如定义的变量都是直接存在RAM中。但是单片机中这512B的RAM在地位上并不都是平等的，而是分块的，块与块之间在物理结构和用法上都是有区别的，因此在使用的时候也要注意一些问题。

51单片机的RAM分为两个部分：一部分是片内RAM，另一部分是片外RAM。标准51的片内RAM地址从0x00H～0x7F共128B，而现在用的51系列的单片机都是带扩展片内RAM的，即RAM是从0x00～0xFF共256B。片外RAM最大可以扩展到0x0000～0xFFFF共64KB。这里有一点要明白，片内RAM和片外RAM的地址不是连起来的，片内是从0x00开始，片外也是从0x0000开始的。还有一点，片内和片外这两个名词来自早期的51单片机，分别指在芯片内部和芯片外部，但现在几乎所有的51单片机芯片内部都是集成了片外RAM的，而真正的芯片外扩展则很少用到了，虽然它还叫片外RAM，但实际上它现在也是在单片机芯片内部的，STC89C52就是这样。以下是几个Keil C51语言中的关键字，代表了RAM不同区域的划分，可以先记一下。

- data：片内RAM从0x00～0x7F。
- idata：片内RAM从0x00～0xFF。
- pdata：片外RAM从0x00～0xFF。
- xdata：片外RAM从0x0000～0xFFFF。

可以看出来，data是idata的一部分，pdata是xdata的一部分。为什么还这样去区分呢？因为RAM分块的访问方式主要和汇编指令有关，所以这块内容了解一下即可，只需记住如何访问速度更快就行了。

可以这样定义一个变量a：unsigned char data a=0，而前边定义变量时都没有加data这个关键字，是因为在Keil默认设置下，data关键字是可以省略的，即什么都不加的时候变量就是定义到data区域中的。data区域RAM的访问在汇编语言中用的是直接寻址，执行速度是最快的。如果定义成idata，不仅可以访问data区域，还可以访问0x80H～0xFF的地址范围，但加了idata关键字后，访问的时候，51单片机用的是通用寄存器间接寻址，速度较data会慢一些，而且平时大多数情况下不太希望访问到0x80H～0xFF，因为这块通常用于中断与函数调用的堆栈，所以在绝大多数情况下，使用内部RAM的时候，只用data就可以了。

对于外部RAM来说，使用pdata定义的变量存到了外部RAM的0x00～0xFF的地址范围内，这块地址的访问与idata类似，都是用通用寄存器间接寻址，而如果定义成xdata，可以访问的范围更广泛，从0～64KB的地址都可以访问到，但是它需要使用2B寄存器DPTRH和DPTRL进行间接寻址，速度是最慢的。

STC89C52共有512B的RAM，分为256B的片内RAM和256B的片外RAM。一般情况下使用data区域，data不够用了，就用xdata，如果希望程序执行效率尽量高一点，就使用pdata关键字来定义。对于有更大的RAM的其他型号51系列单片机，如果使用更大的RAM，就必须用xdata来访问了。

9.5 长短按键的应用

在单片机系统中应用按键的时候,如果只需要按下一次按键就实现数字加1或减1操作,那用第8章学到的知识就可以完成了,如果想连续加很多数字,一次次按下这个按键确实有点不方便,这时会希望一直按住按键,数字就自动持续地增加或减小,这就是所谓的长短按键的应用。

当检测到一个按键产生按下动作后,马上执行一次相应的操作,同时在程序里记录按键按下的持续时间,该时间超过1s后(主要是为了区别短按和长按这两个动作,因短按的时间通常都达到几百毫秒),每隔200ms(如果需要更快那就用更短的时间,反之亦然)就自动再执行一次该按键对应的操作,这就是一个典型的长按键效果。

对此做了一个模拟定时炸弹效果的实例供读者参考。打开开关后,数码管显示数字0,按向上按键数字加1,按向下按键数字减1,长按向上按键1s后,数字会持续增加,长按向下按键1s后,数字会持续减小。设定好数字后,按下回车键,就会进行倒计时,当倒计时到0的时候,用蜂鸣器和开发板上的8个LED小灯做出炸弹效果,蜂鸣器持续响,LED小灯全亮。

本书配套程序源代码可扫描"前言"中的二维码下载。本实例程序可参见其中的Lesson9-5目录下的main.c文件。

长按键功能实现的重点有两个:第一,在原来的矩阵按键扫描函数KeyScan中,当检测到按键按下后,持续地对一个时间变量进行累加,其目的是用这个时间变量来记录按键按下的时间;第二,在按键驱动函数KeyDriver中,除了原来的检测到按键按下这个动作时执行按键动作函数KeyAction外,还要检测表示按键按下时间的变量,根据它的值来完成长按时的连续快速按键动作功能。

9.6 习题

1. 掌握不同类型变量转换的规则与字节操作进行位修改的技巧。
2. 理解PWM的实质,尝试控制LED小灯产生更多闪烁效果。
3. 实现数码管计时和流水灯同时运行的效果。
4. 学会长短按键的用法,独立把本章程序全部写出来。

第 10 章

UART 串口通信

按照传统的理解，通信就是信息的传输与交换。对于单片机来说，通信与传感器、存储芯片、外围控制芯片等技术紧密结合，成为整个单片机系统的“神经中枢”。没有通信，单片机所实现的功能仅仅局限于单片机本身，就无法通过其他设备获得有用信息，也无法将自身产生的信息告诉其他设备。如果单片机通信没处理好，它和外围器件的合作程度就受到限制，最终整个系统也无法完成强大的功能，由此可见单片机通信技术的重要性。UART(Universal Asynchronous Receiver/Transmitter，通用异步收发器)串行通信是单片机最常用的一种通信技术，通常用于单片机和计算机之间以及单片机和单片机之间的通信。

10.1 串行通信的初步认识

教学视频

按照基本类型划分，通信可以分为并行通信和串行通信。并行通信时，数据的各个位同时传送数据，可以实现字节为单位通信，但是通信线多，占用资源多，成本高。比如前边用到的“P0=0xFE;”一次给 P0 的 8 个 I/O 口分别赋值，同时进行信号输出，类似于有 8 个车道同时通过 8 辆车一样，这种形式的通信就是并行的，习惯上称 P0、P1、P2 和 P3 为 51 单片机的 4 组并行总线。

而串行通信就如同一条车道，一次只能一辆车通过去，如果 0xFE 这样一字节的数据要传输过去，假如低位在前，高位在后，那么发送方式就是 0-1-1-1-1-1-1-1，一位一位地发送出去，要发送 8 次才能发送完一字节。

STC89C52 有两个引脚是专门用来做 UART 串行通信的，一个引脚是 P3.0，另一个引脚是 P3.1，它们还分别有另外的名字叫作 RXD 和 TXD，由它们组成的通信接口就叫作串行接口，简称串口。两个单片机进行 UART 串口通信，基本的演示图如图 10-1 所示。

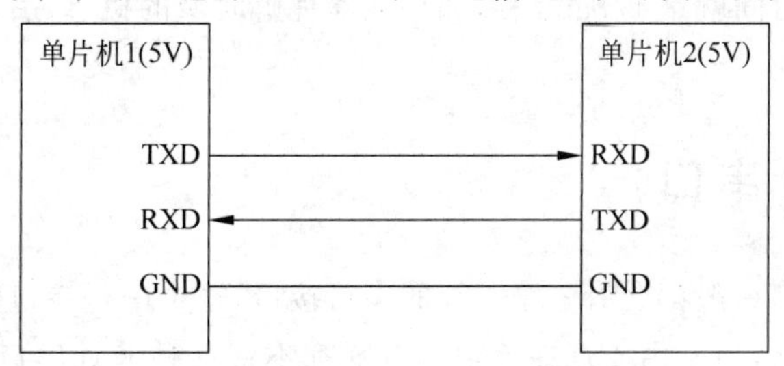

图 10-1　单片机之间 UART 通信示意图

图中,GND 表示单片机系统电源的参考地,TXD 是串行发送引脚,RXD 是串行接收引脚。两个单片机之间要通信,首先电源基准得一样,所以要把两个单片机的 GND 相互连接起来,然后单片机 1 的 TXD 引脚接到单片机 2 的 RXD 引脚上,即此路为单片机 1 发送而单片机 2 接收的通道,单片机 1 的 RXD 引脚接到单片机 2 的 TXD 引脚上,即此路为单片机 2 发送而单片机 1 接收的通道。这个示意图就体现了两个单片机之间相互收发信息的过程。

当单片机 1 想给单片机 2 发送数据时,比如发送 0xE4 数据,用二进制形式表示就是 0b11100100,在 UART 通信过程中,是低位先发、高位后发的原则,就让 TXD 首先拉低电平,持续一段时间,发送一位 0,然后继续拉低,再持续一段时间,又发送了一位 0,然后拉高电平,持续一段时间,发了一位 1……直到把 8 位二进制数字 0b11100100 全部发送完毕。这里就涉及一个问题,持续的"一段时间"到底是多久?由此便引入了通信中的另一个重要概念——波特率,也叫作比特率。

波特率就是发送二进制数据位的速率,习惯上用 baud 表示,即发送一位二进制数据的持续时间=1/baud。在通信之前,首先都要明确约定好单片机 1 和单片机 2 之间的通信波特率,必须保持一致,收发双方才能正常实现通信,这一点大家要记清楚。

约定好速度后,还要考虑第二个问题,数据发送什么时候起始,什么时候结束呢?不管是提前接收,还是延迟接收,数据接收都会错误。在 UART 通信的时候,一字节是 8 位,规定没有通信信号发生时,通信线路保持高电平,在发送数据之前,先发一位 0,表示起始位,然后发送 8 位数据位,数据位是先低后高的顺序,数据位发完后再发一位 1,表示停止位。这样本来要发送一字节的 8 位数据,而实际上一共发送了 10 位,多出来两位,其中一位为起始位,一位为停止位。而接收方呢,原本一直保持高电平,一旦检测到了一位低电平,那就知道了要开始准备接收数据了,接收到 8 位数据位后,检测到停止位,再准备下一个数据的接收,如图 10-2 所示。

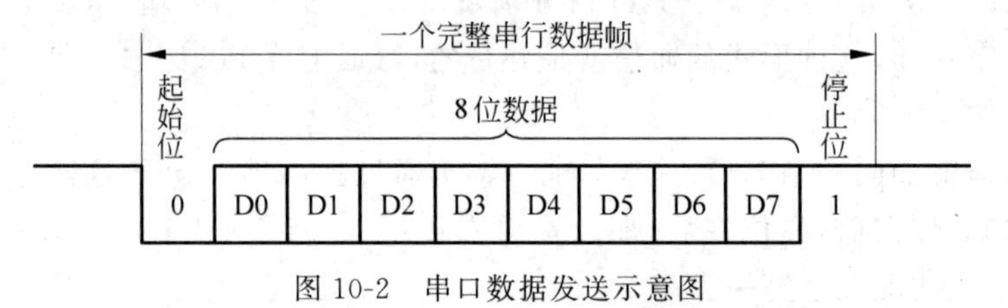

图 10-2　串口数据发送示意图

图 10-2 是串口数据发送示意图,它实际上是一个时域示意图,就是信号随着时间变化的对应关系。比如在单片机的发送引脚上,左边的数据位是先发送的,右边的数据位是后发送的,数据位的切换时间就是 1/baud 秒,如果能够理解时域的概念,后边很多通信的时序图就很容易理解了。

10.2　RS-232 串口

在台式计算机上,一般都会有一个 9 针的串行接口,这个串行接口叫作 RS-232 串口,它和 UART 通信有关联,但是由于现在笔记本电脑都不带这种 9 针串口了,所以和单片机通信越来越趋向于使用 USB 虚拟串口,因此本节内容仅作为了解内容,知道有这么回事就行了。

首先来认识一下这个标准串口，在物理结构上分为9针的和9孔的，习惯上也称之为公头和母头，如图10-3所示。

RS-232串口一共有9个引脚，分别定义为：①载波检测DCD；②接收数据RXD；③发送数据TXD；④数据终端准备好DTR；⑤信号地线SG；⑥数据准备好DSR；⑦请求发送RTS；⑧清除发送CTS；⑨振铃提示RI。要让这个串口和单片机进行通信，只需关心其中的2引脚RXD、3引脚TXD和5引脚GND即可。

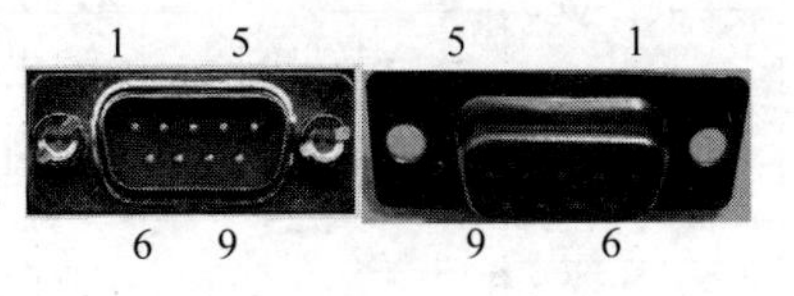

图10-3 RS-232串口

虽然这三个引脚的名字和单片机上的串口名字一样，但却不能直接和单片机对连通信，这是为什么呢？因为并不是所有的电路都是5V代表高电平，而0V代表低电平的。对于RS-232标准来说，它是个反逻辑，也叫作负逻辑。为何叫作负逻辑？它的TXD和RXD的电压，－15V～－3V电压代表的是1，＋3～＋15V电压代表的是0。低电平代表的是1，而高电平代表的是0，所以称为负逻辑。因此计算机的9针RS-232串口是不能和单片机直接连接的，需要用一个电平转换芯片MAX232来完成，MAX232转接图如图10-4所示。

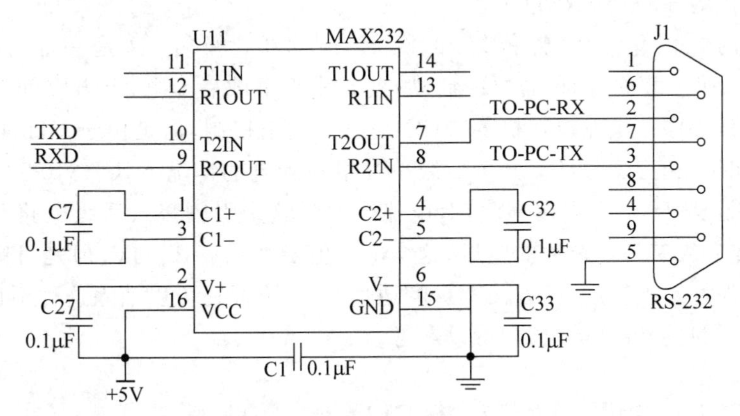

图10-4 MAX232转接图

这个芯片可以实现把标准RS-232串口电平转换成单片机能够识别和承受的UART 0V/5V电平。从这里读者有点明白了，其实RS-232串口和UART串口的协议类型是一样的，只是电平标准不同而已，而MAX232芯片起中间人的作用，它把UART电平转换成RS-232电平，也把RS-232电平转换成UART电平，从而实现标准RS-232接口和单片机UART之间的通信连接。

10.3 USB转换为串口通信

随着技术的发展，工业上还大量使用RS-232串口通信，但是在商业技术的应用上，已经慢慢地使用USB转UART技术取代了RS-232串口，绝大多数笔记本电脑已经没有串口了，那么要实现单片机和计算机之间的通信该怎么办呢？

只需在电路上添加一个USB转串口芯片，就可以成功实现USB通信协议和标准UART串行通信协议的转换，51开发板使用的是CH340T芯片，如图10-5所示。

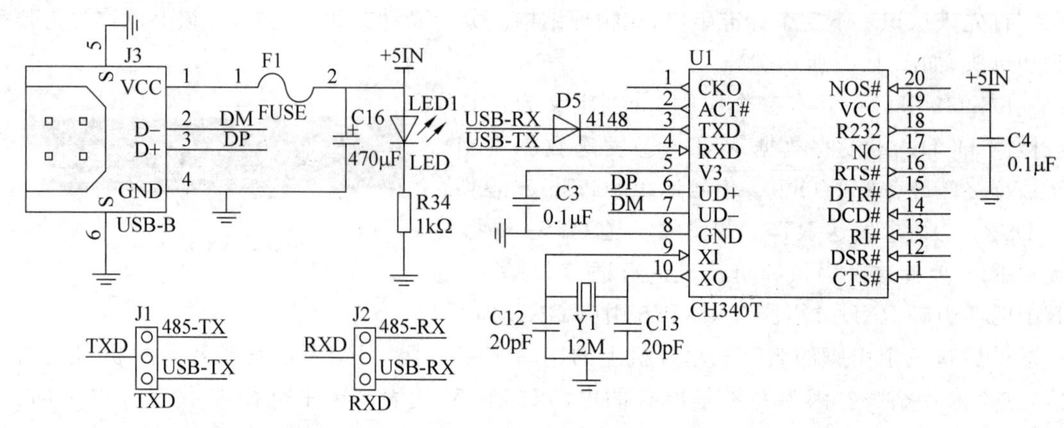

图 10-5 USB转串口电路

图 10-5 左下方 J1 和 J2 是两个跳线的组合,可以在开发板左下方的位置找到它们,需要用跳线帽把中间和下边的针短接在一起。右侧的 CH340T 电路很简单,把电源、晶振接好后,6 引脚和 7 引脚的 DP 和 DM 分别接 USB 口的两个数据引脚上去,3 引脚和 4 引脚通过跳线接到单片机的 TXD 和 RXD 上去。

CH340T 的电路里 3 引脚位置加了个 4148 的二极管,这是一个小技巧。因为 STC89C52 单片机下载程序时,需要冷启动,就是先点下载后上电,上电瞬间单片机会先检测需不需要下载程序。虽然单片机的 VCC 是由开关来控制,但是由于 CH340T 的 3 引脚是输出引脚,如果没有此二极管,开关后级单片机在断电的情况下,CH340T 的 3 引脚和单片机的 P3.0(即 RXD)引脚连在一起,有电流会通过这个引脚流入后级电路并且给后级的电容充电,造成后级有一定幅度的电压,这个电压值虽然只有 2～3V,但是可能会影响到正常的冷启动。加了二极管后,一方面不影响通信,另一方面还可以消除这种不良影响。该内容可以了解,如果自己做这类电路,可以参考。

10.4 I/O 口模拟 UART 串口通信

为了让读者充分理解 UART 串口通信的原理,首先把 P3.0 和 P3.1 当作 I/O 口模拟实际串口通信的过程,原理搞懂后,然后再使用寄存器配置实现串口通信过程。

对于 UART 串口波特率,常用的值是 300、600、1200、2400、4800、9600、14400、19200、28800、38400、57600、115200 等。I/O 口模拟 UART 串行通信程序是一个简单的演示程序,使用串口调试助手发送一个数据,数据加 1 后,再自动返回。

这里直接使用 STC-ISP 软件自带的串口调试助手。先把串口调试助手(见图 10-6)的使用说一下。第一步要选择串口助手菜单,第二步选择十六进制显示,第三步选择十六进制发送,第四步选择 COM 口,这个 COM 口要和自己的计算机设备管理器中的 COM 口一致。波特率采用程序设定好的选择,程序中让一个数据位持续时间是 1/9600s,那这里选择的波特率就是 9600,校验位选 N,数据位为 8,停止位为 1。

串口调试助手的实质就是利用计算机上的 UART 串口,发送数据到单片机,也可以把单片机发送的数据接收到调试助手界面上。

因为初次接触通信技术,所以把后面的 I/O 模拟串口通信程序进行一下解释,读者可

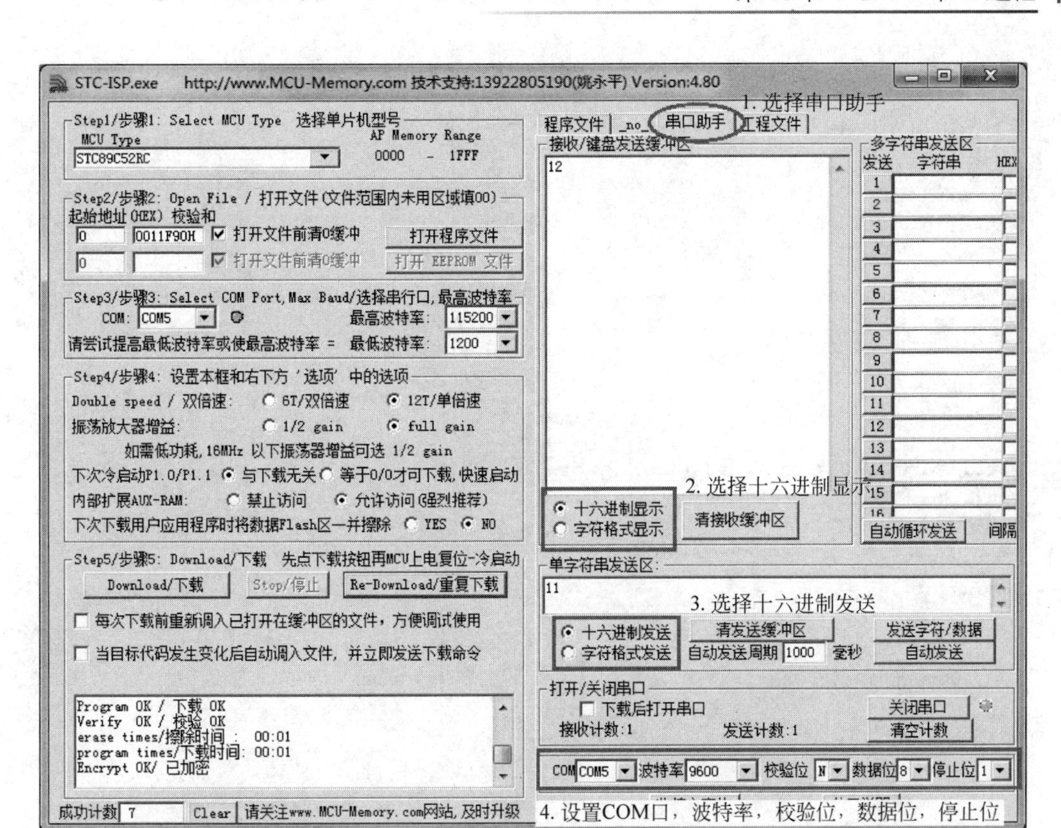

图 10-6　串口调试助手示意图

以边看解释边看程序，把底层原理先彻底弄懂。

变量定义部分就不用说了，直接看 main 主函数。首先是对通信波特率的设定，这里配置的波特率是 9600，那么串口调试助手也得是 9600。配置波特率的时候用的是定时器 T0 的模式 2。模式 2 中，不再是 TH0 代表高 8 位，TL0 代表低 8 位了，而只有 TL0 在计数，当 TL0 溢出后，不仅会让 TF0 变 1，而且还会将 TH0 中的内容重新自动装到 TL0 中。这样有一个好处，就是可以把想要的定时器初值提前存在 TH0 中，当 TL0 溢出后，TH0 自动把初值重新送入 TL0 了，全自动的，不需要在程序中再给 TL0 重新赋值了，配置方式简单，读者可以自己看下程序并计算初值。

波特率设置好以后，打开中断，然后等待接收串口调试助手发送的数据。接收数据的时候，首先要进行低电平检测 while (PIN_RXD)，若没有低电平，则说明没有数据，一旦检测到低电平，就进入启动接收函数 StartRXD()。接收函数最开始启动半个波特率周期，初学者可能不是很明白。回顾图 10-2 的串口数据发送示意图，如果在数据位电平变化的时候去读取数据，因为时序上的误差以及信号稳定性的问题很容易读错数据，所以希望在信号最稳定的时候去读数据。除了信号变化的上升沿或下降沿的位置外，其他位置都很稳定，那么现在就约定在信号中间位置去读取电平状态，这样能够保证读取的数据一定是正确的。

一旦读到了起始信号，就把当前状态设定成接收状态，并且打开定时器中断，第一次是半个周期进入中断后，对起始位进行二次判断，确认起始位是低电平，而不是一个干扰信号。以后每经过 1/9600s 进入一次中断，并且把这个引脚的状态读到 RxdBuf 中。等待接收完后，再把 RxdBuf 加 1，通过 TXD 引脚发送出去，同样需要先发一位起始位，然后发 8 个数据位,再发结束位,发送完后,程序运行到 while (PIN_RXD),等待第二轮信号接收的开始。

```
#include <reg52.h>

sbit PIN_RXD = P3^0;                   //接收引脚定义
sbit PIN_TXD = P3^1;                   //发送引脚定义

bit RxdOrTxd = 0;                      //指示当前状态为接收还是发送
bit RxdEnd = 0;                        //接收结束标志
bit TxdEnd = 0;                        //发送结束标志
unsigned char RxdBuf = 0;              //接收缓冲器
unsigned char TxdBuf = 0;              //发送缓冲器

void ConfigUART(unsigned int baud);
void StartTXD(unsigned char dat);
void StartRXD();

void main()
{
    EA = 1;                            //开总中断
    ConfigUART(9600);                  //配置波特率为 9600

    while (1)
    {
        while (PIN_RXD);               //等待接收引脚出现低电平,即起始位
        StartRXD();                    //启动接收
        while (!RxdEnd);               //等待接收完成
        StartTXD(RxdBuf + 1);          //接收到的数据 + 1 后,发送回去
        while (!TxdEnd);               //等待发送完成
    }
}
/* 串口配置函数,baud - 通信波特率 */
void ConfigUART(unsigned int baud)
{
    TMOD &= 0xF0;                      //清 0 T0 的控制位
    TMOD |= 0x02;                      //配置 T0 为模式 2
    TH0 = 256 - (11059200/12)/baud;    //计算 T0 重载值
}
/* 启动串行接收 */
void StartRXD()
{
    TL0 = 256 - ((256 - TH0)>> 1);     //接收启动时的 T0 定时为半个波特率周期
    ET0 = 1;                           //使能 T0 中断
    TR0 = 1;                           //启动 T0
    RxdEnd = 0;                        //清 0 接收结束标志
    RxdOrTxd = 0;                      //设置当前状态为接收
}
/* 启动串行发送,dat - 待发送字节数据 */
void StartTXD(unsigned char dat)
{
    TxdBuf = dat;                      //待发送数据保存到发送缓冲器
    TL0 = TH0;                         //T0 计数初值为重载值
    ET0 = 1;                           //使能 T0 中断
```

```
    TR0 = 1;                                //启动 T0
    PIN_TXD = 0;                            //发送起始位
    TxdEnd = 0;                             //清 0 发送结束标志
    RxdOrTxd = 1;                           //设置当前状态为发送
}
/* T0 中断服务函数,处理串行发送和接收 */
void InterruptTimer0() interrupt 1
{
    static unsigned char cnt = 0;           //位接收或发送计数

    if (RxdOrTxd)                           //串行发送处理
    {
        cnt++;
        if (cnt <= 8)                       //低位在先,依次发送 8 位数据位
        {
            PIN_TXD = TxdBuf & 0x01;
            TxdBuf >>= 1;
        }
        else if (cnt == 9)                  //发送停止位
        {
            PIN_TXD = 1;
        }
        else                                //发送结束
        {
            cnt = 0;                        //复位计数器
            TR0 = 0;                        //关闭 T0
            TxdEnd = 1;                     //置发送结束标志
        }
    }
    else                                    //串行接收处理
    {
        if (cnt == 0)                       //处理起始位
        {
            if (!PIN_RXD)                   //起始位为 0 时,清 0 接收缓冲器,准备接收数据位
            {
                RxdBuf = 0;
                cnt++;
            }
            else                            //起始位不为 0 时,中止接收
            {
                TR0 = 0;                    //关闭 T0
            }
        }
        else if (cnt <= 8)                  //处理 8 位数据位
        {
            RxdBuf >>= 1;                   //低位在先,所以将之前接收的位向右移
            if (PIN_RXD)                    //接收引脚为 1 时,缓冲器最高位置 1,
            {                               //而接收引脚为 0 时,不处理,即仍保持移位后的 0
                RxdBuf |= 0x80;
            }
            cnt++;
        }
        else                                //停止位处理
```

```
        {
            cnt = 0;                    //复位计数器
            TR0 = 0;                    //关闭 T0
            if (PIN_RXD)                //停止位为 1 时,方能认为数据有效
            {
                RxdEnd = 1;             //置接收结束标志
            }
        }
    }
}
```

10.5 UART 串口通信的基本应用

10.5.1 通信的三种基本类型

常用的通信从传输方向上可以分为单工通信、半双工通信和全双工通信三类。

(1) 单工通信就是指只允许一方向另一方传送信息,而另一方不能回传信息。比如电视遥控器、收音机广播等都是单工通信。

(2) 半双工通信是指数据可以在双方之间相互传播,但是同一时刻只能其中一方发给另一方,比如对讲机就是典型的半双工通信。

(3) 全双工通信在发送数据的同时也能够接收数据,两者同步进行,就如同打电话一样,说话的同时也可以听到对方的声音。

10.5.2 UART 模块介绍

前面介绍的 I/O 口模拟 UART 串口通信,让大家了解了串口通信的本质,但是单片机程序却需要不停地检测扫描单片机 I/O 口收到的数据,大量占用了单片机的运行时间。这时有人就会想,其实我们并不是很关心通信的过程,只需要一个通信的结果,最终得到接收到的数据就行了。这样就可以在单片机内部做一个硬件模块,让它自动接收数据,接收完了,通知一下就可以了,51 单片机内部就存在这样一个 UART 模块,要正确使用它,当然还得先把对应的特殊功能寄存器配置好。

51 单片机的 UART 串口的结构由串行口控制寄存器 SCON、发送电路和接收电路三部分构成。先来了解一下串口控制寄存器 SCON,如表 10-1 和表 10-2 所示。

表 10-1　SCON——串行控制寄存器的位分配(地址 0x98、可位寻址)

位	7	6	5	4	3	2	1	0
符号	SM0	SM1	SM2	REN	TB8	RB8	TI	RI
复位值	0	0	0	0	0	0	0	0

表 10-2　SCON——串行控制寄存器的位描述

位	符号	描　述
7	SM0	这两位共同决定了串口通信的模式 0～模式 3 共 4 种模式。最常用的就是模式 1,也就是 SM0=0,SM1=1,下边重点就讲模式 1,其他模式略
6	SM1	

续表

位	符号	描　　述
5	SM2	多机通信控制位(极少用),模式1直接清0
4	REN	使能串行接收。由软件置位使能接收,软件清0则禁止接收
3	TB8	模式2和模式3中要发送的第9位数据(很少用)
2	RB8	模式2和模式3中接收到的第9位数据(很少用),模式1用来接收停止位
1	TI	发送中断标志位,当发送电路发送到停止位的中间位置时,TI由硬件置1,必须通过软件清0
0	RI	接收中断标志位,当接收电路接收到停止位的中间位置时,RI由硬件置1,必须通过软件清0

前边学了寄存器的配置,相信SCON对于大多数读者来说已经不是难点了,应该能看懂并且可以自己配置了。对于串口的四种模式(模式0～模式3),模式1是最常用的,就是前边提到的1位起始位,8位数据位和1位停止位。下面详细介绍模式1的工作细节和使用方法,至于其他3种模式与此也是大同小异,真正需要使用的时候,读者再去查阅相关资料就行了。

在使用I/O口模拟串口通信的时候,串口的波特率是使用定时器T0的中断体现出来的。在硬件串口模块中,有一个专门的波特率发生器用来控制发送和接收数据的速度。对于STC89C52单片机来讲,这个波特率发生器只能由定时器T1或定时器T2产生,而不能由定时器T0产生,这和模拟的通信是完全不同的概念。

如果用定时器T2,需要配置额外的寄存器,默认是使用定时器T1的。本章主要讲解使用定时器T1作为波特率发生器,方式1下的波特率发生器必须使用定时器T1的模式2,也就是自动重装载模式,定时器的重载值计算公式为:

TH1＝TL1＝256－晶振值/12/2/16/波特率

和波特率有关的还有一个寄存器,即电源管理寄存器PCON,它的最高位可以把波特率提高一倍,也就是如果写PCON|＝0x80以后,计算公式就成了:

TH1＝TL1＝256－晶振值/12/16/波特率

公式中256是8位定时器的溢出值,也就是TL1的溢出值,晶振值在开发板上就是11059200,12是说1个机器周期等于12个时钟周期,值得关注的是16,下面来重点说明。在I/O口模拟串口通信接收数据的时候采集的是这一位数据的中间位置,而实际上串口模块比模拟的要复杂和精确一些。它采取的方式是把一位信号采集16次,其中第7、8、9次取出来,如果这三次中有两次是高电平,就认定这一位数据是1,如果两次是低电平,就认定这一位数据是0,这样一旦受到意外干扰读错一次数据,也依然可以保证最终数据的正确性。

了解了串口采集模式,在这里留一个思考题:计算“晶振值/12/2/16/波特率”时,出现不能除尽,或者小数情况怎么办?允许出现多大的偏差?把这部分内容理解了,也就理解了晶振为何使用11.0592MHz了。

串口通信的发送和接收电路在物理上有两个名字相同的SBUF寄存器,它们的地址也都是0x99,但是一个用来作为发送缓冲,一个用来作为接收缓冲。意思就是说,有两个房间,两个房间的门牌号是一样的,其中一个只出人不进人,另一个只进人不出人,这样就可以实现UART的全双工通信,相互之间不会产生干扰。但是在逻辑上,每次操作SBUF时,单片机会自动根据对它执行的是“读”还是“写”操作来选择是接收SBUF还是发送SBUF,后边通过程序就会彻底了解这个问题。

10.5.3 UART串口程序

一般情况下,编写串口通信程序的基本步骤如下:

(1) 配置串口为模式1。

(2) 配置定时器T1为模式2,即自动重装模式。

(3) 根据波特率计算TH1和TL1的初值,如果有需要,可以使用PCON进行波特率加倍。

(4) 打开定时器控制寄存器TR1,让定时器运行起来。

这里还要特别注意,在使用T1做波特率发生器的时候,千万不要再使能T1中断了。

先来看一下用I/O口模拟串口通信改为用硬件UART模块时的程序代码,看看程序是不是简单多了,因为大部分的工作硬件模块都做了。程序功能与用I/O口模拟串口通信的功能是完全一样的。

```
#include <reg52.h>

void ConfigUART(unsigned int baud);

void main()
{
    ConfigUART(9600);                      //配置波特率为9600

    while (1)
    {
        while (!RI);                       //等待接收完成
        RI = 0;                            //清0接收中断标志位
        SBUF = SBUF + 1;                   //接收到的数据+1后,发送回去
        while (!TI);                       //等待发送完成
        TI = 0;                            //清0发送中断标志位
    }
}
/* 串口配置函数,baud-通信波特率 */
void ConfigUART(unsigned int baud)
{
    SCON  = 0x50;                          //配置串口为模式1
    TMOD &= 0x0F;                          //清0 T1的控制位
    TMOD |= 0x20;                          //配置T1为模式2
    TH1 = 256 - (11059200/12/32)/baud;     //计算T1重载值
    TL1 = TH1;                             //初值等于重载值
    ET1 = 0;                               //禁止T1中断
    TR1 = 1;                               //启动T1
}
```

当然,这个程序还是用主循环中等待接收中断标志位和发送中断标志位的方法来编写的,而实际工程开发中,就不能这么做了。这里也只是为了用直观的对比告诉读者硬件模块可以大大简化程序代码,实际使用串口的时候就用到串口中断了。下面来看用中断实现的程序。注意一点,因为接收和发送触发的是同一个串口中断,所以在串口中断函数中就必须先判断是哪种中断,然后再做出相应的处理。

```
#include <reg52.h>

void ConfigUART(unsigned int baud);

void main()
{
    EA = 1;                          //使能总中断
    ConfigUART(9600);                //配置波特率为 9600
    while (1);
}
/* 串口配置函数,baud - 通信波特率 */
void ConfigUART(unsigned int baud)
{
    SCON   = 0x50;                   //配置串口为模式 1
    TMOD &= 0x0F;                    //清 0 T1 的控制位
    TMOD |= 0x20;                    //配置 T1 为模式 2
    TH1 = 256 - (11059200/12/32)/baud;    //计算 T1 重载值
    TL1 = TH1;                       //初值等于重载值
    ET1 = 0;                         //禁止 T1 中断
    ES  = 1;                         //使能串口中断
    TR1 = 1;                         //启动 T1
}
/* UART 中断服务函数 */
void InterruptUART() interrupt 4
{
    if (RI)                          //接收到字节
    {
        RI = 0;                      //手动清 0 接收中断标志位
        SBUF = SBUF + 1;             //接收的数据 + 1 后发回,左边是发送 SBUF,右边是接收 SBUF
    }
    if (TI)                          //字节发送完毕
    {
        TI = 0;                      //手动清 0 发送中断标志位
    }
}
```

可以试验一下,看看是不是和前面用 I/O 口模拟通信实现的效果一致,而主循环却完全空出来了,就可以随意添加其他功能代码进去。

10.6　通信实例与 ASCII 码

学习串口通信主要是要实现单片机和计算机之间的信息交互,用计算机控制单片机的一些信息,可以把单片机的一些信息状况发给计算机上的软件。下面就做一个简单的例程来实现单片机串口调试助手发送的数据,在开发板上的数码管上显示出来。

```
#include <reg52.h>

sbit ADDR3 = P1^3;
sbit ENLED = P1^4;
```

```
unsigned char code LedChar[ ] = {            //数码管显示字符转换表
    0xC0, 0xF9, 0xA4, 0xB0, 0x99, 0x92, 0x82, 0xF8,
    0x80, 0x90, 0x88, 0x83, 0xC6, 0xA1, 0x86, 0x8E
};
unsigned char LedBuff[7] = {                 //数码管 + 独立 LED 显示缓冲区
    0xFF, 0xFF, 0xFF, 0xFF, 0xFF, 0xFF, 0xFF
};
unsigned char T0RH = 0;                      //T0 重载值的高字节
unsigned char T0RL = 0;                      //T0 重载值的低字节
unsigned char RxdByte = 0;                   //串口接收到的字节

void ConfigTimer0(unsigned int ms);
void ConfigUART(unsigned int baud);

void main()
{
    EA = 1;                                  //使能总中断
    ENLED = 0;                               //选择数码管和独立 LED
    ADDR3 = 1;
    ConfigTimer0(1);                         //配置 T0 定时 1ms
    ConfigUART(9600);                        //配置波特率为 9600

    while (1)
    {                                        //将接收字节在数码管上以十六进制形式显示出来
        LedBuff[0] = LedChar[RxdByte & 0x0F];
        LedBuff[1] = LedChar[RxdByte >> 4];
    }
}
/* 配置并启动 T0,ms 为 T0 定时时间 */
void ConfigTimer0(unsigned int ms)
{
    unsigned long tmp;                       //临时变量

    tmp = 11059200 / 12;                     //定时器计数频率
    tmp = (tmp * ms) / 1000;                 //计算所需的计数值
    tmp = 65536 - tmp;                       //计算定时器重载值
    tmp = tmp + 13;                          //补偿中断响应延时造成的误差
    T0RH = (unsigned char)(tmp >> 8);        //定时器重载值拆分为高低字节
    T0RL = (unsigned char)tmp;
    TMOD &= 0xF0;                            //清 0 T0 的控制位
    TMOD |= 0x01;                            //配置 T0 为模式 1
    TH0 = T0RH;                              //加载 T0 重载值
    TL0 = T0RL;
    ET0 = 1;                                 //使能 T0 中断
    TR0 = 1;                                 //启动 T0
}
/* 串口配置函数,baud 为通信波特率 */
void ConfigUART(unsigned int baud)
{
    SCON  = 0x50;                            //配置串口为模式 1
    TMOD &= 0x0F;                            //清 0 T1 的控制位
    TMOD |= 0x20;                            //配置 T1 为模式 2
    TH1 = 256 - (11059200/12/32)/baud;       //计算 T1 重载值
```

```
    TL1 = TH1;                               //初值等于重载值
    ET1 = 0;                                 //禁止 T1 中断
    ES  = 1;                                 //使能串口中断
    TR1 = 1;                                 //启动 T1
}
/* LED 动态扫描函数,需在定时中断中调用 */
void LedScan()
{
    static unsigned char i = 0;              //动态扫描索引

    P0 = 0xFF;                               //关闭所有段选位,显示消隐
    P1 = (P1 & 0xF8) | i;                    //位选索引值赋值到 P1 口低 3 位
    P0 = LedBuff[i];                         //缓冲区中索引位置的数据送到 P0 口
    if (i < 6)                               //索引递增循环,遍历整个缓冲区
        i++;
    else
        i = 0;
}
/* T0 中断服务函数,完成 LED 扫描 */
void InterruptTimer0() interrupt 1
{
    TH0 = T0RH;                              //重新加载重载值
    TL0 = T0RL;
    LedScan();                               //LED 扫描显示
}
/* UART 中断服务函数 */
void InterruptUART() interrupt 4
{
    if (RI)                                  //接收到字节
    {
        RI = 0;                              //手动清 0 接收中断标志位
        RxdByte = SBUF;                      //接收到的数据保存到接收字节变量中
        SBUF = RxdByte;                      //接收到的数据又直接发回,叫作"echo",
                                             //用以提示用户输入的信息是否已正确接收
    }
    if (TI)                                  //字节发送完毕
    {
        TI = 0;                              //手动清 0 发送中断标志位
    }
}
```

做这个实验的时候,有个小问题要注意。因为STC89C52下载程序是使用UART串口下载的,下载完程序后,程序运行起来了,可是下载软件最后还会通过串口发送一些额外的数据,所以程序刚下载完,显示的不是00,而可能是其他数据。只要把电源开关关闭,重新打开一次就好了。

细心的学生可能会发现,在串口调试助手发送选项和接收选项处,还有个“字符格式发送”和“字符格式显示”,这是什么意思呢?

先抛开使用的汉字不谈,那么常用的字符就包含了0～9的数字、A～Z/a～z的字母,

还有各种标点符号等。在单片机系统中怎么表示它们呢？ASCII(American Standard Code for Information Interchange,美国信息交换标准代码,也称ASCII码)可以完成这个使命：在单片机中一字节的数据可以有0～255共256个值,取其中的0～127共128个值赋予了它另一层含义,即让它们分别代表一个常用字符,其具体的对应关系如表10-3所示。

表 10-3 ASCII 码字符表

ASCII 值	字符	ASCII 值	字符	ASCII 值	字符	ASCII 值	字符
000	NUL	032	(space)	064	@	096	’
001	SOH	033	!	065	A	097	a
002	STX	034	"	066	B	098	b
003	ETX	035	#	067	C	099	c
004	EOT	036	$	068	D	100	d
005	END	037	%	069	E	101	e
006	ACK	038	&	070	F	102	f
007	BEL	039	'	071	G	103	g
008	BS	040	(	072	H	104	h
009	HT	041	)	073	I	105	i
010	LF	042	*	074	J	106	j
011	VT	043	+	075	K	107	k
012	FF	044	,	076	L	108	l
013	CR	045	—	077	M	109	m
014	SO	046	.	078	N	110	n
015	SI	047	/	079	O	111	o
016	DLE	048	0	080	P	112	p
017	DC1	049	1	081	Q	113	q
018	DC2	050	2	082	R	114	r
019	DC3	051	3	083	S	115	s
020	DC4	052	4	084	T	116	t
021	NAK	053	5	085	U	117	u
022	SYN	054	6	086	V	118	v
023	ETB	055	7	087	W	119	w
024	CAN	056	8	088	X	120	x
025	EM	057	9	089	Y	121	y
026	SUB	058	:	090	Z	122	z
027	ESC	059	;	091	[	123	{
028	FS	060	<	092	\	124	!
029	GS	061	=	093	]	125	}
030	RS	062	>	094	^	126	～
031	US	063	?	095	_	127	DEL

这样就在常用字符和字节数据之间建立了一一对应的关系,现在一字节既可以代表一个整数又可以代表一个字符了,但它本质上只是一字节的数据,而赋予了它不同的含义。什么时候赋予它哪种含义就看编程者的意图了。ASCII码在单片机系统中应用非常

广泛，后续的课程也会经常使用到它。下面对它做一个直观讲解，一定要深刻理解其本质。

对照上述表格就可以实现字符和数字之间的转换了，比如还是这个程序，在发送的时候改成字符格式发送，接收还是用十六进制接收，这种方式接收数据和数码管的显示好做对比。

用字符格式发送一个小写的 a，返回一个十六进制的 0x61，数码管上显示的也是 61，ASCII 码表里字符 a 对应十进制是 97，等于十六进制的 0x61；再用字符格式发送一个数字 1，返回一个十六进制的 0x31，数码管上显示的也是 31，ASCII 表里字符 1 对应的十进制是 49，等于十六进制的 0x31。这下就该清楚了：所谓的十六进制发送和十六进制接收，都是按字节数据的真实值进行的；而字符格式发送和字符格式接收，是按 ASCII 码表中字符形式进行的，但它实际上最终传输的还是一字节的数据。这个表格，当然不需要去记住、理解它，用的时候查就行了。

通信部分的学习不像前边控制部分的学习那么直观，通信部分的程序只能获得一个结果，而其过程却无法直接看到。如果学校实验室或者公司里有示波器或者逻辑分析仪这类仪器，可以拿过来抓取串口波形，以便直观地了解。如果暂时还没有这些仪器，先知道这么回事，有条件再说。这里我用一款简易的逻辑分析仪把串口通信的波形抓取出来给读者看，读者了解一下即可，逻辑分析仪串口数据示意图如图 10-7 所示。

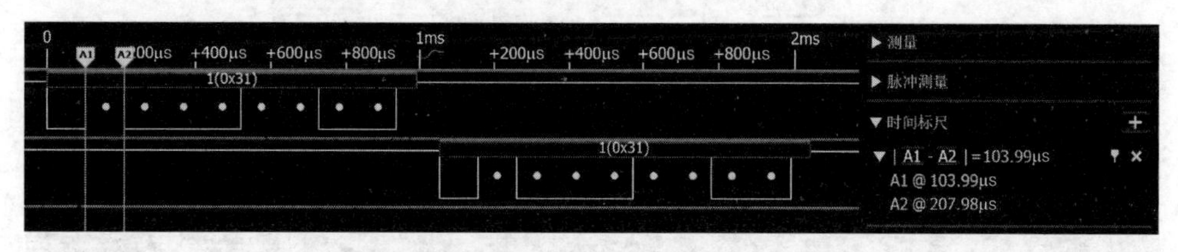

图 10-7　逻辑分析仪串口数据示意图

分析仪和示波器的作用就是把通信过程的波形抓取出来进行分析。先大概介绍波形。波形左边是低位，右边是高位，上边这个波形是计算机发送给单片机的，下边这个波形是单片机回发给计算机的。以上边的波形为例，左边第一位是起始位 0，从低位到高位依次是 10001100，顺序倒一下，就是数据 0x31，也就是 ASCII 码表里的“1”。可以注意到分析仪在每个数据位都给标了一个白色的点，表示是数据，起始位和无数据的时候都没有这个白点。时间标尺 A1-A2 的差值在右边显示出来是 103.99μs，这就是波特率 9600 的倒数（细微的偏差可以忽略）。通过图 10-7 可以清晰地了解串口通信的接收和发送数据的详细过程。

如果使用串口调试助手，用字符格式直接发送一个“12”，在数码管上应该显示什么呢？串口调试助手应该返回什么呢？经过试验发现，数码管显示的是 32，而串口调试助手返回十六进制显示的是 31、32 两个数据，如图 10-8 所示。

再用逻辑分析仪把这个数据调出来看一下，如图 10-9 所示。

对于 ASCII 码表，数字本身是字符而非数据，所以如果发送“12”，实际上是分别发送了“1”和“2”两个字符，单片机先收到第一个字符“1”，在数码管上会显示出对应数字 31，但是单片机马上又收到了“2”这个字符，数码管瞬间从 31 变成 32，而视觉上很难发现这种快速的变化，所以会认为数码管直接显示 32。

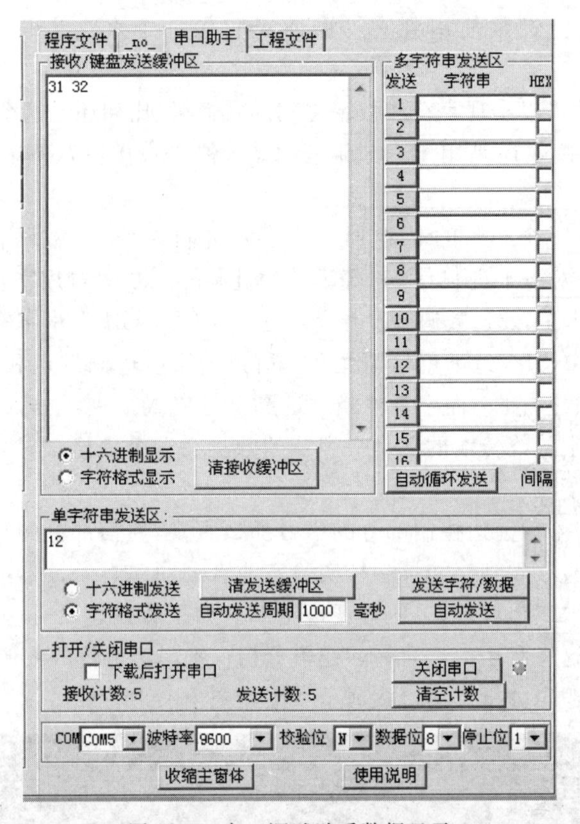

图 10-8　串口调试助手数据显示

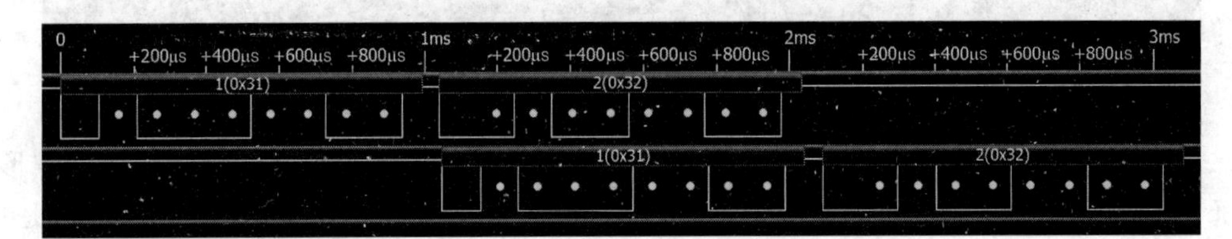

图 10-9　逻辑分析仪抓取数据

10.7　习题

1. UART 串口通信的基本原理和通信过程是什么?
2. 通过 I/O 口模拟 UART 串口通信,把通信的底层操作原理弄明白。
3. 通过配置寄存器,实现串口通信的基本操作过程。
4. 字符和数据之间的转换依据和方法是什么?
5. 完成通过串口控制流水灯流动和停止的程序。
6. 完成通过串口实现蜂鸣器鸣叫的程序。

第11章 指针基础与1602液晶显示器的初步认识

在学C语言的时候学到指针，每一位教C语言的老师都会说：指针是C语言的灵魂。由此可见，指针是否学会是判断一个人能否真正学会C语言的重要指标之一，但是很多学生只知道其重要性，却没学会灵活应用。

100多行代码的简单程序，不需要指针也可以轻松搞定，但是当代码写到成千上万行甚至更多的时候，利用指针就可以直接而快速地处理内存中的各种数据结构中的数据，特别是数组、字符串和内存的动态分配等，它为函数之间各类数据传递提供了简洁便利的方法。说了这么多作用，估计没用过指针的人也体会不到，这里就是表达指针很重要，必须学会、学好。

指针相对其他知识点来说比较难讲，主要在于不好举例子。简单的程序用指针去做会把简单的程序搞复杂，复杂的程序用指针去写牵扯的知识太多，可能又不好理解。从某个角度讲，没学会指针就等于没学会C语言，所以再难也不是学不好的理由。本章将尽可能地把作者对指针的理解形象地进行介绍，帮读者啃下这块硬骨头，同时学习本章内容也要打起十二分精神，集中注意力认真去学，争取学会指针的应用。

教学视频

11.1 指针的概念与指针变量的声明

11.1.1 变量的地址

要研究指针，需先深入理解内存地址这个概念。打个比方：整个内存就相当于一个拥有很多房间的大楼，每个房间都有房间号，比如从101、102、103一直到NNN，可以说这些房间号就是房间的地址。相对应的内存中的每个单元也都有自己的编号，比如从0x00、0x01、0x02一直到0xNN，同样可以说这些编号就是内存单元的地址。房间里可以住人，对应的内存单元里就可以“住进”变量了：假如一位名字叫A的人住在101房间，可以说A的住址就是101，或者101就是A的住址；对应地，假如一个名为x的变量住在编号为0x00的内存单元中，可以说变量x的内存地址就是0x00，或者0x00就是变量x的地址。

基本的内存单元是字节，英文单词为Byte，STC89C52单片机共有512B的RAM，就是所谓的内存，但它分为内部256B和外部256B，仅以内部的256B为例，很明显，其地址的编号从0开始，即0x00～0xFF。用C语言定义的各种变量就存在0x00～0xFF的地址范围内，而不同类型的变量会占用不同数量的内存单元，即字节，可以结合前面讲过的C语言变量类型深入理解。假如现在定义了“unsigned char a=1; unsigned char b=2; unsigned int c=3; unsigned long d=4;”这样 4 个变量,把这 4 个变量分别放到内存中,就会是表 11-1 中所列的存储方式。

表 11-1 变量存储方式

内存地址	存储的数据	内存地址	存储的数据
…	…	0x03	c
0x07	d	0x02	c
0x06	d	0x01	b
0x05	d	0x00	a
0x04	d		

变量 a、b、c、d 的类型不同,因此在内存中所占的存储单元也不一样,a 和 b 都占一字节,c 占了 2B,而 d 占了 4B。那么,a 的地址就是 0x00,b 的地址就是 0x01,c 的地址就是 0x02,d 的地址就是 0x04,它们的地址的表达方式可以写成:&a,&b,&c,&d。这样就代表了相应变量的地址,C 语言中变量前加一个 & 表示取这个变量的地址,& 在这里就叫作“取址符”。

讲到这里,有一点延伸内容,可以了解一下:比如变量 c 是 unsigned int 类型的,占了两字节,存储在了 0x02 和 0x03 这两个内存地址中,那么 0x02 是它的低字节,还是高字节呢?这个问题由所用的 C 编译器与单片机架构共同决定,单片机类型不同,结果就有可能不同。比如:在 Keil+51 单片机的环境下,0x02 存的是高字节,0x03 存的是低字节。这是编译底层实现上的细节问题,并不影响上层的应用,如下这两种情况在应用上丝毫不受这个细节的影响:强制类型转换——b=(unsigned char) c,那么 b 的值一定是 c 的低字节;取地址——&c,则得到的一定是 0x02,这都是 C 语言本身所决定的规则,不因单片机编译器的不同而有所改变。

实际生活中,要寻找一个人有两种方式:一种方式是通过他的名字来找人,另一种方式就是通过他的住宅地址来找人。例如我们在派出所的户籍管理系统的信息输入方框内,输入小明的家庭住址,系统会自动指向小明的相关信息,输入小刚的家庭住址,系统会自动指向小刚的相关信息。这个供我们输入地址的方框,在户籍管理系统叫作“地址输入框”。

那么,在 C 语言中,要访问一个变量,同样有两种方式:一种是通过变量名来访问,另一种自然就是通过变量的地址来访问了。在 C 语言中,地址就等同于指针,变量的地址就是变量的指针。我们要把地址送到上边那个所谓的“地址输入框”内,这个“地址输入框”既可以输入 x 的指针,又可以输入 y 的指针,所以相当于一个特殊的变量——保存指针的变量,因此称为指针变量,简称为指针,而通常我们说的指针就是指指针变量。

地址输入框输入谁的地址,指向的就是这个人的信息,而给指针变量输入哪个普通变量的地址,它自然就指向了这个变量的内容,通常的说法就是指针指向了该变量。

11.1.2 指针变量的声明

在 C 语言中,变量的地址往往都是编译系统自动分配的,用户是不知道某个变量的具体地址的。所以定义一个指针变量 p,把普通变量 a 的地址直接送给指针变量 p,就是“p=&a;”这样的写法。

对于指针变量 p 的定义和初始化,一般有如下两种方式。初学者很容易混淆,这没别的方法，就是死记硬背，记住即可。

方法 1：定义时直接进行初始化赋值。

```
unsigned char a;
unsigned char * p = &a;
```

方法 2：定义后再进行赋值。

```
unsigned char a;
unsigned char * p;
p = &a;
```

读者仔细看会看出来这两种写法的区别，虽然它们都是正确的。在定义的指针变量前边加了个 *，这个 * p 就代表了这个 p 是个指针变量，不是个普通的变量，它是专门用来存放变量地址的。此外，定义 * p 的时候，用了 unsigned char 来定义，这里表示指针指向的变量类型是 unsigned char 型。

指针变量似乎比较好理解，读者也能很容易明白。但是为什么很多人弄不明白指针呢？因为在 C 语言中，有一些运算和定义，它们是有区别的，很多读者就是没弄明白它们的区别，指针就始终学不好。这里要重点强调两个区别，只要把这两个区别弄明白了，起码指针变量这部分就不是问题了。这两个区别现在死记硬背，直接记住即可，靠理解有可能混淆概念。

第一个重要区别：指针变量 p 和普通变量 a 的区别。

定义一个变量 a，同时也可以给变量 a 赋值 a=1，也可以赋值 a=2。

定义一个指针变量 p，另外还定义了一个普通变量 a=1，普通变量 b=2，那么指针变量可以指向 a 的地址，也可以指向 b 的地址，可以写成 p=&a，也可以写成 p=&b，但就是不能写成 p=1 或者 p=2 或者 p=a，这三种表达方式都是错的。

因此这个地方，不要看到定义 * p 的时候前边有个 unsigned char 型，就错误地赋值 p=1，这只是说明 p 指向的变量是 unsigned char 类型的，而 p 本身是指针变量，不可以给它赋值普通的值或者变量，后边会直接把指针变量称为指针，要注意一下这个小细节。

前边这个区别似乎比较好理解，还有第二个重要区别，一定要记清楚。

第二个重要区别：定义指针变量 * p 和取值运算 * p 的区别。

“ * ”这个符号，在 C 语言有如下三个用法。

第一个用法很简单，乘法操作就是用这个符号，这里就不讲了。

第二个用法是定义指针变量的时候用，比如 unsigned char * p，这个地方使用“ * ”代表的意思是 p 是一个指针变量，而非普通的变量。

还有第三种用法，就是取值运算，和定义指针变量是完全两码事，比如：

```
unsigned char a = 1;
unsigned char b = 2;
unsigned char * p;
p = &a;
b = * p;
```

这样两步运算完了之后，b 的值就成了 1。在这段代码中，&a 表示取 a 这个变量的地址，把这个地址送给 p 之后，再用 * p 运算表示的是取指针变量 p 指向的地址的变量的值，又把这个值送给了 b，最终的结果相当于 b=a。同样是 * p，放在定义的位置就是定义指针变量，放在执行代码中就是取值运算。

这两个重要区别，读者可以反复阅读三四遍，把这两个重要区别弄明白。至于详细的用法，后边用得多了就会慢慢熟悉起来。

11.1.3 指针的简单示例

前边提到了指针的意义往往在简单程序中是体现不出来的，对于简单程序来说，有时用了指针，反而比没用指针还麻烦，但是为了让大家巩固一下指针的用法，还是写了个使用指针的流水灯程序，目的是让大家从简单程序开始了解指针，遇到复杂程序的时候不至于手足无措。

```
#include <reg52.h>

sbit ADDR0 = P1^0;
sbit ADDR1 = P1^1;
sbit ADDR2 = P1^2;
sbit ADDR3 = P1^3;
sbit ENLED = P1^4;

void ShiftLeft(unsigned char *p);

void main()
{
    unsigned int i;
    unsigned char buf = 0x01;

    ENLED = 0;                          //使能选择独立 LED
    ADDR3 = 1;
    ADDR2 = 1;
    ADDR1 = 1;
    ADDR0 = 0;

    while (1)
    {
        P0 = ~buf;                      //缓冲值取反送到 P0 口
        for (i = 0; i < 20000; i++);    //延时
        ShiftLeft(&buf);                //缓冲值左移一位
        if (buf == 0)                   //如移位后为 0 则重赋初值
        {
            buf = 0x01;
        }
    }
}
/* 将指针变量 p 指向的字节左移一位 */
void ShiftLeft(unsigned char *p)
{
    *p = *p << 1;                       //利用指针变量可以向函数外输出运算结果
}
```

这是一个使用指针实现流水灯的例子，纯粹是为了讲指针而写这样一段程序，程序中传递的是 buf 的地址，把这个地址直接传递给函数 ShiftLeft 的形参指针变量 p，也就是 p 指向了 buf。对比之前的函数调用,读者是否看明白,如果是普通变量传递,只能是单向的,也就是说,主函数传递给子函数的值,子函数只能使用却不能改变。而现在传递的是指针,不仅子函数可以使用 buf 里边的值,而且还可以对 buf 里边的值进行修改。

此外再强调一句,只要是 * p 前边带了变量类型如 unsigned char,就是表示定义了一个指针变量 p,而执行代码中的 * p,是指 p 所指向的内容。

通过理论的学习和这样一个例子,读者对指针应该有概念了,至于它的灵活应用,需要在后边的程序中慢慢去体会,理论上就不再赘述了。

11.2 指向数组元素的指针

11.2.1 指向数组元素的指针和运算法则

所谓指向数组元素的指针,其本质还是变量的指针。因为数组中的每个元素,其实都可以直接看成一个变量,所以指向数组元素的指针,也就是变量的指针。

指向数组元素的指针不难,但很常用。我们用程序来解释会比较直观一些。

```
unsigned char number[10] = {0, 1, 2, 3, 4, 5, 6, 7, 8, 9};
unsigned char * p;
```

如果写"p=&number[0];",那么指针 p 就指向了 number 的第 0 号元素,也就是把 number[0]的地址赋值给了 p,同理,如果写 p=&number[1],p 就指向了数组 number 的第 1 号元素。p=&number[x],其中 x 的取值范围是 0~9,就表示 p 指向了数组 number 的第 x 号元素。

指针本身,也可以进行几种简单的运算,这几种运算对于数组元素的指针来说应用最多。

(1) 比较运算。比较的前提是两个指针指向同种类型的对象,比如两个指针变量 p 和 q,它们指向了具有同种数据类型的数组,那它们可以进行<,>,>=,<=,==等关系运算。如果 p==q 为真,表示这两个指针指向的是同一个元素。

(2) 指针和整数可以直接进行加减运算。还是上边举例的指针 p 和数组 number,如果 p=&number[0],那么 p+1 就指向了 number[1],p+9 就指向了 number[9]。当然,如果 p=&number[9],p-9 也就指向了 number[0]。

(3) 两个指针变量在一定条件下可以进行减法运算。如 p=&number[0],q=&number[9],那么 q-p 的结果就是 9。但是这个地方要特别注意,9 代表的是元素的个数,而不是真正的地址差值。如果 number 的变量类型是 unsigned int,占两字节,q-p 的结果依然是 9,因为它代表的是数组元素的个数。

在数组元素指针还有一种情况,就是数组名称其实就代表了数组元素的首地址,也就是说:

```
p = &number[0];
p = number;
```

这两种表达方式是等价的,因此以下几种表达形式和内容需要格外注意。

根据指针的运算规则,p+x 代表的是 number[x]的地址,那么 number+x 代表的也是

number[x]的地址。或者说,它们指向的都是 number 数组的第 x 号元素。

(p+x)和(number+x)都表示 number[x]。

指向数组元素的指针也可以表示成数组的形式,也就是说,允许指针变量带下标,即 p[i]和*(p+i)是等价的。但是为了避免混淆与规范起见,这里建议不要写成前者,而一律采用后者的写法。但如果看到别人那么写,也要知道是怎么回事。

二维数组元素的指针和一维数组类似,需要介绍的内容不多。假如现在一个指针变量 p 和一个二维数组 number[3][4],它的地址的表达方式就是 p=&number[0][0],要注意,既然数组名代表了数组元素的首地址,也就是说 p 和 number 都是指数组的首地址。对二维数组来说,number[0],number[1],number[2]都可以看成一维数组的数组名,所以 number[0]等价于 &number[0][0],number[1]等价于 &number[1][0],number[2]等价于 &number[2][0]。加减运算和一维数组是类似的,在此不再详述。

11.2.2 指向数组元素指针实例

在 C 语言里,sizeof()可以用来获取括号内的对象所占用的内存字节数,虽然它写作函数的形式,但它并不是一个函数,而是 C 语言的一个关键字。sizeof()在程序代码中就相当于一个常量,也就是说这个获取操作是在程序编译的时候进行的,而不是在程序运行的时候进行。这是一个在实际编程中很有用的关键字,灵活运用它可以使程序具有更好的可读性、易维护性和可移植性。大家可在后续的学习中慢慢体会。

sizeof()函数括号中可以是变量名,也可以是变量类型名,其结果是等效的。而其更大的用处是与数组名搭配使用,这样可以获取整个数组占用的字节数,就不用自己动手计算了,可以避免错误,而如果日后改变了数组的维数时,也不需要再到执行代码中逐个修改,便于程序的维护和移植。

下面提供了一个简单的串口演示例程,可以体验一下指针和 sizeof()函数的用法。首先接收上位机下发的命令,根据命令值分别把不同数组的数据回发给上位机,程序还用到了指针的自增运算,也就是+1 运算,读者可以认真考虑一下指针 ptrTxd 在串口发送的过程中的指向是如何变化的。在上位机串口调试助手中分别下发 1、2、3、4,就会得到不同的数组回发,注意这里都用十六进制发送和十六进制显示。

此外,这个程序还应用到一个小技巧,要学会使用。前边讲了串口发送中断标志位 TI 是硬件置位,软件清 0。通常来讲,我们想一次发送多个数据,就需要把第一字节写入 SBUF,然后再等待发送中断,在后续中断中再发送剩余的数据,这样数据发送过程就被拆分到了两个地方——主循环内和中断服务函数内,这无疑使程序结构变得零散了。为了使程序结构尽量紧凑,在启动发送的时候,不是向 SBUF 中写入第一个待发的字节,而是直接让 TI=1,注意,这时会马上进入串口中断,因为中断标志位置 1,但是串口线上并没有发送任何数据,于是,所有的数据发送都可以在中断中进行,而不用再分为两部分了。可以在程序中体会一下这个技巧的好处。

```
#include <reg52.h>

bit cmdArrived = 0;                    //命令到达标志,即接收到上位机下发的命令
```

```
unsigned char cmdIndex = 0;                     //命令索引,即与上位机约定好的数组编号
unsigned char cntTxd = 0;                       //串口发送计数器
unsigned char * ptrTxd;                         //串口发送指针

unsigned char array1[1] = {1};
unsigned char array2[2] = {1,2};
unsigned char array3[4] = {1,2,3,4};
unsigned char array4[8] = {1,2,3,4,5,6,7,8};

void ConfigUART(unsigned int baud);

void main()
{
    EA = 1;                                     //开总中断
    ConfigUART(9600);                           //配置波特率为 9600
    while (1)
    {
        if (cmdArrived)
        {
            cmdArrived = 0;
            switch (cmdIndex)
            {
                case 1:
                    ptrTxd = array1;            //数组 1 的首地址赋值给发送指针
                    cntTxd = sizeof(array1);    //数组 1 的长度赋值给发送计数器
                    TI = 1;                     //手动方式启动发送中断,处理数据发送
                    break;
                case 2:
                    ptrTxd = array2;
                    cntTxd = sizeof(array2);
                    TI = 1;
                    break;
                case 3:
                    ptrTxd = array3;
                    cntTxd = sizeof(array3);
                    TI = 1;
                    break;
                case 4:
                    ptrTxd = array4;
                    cntTxd = sizeof(array4);
                    TI = 1;
                    break;
                default:
                    break;
            }
        }
    }
}
/* 串口配置函数,baud 为通信波特率 */
void ConfigUART(unsigned int baud)
{
    SCON = 0x50;                                //配置串口为模式 1
    TMOD &= 0x0F;                               //清 0 T1 的控制位
```

```
    TMOD |= 0x20;                                      //配置 T1 为模式 2
    TH1 = 256 - (11059200/12/32)/baud;                 //计算 T1 重载值
    TL1 = TH1;                                         //初值等于重载值
    ET1 = 0;                                           //禁止 T1 中断
    ES = 1;                                            //使能串口中断
    TR1 = 1;                                           //启动 T1
}
/* UART 中断服务函数 */
void InterruptUART() interrupt 4
{
    if (RI)                                            //接收到字节
    {
        RI = 0;                                        //清 0 接收中断标志位
        cmdIndex = SBUF;                               //接收到的数据保存到命令索引中
        cmdArrived = 1;                                //设置命令到达标志
    }
    if (TI)                                            //字节发送完毕
    {
        TI = 0;                                        //清 0 发送中断标志位
        if (cntTxd > 0)                                //有待发送数据时,继续发送后续字节
        {
            SBUF = *ptrTxd;                            //发出指针指向的数据
            cntTxd--;                                  //发送计数器递减
            ptrTxd++;                                  //发送指针递增
        }
    }
}
```

11.3 字符数组和字符指针

11.3.1 常量和符号常量

在程序运行过程中,其值不能被改变的量称为常量。常量分为不同的类型,有整型常量如 1、2、3、100;浮点型常量 3.14、0.56、-4.8;字符型常量'a'、'b'、'0';字符串常量"a"、"abc"、"1234"、"1234abcd"等。

细心的读者会发现,整型和浮点型常量可直接写数字,而字符型常量用单引号来表示字符,用双引号来表示字符串,尤其要注意'a'和"a"是不一样的,下面会详细介绍。

常量一般有两种表现形式。

(1) 直接常量:直接以值的形式表示的常量称为直接常量。上述举例这些都是直接常量,直接写出即可。

(2) 符号常量:用标识符命名的常量称为符号常量,就是为上面的直接常量再取一个名字。使用符号常量一是方便理解,提高程序可读性,更重要的是方便程序的后续维护,习惯上符号常量都用大写字母和下画线来命名。

比如,可以把 3.14 取名为 PI(即 π)。再如,串口程序用的波特率是 9600,如果用符号常量提前声明,修改成其他速率,就不用在程序中找 9600 修改了,直接修改声明处就可以了。两种常量声明方法举例说明如下。

(1) 用 const 声明。比如在程序开始位置定义一个符号常量 BAUD。

定义形式是:

```
const 类型 符号常量名字 = 常量值;
```

如

```
const unsigned int BAUD = 9600; /* 注意结尾有个分号 */
```

我们就可以在程序中直接把 9600 改成 BAUD,这样如果要改波特率,直接在程序开头位置改一下这个值就可以了。

(2) 用预处理命令#define 完成。先来认识预处理命令#define。

定义形式是:

```
#define 符号常量名 常量值
```

如

```
#define BAUD 9600 /* 注意结尾没有分号 */
```

这样定义以后,只要在程序中出现 BAUD,意思就是完全替代了后边的 9600 这个数字。

不知读者是否记得,之前定义数码管真值表的时候用了一个 code 关键字。

```
unsigned char code LedChar[] = {                    //数码管显示字符转换表
    0xC0, 0xF9, 0xA4, 0xB0, 0x99, 0x92, 0x82, 0xF8,
    0x80, 0x90, 0x88, 0x83, 0xC6, 0xA1, 0x86, 0x8E
};
```

当时说加了 code 之后,这个真值表的数据只能被使用,不能被改变,如果直接写"LedChar[0]=1;",这样就错了。实际上 code 这个关键字是 51 单片机特有的,如果是其他类型的单片机只需写成 const unsigned char LedChar[]={}就可以了,这个数组自动保存到 Flash 里,而 51 单片机只用 const 而不加 code,这个数组会保存到 RAM 中,而不会保存到 Flash 中。鉴于此,在 51 单片机体系,const 反倒变得不那么重要,它的作用被 code 取代了。这里知道这么回事即可。

下面对各种类型的常量做进一步说明。

整型常量和浮点型常量就没多少可说的了,之前应用得很熟练了,整型常量直接写数字,就表示是十进制的,如 128,前边 0x 开头的表示是十六进制数,如 0x80,浮点型常量直接写带小数点的数据就可以了。

字符型常量是由一对单引号括起来的单个字符。它分为两种形式:一种是普通字符,另一种是转义字符。

普通字符就是可以直接书写并看到的有形字符,比如阿拉伯数字 0~9,英文字符 a~z 或 A~Z,以及标点符号等。它们都是 ASCII 码表中的字符,而它们在单片机中都占用一字节的空间,其值就是对应的 ASCII 码值。比如'a'的值是 97,'A'的值是 65,'0'的值是 48,如果定义一个变量 unsigned char a='a',那么变量 a 的值就是 97。

除了上述这些字符之外,还有一些特殊字符,像回车符、换行符等,这些都是看不到的,还有一些像'\"这类字符,它们已经有特殊用途了。想象一下,如果写''',那么编译器会怎么去解释呢?针对这些特殊符号,为了可以让它们正常进入程序代码中,C 语言就规定了转义字符,它是以反斜杠(\)开头的特定字符序列,让它们来表示这些特殊字符,比如用\n 来代表换行。下面用一个简单表格说明常用的转义字符的意思,如表11-2所示。

表11-2 常用转义字符及含义

字符形式	含 义	字符形式	含 义
\n	换行	\\	反斜杠字符'\'
\t	横向跳格(相当于Tab)	\'	单引号字符
\v	竖向跳格	\"	双引号字符
\b	退格	\f	走纸换页
\r	光标移到行首	\0	空值

表格不需要记住,用时来查就可以了。

字符串常量是用双引号引起来的字符序列,一般都称为字符串,如"a"、"1234"、"welcome to www.kingst.org"等都是字符串常量。字符串常量在内存中按顺序逐个存储字符串中的字符的ASCII码值,特别要注意,最后还有一个字符'\0','\0'字符的ASCII码值是0,它是字符串结束标志,在写字符串的时候,这个'\0'是隐藏的,我们看不到,但实际上是存在的。所以"a"就比'a'多了一个'\0',"a"占了两字节,而'a'只占一字节。

还要注意,字符串中的空格也是一个字符,比如"welcome to www.kingst.org"一共占了26字节的空间。其中有21个字母,2个'.',2个' '(空格字符)以及1个'\0'。

11.3.2 字符和字符串数组实例

为了对比字符串、字符数组、常量数组的区别,写个简单的演示程序,定义4个数组,分别是:

```
unsigned char array1[] = "1-Hello!\r\n";
unsigned char array2[] = {'2', '-', 'H', 'e', 'l', 'l', 'o', '!', '\r', '\n'};
unsigned char array3[] = {51, 45, 72, 101, 108, 108, 111, 33, 13, 10};
unsigned char array4[] = "4-Hello!\r\n";
```

在串口调试助手下,发送十六进制的1、2、3、4,使用字符形式显示,会分别往计算机发送这4个数组中对应的那个数组。我们只是在起始位置做了区分,其他均没有区别。可以比较一下效果。

此外还要说一下数组1和数组4,数组1是发完整的字符串,而数组4仅仅发送数组中的字符,没有发结束符号。虽然串口调试助手用字符形式显示是没有区别的,但是如果改用十六进制显示,会发现数组1比数组4多了1字节'\0'的ASCII值00。

```
#include <reg52.h>

bit cmdArrived = 0;                 //命令到达标志,即接收到上位机下发的命令
unsigned char cmdIndex = 0;         //命令索引,即与上位机约定好的数组编号
unsigned char cntTxd = 0;           //串口发送计数器
unsigned char *ptrTxd;              //串口发送指针

unsigned char array1[] = "1-Hello!\r\n";
unsigned char array2[] = {'2', '-', 'H', 'e', 'l', 'l', 'o', '!', '\r', '\n'};
unsigned char array3[] = {51, 45, 72, 101, 108, 108, 111, 33, 13, 10};
unsigned char array4[] = "4-Hello!\r\n";
void ConfigUART(unsigned int baud);
```

```
void main()
{
    EA = 1;                                     //开总中断
    ConfigUART(9600);                           //配置波特率为 9600

    while (1)
    {
        if (cmdArrived)
        {
            cmdArrived = 0;
            switch (cmdIndex)
            {
                case 1:
                    ptrTxd = array1;            //数组 1 的首地址赋值给发送指针
                    cntTxd = sizeof(array1);    //数组 1 的长度赋值给发送计数器
                    TI = 1;                     //手动方式启动发送中断,处理数据发送
                    break;
                case 2:
                    ptrTxd = array2;
                    cntTxd = sizeof(array2);
                    TI = 1;
                    break;
                case 3:
                    ptrTxd = array3;
                    cntTxd = sizeof(array3);
                    TI = 1;
                    break;
                case 4:
                    ptrTxd = array4;
                    cntTxd = sizeof(array4) - 1; //字符串实际长度为数组长度减 1
                    TI = 1;
                    break;
                default:
                    break;
            }
        }
    }
}
/* 串口配置函数,baud - 通信波特率 */
void ConfigUART(unsigned int baud)
{
    SCON = 0x50;                                //配置串口为模式 1
    TMOD & = 0x0F;                              //清 0 T1 的控制位
    TMOD | = 0x20;                              //配置 T1 为模式 2
    TH1 - 256 - (11059200/12/32)/baud;          //计算 T1 重载值
    TL1 = TH1;                                  //初值等于重载值
    ET1 = 0;                                    //禁止 T1 中断
    ES = 1;                                     //使能串口中断
    TR1 = 1;                                    //启动 T1
}
/* UART 中断服务函数 */
void InterruptUART() interrupt 4
{
    if (RI)                                     //接收到字节
    {
```

```
        RI = 0;                                //清 0 接收中断标志位
        cmdIndex = SBUF;                       //接收到的数据保存到命令索引中
        cmdArrived = 1;                        //设置命令到达标志
    }
    if (TI)                                    //字节发送完毕
    {
        TI = 0;                                //清 0 发送中断标志位
        if (cntTxd > 0)                        //有待发送数据时,继续发送后续字节
        {
            SBUF = * ptrTxd;                   //发出指针指向的数据
            cntTxd -- ;                        //发送计数器递减
            ptrTxd++;                          //发送指针递增
        }
    }
}
```

11.4 1602 液晶显示器的认识

11.4.1 1602 液晶显示器的硬件接口介绍

前边讲的流水灯、数码管、LED 点阵这三种都是 LED 设备,本节来学习 LCD 显示设备——1602 液晶显示器(即 LCD 1602)。那个大大的,平时第一行显示 16 个小黑块,第二行什么都不显示的设备就是 1602 液晶显示器,是不是早就注意到它了呢?

在学习这些电子器件时,头脑中要逐渐形成一种意识,不管是单片机,还是 74HC138,甚至三极管等,都是有数据手册的。不管是设计电路,还是编写程序,器件的数据手册是最好的参考资料。学习 1602 液晶显示器,首先就要看它的数据手册。数据手册大家可以在网上找到,这里只挑手册中的重点讲解。

1602 液晶显示器主要技术参数如表 11-3 所示。

表 11-3 1602 液晶显示器主要技术参数

参 数	参 数 值
显示容量	16×2 个字符
芯片工作电压	4.5～5.5V
工作电流	2.0mA(5.0V)
模块最佳工作电压	5.0V
字符尺寸	2.95mm×4.35mm (宽×高)

1602 液晶显示器,从它的名字就可以看出它的显示容量,就是显示 2 行,每行 16 个字符。它的工作电压是 4.5～5.5V,对于这点在设计电路的时候,直接按照 5V 系统设计,但是保证最低不能低于 4.5V。在 5V 工作电压下,测量它的工作电流是 2mA,注意,这个 2mA 仅仅是指液晶的工作电流,而它的黄绿背光都是用 LED 做的,所以功耗不会太小的,10～20mA 还是有的。

1602 液晶显示器一共有 16 个引脚,每个引脚的功能都可以在它的数据手册上获得。而这些基本的信息在设计电路和编写代码之前必须先看明白,如表 11-4 所示。

表 11-4　1602 液晶显示器引脚功能

编号	符号	引脚说明	编号	符号	引脚说明
1	VSS	电源地	9	D2	Data I/O
2	VDD	电源正极	10	D3	Data I/O
3	VL	液晶显示器显示偏压信号	11	D4	Data I/O
4	RS	数据/命令选择端(H/L)	12	D5	Data I/O
5	R/W	读/写选择端(H/L)	13	D6	Data I/O
6	E	使能信号	14	D7	Data I/O
7	D0	Data I/O	15	BLA	背光源正极
8	D1	Data I/O	16	BLK	背光源负极

液晶显示器的电源引脚 1、引脚 2 以及背光电源引脚 15、引脚 16，不用多说，正常接就可以了。

引脚 3 叫作液晶显示器显示偏压信号，注意到小黑点没有？当要显示一个字符的时候，有的黑点显示，有的黑点不能显示，这样就可以实现我们想要的字符了。引脚 3 就是用来调整显示的黑点和不显示黑点之间的对比度，调整好了对比度，就可以让我们的显示更加清晰。在进行电路设计实验的时候，通常的办法是在这个引脚上接个电位器，也就是初中学过的滑动变阻器。通过调整电位器的分压值来调整引脚 3 的电压。而当产品批量生产的时候，可以把调整好的值直接用简单电路来实现，就如同在开发板上直接使用的是一个 18Ω 的下拉电阻，市面上的 1602 液晶显示器的下拉电阻是 1～1.5kΩ，是比较合适的值。

引脚 4 是数据/命令选择端。有时要发送给液晶显示器一些命令，让它实现想要的状态，有时要发送给它一些数据，让它显示出来，液晶显示器就通过这个引脚判断接收到的是命令还是数据，这个引脚接到了 ADDR0 上，通过跳线帽和 P1.0 连接在一起。要注意学会读数据手册，看到这个引脚描述中有：数据/命令选择端(H/L)，它的意思就是当这个引脚是 H(High)高电平的时候是数据，当这个引脚是 L(Low)低电平的时候是命令。

5 引脚与 4 引脚用法类似，功能是读/写选择端，既可以写给液晶显示器数据或者命令，也可以读取液晶显示器内部的数据或状态。因为液晶显示器本身内部有 RAM，实际上发送给液晶显示器的命令或者数据，液晶显示器需要先保存在缓存里，然后再写到内部的寄存器或者 RAM 中，这需要一定的时间。所以进行读/写操作之前，首先要读一下液晶显示器当前状态，是不是在“忙”？如果不忙，可以读/写数据，如果在“忙”，就需要等待液晶显示器忙完了再进行操作。读状态是常用的。这个引脚接到了 ADDR1 上，通过跳线帽和 P1.1 连接在一起。

6 引脚是使能信号，很关键，液晶显示器读/写命令和数据，都要靠它才能正常读/写，后边详细讲这个引脚怎么用。这个引脚通过跳线帽接到了 ENLCD 上，这个位置的跳线是为了和另一个 12864 液晶显示器的切换使用而设计的。

7 引脚到 14 引脚就是 8 个数据引脚了，通过这 8 个引脚读/写数据和命令的，它们统一接到了 P0 口上。下面来看一下开发板上的 1602 液晶显示器接口原理图，如图 11-1 所示。

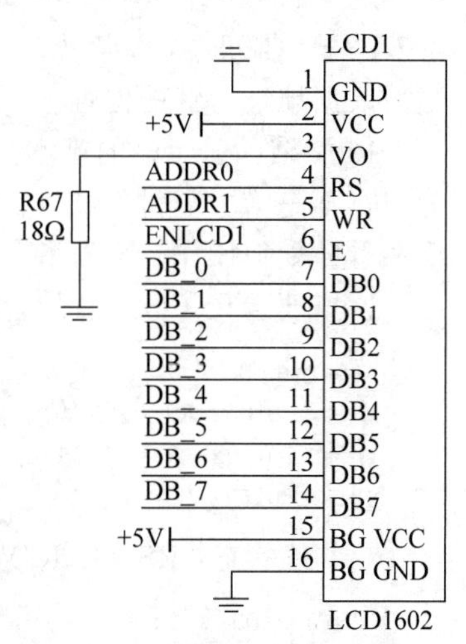

图 11-1　1602 液晶显示器接口原理图

11.4.2 1602液晶显示器的读写时序介绍

1602液晶显示器内部带了80字节的显示RAM,用来存储所发送的数据,它的结构如图11-2所示。

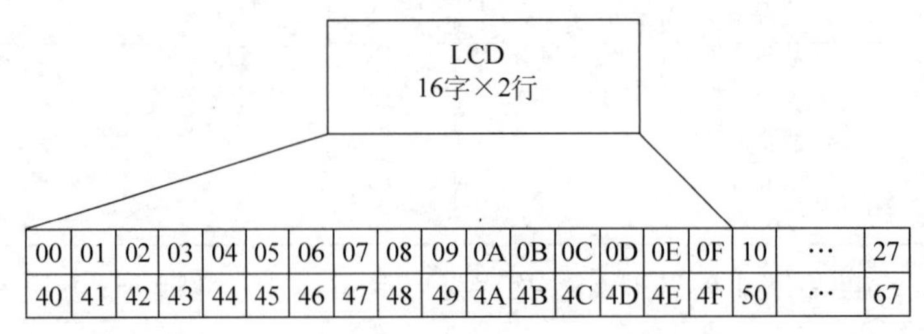

图11-2 1602液晶显示器内部RAM结构图

第一行的地址是0x00H～0x27,第二行的地址从0x40～0x67,其中第一行0x00～0x0F是与液晶显示器上第一行16个字符显示位置相对应的,第二行0x40～0x4F是与第二行16个字符显示位置相对应的。而每行都多出来一部分,是为了显示移动字幕设置的。1602液晶显示器是显示字符的,因此它跟ASCII字符表是对应的。比如给0x00这个地址写一个'a',也就是十进制的97,液晶显示器的最左上方的那个小块就会显示一个字母a。此外,前面学过指针,液晶显示器内部有个数据指针,它指向哪里,我们写的那个数据就会送到相应的那个地址里。

液晶显示器有一个状态字字节,通过读取这个状态字的内容,就可以知道1602液晶显示器的一些内部情况,如表11-5所示。

表11-5 1602液晶显示器状态字

位	说　明
bit0～bit6	当前数据地址指针的位置
bit7	读写操作使能。1：禁止；0：允许

这个状态字节有8个位,最高位表示了当前液晶显示器是不是“忙”,如果这个位是1表示液晶显示器正“忙”,禁止读/写数据或者命令,如果是0,则允许读写。而低7位就表示了当前数据地址指针的位置。

1602液晶显示器的基本操作时序一共有4个,这些都不需要记住,但是都需要理解,因为现在不是为了应付考试,所以不需要把数据手册背熟,但是写程序的时候,打开数据手册要能看懂如何操作。再提醒一句,单片机读外部状态前,必须先保证是高电平。

这里要编写1602液晶显示器的程序,因此先把用到的总线接口做一个统一声明：

```
#define LCD1602_DB P0
sbit LCD1602_RS = P1^0;
sbit LCD1602_RW = P1^1;
sbit LCD1602_E = P1^5;
```

(1) 读状态：RS=L,R/W=H,E=H。这是个很简单的逻辑,直接写,代码如下：

```
LCD1602_DB = 0xFF;
LCD1602_RS = 0;
LCD1602_RW = 1;
LCD1602_E = 1;
sta = LCD1602_DB;
```

这样就把当前液晶显示器的状态字读到了 sta 变量中，可以通过判断 sta 最高位的值了解当前液晶显示器是否处于"忙"状态，也可以得知当前数据的指针位置。两个问题：①如果当前读到的状态是"不忙"，那么程序可以进行读/写操作，如果当前状态是"忙"，那么还得继续等待重新判断液晶显示器的状态；②可以看原理图，流水灯、数码管、点阵、1602 液晶显示器都用到了 P0 口总线，如果读完了液晶显示器状态继续保持 LCD1602_E 是高电平，1602 液晶显示器会继续输出它的状态值，输出的这个值会占据 P0 总线，干扰到流水灯数码管等其他外设，所以读完了液晶显示器状态，通常要把这个引脚拉低来释放总线，这里用了一个 do…while 循环语句来实现。

```
LCD1602_DB = 0xFF;
LCD1602_RS = 0;
LCD1602_RW = 1;
do {
    LCD1602_E = 1;
    sta = LCD1602_DB;              //读取状态字
    LCD1602_E = 0;                 //读完撤销使能，防止液晶显示器输出数据干扰 P0 总线
} while (sta & 0x80);
//bit7 等于 1 表示液晶显示器正忙，重复检测直到其等于 0 为止
```

(2) 读数据：RS=H，R/W=H，E=H。这个逻辑也很简单，但是读数据不常用，了解一下就可以了，这里就不详细解释了。

(3) 写指令：RS=L，R/W=L，D0～D7=指令码，E=高脉冲。

这个程序在逻辑上没什么难的，只是 E 为高脉冲即可。这个问题要解释一下。写指令一共有 4 条语句，其中前三条语句的顺序无所谓，但是"E=高脉冲"这一句很关键。实际上流程是这样的：因为现在是写数据，所以首先要保证 E 引脚是低电平状态，而前三句不管怎么写，1602 液晶显示器只要没有接收到 E 引脚的使能控制，它都不会读总线上的信号的。当通过前三条语句准备好数据之后，E 使能引脚从低电平到高电平变化，然后 E 使能引脚再从高电平到低电平出现一个下降沿，1602 液晶显示器内部一旦检测到这个下降沿后，并且检测到 RS=L，R/W=L，就马上读取 D0～D7 的数据，完成单片机向 1602 液晶显示器写指令过程。归纳总结写了个"E=高脉冲"，意思就是：E 使能引脚先从低拉高，再从高拉低，形成一个高脉冲。

(4) 写数据：RS=H，R/W=L，D0～D7=数据，E=高脉冲。

写数据和写指令是类似的，就是把 RS 改成 H，把总线改成数据即可。

此外要顺便提一句，这里用的 1602 液晶显示器所使用的接口时序是摩托罗拉公司所创立的 6800 时序，还有另一种时序是 Intel 公司的 8080 时序，也有部分液晶显示器模块采用，只是相对来说比较少见，知道这么回事即可。

这里还要说明一个问题，从这 4 个时序可以看出，1602 液晶显示器的使能引脚 E，高电平的时候有效，低电平的时候无效，前面也提到了高电平时会影响 P0 口，因此正常情况下，如果没有使用液晶显示器，那么程序开始写一句 LCD1602_E=0，就可以避免 1602 液晶显示器干扰到其他外设。之前的程序没有加这句，是因为开发板在这个引脚上加了一个 15kΩ 的下拉电阻，这个下拉电阻就可以保证这个引脚上电后，默认是低电平，如图 11-3 所示。

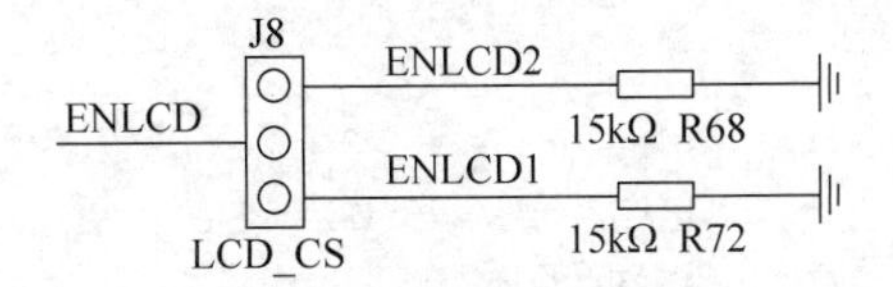

图 11-3　液晶显示器使能引脚的下拉电阻

如果不加这个下拉电阻，刚开始讲点亮 LED 小灯的时候就得写一句：LCD1602_E=0，可能很多初学者弄不明白，所以才加了这样一个电路。但是在实际开发过程中就不必这样了。如果这是个实际产品，能用软件去处理的，就不会用硬件去实现，所以我们在做实际产品的时候，这块电路可以直接去掉，只需在程序开头多加一条语句即可。

11.4.3 1602 液晶显示器的指令介绍

与单片机寄存器的用法类似，1602 液晶显示器在使用的时候，首先要进行初始的功能配置，1602 液晶显示器有以下几个指令需要了解。

1. 显示模式设置

写指令 0x38，设置 16×2 显示，5×7 点阵，8 位数据接口。这条指令对我们这个液晶显示器来说是固定的，必须写 0x38，我们仔细看，会发现液晶显示器实际上内部点阵是 5×8，还有一些 1602 液晶显示器还兼容串行通信，用两个 I/O 口即可，但是速度慢，液晶显示器就是固定的 0x38 模式。

2. 显示开/关以及光标设置指令

这里有两条指令。第一条指令，一字节中 8 位，其中高 5 位是固定的 0b00001，低 3 位分别用 DCB 从高到低表示，D=1 表示开显示，D=0 表示关显示；C=1 表示显示光标，C=0 表示不显示光标；B=1 表示光标闪烁，B=0 表示光标不闪烁。

第二条指令，高 6 位是固定的 0b000001，低 2 位分别用 NS 从高到低表示，其中 N=1 表示读或者写一个字符后，指针自动加 1，光标自动加 1；N=0 表示读或者写一个字符后，指针自动减 1，光标自动减 1；S=1 表示写一个字符后，整屏显示左移(N=1)或右移(N=0)，以达到光标不移动而屏幕移动的效果，如同计算器输入一样的效果，而 S=0 表示写一个字符后，整屏显示不移动。

3. 清屏指令

写入 0x01 表示显示清屏(固定的)，其中包含了数据指针清 0，所有的显示清 0。写入 0x02 则仅仅是数据指针清 0，显示不清 0。

4. RAM 地址设置指令

该指令码的最高位为 1，低 7 位为 RAM 的地址，RAM 地址与液晶显示器上字符的关系如图 11-2 所示。通常，在读/写数据之前都要先设置好地址，然后再进行数据的读/写操作。

11.4.4 1602 液晶显示器简单实例

1602 液晶显示器手册提供了一个初始化过程，由于不检测“忙”位，所以程序比较复杂，而我们总结了一个更加简易方便的过程以供参考，数据手册上有描述，仅仅了解就可以了。下面把程序写出来，初始化只用了 4 条语句，没有像数据手册介绍的那么烦琐。

```
#include <reg52.h>

#define LCD1602_DB P0
sbit LCD1602_RS = P1^0;
sbit LCD1602_RW = P1^1;
sbit LCD1602_E = P1^5;
```

```
void InitLcd1602();
void LcdShowStr(unsigned char x, unsigned char y, unsigned char * str);

void main()
{
    unsigned char str[] = "Kingst Studio";

    InitLcd1602();
    LcdShowStr(2, 0, str);
    LcdShowStr(0, 1, "Welcome to KST51");
    while (1);
}
/* 等待液晶显示器准备好 */
void LcdWaitReady()
{
    unsigned char sta;

    LCD1602_DB = 0xFF;
    LCD1602_RS = 0;
    LCD1602_RW = 1;
    do {
        LCD1602_E = 1;
        sta = LCD1602_DB;      //读取状态字
        LCD1602_E = 0;
    } while (sta & 0x80);      //bit7 等于 1,表示液晶显示器正忙,重复检测,直到其等于 0 为止
}
/* 向 1602 液晶显示器写入一字节命令,cmd 为待写入命令值 */
void LcdWriteCmd(unsigned char cmd)
{
    LcdWaitReady();
    LCD1602_RS = 0;
    LCD1602_RW = 0;
    LCD1602_DB = cmd;
    LCD1602_E = 1;
    LCD1602_E = 0;
}
/* 向 1602 液晶显示器写入一字节数据,dat 为待写入数据值 */
void LcdWriteDat(unsigned char dat)
{
    LcdWaitReady();
    LCD1602_RS = 1;
    LCD1602_RW = 0;
    LCD1602_DB = dat;
    LCD1602_E = 1;
    LCD1602_E = 0;
}
/* 设置显示 RAM 起始地址,即光标位置,(x,y)为对应屏幕上的字符坐标 */
void LcdSetCursor(unsigned char x, unsigned char y)
{
    unsigned char addr;

    if (y == 0)                //由输入的屏幕坐标,计算显示 RAM 的地址
```

```
        addr = 0x00 + x;                    //第一行字符地址从 0x00 起始
    else
        addr = 0x40 + x;                    //第二行字符地址从 0x40 起始
    LcdWriteCmd(addr | 0x80);               //设置 RAM 地址
}
/* 在液晶显示器上显示字符串,(x,y)为对应屏幕上的起始坐标,str 为字符串指针 */
void LcdShowStr(unsigned char x, unsigned char y, unsigned char * str)
{
    LcdSetCursor(x, y);                     //设置起始地址
    while ( * str != '\0')                  //连续写入字符串数据,直到检测到结束符
    {
        LcdWriteDat( * str++);              //先取 str 指向的数据,然后 str 自加 1
    }
}
/* 初始化 1602 液晶显示器 */
void InitLcd1602()
{
    LcdWriteCmd(0x38);                      //16×2 显示,5×7 点阵,8 位数据接口
    LcdWriteCmd(0x0C);                      //显示器开,光标关闭
    LcdWriteCmd(0x06);                      //文字不动,地址自动 + 1
    LcdWriteCmd(0x01);                      //清屏
}
```

程序中有详细的注释,结合本节前面的讲解,请读者自己分析,掌握1602液晶显示器的基本操作函数。LcdWriteDat(* str++)这行语句中对指针 str 的操作,一定要理解透彻,先把 str 指向的数据取出来用,然后 str 再加1以指向下一个数据,这是非常常用的一种简写方式。另外,关于本程序还有几点值得提一下。

(1) 把程序所有的功能都使用函数模块化,这样非常有利于程序的维护,不管写什么样的功能,只要调用相应的函数就可以了。注意学习这种编程方法。

(2) 使用液晶显示器的习惯,也是用数学上的(x,y)坐标进行屏幕定位,但与数学坐标系不同的是,液晶显示器的左上角的坐标是 x=0,y=0,往右边是 x+偏移,下边是 y+偏移。

(3) 第一次接触多个参数传递的函数,而且还有指针类型的参数,所以要多留心熟悉。

(4) 读/写数据和指令程序,每次都必须进行"忙"判断。

(5) 理解指针在这里的巧妙用法,可以尝试不用指针改写程序,感受指针的优势。

11.5 习题

1. 把本章关于指针的内容反复学习3~5遍,彻底弄懂指针是怎么回事。

2. 把1602液晶显示器所有的指令功能都应用一遍,使用1602液晶显示器显示任意字符串。

3. 尝试通过串口调试助手下发字符到1602液晶显示器上显示出来。

第 12 章

1602 液晶显示器与串口的应用实例

要想逐步消化掌握理论知识，必须通过大量的实践。尤其是一些编程相关的技巧，就是靠不停地写程序，不停地参考别人的程序慢慢积累的。本章学习 1602 液晶显示器的例程和实际开发中比较实用的串口通信程序。

12.1 通信时序解析

随着对通信技术的深入学习，我们要逐渐在头脑中建立起时序概念。所谓“时序”从字面意义上来理解，一是“时间问题”，二是“顺序问题”。

先说“顺序问题”，这个相对简单一些。在学 UART 串口通信的时候，先是 1 位起始位，再是 8 位数据位，最后是 1 位停止位，这个先后顺序不能错。在学 1602 液晶显示器的时候，比如写指令 RS=L，R/W=L，D0～D7=指令码，这三者的顺序是无所谓的，但是最终的 E 为高脉冲，必须是在这三条程序之后，这个顺序一旦错误，写的数据也会出错。

“时间问题”内容相对复杂。比如 UART 通信，每一位的时间宽度是 1/baud。读者在初中就学过一个概念，世界上没有绝对准确的测量。那么每一位的时间宽度 1/baud 要求精确到什么范围内呢？

前边提到过，单片机读取 UART 的 RXD 引脚数据的时候，一位数据被单片机平均分成了 16 份，取其中的 7、8、9 三次读到的结果，这三次中有 2 次是高电平，那这一位就是 1，有 2 次是低电平，那这一次就是 0。如果波特率稍微有些偏差，只要累计下来到最后一位停止位，这 7、8、9 还在范围内即可，如图 12-1 所示。

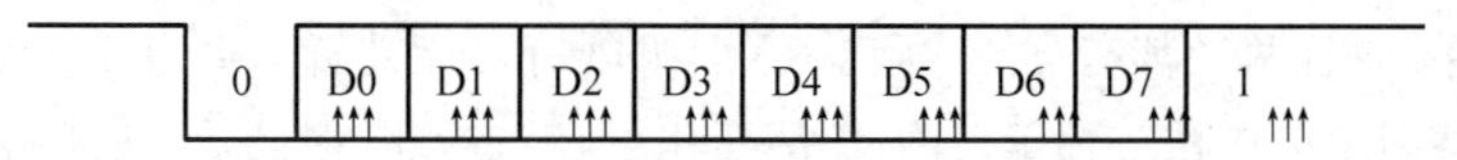

图 12-1　UART 信号采集时序图

用三个箭头表示 7、8、9 三次的采集位置，可以注意到，当采集到 D7 的时候，已经有一次采集偏出去了，但是采集到的数据还是不会错，因为有 2 次采集是正确的。至于这个偏差允许多大，读者可以详细算一下。实际上 UART 通信的波特率是允许一定范围内误差存在的，但是不能过大，否则就会采集错误。读者在计算波特率的时候，发现没有整除，有小数部分的时候，就要特别小心了，因为小数部分是一概被舍掉的，于是计算误差就产生了。用 11.0592MHz 晶振计算的过程中，11059200/12/32/9600 得到的是一个整数，如果用 12MHz 晶振计算 12000000/12/32/9600 就会得到一个小数，读者可以算一下误差多少，是否在误差范围内。

1602 液晶显示器(也称 LCD1602)的时序问题,要学会通过 LCD1602 的数据手册提供的时序图和时序参数表进行研究,而且看懂时序图是学习单片机所必须掌握的一项技能,如图 12-2 所示。

1. 读操作时序

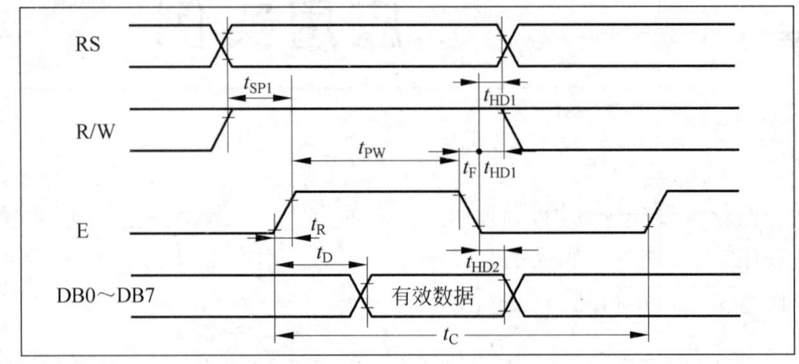

2. 写操作时序

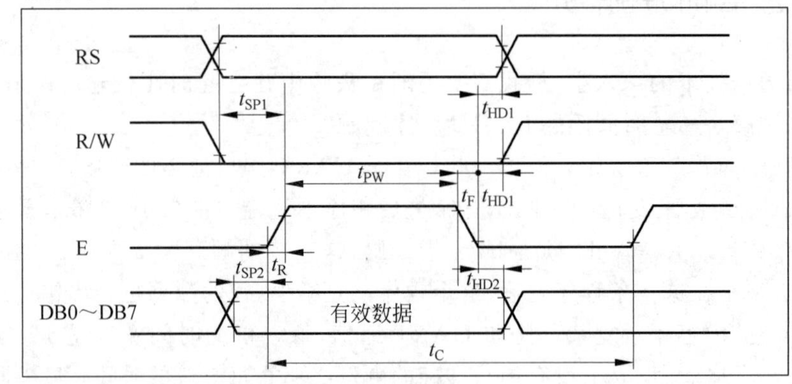

图 12-2 LCD1602 时序图

看到这种图的时候,不要感觉害怕。说句不过分的话,单片机这些逻辑上的问题,只要小学毕业就可以理解,很多时候是因为我们把问题想得太难,才学不下去的。

先来看一下读操作时序的 RS 引脚和 R/W 引脚。这两个引脚先进行变化,因为是读操作,所以 R/W 引脚首先要置为高电平,而不管它原来是什么电平。不管是读指令还是读数据,都是读操作,而且两者都有可能,所以 RS 引脚既有可能被置为高电平,也有可能被置为低电平,要注意图上的画法。而 RS 和 R/W 变化了,经过 t_{SP1} 时间后,使能引脚 E 才能从低电平变化到高电平。

使能引脚 E 拉高经过了 t_D 时间后,LCD1602 输出到 DB0～DB7 引脚的数据就是有效数据了,就可以来读取 DB0～DB7 引脚的数据了。读完之后,要先把使能引脚 E 拉低,经过一段时间后,RS、R/W 和 DB0～DB7 引脚才可以变化,继续为下一次读写做准备了。

而写操作时序和读操作时序的差别就是,在写操作时序中,DB0～DB7 引脚的改变是由单片机完成的,因此要放到使能引脚 E 的变化之前进行操作,其他区别大家可以自行对比。

细心的读者会发现,这个时序图上还有很多时间标签。比如 E 的上升时间 t_R,下降时间间时间 t_F,使能引脚 E 从一个上升沿到下一个上升沿之间的长度周期 t_C,使能引脚 E 到下降沿后，R/W 和 RS 变化时间间隔 t_{HD1} 等很多时间要求，这些要求怎么看呢？放心，只要是正规的数据手册，都会把这些时间要求标记出来的，1602 时序参数如表 12-1 所示。

表 12-1　1602 时序参数

时序参数	符号	极限值			测试条件
		最小值/ns	典型值/ns	最大值/ns	
E 信号周期	t_C	400	—	—	引脚 E
E 脉冲宽度	t_{PW}	150	—	—	
E 上升沿/下降沿时间	t_R，t_F	—	—	25	
地址建立时间	t_{SP1}	30	—	—	引脚 E、RS、R/W
地址保持时间	t_{HD1}	10	—	—	
数据建立时间(读)	t_D	—	—	100	引脚 DB0～DB7
数据保持时间(读)	t_{HD2}	20	—	—	
数据建立时间(写)	t_{SP2}	40	—	—	
数据保持时间(写)	t_{HD2}	10	—	—	

要善于把手册中的这个表和时序图结合起来看。表 12-1 中的数据都是时序参数，本章所有时序参数都一点点讲出来，以后遇到同类时序图就不再讲了，只是提一下，但是大家务必要学会自己看时序图，这个很重要，此外，看以下解释需要结合图 12-2。

(1) t_C：指的是使能引脚 E 从本次上升沿到下次上升沿的最短时间，一般是 400ns，而单片机因为速度较慢，一个机器周期就是 1μs 多，而一条 C 语言指令肯定是一个或者几个机器周期的，所以这个条件完全满足。

(2) t_{PW}：指的是使能引脚 E 为高电平的持续时间，最短是 150ns。同样由于单片机比较慢，这个条件也完全满足。

(3) t_R，t_F：指的是使能引脚 E 的上升沿时间和下降沿时间，不能超过 25ns。别看这个数很小，其实这个时间限值很宽裕，实际用示波器测了一下开发板的该引脚上升沿和下降沿时间，大概是 10～15ns，完全满足。

(4) t_{SP1}：RS 和 R/W 引脚使能后，至少保持 30ns(即 $t_{SP1}=30$ns)，使能引脚 E 才可以变成高电平，这个条件同样也完全满足。

(5) t_{HD1}：使能引脚 E 变成低电平后，至少保持 10ns(即 $t_{HD1}=10$ns)之后，RS 和 R/W 才能进行变化，这个条件也完全满足。

(6) t_D：使能引脚 E 变成高电平后，最多 100ns(即 $t_D=100$ns)后，1602 就把数据送出来了，就可以正常去读取状态或者数据了。

(7) t_{HD2}：读操作过程中，使能引脚 E 变成低电平后，至少保持 20ns(即 $t_{HD2}=20$ns)，DB 数据总线才可以进行变化，这个条件也完全满足。

(8) t_{SP2}：DB 数据总线准备好后，至少保持 40ns(即 $t_{SP2}=40$ns)，使能引脚 E 才可以从低到高进行使能变化，这个条件也完全满足。

(9) t_{HD2}：写操作过程中，需要引脚 E 变成低电平后，至少保持 10ns(即 $t_{HD2}=10$ns)，DB 数据总线才可以变化，这个条件也完全满足。

表 12-1 中 LCD1602 的时序参数表已经解析完成了，看完之后，是不是感觉比想象的要简单。要慢慢学会看时序图和表，在今后的学习中，这方面的能力尤为重要。如果以后换成

了其他型号的单片机，那么就根据单片机的执行速度评估你的程序是否满足时序要求，整体来说，器件都是有一个最快速度的限制，而没有最慢速度的限制，所以当换用高速单片机后，通常都是靠在各步骤间插入软件延时满足较慢的时序要求。

12.2 1602 液晶显示器滚屏移动

第 7 章学点阵 LED 的时候可知，LED 可以实现上下移动、左右移动等。而对于 1602 液晶显示器(LCD1602)来说，也可以进行屏幕移动，实现想要的一些效果。下面用一个例程实现字符串在 LCD1602 上的左移。每个人都不要只看，一定要认真抄下来，甚至抄几遍，边抄边理解。

```
#include <reg52.h>

#define LCD1602_DB P0
sbit LCD1602_RS = P1^0;
sbit LCD1602_RW = P1^1;
sbit LCD1602_E = P1^5;

bit flag500ms = 0;                                        //500ms 定时标志
unsigned char T0RH = 0;                                   //T0 重载值的高字节
unsigned char T0RL = 0;                                   //T0 重载值的低字节
/* 待显示的第一行字符串 */
unsigned char code str1[] = "Kingst Studio";
/* 待显示的第二行字符串,需保持与第一行字符串等长,较短的行可用空格补齐 */
unsigned char code str2[] = "Let's move…";

void ConfigTimer0(unsigned int ms);
void InitLcd1602();
void LcdShowStr(unsigned char x, unsigned char y,
                unsigned char * str, unsigned char len);

void main()
{
    unsigned char i;
    unsigned char index = 0;                              //移动索引
    unsigned char pdata bufMove1[16 + sizeof(str1) + 16]; //移动显示缓冲区 1
    unsigned char pdata bufMove2[16 + sizeof(str2) + 16]; //移动显示缓冲区 2

    EA = 1;                                               //开总中断
    ConfigTimer0(10);                                     //配置 T0 定时 10ms
    InitLcd1602();                                        //初始化液晶显示器
    /* 缓冲区开头一段填充为空格 */
    for (i = 0; i < 16; i++)
    {
        bufMove1[i] = ' ';
        bufMove2[i] = ' ';
    }
    /* 待显示字符串复制到缓冲区中间位置 */
    for (i = 0; i <(sizeof(str1) - 1); i++)
    {
        bufMove1[16 + i] = str1[i];
```

```
        bufMove2[16 + i] = str2[i];
    }
    /*缓冲区结尾一段也填充为空格*/
    for (i = (16 + sizeof(str1) - 1); i < sizeof(bufMove1); i++)
    {
        bufMove1[i] = '';
        bufMove2[i] = '';
    }

    while (1)
    {
        if (flag500ms)                          //每 500ms 移动一次屏幕
        {
            flag500ms = 0;
            //从缓冲区抽出需显示的一段字符显示到液晶显示器上
            LcdShowStr(0, 0, bufMove1 + index, 16);
            LcdShowStr(0, 1, bufMove2 + index, 16);
            //移动索引递增,实现左移
            index++;
            if (index >= (16 + sizeof(str1) - 1))
            { //起始位置达到字符串尾部后,即返回从头开始
                index = 0;
            }
        }
    }
}
/* 配置并启动 T0,ms 为 T0 定时时间 */
void ConfigTimer0(unsigned int ms)
{
    unsigned long tmp;                          //临时变量

    tmp = 11059200 / 12;                        //定时器计数频率
    tmp = (tmp * ms) / 1000;                    //计算所需的计数值
    tmp = 65536 - tmp;                          //计算定时器重载值
    tmp = tmp + 12;                             //补偿中断响应延时造成的误差
    T0RH = (unsigned char)(tmp >> 8);           //定时器重载值拆分为高低字节
    T0RL = (unsigned char)tmp;
    TMOD &= 0xF0;                               //清 0 T0 的控制位
    TMOD |= 0x01;                               //配置 T0 为模式 1
    TH0 = T0RH;                                 //加载 T0 重载值
    TL0 = T0RL;
    ET0 = 1;                                    //使能 T0 中断
    TR0 = 1;                                    //启动 T0
}
/* 等待液晶显示器准备好 */
void LcdWaitReady()
{
    unsigned char sta;

    LCD1602_DB = 0xFF;
    LCD1602_RS = 0;
    LCD1602_RW = 1;
    do {
```

```
        LCD1602_E = 1;
        sta = LCD1602_DB;                       //读取状态字
        LCD1602_E = 0;
    } while (sta & 0x80);                       //bit7 等于 1 表示液晶显示器正忙,重复检测直到
                                                //其等于 0 为止
}
/* 向 LCD1602 写入一字节命令,cmd 为待写入命令值 */
void LcdWriteCmd(unsigned char cmd)
{
    LcdWaitReady();
    LCD1602_RS = 0;
    LCD1602_RW = 0;
    LCD1602_DB = cmd;
    LCD1602_E = 1;
    LCD1602_E = 0;
}
/* 向 LCD1602 写入一字节数据,dat 为待写入数据值 */
void LcdWriteDat(unsigned char dat)
{
    LcdWaitReady();
    LCD1602_RS = 1;
    LCD1602_RW = 0;
    LCD1602_DB = dat;
    LCD1602_E = 1;
    LCD1602_E = 0;
}
/* 设置显示 RAM 起始地址,即光标位置,(x,y)为对应屏幕上的字符坐标 */
void LcdSetCursor(unsigned char x, unsigned char y)
{
    unsigned char addr;

    if (y == 0)                                 //由输入的屏幕坐标计算显示 RAM 的地址
        addr = 0x00 + x;                        //第一行字符地址从 0x00 起始
    else
        addr = 0x40 + x;                        //第二行字符地址从 0x40 起始
    LcdWriteCmd(addr | 0x80);                   //设置 RAM 地址
}
/* 在液晶显示器上显示字符串,(x,y)为对应屏幕上的起始坐标,
   str 为字符串指针,len 为需显示的字符长度 */
void LcdShowStr(unsigned char x, unsigned char y,
                unsigned char *str, unsigned char len)
{
    LcdSetCursor(x, y);                         //设置起始地址
    while (len--)                               //连续写入 len 个字符数据
    {
        LcdWriteDat(*str++);                    //先取 str 指向的数据,然后 str 自加 1
    }
}
/* 初始化 1602 液晶显示器 */
void InitLcd1602()
{
    LcdWriteCmd(0x38);                          //16×2 显示,5×7 点阵,8 位数据接口
    LcdWriteCmd(0x0C);                          //显示器开,光标关闭
```

```
    LcdWriteCmd(0x06);                          //文字不动,地址自动 + 1
    LcdWriteCmd(0x01);                          //清屏
}
/* T0 中断服务函数,定时 500ms */
void InterruptTimer0() interrupt 1
{
    static unsigned char tmr500ms = 0;

    TH0 = T0RH;                                 //重新加载重载值
    TL0 = T0RL;
    tmr500ms++;
    if (tmr500ms >= 50)
    {
        tmr500ms = 0;
        flag500ms = 1;
    }
}
```

通过这个程序,首先要学会 for 语句在数组中的灵活应用,这个其实在数码管显示有效位的例程中已经有所体现了。其次,随着后边程序量的增大,得学会多个函数之间相互调用的灵活应用,体会其中的奥妙。

12.3 多个.c 文件的初步认识

12.2 节液晶显示器滚屏移动程序大概有 160 行。随着硬件模块使用的增多,程序量的增大,往往要把程序写到多个文件里,方便代码的编写、维护和移植。

比如对于液晶显示器滚屏程序,就可以把 LCD1602 底层功能函数,如 LcdWaitReady、LcdWriteCmd、LcdWriteDat、LcdShowStr、LcdSetCursor、InitLcd1602 专门写到一个.c 文件内,因为这些函数都是液晶显示器底层驱动程序,要使用液晶显示器功能的时候,只有两个函数对实际功能实现有用,一个是 InitLcd1602,因为需要先初始化液晶显示器,另一个就是 LcdShowStr,只需把要显示的内容通过参数传递给这个函数,就可以实现我们想要的显示效果,所以可以把这几个底层液晶显示器驱动程序放到一个 Lcd1602.c 文件中,而把想实现的一些功能,比如滚动、中断等上层功能程序全部放到 main.c 中。main.c 文件如何调用 Lcd1602.c 文件中的函数呢?

C 语言中,有一个 extern 关键字,它有两个基本作用。

(1) 如果一个变量的声明不在文件的开头,那么在它声明之前的函数想要引用,则应该用 extern 进行"外部变量"声明。代码如下。

```
#include <reg52.h>
sbit LED = P0^0;
void main()
{
    extern unsigned int i;
    while(1)
    {
```

```
        LED = 0;                            //点亮小灯
        for(i = 0;i < 30000;i++);           //延时
        LED = 1;                            //熄灭小灯
        for(i = 0;i < 30000;i++);           //延时
    }
}
unsigned int i = 0;
...
```

变量的作用域是指从声明这个变量开始,往后所有的程序都可以引用该变量。如果调用在前,声明在后,那么就该用 extern 声明。但是实际开发过程中一般都不会这样做,所以这里仅仅是表达一下 extern 的用法,但它并不实用。

(2) 在一个工程中,为了方便管理和维护代码,用了多个.c 文件,如果其中一个 main.c 文件要调用 Lcd1602.c 文件里的变量或者函数的时候,就必须得在 main.c 中进行外部声明,告诉编译器这个变量或者函数是在其他文件中定义的,可以直接在这个文件中进行调用。

多个.c 文件的编程方式,不要想象得太复杂。首先新建一个工程,一个工程代表一个完整的单片机程序,只能生成一个.hex 文件,但是可以有多个.c 文件,它们共同参与编译。工程建立好之后,新建文件并且保存为 main.c 文件,再新建一个文件并且保存为 Lcd1602.c 文件。下面就可以在两个不同文件中分别编写代码了。当然,在编写程序的过程中,不是说要先把 main.c 的文件全部写完,再进行 Lcd1602.c 程序的编写,而往往是交互的。比如先写 Lcd1602.c 文件中部分 1602 液晶显示器的底层函数 LcdWaitReady、LcdWriteCmd、LcdWriteDat、InitLcd1602,然后编写 main.c 文件中的功能程序,在编写 main.c 文件中程序时,又有对 Lcd1602.c 底层程序的综合调用,这时需要 Lcd1602.c 文件提供一个被调用的函数,比如 LcdShowStr,就可以再到 Lcd1602.c 中把这个函数完成。当然这仅仅是例子说明而已,编写顺序完全没有一个标准,实际应用中如果对程序逻辑需求了解透彻,根据自己的理解去写程序即可。把 LCD1602 滚屏移动的程序改写成多个.c 文件的程序,代码如下。

/*************************** **Lcd1602.c 文件源代码** *****************************/

```
#include <reg52.h>

#define LCD1602_DB P0
sbit LCD1602_RS = P1^0;
sbit LCD1602_RW = P1^1;
sbit LCD1602_E = P1^5;

/* 等待液晶显示器准备好 */
void LcdWaitReady()
{
    unsigned char sta;

    LCD1602_DB = 0xFF;
    LCD1602_RS = 0;
    LCD1602_RW = 1;
    do {
        LCD1602_E = 1;
```

```
        sta = LCD1602_DB;       //读取状态字
        LCD1602_E = 0;
    } while (sta & 0x80);       //bit7 等于 1 表示液晶显示器正忙,重复检测直到其等于 0 为止
}
/* 向 LCD1602 写入一字节命令,cmd 为待写入命令值 */
void LcdWriteCmd(unsigned char cmd)
{
    LcdWaitReady();
    LCD1602_RS = 0;
    LCD1602_RW = 0;
    LCD1602_DB = cmd;
    LCD1602_E = 1;
    LCD1602_E = 0;
}
/* 向 LCD1602 写入一字节数据,dat 为待写入数据值 */
void LcdWriteDat(unsigned char dat)
{
    LcdWaitReady();
    LCD1602_RS = 1;
    LCD1602_RW = 0;
    LCD1602_DB = dat;
    LCD1602_E = 1;
    LCD1602_E = 0;
}
/* 设置显示 RAM 起始地址,即光标位置,(x,y)为对应屏幕上的字符坐标 */
void LcdSetCursor(unsigned char x, unsigned char y)
{
    unsigned char addr;

    if (y == 0)                     //由输入的屏幕坐标计算显示 RAM 的地址
        addr = 0x00 + x;            //第一行字符地址从 0x00 起始
    else
        addr = 0x40 + x;            //第二行字符地址从 0x40 起始
    LcdWriteCmd(addr | 0x80);       //设置 RAM 地址
}
/* 在液晶显示器上显示字符串,(x,y)为对应屏幕上的起始坐标,
   str 为字符串指针,len 为需显示的字符长度 */
void LcdShowStr(unsigned char x, unsigned char y,
                unsigned char * str, unsigned char len)
{
    LcdSetCursor(x, y);             //设置起始地址
    while (len--)                   //连续写入 len 个字符数据
    {
        LcdWriteDat(*str++);
    }
}
/* 初始化 1602 液晶显示器 */
void InitLcd1602()
{
    LcdWriteCmd(0x38);              //16×2 显示,5×7 点阵,8 位数据接口
    LcdWriteCmd(0x0C);              //显示器开,光标关闭
    LcdWriteCmd(0x06);              //文字不动,地址自动+1
    LcdWriteCmd(0x01);              //清屏
}
```

/ ***************************** **main. c 文件程序源代码** ******************************** /

```
#include <reg52.h>

bit flag500ms = 0;                                          //500ms 定时标志
unsigned char T0RH = 0;                                     //T0 重载值的高字节
unsigned char T0RL = 0;                                     //T0 重载值的低字节
//待显示的第一行字符串
unsigned char code str1[] = "Kingst Studio";
//待显示的第二行字符串,需保持与第一行字符串等长,较短的行可用空格补齐
unsigned char code str2[] = "Let's move…";

void ConfigTimer0(unsigned int ms);
extern void InitLcd1602();
extern void LcdShowStr(unsigned char x, unsigned char y,
                       unsigned char * str, unsigned char len);

void main()
{
    unsigned char i;
    unsigned char index = 0;                                //移动索引
    unsigned char pdata bufMove1[16 + sizeof(str1) + 16];  //移动显示缓冲区 1
    unsigned char pdata bufMove2[16 + sizeof(str2) + 16];  //移动显示缓冲区 2

    EA = 1;                                                 //开总中断
    ConfigTimer0(10);                                       //配置 T0 定时 10ms
    InitLcd1602();                                          //初始化液晶显示器
    //缓冲区开头一段填充为空格
    for (i = 0; i < 16; i++)
    {
        bufMove1[i] = ' ';
        bufMove2[i] = ' ';
    }
    //待显示字符串复制到缓冲区中间位置
    for (i = 0; i <(sizeof(str1) - 1); i++)
    {
        bufMove1[16 + i] = str1[i];
        bufMove2[16 + i] = str2[i];
    }
    //缓冲区结尾一段也填充为空格
    for (i = (16 + sizeof(str1) - 1); i < sizeof(bufMove1); i++)
    {
        bufMove1[i] = ' ';
        bufMove2[i] = ' ';
    }

    while (1)
    {
        if (flag500ms)                                      //每 500ms 移动一次屏幕
        {
            flag500ms = 0;
            //从缓冲区抽出需显示的一段字符显示到液晶显示器上
            LcdShowStr(0, 0, bufMove1 + index, 16);
            LcdShowStr(0, 1, bufMove2 + index, 16);
            //移动索引递增,实现左移
```

```
                index++;
                if (index >= (16 + sizeof(str1) - 1))
                {                                       //起始位置达到字符串尾部后即返回从头开始
                    index = 0;
                }
            }
        }
}
/* 配置并启动T0,ms为T0定时时间 */
void ConfigTimer0(unsigned int ms)
{
    unsigned long tmp;                                  //临时变量

    tmp = 11059200 / 12;                                //定时器计数频率
    tmp = (tmp * ms) / 1000;                            //计算所需的计数值
    tmp = 65536 - tmp;                                  //计算定时器重载值
    tmp = tmp + 12;                                     //补偿中断响应延时造成的误差
    T0RH = (unsigned char)(tmp >> 8);                   //定时器重载值拆分为高低字节
    T0RL = (unsigned char)tmp;
    TMOD &= 0xF0;                                       //清0 T0的控制位
    TMOD |= 0x01;                                       //配置T0为模式1
    TH0 = T0RH;                                         //加载T0重载值
    TL0 = T0RL;
    ET0 = 1;                                            //使能T0中断
    TR0 = 1;                                            //启动T0
}
/* T0中断服务函数,定时500ms */
void InterruptTimer0() interrupt 1
{
    static unsigned char tmr500ms = 0;

    TH0 = T0RH;                                         //重新加载重载值
    TL0 = T0RL;
    tmr500ms++;
    if (tmr500ms >= 50)
    {
        tmr500ms = 0;
        flag500ms = 1;
    }
}
```

在main.c中要调用Lcd1602.c文件中的InitLcd1602()和LcdShowStr()这两个函数，只需要在main.c中进行extern声明即可。用Keil软件编程试试，真正地感觉一下编写多个.c文件的好处。如果这个程序给你的感觉还不深刻，下面来做一个稍微复杂的程序。

12.4 计算器实例

按键和液晶显示器可以组成最简易的计算器。下面来写一个简易整数计算器以供参考学习。为了使程序不过于复杂，这个计算器不考虑连加、连减等连续计算，不考虑小数情况。加、减、乘、除分别用上、下、左、右键来替代，回车键表示等于，Esc键表示归0。程序共分为

三部分,一部分是1602液晶显示器显示,一部分是按键动作和扫描,一部分是主函数功能,代码如下:

/*************************** **Lcd1602.c 文件源代码** ***************************/

```
#include <reg52.h>

#define LCD1602_DB P0
sbit LCD1602_RS = P1^0;
sbit LCD1602_RW = P1^1;
sbit LCD1602_E = P1^5;

/* 等待液晶显示器准备好 */
void LcdWaitReady()
{
    unsigned char sta;

    LCD1602_DB = 0xFF;
    LCD1602_RS = 0;
    LCD1602_RW = 1;
    do {
        LCD1602_E = 1;
        sta = LCD1602_DB;        //读取状态字
        LCD1602_E = 0;
    } while (sta & 0x80);        //bit7 等于 1 表示液晶显示器正忙,重复检测直到其等于 0 为止
}
/* 向 LCD1602 写入一字节命令,cmd 为待写入命令值 */
void LcdWriteCmd(unsigned char cmd)
{
    LcdWaitReady();
    LCD1602_RS = 0;
    LCD1602_RW = 0;
    LCD1602_DB = cmd;
    LCD1602_E = 1;
    LCD1602_E = 0;
}
/* 向 LCD1602 写入一字节数据,dat 为待写入数据值 */
void LcdWriteDat(unsigned char dat)
{
    LcdWaitReady();
    LCD1602_RS = 1;
    LCD1602_RW = 0;
    LCD1602_DB = dat;
    LCD1602_E = 1;
    LCD1602_E = 0;
}
/* 设置显示 RAM 起始地址,即光标位置,(x,y)为对应屏幕上的字符坐标 */
void LcdSetCursor(unsigned char x, unsigned char y)
{
    unsigned char addr;

    if (y == 0)                  //由输入的屏幕坐标计算显示 RAM 的地址
        addr = 0x00 + x;         //第一行字符地址从 0x00 起始
```

```
    else
        addr = 0x40 + x;                    //第二行字符地址从 0x40 起始
    LcdWriteCmd(addr | 0x80);               //设置 RAM 地址
}
/* 在液晶显示器上显示字符串,(x,y)为对应屏幕上的起始坐标,str 为字符串指针 */
void LcdShowStr(unsigned char x, unsigned char y, unsigned char * str)
{
    LcdSetCursor(x, y);                     //设置起始地址
    while (*str != '\0')                    //连续写入字符串数据,直到检测到结束符
    {
        LcdWriteDat(*str++);
    }
}
/* 区域清除,清除从(x,y)坐标起始的 len 个字符位 */
void LcdAreaClear(unsigned char x, unsigned char y, unsigned char len)
{
    LcdSetCursor(x, y);                     //设置起始地址
    while (len--)                           //连续写入空格
    {
        LcdWriteDat(' ');
    }
}
/* 整屏清除 */
void LcdFullClear()
{
    LcdWriteCmd(0x01);
}
/* 初始化 1602 液晶显示器 */
void InitLcd1602()
{
    LcdWriteCmd(0x38);                      //16×2 显示,5×7 点阵,8 位数据接口
    LcdWriteCmd(0x0C);                      //显示器开,光标关闭
    LcdWriteCmd(0x06);                      //文字不动,地址自动 +1
    LcdWriteCmd(0x01);                      //清屏
}
```

Lcd1602.c 文件中根据上层应用的需要增加了两个清屏函数：区域清屏——LcdAreaClear，整屏清屏——LcdFullClear。

/***************************** **keyboard.c 文件源代码** *********************************/

```
#include <reg52.h>

sbit KEY_IN_1 = P2^4;
sbit KEY_IN_2 = P2^5;
sbit KEY_IN_3 = P2^6;
sbit KEY_IN_4 = P2^7;
sbit KEY_OUT_1 = P2^3;
sbit KEY_OUT_2 = P2^2;
sbit KEY_OUT_3 = P2^1;
sbit KEY_OUT_4 = P2^0;
```

```
unsigned char code KeyCodeMap[4][4] = {           //矩阵按键编号到标准键盘键码的映射表
    { '1', '2', '3', 0x26 },                      //数字键 1、数字键 2、数字键 3、向上键
    { '4', '5', '6', 0x25 },                      //数字键 4、数字键 5、数字键 6、向左键
    { '7', '8', '9', 0x28 },                      //数字键 7、数字键 8、数字键 9、向下键
    { '0', 0x1B, 0x0D, 0x27 }                     //数字键 0、Esc 键、回车键、向右键
};
unsigned char pdata KeySta[4][4] = {              //全部矩阵按键的当前状态
    {1, 1, 1, 1}, {1, 1, 1, 1}, {1, 1, 1, 1}, {1, 1, 1, 1}
};

extern void KeyAction(unsigned char keycode);

/* 按键驱动函数,检测按键动作,调度相应动作函数,需在主循环中调用 */
void KeyDriver()
{
    unsigned char i, j;
    static unsigned char pdata backup[4][4] = {   //按键值备份,保存前一次的值
        {1, 1, 1, 1}, {1, 1, 1, 1}, {1, 1, 1, 1}, {1, 1, 1, 1}
    };

    for (i = 0; i < 4; i++)                       //循环检测 4×4 的矩阵按键
    {
        for (j = 0; j < 4; j++)
        {
            if (backup[i][j] != KeySta[i][j])     //检测按键动作
            {
                if (backup[i][j] != 0)            //按键按下时执行动作
                {
                    KeyAction(KeyCodeMap[i][j]); //调用按键动作函数
                }
                backup[i][j] = KeySta[i][j];      //刷新前一次的备份值
            }
        }
    }
}
/* 按键扫描函数,需在定时中断中调用,推荐调用间隔 1ms */
void KeyScan()
{
    unsigned char i;
    static unsigned char keyout = 0;              //矩阵按键扫描输出索引
    static unsigned char keybuf[4][4] = {         //矩阵按键扫描缓冲区
        {0xFF, 0xFF, 0xFF, 0xFF}, {0xFF, 0xFF, 0xFF, 0xFF},
        {0xFF, 0xFF, 0xFF, 0xFF}, {0xFF, 0xFF, 0xFF, 0xFF}
    };

    //将一行的 4 个按键值移入缓冲区
    keybuf[keyout][0] = (keybuf[keyout][0] << 1) | KEY_IN_1;
    keybuf[keyout][1] = (keybuf[keyout][1] << 1) | KEY_IN_2;
    keybuf[keyout][2] = (keybuf[keyout][2] << 1) | KEY_IN_3;
    keybuf[keyout][3] = (keybuf[keyout][3] << 1) | KEY_IN_4;
    //消抖后更新按键状态
    for (i = 0; i < 4; i++)      //每行 4 个按键,所以循环 4 次
    {
```

```
        if ((keybuf[keyout][i] & 0x0F) == 0x00)
        {   //连续 4 次扫描值为 0,即 4×4ms 内都是按下状态时,可认为按键已稳定按下
            KeySta[keyout][i] = 0;
        }
        else if ((keybuf[keyout][i] & 0x0F) == 0x0F)
        {   //连续 4 次扫描值为 1,即 4×4ms 内都是弹起状态时,可认为按键已稳定弹起
            KeySta[keyout][i] = 1;
        }
    }
    //执行下一次的扫描输出
    keyout++;                    //输出索引递增
    keyout &= 0x03;              //索引值加到 4 即归 0
    switch (keyout)              //根据索引,释放当前输出引脚,拉低下次的输出引脚
    {
        case 0: KEY_OUT_4 = 1; KEY_OUT_1 = 0; break;
        case 1: KEY_OUT_1 = 1; KEY_OUT_2 = 0; break;
        case 2: KEY_OUT_2 = 1; KEY_OUT_3 = 0; break;
        case 3: KEY_OUT_3 = 1; KEY_OUT_4 = 0; break;
        default: break;
    }
}
```

keyboard.c 是对之前已经用过多次的矩阵按键驱动的封装,具体到某个按键要执行的动作函数都放到上层的 main.c 中实现,在这个按键驱动文件中只负责调用上层实现的按键动作函数即可,代码如下:

/ ******************************** **main.c 文件源代码** ******************************** /

```
#include <reg52.h>

unsigned char step = 0;            //操作步骤
unsigned char oprt = 0;            //运算类型
signed long num1 = 0;              //操作数 1
signed long num2 = 0;              //操作数 2
signed long result = 0;            //运算结果
unsigned char T0RH = 0;            //T0 重载值的高字节
unsigned char T0RL = 0;            //T0 重载值的低字节

void ConfigTimer0(unsigned int ms);
extern void KeyScan();
extern void KeyDriver();
extern void InitLcd1602();
extern void LcdShowStr(unsigned char x, unsigned char y, unsigned char * str);
extern void LcdAreaClear(unsigned char x, unsigned char y, unsigned char len);
extern void LcdFullClear();

void main()
{
    EA = 1;                        //开总中断
    ConfigTimer0(1);               //配置 T0 定时 1ms
    InitLcd1602();                 //初始化液晶显示器
    LcdShowStr(15, 1, "0");        //初始显示一个数字 0
```

```
    while (1)
    {
        KeyDriver();                        //调用按键驱动
    }
}
/* 长整型数转换为字符串,str为字符串指针,dat为待转换数,返回值为字符串长度 */
unsigned char LongToString(unsigned char * str, signed long dat)
{
    signed char i = 0;
    unsigned char len = 0;
    unsigned char buf[12];

    if (dat < 0)                            //如果为负数,首先取绝对值,并在指针上添加负号
    {
        dat = -dat;
        *str++ = '-';
        len++;
    }
    do {                                    //先转换为低位在前的十进制数组
        buf[i++] = dat % 10;
        dat /= 10;
    } while (dat > 0);
    len += i;                               //i最后的值就是有效字符的个数
    while (i-- > 0)                         //将数组值转换为ASCII码反向复制到接收指针上
    {
        *str++ = buf[i] + '0';
    }
    *str = '\0';                            //添加字符串结束符

    return len;                             //返回字符串长度
}
/* 显示运算符,显示位置y,运算符类型type */
void ShowOprt(unsigned char y, unsigned char type)
{
    switch (type)
    {
        case 0: LcdShowStr(0, y, "+"); break;     //0代表+
        case 1: LcdShowStr(0, y, "-"); break;     //1代表-
        case 2: LcdShowStr(0, y, "*"); break;     //2代表*
        case 3: LcdShowStr(0, y, "/"); break;     //3代表/
        default: break;
    }
}
/* 计算器复位,清0变量值,清除屏幕显示 */
void Reset()
{
    num1 = 0;
    num2 = 0;
    step = 0;
    LcdFullClear();
}
/* 数字键动作函数,n为按键输入的数值 */
```

```
void NumKeyAction(unsigned char n)
{
    unsigned char len;
    unsigned char str[12];

    if (step > 1)                          //如果计算已完成,则重新开始新的计算
    {
        Reset();
    }
    if (step == 0)                         //输入第一操作数
    {
        num1 = num1 * 10 + n;              //输入数值累加到原操作数上
        len = LongToString(str, num1);     //新数值转换为字符串
        LcdShowStr(16 - len, 1, str);      //显示到液晶显示器第二行上
    }
    else                                   //输入第二操作数
    {
        num2 = num2 * 10 + n;              //输入数值累加到原操作数上
        len = LongToString(str, num2);     //新数值转换为字符串
        LcdShowStr(16 - len, 1, str);      //显示到液晶显示器第二行上
    }
}
/* 运算符按键动作函数,运算符类型 type */
void OprtKeyAction(unsigned char type)
{
    unsigned char len;
    unsigned char str[12];
    if (step == 0)                         //第二操作数尚未输入时响应,即不支持连续操作
    {
        len = LongToString(str, num1);     //第一操作数转换为字符串
        LcdAreaClear(0, 0, 16 - len);      //清除第一行左边的字符位
        LcdShowStr(16 - len, 0, str);      //字符串靠右显示在第一行
        ShowOprt(1, type);                 //在第二行显示操作符
        LcdAreaClear(1, 1, 14);            //清除第二行中间的字符位
        LcdShowStr(15, 1, "0");            //在第二行最右端显示 0
        oprt = type;                       //记录操作类型
        step = 1;
    }
}
/* 计算结果函数 */
void GetResult()
{
    unsigned char len;
    unsigned char str[12];

    if (step == 1)                         //第二操作数已输入时才执行计算
    {
        step = 2;
        switch (oprt)                      //根据运算符类型计算结果,未考虑溢出问题
        {
            case 0: result = num1 + num2; break;
            case 1: result = num1 - num2; break;
            case 2: result = num1 * num2; break;
```

```
                case 3: result = num1 / num2; break;
                default: break;
            }
            len = LongToString(str, num2);          //原第二操作数和运算符显示到第一行
            ShowOprt(0, oprt);
            LcdAreaClear(1, 0, 16 - 1 - len);
            LcdShowStr(16 - len, 0, str);
            len = LongToString(str, result);        //计算结果和等号显示在第二行
            LcdShowStr(0, 1, "=");
            LcdAreaClear(1, 1, 16 - 1 - len);
            LcdShowStr(16 - len, 1, str);
        }
}
/* 按键动作函数,根据键码执行相应的操作,keycode 为按键键码 */
void KeyAction(unsigned char keycode)
{
    if ((keycode >= '0') && (keycode <= '9'))      //输入字符
    {
        NumKeyAction(keycode - '0');
    }
    else if (keycode == 0x26)                       //向上键, +
    {
        OprtKeyAction(0);
    }
    else if (keycode == 0x28)                       //向下键, -
    {
        OprtKeyAction(1);
    }
    else if (keycode == 0x25)                       //向左键, *
    {
        OprtKeyAction(2);
    }
    else if (keycode == 0x27)                       //向右键, ÷
    {
        OprtKeyAction(3);
    }
    else if (keycode == 0x0D)                       //回车键,计算结果
    {
        GetResult();
    }
    else if (keycode == 0x1B)                       //Esc 键,清除
    {
        Reset();
        LcdShowStr(15, 1, "0");
    }
}
/* 配置并启动 T0,ms 为 T0 定时时间 */
void ConfigTimer0(unsigned int ms)
{
    unsigned long tmp;                              //临时变量

    tmp = 11059200 / 12;                            //定时器计数频率
    tmp = (tmp * ms) / 1000;                        //计算所需的计数值
```

```
    tmp = 65536 - tmp;                          //计算定时器重载值
    tmp = tmp + 28;                             //补偿中断响应延时造成的误差
    T0RH = (unsigned char)(tmp >> 8);           //定时器重载值拆分为高低字节
    T0RL = (unsigned char)tmp;
    TMOD &= 0xF0;                               //清 0 T0 的控制位
    TMOD |= 0x01;                               //配置 T0 为模式 1
    TH0 = T0RH;                                 //加载 T0 重载值
    TL0 = T0RL;
    ET0 = 1;                                    //使能 T0 中断
    TR0 = 1;                                    //启动 T0
}
/* T0 中断服务函数,执行按键扫描 */
void InterruptTimer0() interrupt 1
{
    TH0 = T0RH;                                 //重新加载重载值
    TL0 = T0RL;
    KeyScan();                                  //按键扫描
}
```

main.c 文件实现所有应用层的操作函数,即计算器功能所需要信息显示、按键动作响应等,另外还包括主循环和定时中断的调度。

通过这样一个程序,大家一方面学习如何进行多个.c 文件的编程,另一方面学会多个函数之间的灵活调用。可以把这个程序看成一个简单的小项目,学习一下项目编程都是如何进行和布局的。不要把项目想象得太难,再复杂的项目也是简单程序的组合和扩展而已。

12.5　串口通信机制和实用的串口例程

前边学串口通信的时候,比较注重的是串口底层时序上的操作过程,所以例程都是简单地收发字符或者字符串。在实际应用中,往往串口还要和计算机上的上位机进行交互,实现计算机软件发送不同的指令,单片机对应执行不同操作的功能,这就要求组织一个比较合理的通信机制和逻辑关系,用来实现想要的结果。

本节所提供程序的功能是,通过计算机串口调试助手下发三个不同的命令,第一条指令:buzz on 可以让蜂鸣器响;第二条指令:buzz off 可以让蜂鸣器不响;第三条指令:showstr(这个命令后边,可以添加任何字符串),让其后的字符串在 1602 液晶显示器上显示出来,同时不管发送什么命令,单片机收到后会把命令原封不动地再通过串口发送给计算机,以表示"我收到了……你可以检查一下对不对"。这样的感觉是不是更像是一个小项目呢?

对于串口通信,单片机给计算机发字符串好办,有多大的数组就发送多少字节即可,但是单片机接收数据,接收多少数据才应该是一帧完整的数据呢?数据接收起始头在哪里,结束在哪里?在接收到数据前,这些都是无从得知的,那怎么办呢?

基于事实,编程思路是:当需要发送一帧(多字节)数据时,这些数据都是连续不断地发送的,即发送完一字节后会紧接着发送下一字节,期间没有间隔或间隔很短,而当这一帧数据都发送完毕后,就会间隔很长一段时间(相对于连续发送时的间隔来讲)不再发送数据,也就是通信总线上会空闲一段较长的时间。于是建立这样一种程序机制:设置一个软件的总线空闲定时器,这个定时器在有数据传输时(即单片机接收到数据时)清0,而在总线空闲时(也就是没有接收到数据时)时累加,当它累加到一定时间(例程中是30ms)后,就可以认定一帧完整的数据已经传输完毕了,于是告诉其他程序可以来处理数据了,本次的数据处理完后就恢复到初始状态,再准备下一次的接收。那么这个用于判定一帧结束的空闲时间取多少合适呢?它取决于多个条件,并没有一个固定值,这里介绍几个需要考虑的原则:第一,这个时间必须大于一字节的传输时间,很明显单片机接收中断产生是在一字节接收完毕时,也就是一个时刻点,而程序无从知晓其接收过程,因此在至少一字节传输时间内你绝不能认为空闲时间已经达到了;第二,要考虑发送方的系统延时,因为不是所有的发送方都能让数据严格无间隔地发送,软件响应、关中断、系统临界区等操作都会引起延时,所以还得再附加几毫秒到十几毫秒的时间,选取30ms是一个折中的经验值,它能适应大部分的波特率(大于1200)和大部分的系统延时(PC或其他单片机系统)情况。

先把该例程最重要的Uart.c文件展示出来,代码如下。通过注释一点点解析,这是实际项目开发常用的用法,一定要认真弄明白。

/ ******************************** **Uart.c 文件源代码** ******************************** /

```
#include <reg52.h>

bit flagFrame = 0;                          //帧接收完成标志,即接收到一帧新数据
bit flagTxd = 0;                            //单字节发送完成标志,用来替代 TXD 中断标志位
unsigned char cntRxd = 0;                   //接收字节计数器
unsigned char pdata bufRxd[64];             //接收字节缓冲区

extern void UartAction(unsigned char *buf, unsigned char len);

/* 串口配置函数,baud 为通信波特率 */
void ConfigUART(unsigned int baud)
{
    SCON = 0x50;                            //配置串口为模式 1
    TMOD &= 0x0F;                           //清 0 T1 的控制位
    TMOD |= 0x20;                           //配置 T1 为模式 2
    TH1 = 256 - (11059200/12/32)/baud;      //计算 T1 重载值
    TL1 = TH1;                              //初值等于重载值
    ET1 = 0;                                //禁止 T1 中断
    ES = 1;                                 //使能串口中断
    TR1 = 1;                                //启动 T1
}
/* 串口数据写入,即串口发送函数,buf 为待发送数据的指针,len 为指定的发送长度 */
void UartWrite(unsigned char *buf, unsigned char len)
{
    while (len--)                           //循环发送所有字节
    {
        flagTxd = 0;                        //清 0 发送标志
        SBUF = *buf++;                      //发送一字节的数据
        while (!flagTxd);                   //等待该字节发送完成
    }
}
/* 串口数据读取函数,buf 为接收指针,len 为指定的读取长度,返回值为实际读到的长度 */
unsigned char UartRead(unsigned char *buf, unsigned char len)
```

```
{
    unsigned char i;

    if (len > cntRxd)                      //指定读取长度大于实际接收到的数据长度时,
    {                                      //读取长度设置为实际接收到的数据长度
        len = cntRxd;
    }
    for (i = 0; i < len; i++)              //复制接收到的数据到接收指针上
    {
        * buf++ = bufRxd[i];
    }
    cntRxd = 0;                            //接收计数器清 0

    return len;                            //返回实际读取长度
}
/* 串口接收监控,由空闲时间判定帧结束,需在定时中断中调用,ms 为定时间隔 */
void UartRxMonitor(unsigned char ms)
{
    static unsigned char cntbkp = 0;
    static unsigned char idletmr = 0;

    if (cntRxd > 0)                        //接收计数器大于 0 时,监控总线空闲时间
    {
        if (cntbkp != cntRxd)              //接收计数器改变,即刚接收到数据时,清 0 空闲计时器
        {
            cntbkp = cntRxd;
            idletmr = 0;
        }
        else                               //接收计数器未改变,即总线空闲时,累积空闲时间
        {
            if (idletmr < 30)              //空闲计时小于 30ms 时,持续累加
            {
                idletmr += ms;
                if (idletmr >= 30)         //空闲时间达到 30ms 时,即判定为一帧接收完毕
                {
                    flagFrame = 1;         //设置帧接收完成标志
                }
            }
        }
    }
    else
    {
        cntbkp = 0;
    }
}
/* 串口驱动函数,监测数据帧的接收,调度功能函数,需在主循环中调用 */
void UartDriver()
{
    unsigned char len;
    unsigned char pdata buf[40];

    if (flagFrame)                         //有命令到达时,读取处理该命令
    {
```

```
        flagFrame = 0;
        len = UartRead(buf, sizeof(buf));      //将接收到的命令读取到缓冲区中
        UartAction(buf, len);                  //传递数据帧,调用动作执行函数
    }
}
/* 串口中断服务函数 */
void InterruptUART() interrupt 4
{
    if (RI)                                    //接收到新字节
    {
        RI = 0;                                //清0接收中断标志位
        if (cntRxd < sizeof(bufRxd))           //接收缓冲区尚未用完时,
        {                                      //保存接收字节,并递增计数器
            bufRxd[cntRxd++] = SBUF;
        }
    }
    if (TI)                                    //字节发送完毕
    {
        TI = 0;                                //清0发送中断标志位
        flagTxd = 1;                           //设置字节发送完成标志
    }
}
```

可以对照注释和前面的讲解分析 Uart.c 文件,这里讲解两个要点,希望读者多注意。

(1) 接收数据的处理。在串口中断中,将接收到的字节都存入缓冲区 bufRxd 中,同时利用另外的定时器中断通过间隔调用 UartRxMonitor 来监控一帧数据是否接收完毕,判定的原则就是前面介绍的空闲时间。当判定一帧数据结收完毕时,设置 flagFrame 标志,主循环中可以通过调用 UartDriver 来检测该标志,并处理接收到的数据。当要处理接收到的数据时,先通过串口读取函数 UartRead 把接收缓冲区 bufRxd 中的数据读取出来,然后再对读到的数据进行判断处理。也许你会说,既然数据都已经接收到 bufRxd 中了,那直接在这里面用不就行了嘛,何必还得再复制到另一个地方去呢?我们设计这种双缓冲的机制,主要是为了提高串口接收的响应效率:首先,如果你在 bufRxd 中处理数据,那么这时就不能再接收任何数据,因为新接收的数据会破坏原来的数据,造成数据不完整和混乱;其次,这个处理过程可能会耗费较长的时间,比如上位机现在就给你发来一个延时显示的命令,那么在这个延时的过程中都无法去接收新的命令,在上位机看来就是暂时失去响应了。而使用这种双缓冲机制就可以大大改善这个问题,因为数据复制所需的时间是相当短的,只要复制出去后,bufRxd 就可以马上准备去接收新数据了。

(2) 串口数据写入函数 UartWrite,它把数据指针 buf 指向的数据块连续地由串口发送出去。虽然串口程序启用了中断,但这里的发送功能却没有在中断中完成,而是仍然靠查询发送中断标志 flagTxd(因中断函数内必须清 0 TI,否则中断会重复进入执行,所以另置了一个 flagTxd 代替 TI)来完成,当然也可以采用先把发送数据复制到一个缓冲区中,然后再在中断中把缓冲区数据发送出去的方式,但这样有两个弊端:一是要耗费额外的内存,二是使程序更复杂。这里还是想告诉读者,用简单方式可以解决的问题就不要用复杂方式。

/ ****************************** main.c 文件源代码 ****************************** /

```
#include <reg52.h>

sbit BUZZ = P1^6;                                   //蜂鸣器控制引脚

bit flagBuzzOn = 0;                                 //蜂鸣器启动标志
unsigned char T0RH = 0;                             //T0 重载值的高字节
unsigned char T0RL = 0;                             //T0 重载值的低字节

void ConfigTimer0(unsigned int ms);
extern void UartDriver();
extern void ConfigUART(unsigned int baud);
extern void UartRxMonitor(unsigned char ms);
extern void UartWrite(unsigned char *buf, unsigned char len);
extern void InitLcd1602();
extern void LcdShowStr(unsigned char x, unsigned char y, unsigned char *str);
extern void LcdAreaClear(unsigned char x, unsigned char y, unsigned char len);

void main()
{
    EA = 1;                                         //开总中断
    ConfigTimer0(1);                                //配置 T0 定时 1ms
    ConfigUART(9600);                               //配置波特率为 9600
    InitLcd1602();                                  //初始化液晶显示器

    while (1)
    {
        UartDriver();                               //调用串口驱动
    }
}
/* 内存比较函数,比较两个指针所指向的内存数据是否相同,
   ptr1 为待比较指针 1,ptr2 为待比较指针 2,len 为待比较数据长度
   返回值——两段内存数据完全相同时,返回 1,不同时,返回 0 */
bit CmpMemory(unsigned char *ptr1, unsigned char *ptr2, unsigned char len)
{
    while (len--)
    {
        if (*ptr1++ != *ptr2++)                     //遇到不相等数据时,返回 0
        {
            return 0;
        }
    }
    return 1;                                       //比较完全部数据,如都相等,则返回 1
}
/* 串口动作函数,根据接收到的命令帧执行相应的动作,
   buf 为接收到的命令帧指针,len 为命令帧长度 */
void UartAction(unsigned char *buf, unsigned char len)
{
    unsigned char i;
    unsigned char code cmd0[] = "buzz on";          //开蜂鸣器命令
    unsigned char code cmd1[] = "buzz off";         //关蜂鸣器命令
    unsigned char code cmd2[] = "showstr ";         //字符串显示命令
```

```
    unsigned char code cmdLen[] = {              //命令长度汇总表
        sizeof(cmd0) - 1, sizeof(cmd1) - 1, sizeof(cmd2) - 1,
    };
    unsigned char code * cmdPtr[] = {            //命令指针汇总表
        &cmd0[0], &cmd1[0], &cmd2[0],
    };

    for (i = 0; i < sizeof(cmdLen); i++)         //遍历命令列表,查找相同命令
    {
        if (len >= cmdLen[i])                    //首先接收到数据的长度大于或等于命令长度
        {
            if (CmpMemory(buf, cmdPtr[i], cmdLen[i]))  //比较结果相同时,退出循环
            {
                break;
            }
        }
    }
    switch (i)                                   //循环退出时,i 的值是当前命令的索引值
    {
        case 0:
            flagBuzzOn = 1;                      //开启蜂鸣器
            break;
        case 1:
            flagBuzzOn = 0;                      //关闭蜂鸣器
            break;
        case 2:
            buf[len] = '\0';                     //为接收到的字符串添加结束符
            LcdShowStr(0, 0, buf + cmdLen[2]);   //显示命令后的字符串
            i = len - cmdLen[2];                 //计算有效字符个数
            if (i < 16)                  //有效字符少于 16 个时,清除液晶显示器上的后续字符位
            {
                LcdAreaClear(i, 0, 16 - i);
            }
            break;
        default:                         //未找到相符的命令时,给上机发送"错误命令"的提示
            UartWrite("bad command.\r\n", sizeof("bad command.\r\n") - 1);
            return;
    }
    buf[len++] = '\r';                           //有效命令被执行后,在原命令帧之后添加
    buf[len++] = '\n';                           //回车、换行符后返回给上位机,表示已执行
    UartWrite(buf, len);
}
/* 配置并启动 T0,ms 为 T0 定时时间 */
void ConfigTimer0(unsigned int ms)
{
    unsigned long tmp;                           //临时变量

    tmp = 11059200 / 12;                         //定时器计数频率
    tmp = (tmp * ms) / 1000;                     //计算所需的计数值
    tmp = 65536 - tmp;                           //计算定时器重载值
    tmp = tmp + 33;                              //补偿中断响应延时造成的误差
    T0RH = (unsigned char)(tmp >> 8);            //定时器重载值拆分为高低字节
    T0RL = (unsigned char)tmp;
```

```
    TMOD &= 0xF0;                          //清 0 T0 的控制位
    TMOD |= 0x01;                          //配置 T0 为模式 1
    TH0 = T0RH;                            //加载 T0 重载值
    TL0 = T0RL;
    ET0 = 1;                               //使能 T0 中断
    TR0 = 1;                               //启动 T0
}
/* T0 中断服务函数,执行串口接收监控和蜂鸣器驱动 */
void InterruptTimer0() interrupt 1
{
    TH0 = T0RH;                            //重新加载重载值
    TL0 = T0RL;
    if (flagBuzzOn)                        //执行蜂鸣器鸣叫或关闭操作
        BUZZ = ~BUZZ;
    else
        BUZZ = 1;
    UartRxMonitor(1);                      //串口接收监控
}
```

main 函数和主循环的结构已经做过很多了,这里重点把串口接收数据的具体解析方法给大家分析一下。该用法具有很强的普遍性,掌握并灵活运用它可以使将来的开发工作事半功倍。

首先来看 CmpMemory 函数,这个函数很简单,就是比较两段内存数据,通常都是数组中的数据,函数接收两段数据的指针,然后逐个字节比较——if (* ptr1++ != * ptr2++),这行代码既完成了两个指针指向的数据的比较,又在比较完后把两个指针都各自+1。从这里是不是也能领略到一点 C 语言的简洁高效的魅力呢。这个函数的用处自然就是用来比较接收到的数据和事先放在程序中的命令字符串是否相同,从而找出相符的命令。

接下来是 UartAction 函数对接收数据的解析和处理方法,先把接收的数据与所支持的命令字符串逐条比较,这个比较中首先要确保接收数据的长度大于命令字符串的长度,然后再用上述的 CmpMemory 函数逐字节比较,如果比较结果相同,就立即退出循环,如果比较结果不同,则继续对比下一条命令。当找到相符的命令字符串时,最终 i 的值就是该命令在其列表中的索引位置,当遍历完命令列表都没有找到相符的命令时,最终 i 的值将等于命令总数,那么接下来就用 switch 语句根据 i 的值来执行具体的动作,这里就不赘述了。

/****************************** **Lcd1602.c 文件源代码** ******************************/

```
#include <reg52.h>

#define LCD1602_DB P0
sbit LCD1602_RS = P1^0;
sbit LCD1602_RW = P1^1;
sbit LCD1602_E = P1^5;

/* 等待液晶显示器准备好 */
void LcdWaitReady()
{
    unsigned char sta;
```

```
    LCD1602_DB = 0xFF;
    LCD1602_RS = 0;
    LCD1602_RW = 1;
    do {
        LCD1602_E = 1;
        sta = LCD1602_DB;              //读取状态字
        LCD1602_E = 0;
    } while (sta & 0x80);              //bit7 等于 1 表示液晶显示器正忙,重复检测直到其等于 0
}
/* 向 LCD1602 写入一字节命令,cmd 为待写入命令值 */
void LcdWriteCmd(unsigned char cmd)
{
    LcdWaitReady();
    LCD1602_RS = 0;
    LCD1602_RW = 0;
    LCD1602_DB = cmd;
    LCD1602_E = 1;
    LCD1602_E = 0;
}
/* 向 LCD1602 写入一字节数据,dat 为待写入数据值 */
void LcdWriteDat(unsigned char dat)
{
    LcdWaitReady();
    LCD1602_RS = 1;
    LCD1602_RW = 0;
    LCD1602_DB = dat;
    LCD1602_E = 1;
    LCD1602_E = 0;
}
/* 设置显示 RAM 起始地址,即光标位置,(x,y)为对应屏幕上的字符坐标 */
void LcdSetCursor(unsigned char x, unsigned char y)
{
    unsigned char addr;

    if (y == 0)                        //由输入的屏幕坐标计算显示 RAM 的地址
        addr = 0x00 + x;               //第一行字符地址从 0x00 起始
    else
        addr = 0x40 + x;               //第二行字符地址从 0x40 起始
    LcdWriteCmd(addr | 0x80);          //设置 RAM 地址
}
/* 在液晶显示器上显示字符串,(x,y)为对应屏幕上的起始坐标,str 为字符串指针 */
void LcdShowStr(unsigned char x, unsigned char y, unsigned char *str)
{
    LcdSetCursor(x, y);                //设置起始地址
    while (*str != '\0')               //连续写入字符串数据,直到检测到结束符
    {
        LcdWriteDat(*str++);
    }
}
/* 区域清除,清除从(x,y)坐标起始的 len 个字符位 */
void LcdAreaClear(unsigned char x, unsigned char y, unsigned char len)
{
    LcdSetCursor(x, y);                //设置起始地址
```

```
    while (len-- )                          //连续写入空格
    {
        LcdWriteDat(' ');
    }
}
/* 初始化 1602 液晶显示器 */
void InitLcd1602()
{
    LcdWriteCmd(0x38);                      //16×2 显示,5×7 点阵,8 位数据接口
    LcdWriteCmd(0x0C);                      //显示器开,光标关闭
    LcdWriteCmd(0x06);                      //文字不动,地址自动 +1
    LcdWriteCmd(0x01);                      //清屏
}
```

液晶显示器文件与上一个例子的液晶显示器文件基本是一样的,唯一的区别是删掉了一个本例中用不到的全屏清屏函数,其实留着这个函数也没关系,只是 Keil 会警告,告诉你有未被调用的函数,可以不理会它。

经过这几个多文件工程的练习,读者是否发现,在采用多文件模块化编程后,不光是某些函数,甚至整个 c 文件,如有需要都可以直接复制到其他的新工程中使用,非常方便程序的移植,这样随着实践积累的增加,工作效率就会越来越高。

12.6　习题

1. 将通信时序的逻辑理解透彻,并且能够自己独立看懂其他器件的时序图。

2. 根据 LCD1602 整屏移动程序,改写成整屏右移的程序。

3. 掌握多.c 源文件编写代码的方法以及调用其他文件中变量和函数的方法。

4. 彻底理解实用的串口通信机制程序,完全解析清楚实用串口通信例程,为今后自己独立编写类似程序打下基础。

第 13 章

I2C 总线与 E^2PROM

前面学习了一种通信协议——UART 异步串行通信，本章要学习第二种常用的通信协议——I2C。I2C 总线是由 Philips 公司开发的两线式串行总线，多用于连接微处理器及其外围芯片。I2C 总线的主要特点是接口方式简单，两条线可以挂多个参与通信的器件，即多机模式，而且任何一个器件都可以作为主机，当然同一时刻只能有一个主机。

从原理上来讲，UART 属于异步通信，比如计算机发送数据给单片机，计算机只负责把数据通过 TXD 发送出来即可，接收数据是单片机自己的事情。而 I2C 属于同步通信，SCL 时钟线负责收发双方的时钟节拍，SDA 数据线负责传输数据。I2C 的发送方和接收方都以 SCL 这个时钟节拍为基准进行数据的发送和接收。

从应用上来讲，UART 通信多用于板间通信，比如单片机和计算机之间的通信、这个设备和另一个设备之间的通信。而 I2C 多用于板内通信，比如单片机和 E^2PROM 之间的通信。

教学视频

13.1 I2C 时序初步认识

在硬件上，I2C 总线是由时钟线 SCL 和数据线 SDA 两条线构成，连接到总线上的所有器件的 SCL 线都连到一起，所有 SDA 线都连到一起。I2C 总线是开漏引脚并联的结构，因此外部要添加上拉电阻。对于开漏电路外部加上拉电阻，就组成了线"与"的关系。总线上线"与"的关系就是说，所有接入的器件保持高电平，这条线才是高电平，而任何一个器件输出一个低电平，那么这条线就会保持低电平，因此可以做到任何一个器件都可以拉低电平，也就是任何一个器件都可以作为主机，如图 13-1 所示添加了 R63 和 R64 两个上拉电阻。

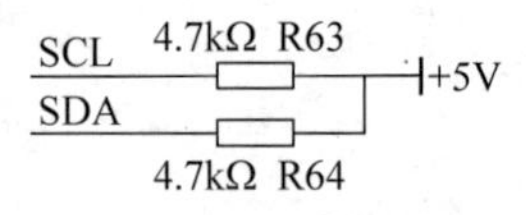

图 13-1　I2C 总线的上拉电阻

虽然说任何一个设备都可以作为主机，但绝大多数情况下都是用单片机做主机，而总线上挂的多个器件，每一个都像电话机一样有自己唯一的地址，在信息传输的过程中，通过唯一的地址就可以正常识别到属于自己的信息，在 KST-51 开发板上，就挂接了 2 个 I2C 设备，一个是 24C02，另一个是 PCF8591。

在学习 UART 串行通信的时候，知道了通信流程分为起始位、数据位、停止位这三部分，同理在 I2C 中也有起始信号、数据传输和停止信号，如图 13-2 所示。

从图 13-2 可以看出来，I2C 和 UART 时序流程有相似性，也有一定的区别。UART 每字节中都有 1 个起始位、8 个数据位、1 个停止位。而 I2C 分为起始信号、数据传输和停止信

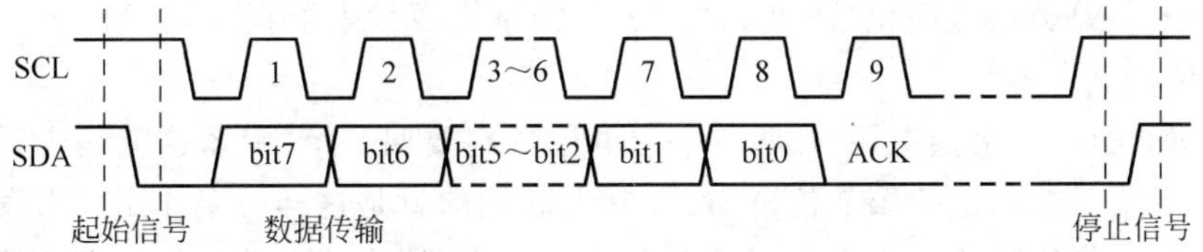

图 13-2 I2C 时序图

号。其中数据传输部分可以在一次通信过程传输很多字节，字节数是不受限制的，而每字节的数据最后也跟了一位，这一位叫作应答位，通常用 ACK 表示，有点类似于 UART 的停止位。

下面逐步剖析 I2C 通信时序。之前已经学过了 UART，所以学习 I2C 的过程尽量拿 UART 做对比，这样有助于更好地理解。但是有一点要理解清楚，就是 UART 通信虽然用了 TXD 和 RXD 两根线，但是在一次实际通信中，1 条线就可以完成，2 条线是把发送和接收分开而已，而 I2C 每次通信，不管是发送还是接收，必须 2 条线都参与工作才能完成，为了更方便地看出每一位的传输流程，把图 13-2 改进成图 13-3。

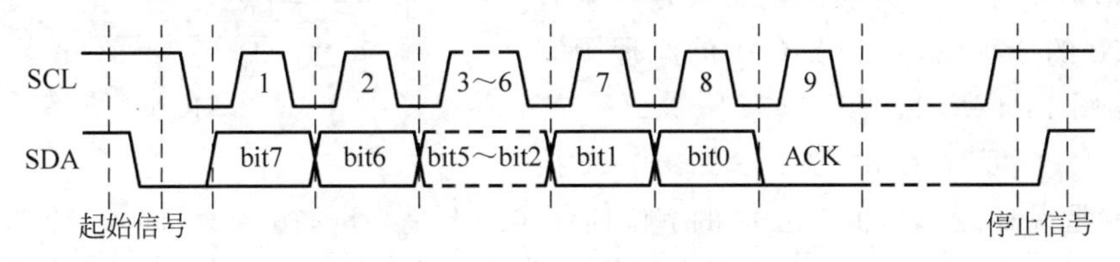

图 13-3 I2C 通信流程解析

(1) 起始信号：UART 通信是从一直持续的高电平出现一个低电平标志起始位；而 I2C 通信的起始信号的定义是 SCL 为高电平期间，SDA 由高电平向低电平变化产生一个下降沿，表示起始信号。

(2) 数据传输：首先，UART 是低位在前、高位在后；而 I2C 通信是高位在前、低位在后。其次，UART 通信数据位是固定长度，即 1/baud(波特率分之一)，一位一位以固定时间发送完毕就可以了。而 I2C 没有固定波特率，但是有时序的要求，要求当 SCL 为低电平的时候，SDA 允许变化，也就是说，发送方必须先保持 SCL 是低电平，才可以改变数据线 SDA，输出要发送的当前数据的一位；而当 SCL 为高电平的时候，SDA 绝对不可以变化，因为这时，接收方要来读取当前 SDA 的电平信号(0 或 1)，因此要保证 SDA 的稳定，如图 13-3 中的每一位数据的变化，都是在 SCL 的低电平位置。8 位数据位后边跟着的是一位应答位(ACK)，关于应答位在后面还要具体介绍。

(3) 停止信号：UART 通信的停止位是一位固定的高电平信号；而 I2C 通信停止信号的定义是 SCL 为高电平期间，SDA 由低电平向高电平变化产生一个上升沿，表示结束信号。

13.2 I2C 寻址模式

13.1 节介绍的是 I2C 每一位信号的时序流程，而 I2C 通信在字节级的传输中也有固定的时序要求。I2C 通信的起始信号后，首先要发送一个从机的地址，这个地址一共有 7 位，紧跟着的第8位是数据方向位(R/W),"0"表示接下来要发送数据(写),"1"表示接下来是请求数据(读)。

打电话的时候,当拨通电话,接听方拿起电话肯定要回一个"喂",这就是告诉拨电话的人,这边有人了。同理,这个第9位ACK实际上起到的就是这样一个作用。当发送完了这7位地址和1位方向后,如果发送的这个地址确实存在,那么这个地址的器件应该回应一个ACK(拉低SDA,即输出"0"),如果不存在,就没"人"回应ACK(SDA将保持高电平,即"1")。

写一个简单的程序,访问开发板上的E^2PROM地址,另外再写一个不存在的地址,看看它们是否能回一个ACK,以此了解和确认一下这个问题。

开发板上的E^2PROM器件型号是24C02,在24C02的数据手册3.6节中可查到,24C02的7位地址中,高4位是固定的0b1010,而低3位的地址取决于具体电路的设计,由芯片上的A2、A1、A0这3个引脚的实际电平决定。来看一下24C02的原理图,它和24C01的原理图完全一样,如图13-4所示。

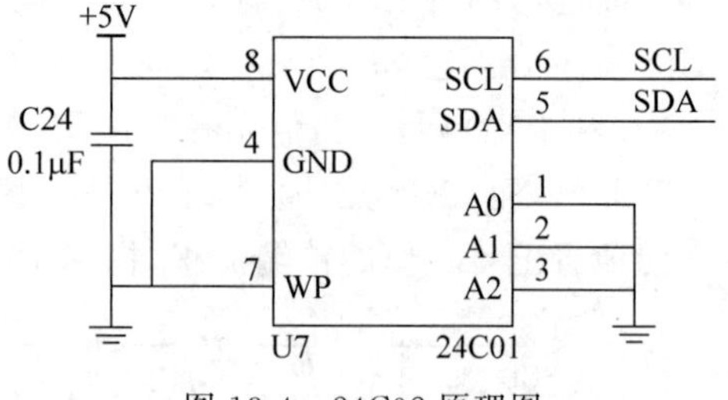

图13-4　24C02原理图

从图13-4可以看出,A2、A1、A0都接GND,也就是说都是0,因此24C02的7位地址实际上是二进制的0b1010000,也就是0x50。用I2C的协议寻址0x50,另外再寻址一个不存在的地址0x62,寻址完毕,把返回的ACK显示到1602液晶显示器上,大家对比一下。

/******************************** **Lcd1602.c文件源代码** ********************************/

```
#include <reg52.h>

#define LCD1602_DB P0
sbit LCD1602_RS = P1^0;
sbit LCD1602_RW = P1^1;
sbit LCD1602_E = P1^5;

/* 等待液晶显示器准备好 */
void LcdWaitReady()
{
    unsigned char sta;

    LCD1602_DB = 0xFF;
    LCD1602_RS = 0;
    LCD1602_RW = 1;
    do {
        LCD1602_E = 1;
        sta = LCD1602_DB;       //读取状态字
        LCD1602_E = 0;
    } while (sta & 0x80);      //bit7 等于 1,表示液晶显示器正忙,重复检测,直到其等于 0 为止
}
/* 向 LCD1602 写入一字节命令,cmd 为待写入命令值 */
```

```
void LcdWriteCmd(unsigned char cmd)
{
    LcdWaitReady();
    LCD1602_RS = 0;
    LCD1602_RW = 0;
    LCD1602_DB = cmd;
    LCD1602_E = 1;
    LCD1602_E = 0;
}
/* 向 LCD1602 写入一字节数据,dat 为待写入数据值 */
void LcdWriteDat(unsigned char dat)
{
    LcdWaitReady();
    LCD1602_RS = 1;
    LCD1602_RW = 0;
    LCD1602_DB = dat;
    LCD1602_E = 1;
    LCD1602_E = 0;
}
/* 设置显示 RAM 起始地址,即光标位置,(x,y)为对应屏幕上的字符坐标 */
void LcdSetCursor(unsigned char x, unsigned char y)
{
    unsigned char addr;

    if (y == 0)                     //由输入的屏幕坐标计算显示 RAM 的地址
        addr = 0x00 + x;            //第一行字符地址从 0x00 起始
    else
        addr = 0x40 + x;            //第二行字符地址从 0x40 起始
    LcdWriteCmd(addr | 0x80);       //设置 RAM 地址
}
/* 在液晶显示器上显示字符串,(x,y)为对应屏幕上的起始坐标,str 为字符串指针 */
void LcdShowStr(unsigned char x, unsigned char y, unsigned char *str)
{
    LcdSetCursor(x, y);             //设置起始地址
    while (*str != '\0')            //连续写入字符串数据,直到检测到结束符
    {
        LcdWriteDat(*str++);
    }
}
/* 初始化 1602 液晶显示器 */
void InitLcd1602()
{
    LcdWriteCmd(0x38);              //16×2 显示,5×7 点阵,8 位数据接口
    LcdWriteCmd(0x0C);              //显示器开,光标关闭
    LcdWriteCmd(0x06);              //文字不动,地址自动+1
    LcdWriteCmd(0x01);              //清屏
}
```

/ ******************************** **main.c 文件源代码** ********************************* /

```
#include <reg52.h>
#include <intrins.h>
```

```
#define I2CDelay() {_nop_();_nop_();_nop_();_nop_();}
sbit I2C_SCL = P3^7;
sbit I2C_SDA = P3^6;

bit I2CAddressing(unsigned char addr);
extern void InitLcd1602();
extern void LcdShowStr(unsigned char x, unsigned char y, unsigned char * str);

void main()
{
    bit ack;
    unsigned char str[10];

    InitLcd1602();                          //初始化液晶显示器

    ack = I2CAddressing(0x50);              //查询地址为 0x50 的器件
    str[0] = '5';                           //将地址和应答值转换为字符串
    str[1] = '0';
    str[2] = ':';
    str[3] = (unsigned char)ack + '0';
    str[4] = '\0';
    LcdShowStr(0, 0, str);                  //显示到液晶显示器上

    ack = I2CAddressing(0x62);              //查询地址为 0x62 的器件
    str[0] = '6';                           //将地址和应答值转换为字符串
    str[1] = '2';
    str[2] = ':';
    str[3] = (unsigned char)ack + '0';
    str[4] = '\0';
    LcdShowStr(8, 0, str);                  //显示到液晶显示器上
    while (1);
}
/* 产生总线起始信号 */
void I2CStart()
{
    I2C_SDA = 1;                            //首先确保 SDA、SCL 都是高电平
    I2C_SCL = 1;
    I2CDelay();
    I2C_SDA = 0;                            //先拉低 SDA
    I2CDelay();
    I2C_SCL = 0;                            //再拉低 SCL
}
/* 产生总线停止信号 */
void I2CStop()
{
    I2C_SCL = 0;                            //首先确保 SDA、SCL 都是低电平
    I2C_SDA = 0;
    I2CDelay();
    I2C_SCL = 1;                            //先拉高 SCL
    I2CDelay();
    I2C_SDA = 1;                            //再拉高 SDA
    I2CDelay();
}
```

```
/* I2C 总线写操作,dat 为待写入字节,返回值为从机应答位的值(应答值) */
bit I2CWrite(unsigned char dat)
{
    bit ack;                                    //用于暂存应答位的值
    unsigned char mask;                         //用于探测字节内某一位的值的掩码变量

    for (mask = 0x80; mask!= 0; mask >> = 1) //从高位到低位依次进行
    {
        if ((mask&dat) == 0)                    //将该位的值输出到 SDA 上
            I2C_SDA = 0;
        else
            I2C_SDA = 1;
        I2CDelay();
        I2C_SCL = 1;                            //拉高 SCL
        I2CDelay();
        I2C_SCL = 0;                            //再拉低 SCL,完成一个位周期
    }
    I2C_SDA = 1;                                //8 位数据发送完成后,主机释放 SDA,以检测从机应答
    I2CDelay();
    I2C_SCL = 1;                                //拉高 SCL
    ack = I2C_SDA;                              //读取此时的 SDA 值,即为从机的应答值
    I2CDelay();
    I2C_SCL = 0;                                //再拉低 SCL 完成应答位,并保持住总线

    return ack;                                 //返回从机应答值
}
/* I2C 寻址函数,即检查地址为 addr 的器件是否存在,返回值为该器件应答值 */
bit I2CAddressing(unsigned char addr)
{
    bit ack;

    I2CStart();                                 //产生起始位,即启动一次总线操作
    ack = I2CWrite(addr << 1);                  //器件地址需左移一位,因寻址命令的最低位
                                                //为读写位,用于表示之后的操作是读或是写
    I2CStop();                                  //不需进行后续读写,而直接停止本次总线操作

    return ack;
}
```

把这个程序在 KST-51 开发板上运行完毕,会在液晶显示器上显示出来预想的结果,主机发送一个存在的从机地址,从机会回复一个应答位的值,即应答位为 0;主机如果发送一个不存在的从机地址,就没有从机应答,即应答位为 1。

前面章节中已经提到利用库函数_nop_()可以进行精确延时,一个_nop_()的时间就是一个机器周期,这个库函数包含在 intrins.h 文件中,如果要使用这个库函数,只需要在程序最开始,和包含 reg52.h 一样,加一条语句 include <intrins.h>,就可以使用这个库函数了。

还有一点要提示,I2C 通信分为低速模式 100kb/s、快速模式 400kb/s 和高速模式 3.4Mb/s。因为所有的 I2C 器件都支持低速,但未必支持另外两种速度,所以作为通用的 I2C 程序,我们选择 100kb/s 速率来实现,也就是说实际程序产生的时序必须小于或等于 100kb/s 的时序参数,很明显,也就是要求 SCL 的高低电平持续时间不短于 5μs,因此在时

序函数中通过插入 I2CDelay()总线延时函数(它实际上就是 4 个 NOP 指令,用 define 命令在文件开头做了定义),加上改变 SCL 值语句本身占用至少一个周期,以达到这个速度限制。如果以后需要提高速度,只需减小这里的总线延时时间即可。

此外要学习一个发送数据的技巧:I2C 通信时,如何将一字节的数据发送出去?大家注意函数 I2CWrite()中,用的 for 循环的技巧,即 for (mask=0x80; mask!=0; mask>>=1)。由于 I2C 通信是从高位开始发送数据,所以先从最高位开始,0x80 和 dat 进行按位与运算,从而得知 dat 第 7 位是 0 还是 1,然后右移一位,也就是变成了用 0x40 和 dat 按位与运算,得到第 6 位是 0 还是 1,一直到第 0 位结束,最终通过 if 语句,把 dat 的 8 位数据依次发送出去。至于其他的逻辑,对照前边讲到的理论知识,认真研究明白就可以了。

13.3 E^2PROM 的学习

在实际的应用中,保存在单片机 RAM 中的数据掉电后就丢失了,保存在单片机的 Flash 中的数据又不能随意改变,也就是不能用它来记录变化的数值。但是在某些场合,又确实需要记录下某些数据,而这些数据还时常需要改变或更新,掉电之后还不能丢失,比如家用电表的度数、电视机中的频道记忆。这时,可以使用 E^2PROM 保存数据,E^2PROM 的特点就是掉电后不丢失。开发板上使用的器件是 24C02,一个容量大小是 2Kb,也就是 256B 的 E^2PROM。一般情况下,E^2PROM 拥有 30 万~100 万次的寿命,也就是它可以反复写入 30 万~100 万次,而读取次数是无限的。

24C02 是一个基于 I2C 通信协议的器件,因此从现在开始,I2C 和 E^2PROM 就要合体了。但是要分清楚,I2C 是一个通信协议,它有严密的通信时序逻辑要求,而 E^2PROM 是一个器件,只是这个器件采用了 I2C 协议的接口与单片机相连而已,二者并没有必然的联系,E^2PROM 可以用其他接口,I2C 也可以用在其他器件上。

13.3.1 E^2PROM 单字节读写操作时序

1. E^2PROM 写数据流程

具体流程如下:

(1) 首先是 I2C 的起始信号,接着跟上首字节,也就是 I2C 的器件地址,并且在读写方向上选择“写”操作。

(2) 发送数据的存储地址。24C02 一共有 256 字节的存储空间,地址为 0x00~0xFF,想把数据存储在哪个位置,此刻写的就是哪个地址。

(3) 发送要存储的数据第一字节、第二字节……注意在写数据的过程中,E^2PROM 每字节都会回应一个“应答位 0”,来告诉我们写 E^2PROM 数据成功,如果没有回应,说明写入不成功。

在写数据的过程中,每成功写入一字节,E^2PROM 存储空间的地址就会自动加 1,当加到 0xFF 后,再写一字节,地址会溢出又变成了 0x00。

2. E^2PROM 读数据流程

具体流程如下:

(1) 首先是 I2C 的起始信号,接着跟上首字节,也就是 I2C 的器件地址,并且在读写方向上选择"写"操作。这个地方可能有学生会诧异，明明是读数据为何方向也要选"写"呢？刚才说过了，24C02一共有256个地址，选择写操作是为了把所要读的数据的存储地址先写进去，告诉E²PROM要读取哪个地址的数据。这就如同打电话，先拨总机号码(E²PROM器件地址)，然后继续拨分机号码(数据地址)，而拨分机号码这个动作，主机仍然是发送方，方向依然是"写"。

(2) 发送要读取的数据的地址，注意是地址而非存在E²PROM中的数据，通知E²PROM要哪个分机的信息。

(3) 重新发送I2C起始信号和器件地址，并且方向位选择"读"操作。

在这三步操作中，每一字节实际上都是在"写"，所以每一字节E²PROM都会回应一个"应答位0"。

(4) 读取从器件发回的数据，读一字节，如果还想继续读下一字节，就发送一个"应答位ACK(0)"，如果不想读了，告诉E²PROM不想要数据了，别再发数据了，那就发送一个"非应答位NAK(1)"。

和写操作规则一样，每读一字节，地址会自动加1，如果想继续往下读，给E²PROM一个ACK(0)低电平，那再继续给SCL完整的时序，E²PROM会继续往外发送数据。如果不想读了，要告诉E²PROM不要数据了，直接给一个NAK(1)高电平即可。这个地方要从逻辑上理解透彻，不能简单地靠死记硬背了，一定要理解明白。梳理一下几个要点：①在本例中单片机是主机，24C02是从机；②无论是读是写，SCL始终都是由主机控制的；③写的时候应答信号由从机给出，表示从机是否正确接收了数据；④读的时候应答信号则由主机给出，表示是否继续读下去。

下面写一个程序，读取E²PROM的0x02地址上的一个数据，不管这个数据之前是多少都将读出来的数据加1，再写到E²PROM的0x02地址上。此外将I2C的程序建立一个文件，为I2C.c程序文件，形成又一个程序模块。读者也可以看出来，连续的这几个程序，与Lcd1602.c文件中的程序都是一样的，今后读者写LCD1602显示程序也可以直接拿过去用，这大大提高了程序的可移植性。

/******************************** **I2C.c文件源代码** ********************************/

```
#include <reg52.h>
#include <intrins.h>

#define I2CDelay() {_nop_();_nop_();_nop_();_nop_();}
sbit I2C_SCL = P3^7;
sbit I2C_SDA = P3^6;

/* 产生总线起始信号 */
void I2CStart()
{
    I2C_SDA = 1;                          //首先确保SDA、SCL都是高电平
    I2C_SCL = 1;
    I2CDelay();
    I2C_SDA = 0;                          //先拉低SDA
    I2CDelay();
    I2C_SCL = 0;                          //再拉低SCL
```

```
}
/* 产生总线停止信号 */
void I2CStop()
{
    I2C_SCL = 0;                                //首先确保 SDA、SCL 都是低电平
    I2C_SDA = 0;
    I2CDelay();
    I2C_SCL = 1;                                //先拉高 SCL
    I2CDelay();
    I2C_SDA = 1;                                //再拉高 SDA
    I2CDelay();
}
/* I2C 总线写操作,dat 为待写入字节,返回值为从机应答位的值 */
bit I2CWrite(unsigned char dat)
{
    bit ack;                                    //用于暂存应答位的值
    unsigned char mask;                         //用于探测字节内某一位值的掩码变量

    for (mask = 0x80; mask!= 0; mask >> = 1)  //从高位到低位依次进行
    {
        if ((mask&dat) == 0)                    //该位的值输出到 SDA 上
            I2C_SDA = 0;
        else
            I2C_SDA = 1;
        I2CDelay();
        I2C_SCL = 1;                            //拉高 SCL
        I2CDelay();
        I2C_SCL = 0;                            //再拉低 SCL,完成一个位周期
    }
    I2C_SDA = 1;                                //8 位数据发送完后,主机释放 SDA,以检测从机应答
    I2CDelay();
    I2C_SCL = 1;                                //拉高 SCL
    ack = I2C_SDA;                              //读取此时的 SDA 值,即为从机的应答值
    I2CDelay();
    I2C_SCL = 0;                                //再拉低 SCL 完成应答位,并保持住总线

    return (~ack);                              //应答值取反以符合通常的逻辑: 为 0,表示从机不
                                                //存在或忙或写入失败,为 1,表示从机存在且空闲
                                                //或写入成功
}
/* I2C 总线读操作,并发送非应答信号,返回值为读到的字节 */
unsigned char I2CReadNAK()
{
    unsigned char mask;
    unsigned char dat;

    I2C_SDA = 1;                                //首先确保主机释放 SDA
    for (mask = 0x80; mask!= 0; mask >> = 1)  //从高位到低位依次进行
    {
        I2CDelay();
        I2C_SCL = 1;                            //拉高 SCL
        if(I2C_SDA == 0)                        //读取 SDA 的值
            dat &= ~mask;                       //为 0 时,dat 中对应位清 0
```

```
        else
            dat |= mask;                    //为 1 时,dat 中对应位置 1
        I2CDelay();
        I2C_SCL = 0;                        //再拉低 SCL,以使从机发送出下一位数据
    }
    I2C_SDA = 1;                            //8 位数据发送完后,拉高 SDA,发送非应答信号
    I2CDelay();
    I2C_SCL = 1;                            //拉高 SCL
    I2CDelay();
    I2C_SCL = 0;                            //再拉低 SCL 完成非应答位,并保持住总线

    return dat;
}
/* I2C 总线读操作,并发送应答信号,返回值为读到的字节 */
unsigned char I2CReadACK()
{
    unsigned char mask;
    unsigned char dat;

    I2C_SDA = 1;                            //首先确保主机释放 SDA
    for (mask = 0x80; mask!= 0; mask >>= 1) //从高位到低位依次进行
    {
        I2CDelay();
        I2C_SCL = 1;                        //拉高 SCL
        if(I2C_SDA == 0)                    //读取 SDA 的值
            dat &= ~mask;                   //为 0 时,dat 中对应位清 0
        else
            dat |= mask;                    //为 1 时,dat 中对应位置 1
        I2CDelay();
        I2C_SCL = 0;                        //再拉低 SCL,以使从机发送出下一位
    }
    I2C_SDA = 0;                            //8 位数据发送完后,拉低 SDA,发送应答信号
    I2CDelay();
    I2C_SCL = 1;                            //拉高 SCL
    I2CDelay();
    I2C_SCL = 0;                            //再拉低 SCL 完成应答位,并保持住总线

    return dat;
}
```

I2C.c 文件提供了 I2C 总线所有的底层操作函数,包括起始、停止、字节写、字节读+应答、字节读+非应答。

/****************************** **Lcd1602.c 文件源代码** ********************************/

```
#include <reg52.h>

#define LCD1602_DB P0
sbit LCD1602_RS = P1^0;
sbit LCD1602_RW = P1^1;
sbit LCD1602_E = P1^5;
```

```
/* 等待液晶显示器准备好 */
void LcdWaitReady()
{
    unsigned char sta;

    LCD1602_DB = 0xFF;
    LCD1602_RS = 0;
    LCD1602_RW = 1;
    do {
        LCD1602_E = 1;
        sta = LCD1602_DB;      //读取状态字
        LCD1602_E = 0;
    } while (sta & 0x80);      //bit7 等于 1,表示液晶显示器正忙,重复检测直到其等于 0 为止
}
/* 向 LCD1602 写入一字节命令,cmd 为待写入命令值 */
void LcdWriteCmd(unsigned char cmd)
{
    LcdWaitReady();
    LCD1602_RS = 0;
    LCD1602_RW = 0;
    LCD1602_DB = cmd;
    LCD1602_E = 1;
    LCD1602_E = 0;
}
/* 向 LCD1602 写入一字节数据,dat 为待写入数据值 */
void LcdWriteDat(unsigned char dat)
{
    LcdWaitReady();
    LCD1602_RS = 1;
    LCD1602_RW = 0;
    LCD1602_DB = dat;
    LCD1602_E = 1;
    LCD1602_E = 0;
}
/* 设置显示 RAM 起始地址,即光标位置,(x,y)为对应屏幕上的字符坐标 */
void LcdSetCursor(unsigned char x, unsigned char y)
{
    unsigned char addr;

    if (y == 0)                         //由输入的屏幕坐标计算显示 RAM 的地址
        addr = 0x00 + x;                //第一行字符地址从 0x00 起始
    else
        addr = 0x40 + x;                //第二行字符地址从 0x40 起始
    LcdWriteCmd(addr | 0x80);           //设置 RAM 地址
}
/* 在液晶显示器上显示字符串,(x,y)为对应屏幕上的起始坐标,str 为字符串指针 */
void LcdShowStr(unsigned char x, unsigned char y, unsigned char * str)
{
    LcdSetCursor(x, y);                 //设置起始地址
    while ( * str != '\0')              //连续写入字符串数据,直到检测到结束符
    {
        LcdWriteDat( * str++);
    }
```

```
}
/* 初始化 1602 液晶显示器 */
void InitLcd1602()
{
    LcdWriteCmd(0x38);                //16×2 显示,5×7 点阵,8 位数据接口
    LcdWriteCmd(0x0C);                //显示器开,光标关闭
    LcdWriteCmd(0x06);                //文字不动,地址自动 + 1
    LcdWriteCmd(0x01);                //清屏
}
```

/******************************** **main.c 文件源代码** ********************************/

```
#include <reg52.h>

extern void InitLcd1602();
extern void LcdShowStr(unsigned char x, unsigned char y, unsigned char * str);
extern void I2CStart();
extern void I2CStop();
extern unsigned char I2CReadNAK();
extern bit I2CWrite(unsigned char dat);
unsigned char E2ReadByte(unsigned char addr);
void E2WriteByte(unsigned char addr, unsigned char dat);

void main()
{
    unsigned char dat;
    unsigned char str[10];

    InitLcd1602();                    //初始化液晶显示器
    dat = E2ReadByte(0x02);           //读取指定地址上的一字节
    str[0] = (dat/100) + '0';         //转换为十进制字符串格式
    str[1] = (dat/10 % 10) + '0';
    str[2] = (dat % 10) + '0';
    str[3] = '\0';
    LcdShowStr(0, 0, str);            //显示在液晶显示器上
    dat++;                            //将其数值 + 1
    E2WriteByte(0x02, dat);           //再写回到对应的地址上

    while (1);
}

/* 读取 E2PROM 中的一字节,addr 为字节地址 */
unsigned char E2ReadByte(unsigned char addr)
{
    unsigned char dat;

    I2CStart();
    I2CWrite(0x50 << 1);              //寻址器件,后续为写操作
    I2CWrite(addr);                   //写入存储地址
    I2CStart();                       //发送重复启动信号
    I2CWrite((0x50 << 1)|0x01);       //寻址器件,后续为读操作
    dat = I2CReadNAK();               //读取一字节的数据
    I2CStop();
```

```
    return dat;
}
/* 向E²PROM中写入一字节,addr为字节地址 */
void E2WriteByte(unsigned char addr, unsigned char dat)
{
    I2CStart();
    I2CWrite(0x50 << 1);        //寻址器件,后续为写操作
    I2CWrite(addr);             //写入存储地址
    I2CWrite(dat);              //写入一字节的数据
    I2CStop();
}
```

以读者现在的基础,独立分析这个程序应该不困难了,遇到哪个语句不懂可以及时问问别人或者搜索一下,把该解决的问题理解明白。把这个程序复制过去后,编译一下会发现,Keil软件给出一个警告信息: *** WARNING L16: UNCALLED SEGMENT, IGNORED FOR OVERLAY PROCESS,这个警告的意思是在代码中存在没有被调用过的变量或者函数,即I2C.c文件中的I2CReadACK()函数在本例中没有用到。

仔细观察这个程序,读取 E^2PROM 的时候,只读了一字节就要告诉 E^2PROM 不需要再读数据了,读完后直接发送一个NAK,因此只调用了I2CReadNAK()函数,而并没有调用I2CReadACK()函数。今后很可能在读数据的时候要连续读几字节,因此这个函数写在了I2C.c文件中,作为I2C功能模块的一部分是必要的,方便这个文件以后移植到其他程序中使用,因此这个警告信息在这里就不必管它了。

13.3.2 E^2PROM 多字节读写操作时序

读取 E^2PROM 的时候很简单,E^2PROM 根据所发送的时序,直接就把数据发送出去了,但是写 E^2PROM 却没有这么简单了。给 E^2PROM 发送数据后,先保存在 E^2PROM 的缓存中,E^2PROM 必须要把缓存中的数据搬移到"非易失"的区域,才能达到掉电不丢失的效果。而往非易失区域写数据需要一定的时间,每种器件不完全一样,Atmel公司的24C02器件写入时间最高不超过5ms。在往非易失区域写的过程,E^2PROM 是不会再响应我们的访问的,不仅接收不到数据,即使用I2C标准的寻址模式去寻址,E^2PROM 都不会应答,就如同这个总线上没有这个器件一样。数据写入非易失区域完后,E^2PROM 再次恢复正常,可以正常读写了。

细心的学生在看13.2节程序的时候会发现,写数据的那段代码实际上有去读应答位ACK,但是读到了应答位也没有做任何处理。这是因为一次只写一字节的数据进去,等到下次重新上电再写的时候,时间肯定远远超过了5ms,但如果是连续写入几字节,就必须考虑应答位的问题了。写入一字节后,再写入下一字节之前,必须等待 E^2PROM 再次响应才可以,注意程序的写法,可以学习一下。

之前知道编写多个.c文件移植的方便性了,本节程序和上一节的Lcd1602.c文件与I2C.c文件是完全一样的,因此这次只把main.c文件发出来,帮助读者分析明白。对于初学者,很多知识和技巧需要多练才能巩固下来,因此每个程序还是建议在Keil软件上一行代码一行代码地输入。

/ ********************************** I2C.c 文件源代码 ********************************** /

（此处省略，可参考之前章节的代码）

/ ******************************* Lcd1602.c 文件源代码 ******************************* /

（此处省略，可参考之前章节的代码）

/ ********************************** main.c 文件源代码 ********************************** /

```
#include <reg52.h>

extern void InitLcd1602();
extern void LcdShowStr(unsigned char x, unsigned char y, unsigned char * str);
extern void I2CStart();
extern void I2CStop();
extern unsigned char I2CReadACK();
extern unsigned char I2CReadNAK();
extern bit I2CWrite(unsigned char dat);
void E2Read(unsigned char * buf, unsigned char addr, unsigned char len);
void E2Write(unsigned char * buf, unsigned char addr, unsigned char len);
void MemToStr(unsigned char * str, unsigned char * src, unsigned char len);

void main()
{
    unsigned char i;
    unsigned char buf[5];
    unsigned char str[20];

    InitLcd1602();                          //初始化液晶显示器
    E2Read(buf, 0x90, sizeof(buf));         //从 E2PROM 中读取一段数据
    MemToStr(str, buf, sizeof(buf));        //数据转换为十六进制字符串
    LcdShowStr(0, 0, str);                  //显示到液晶显示器上
    for (i = 0; i < sizeof(buf); i++)       //数据依次 +1, +2, +3…
    {
        buf[i] = buf[i] + 1 + i;
    }
    E2Write(buf, 0x90, sizeof(buf));        //再写回到 E2PROM 中

    while(1);
}
/* 将一段内存数据转换为十六进制格式的字符串，
   str 为字符串指针，src 为源数据地址，len 为数据长度 */
void MemToStr(unsigned char * str, unsigned char * src, unsigned char len)
{
    unsigned char tmp;
    while (len--)
    {
        tmp = * src >> 4;                   //先取高 4 位
        if (tmp <= 9)                       //转换为 0~9 或 A~F
            * str++ = tmp + '0';
        else
            * str++ = tmp - 10 + 'A';
        tmp = * src & 0x0F;                 //再取低 4 位
        if (tmp <= 9)                       //转换为 0~9 或 A~F
            * str++ = tmp + '0';
```

```
        else
            * str++ = tmp - 10 + 'A';
        * str++ = ' ';                  //转换完一字节添加一个空格
        src++;
    }
    * str = '\0';                       //添加字符串结束符
}
/* 读取 E2PROM 中的数据,buf 为数据接收指针,addr 为 E2PROM 中的起始地址,len 为读取长度 */
void E2Read(unsigned char * buf, unsigned char addr, unsigned char len)
{
    do {                                //用寻址操作查询当前是否可进行读写操作
        I2CStart();
        if (I2CWrite(0x50 << 1))        //若为应答,则跳出循环,若为非应答,则进行下一次查询
        {
            break;
        }
        I2CStop();
    } while(1);
    I2CWrite(addr);                     //写入起始地址
    I2CStart();                         //发送重复启动信号
    I2CWrite((0x50 << 1)|0x01);         //寻址器件,后续为读操作
    while (len > 1)                     //连续读取 len-1 字节
    {
        * buf++ = I2CReadACK();         //读取最后一字节之前的数据时,执行"读取 + 应答"操作
        len--;
    }
    * buf = I2CReadNAK();               //读取最后一字节时,执行"读取 + 非应答"操作
    I2CStop();
}
/* 向 E2PROM 写入数据,buf 为源数据指针,addr 为 E2PROM 中的起始地址,len 为写入长度 */
void E2Write(unsigned char * buf, unsigned char addr, unsigned char len)
{
    while (len--)
    {
        do {                            //用寻址操作查询当前是否可进行读写操作
            I2CStart();
            if (I2CWrite(0x50 << 1))    //若为应答,则跳出循环,若为非应答,则进行下一次查询
            {
                break;
            }
            I2CStop();
        } while(1);
        I2CWrite(addr++);               //写入起始地址
        I2CWrite( * buf++);             //写入一字节的数据
        I2CStop();                      //结束写操作,以等待写入完成
    }
}
```

(1) 函数 MemToStr：可以把一段内存数据转换成十六进制字符串的形式。由于从 E^2PROM 读出来的是正常的数据，而 1602 液晶显示器接收的是 ASCII 码字符，因此要通过液晶显示器把数据显示出来之前必须先通过一步数据转换。算法倒是很简单，就是把每一字节的数据高 4 位和低 4 位分开，和 9 进行比较，如果小于或等于 9，则直接加'0'转为 0～9

的ASCII码；如果大于9，则先减掉10，再加'A'即可转为A～F的ASCII码。

(2) 函数E2Read：在读之前，要查询一下当前是否可以进行读写操作，E²PROM正常响应才可以进行。进行后，读最后一字节之前的数据，全部给出ACK，而读完了最后一字节，要给出一个NAK。

(3) 函数E2Write：每次写操作之前都要进行查询，判断当前E²PROM是否响应，正常响应后才可以写数据。

13.3.3 E²PROM的页写入

在向E²PROM连续写入多字节的数据时，如果每写一字节都要等待几毫秒的话，整体的写入效率就太低了。因此E²PROM厂商就想了一个办法，把E²PROM分页管理。24C01、24C02这两个型号是8字节一页，而24C04、24C08、24C16是16字节一页。我们开发板上用的型号是24C02，一共是256字节，8字节一页，那么就一共有32页。

分配好页之后，如果在同一个页内连续写入几字节后，最后再发送停止位的时序。E²PROM检测到这个停止位后，就会一次性把这一页的数据写到非易失区域，就不需要像上节那样写一字节检测一次了，并且页写入的时间也不会超过5ms。如果写入的数据跨页了，那么写完了一页之后，要发送一个停止位，然后等待并且检测E²PROM的空闲模式，一直等到把上一页数据完全写到非易失区域后，再进行下一页的写入，这样就可以在很大程度上提高数据的写入效率。

/******************************** **I2C.c文件源代码** ********************************/

（此处省略，可参考之前章节的代码）

/******************************** **Lcd1602.c文件源代码** ********************************/

（此处省略，可参考之前章节的代码）

/******************************** **eeprom.c文件源代码** ********************************/

```
#include <reg52.h>

extern void I2CStart();
extern void I2CStop();
extern unsigned char I2CReadACK();
extern unsigned char I2CReadNAK();
extern bit I2CWrite(unsigned char dat);

/* 读取E2PROM中的数据，buf为数据接收指针，addr为E2PROM中的起始地址，len为读取长度 */
void E2Read(unsigned char *buf, unsigned char addr, unsigned char len)
{
    do {                                //用寻址操作查询当前是否可进行读写操作
        I2CStart();
        if (I2CWrite(0x50 << 1))        //如为应答，则跳出循环，如为非应答，则进行下一次查询
        {
            break;
        }
        I2CStop();
    } while(1);
    I2CWrite(addr);                     //写入起始地址
```

```
    I2CStart();                          //发送重复启动信号
    I2CWrite((0x50 << 1)|0x01);          //寻址器件,后续为读操作
    while (len > 1)                      //连续读取 len - 1 字节
    {
        * buf++ = I2CReadACK();          //读取最后一字节之前的数据,执行"读取 + 应答"操作
        len -- ;
    }
    * buf = I2CReadNAK();                //读取最后一字节的数据时,执行"读取 + 非应答"操作
    I2CStop();
}
/* 向 E²PROM 写入数据,buf 为源数据指针,addr 为 E²PROM 中的起始地址,len 为写入长度 */
void E2Write(unsigned char * buf, unsigned char addr, unsigned char len)
{
    while (len > 0)
    {
        //等待上次写入操作完成
        do {                             //用寻址操作查询当前是否可进行读写操作
            I2CStart();
            if (I2CWrite(0x50 << 1)) //若为应答,则跳出循环,若为非应答,则进行下一次查询
            {
                break;
            }
            I2CStop();
        } while(1);
        //按页写入模式连续写入字节
        I2CWrite(addr);                  //写入起始地址
        while (len > 0)
        {
            I2CWrite( * buf++);          //写入一字节的数据
            len -- ;                     //待写入长度递减
            addr++;                      //E²PROM 地址递增
            if ((addr&0x07) == 0)        //检查地址是否到达页边界,24C02 每页 8 字节,
            {                            //所以检测低 3 位是否为 0 即可
                break;                   //到达页边界时,跳出循环,结束本次写操作
            }
        }
        I2CStop();
    }
}
```

遵循模块化的原则,把 E^2PROM 的读写函数也单独写成一个 eeprom.c 文件。其中 E2Read 函数和上一节是一样的,因为读操作与分页无关。重点是 E2Write 函数,在写入数据的时候,要计算下一个要写的数据的地址是否是一个页的起始地址,如果是,则必须跳出循环,等待 E^2PROM 把当前这一页写入非易失区域后,再进行后续页的写入。

/******************************** **main.c 文件源代码** ********************************/

```
#include <reg52.h>

extern void InitLcd1602();
extern void LcdShowStr(unsigned char x, unsigned char y, unsigned char * str);
extern void E2Read(unsigned char * buf, unsigned char addr, unsigned char len);
```

```
extern void E2Write(unsigned char * buf, unsigned char addr, unsigned char len);
void MemToStr(unsigned char * str, unsigned char * src, unsigned char len);

void main()
{
    unsigned char i;
    unsigned char buf[5];
    unsigned char str[20];

    InitLcd1602();                          //初始化液晶显示器
    E2Read(buf, 0x8E, sizeof(buf));         //从 E2PROM 中读取一段数据
    MemToStr(str, buf, sizeof(buf));        //转换为十六进制字符串
    LcdShowStr(0, 0, str);                  //显示到液晶显示器上
    for (i = 0; i < sizeof(buf); i++)       //数据依次 +1, +2, +3…
    {
        buf[i] = buf[i] + 1 + i;
    }
    E2Write(buf, 0x8E, sizeof(buf));        //再写回到 E2PROM 中

    while(1);
}
/* 将一段内存数据转换为十六进制格式的字符串,
   str 为字符串指针,src 为源数据地址,len 为数据长度 */
void MemToStr(unsigned char * str, unsigned char * src, unsigned char len)
{
    unsigned char tmp;
    while (len -- )
    {
        tmp = * src >> 4;                   //先取高 4 位
        if (tmp <= 9)                       //转换为 0~9 或 A~F
            * str++ = tmp + '0';
        else
            * str++ = tmp - 10 + 'A';
        tmp = * src & 0x0F;                 //再取低 4 位
        if (tmp <= 9)                       //转换为 0~9 或 A~F
            * str++ = tmp + '0';
        else
            * str++ = tmp - 10 + 'A';
        * str++ = ' ';                      //转换完一字节添加一个空格
        src++;
    }
    * str = '\0';                           //添加字符串结束符
}
```

多字节写入和页写入程序都编写出来了,而且页写入的程序还特地跨页写数据,它们的写入时间到底差别多大呢?用一些工具可以测量一下,比如示波器、逻辑分析仪等工具。现在把两次写入时间用逻辑分析仪给抓取出来了,并且用时间标签 A1 和 A2 标注了开始位置和结束位置,如图 13-5 和图 13-6 所示,右侧显示的|A1－A2|就是最终写入 5 字节所耗费的时间。多字节一个一个写入,每次写入后都需要再次检测 E²PROM 是否在"忙",因此耗费了大量的时间,同样的写入 5 字节的数据,一个一个写入用了约 8.4ms 的时间,而使用页写入,只用了约 3.5ms 的时间。

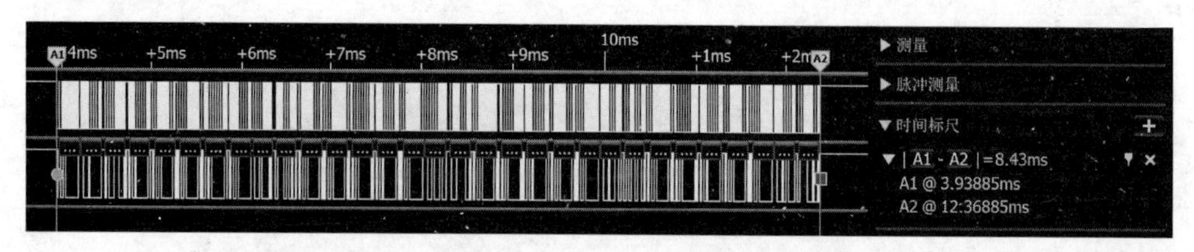

图 13-5　多字节写入时间

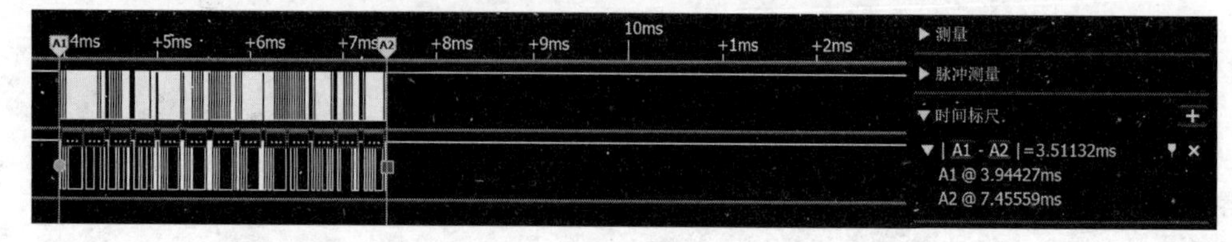

图 13-6　跨页写入时间

13.4　I2C 和 E^2PROM 的综合实验学习

电视频道的记忆功能、交通灯倒计时时间的设定、户外 LED 广告的记忆功能都可能用到 E^2PROM 这类存储器件。这类器件的优势是存储的数据不仅可以改变，而且掉电后数据保存不丢失，因此大量应用在各种电子产品上。

本节课的例子有点类似广告屏。上电后，LCD1602 的第一行显示 E^2PROM 中从 0x20 地址开始的 16 个字符，第二行显示 E^2RPOM 中从 0x40 开始的 16 个字符。可以通过 UART 串口通信改变 E^2PROM 内部的这个数据，并且同时也改变了 LCD1602 显示的内容，下次上电的时候，直接会显示更新过的内容。

这个程序中所有的相关内容前面已经讲过了。但是这个程序体现了编程者的综合应用能力。这个程序用到了 LCD1602、UART 串口通信、E^2PROM 读写等多个功能。写个点亮小灯程序很简单，但是想真正学好单片机，必须学会这种综合程序的应用，实现多个模块同时工作。因此要认认真真地把工程建立起来，一行一行地把代码编写出来，最终巩固下来。

/ ****************************** **I2C. c 文件源代码** ****************************** /

（此处省略，可参考之前章节的代码）

/ ****************************** **Lcd1602. c 文件源代码** ****************************** /

（此处省略，可参考之前章节的代码）

/ ****************************** **eeprom. c 文件源代码** ****************************** /

（此处省略，可参考之前章节的代码）

/ ****************************** **Uart. c 文件源代码** ****************************** /

（此处省略，可参考之前章节的代码）

/ ****************************** **main. c 文件源代码** ****************************** /

```
#include <reg52.h>

unsigned char T0RH = 0;                //T0 重载值的高字节
unsigned char T0RL = 0;                //T0 重载值的低字节

void InitShowStr();
void ConfigTimer0(unsigned int ms);
```

```
extern void InitLcd1602();
extern void LcdShowStr(unsigned char x, unsigned char y, unsigned char * str);
extern void E2Read(unsigned char * buf, unsigned char addr, unsigned char len);
extern void E2Write(unsigned char * buf, unsigned char addr, unsigned char len);
extern void UartDriver();
extern void ConfigUART(unsigned int baud);
extern void UartRxMonitor(unsigned char ms);
extern void UartWrite(unsigned char * buf, unsigned char len);

void main()
{
    EA = 1;                         //开总中断
    ConfigTimer0(1);                //配置 T0 定时 1ms
    ConfigUART(9600);               //配置波特率为 9600
    InitLcd1602();                  //初始化液晶显示器
    InitShowStr();                  //初始显示内容

    while (1)
    {
        UartDriver();               //调用串口驱动
    }
}
/* 处理液晶显示器初始显示内容 */
void InitShowStr()
{
    unsigned char str[17];

    str[16] = '\0';                 //在最后添加字符串结束符,确保字符串可以结束
    E2Read(str, 0x20, 16);          //读取第一行字符串,其 E2PROM 起始地址为 0x20
    LcdShowStr(0, 0, str);          //显示到液晶显示器
    E2Read(str, 0x40, 16);          //读取第二行字符串,其 E2PROM 起始地址为 0x40
    LcdShowStr(0, 1, str);          //显示到液晶显示器
}
/* CmpMemory 为内存比较函数,比较两个指针所指向的内存数据是否相同,
   ptr1 为待比较指针 1,ptr2 为待比较指针 2,len 为待比较长度
   返回值——两段内存数据完全相同时,返回 1,不同时,返回 0 */
bit CmpMemory(unsigned char * ptr1, unsigned char * ptr2, unsigned char len)
{
    while (len--)
    {
        if ( * ptr1++ != * ptr2++)  //遇到不相等数据时,则即刻返回 0
        {
            return 0;
        }
    }
    return 1;                       //比较完全部数据,如都相等,则返回 1
}
/* 将一字符串整理成 16 字节的固定长度字符串,不足部分补空格,
   out 为整理后的字符串输出指针,in 为待整理字符串指针 */
void TrimString16(unsigned char * out, unsigned char * in)
{
    unsigned char i = 0;
```

```
    while ( * in != '\0')                //复制字符串直到输入字符串结束
    {
        * out++ =  * in++;
        i++;
        if (i >= 16)                     //当复制字符串的长度已达到16字节时,强制跳出循环
        {
            break;
        }
    }
    for ( ; i < 16; i++)                 //如不足16字节,则用空格补齐
    {
        * out++ = ' ';
    }
    * out = '\0';                        //最后添加结束符
}
/* 串口动作函数,根据接收到的命令帧执行响应的动作
   buf为接收到的命令帧指针,len为命令帧长度 */
void UartAction(unsigned char * buf, unsigned char len)
{
    unsigned char i;
    unsigned char str[17];
    unsigned char code cmd0[] = "showstr1 ";        //第一行字符显示命令
    unsigned char code cmd1[] = "showstr2 ";        //第二行字符显示命令
    unsigned char code cmdLen[] = {                 //命令长度汇总表
        sizeof(cmd0) - 1, sizeof(cmd1) - 1,
    };
    unsigned char code * cmdPtr[] = {               //命令指针汇总表
        &cmd0[0], &cmd1[0],
    };

    for (i = 0; i < sizeof(cmdLen); i++)            //遍历命令列表,查找相同命令
    {
        if (len >= cmdLen[i])                       //首先接收到的数据长度要不小于命令长度
        {
            if (CmpMemory(buf, cmdPtr[i], cmdLen[i])) //比较结果相同时,退出循环
            {
                break;
            }
        }
    }
    switch (i)                                      //根据比较结果执行相应命令
    {
        case 0:
            buf[len] = '\0';                        //为接收到的字符串添加结束符
            TrimString16(str, buf + cmdLen[0]);     //整理成16字节固定长度字符串
            LcdShowStr(0, 0, str);                  //显示字符串1
            E2Write(str, 0x20, sizeof(str));        //保存字符串1,起始地址为0x20
            break;
        case 1:
            buf[len] = '\0';                        //为接收到的字符串添加结束符
```

```
            TrimString16(str, buf + cmdLen[1]);  //整理成 16 字节固定长度字符串
            LcdShowStr(0, 1, str);               //显示字符串 1
            E2Write(str, 0x40, sizeof(str));     //保存字符串 2,起始地址为 0x40
            break;
        default:                         //未找到相符命令时,给上位机发送"错误命令"的提示
            UartWrite("bad command.\r\n", sizeof("bad command.\r\n") - 1);
            return;
    }
    buf[len++] = '\r';                           //有效命令被执行后,在原命令帧之后添加
    buf[len++] = '\n';                           //回车、换行符后,返回给上位机,表示已执行
    UartWrite(buf, len);
}
/* 配置并启动 T0,ms 为 T0 定时时间单位 */
void ConfigTimer0(unsigned int ms)
{
    unsigned long tmp;                           //临时变量

    tmp = 11059200 / 12;                         //定时器计数频率
    tmp = (tmp * ms) / 1000;                     //计算所需的计数值
    tmp = 65536 - tmp;                           //计算定时器重载值
    tmp = tmp + 33;                              //补偿中断响应延时造成的误差
    T0RH = (unsigned char)(tmp >> 8);            //定时器重载值拆分为高低字节
    T0RL = (unsigned char)tmp;
    TMOD &= 0xF0;                                //清 0 T0 的控制位
    TMOD |= 0x01;                                //配置 T0 为模式 1
    TH0 = T0RH;                                  //加载 T0 重载值
    TL0 = T0RL;
    ET0 = 1;                                     //使能 T0 中断
    TR0 = 1;                                     //启动 T0
}
/* T0 中断服务函数执行串口接收监控和蜂鸣器驱动 */
void InterruptTimer0() interrupt 1
{
    TH0 = T0RH;                                  //重新加载重载值
    TL0 = T0RL;
    UartRxMonitor(1);                            //串口接收监控
}
```

在学习 UART 通信的时候,我们刚开始也是用 I/O 口模拟 UART 通信过程,最终实现单片机和计算机的通信,而后因为 STC89C52 内部具备 UART 硬件通信模块,所以直接通过配置寄存器就可以很轻松地实现单片机的 UART 通信。同理,对于 I2C 通信,如果单片机内部有硬件模块,单片机可以直接自动实现 I2C 通信,就不需要再进行 I/O 口模拟起始、模拟发送、模拟结束,配置好寄存器,单片机就会把这些工作全部做了。

不过 STC89C52 单片机内部不具备 I2C 的硬件模块,所以使用 STC89C52 进行 I2C 通信必须用 I/O 口来模拟。使用 I/O 口模拟 I2C,实际上更有利于读者彻底理解透彻 I2C 通信的实质。当然,通过学习 I/O 口模拟通信,今后如果遇到内部带 I2C 模块的单片机,也应

该能轻松地处理。使用内部的硬件模块,可以提高程序的执行效率。

13.5 习题

1. 彻底理解 I2C 的通信时序,不仅仅是记住。

2. 独立完成 E^2PROM 任意地址的单字节读写、多字节的跨页连续写入读出。

3. 将前面学的交通灯例程进行改进,使用 E^2PROM 保存红灯和绿灯倒计时的时间,并且可以通过 UART 通信改变红灯和绿灯倒计时时间。

4. 使用按键、1602 液晶显示器、E^2PROM 编写一个简单的密码锁程序。

第14章

实时时钟 DS1302

在前面已经了解到了不少关于时钟的概念，比如单片机的主时钟是 11.0592MHz，I2C 总线有一条时钟信号线 SCL 等。时钟本质上都是某一频率的方波信号。除了前面学到的时钟外，还有一个大家熟悉的不能再熟悉的时钟——“年-月-日、时：分：秒”，就是钟表和日历给出的时间。它的重要程度就不需要多说了，在单片机系统里把它称作实时时钟，以区别于前面提到的几种方波时钟信号。实时时钟有时也被称作墙上时钟，很形象的一个名词，大家知道它们讲的是一回事就行了。本章将学习实时时钟的应用，有了它，单片机系统就能在漫漫历史长河中找到自己的时间定位，可以在指定时间干某件事，或者记录下某事发生的具体时间等。除此之外，本章还会学习 C 语言的结构体，即 C 语言的精华部分，通过本章先来了解 C 语言基础，后面再逐渐达到熟练应用的程度。如能灵活运用它，你的编程水平会提高一个档次。

14.1 BCD 的概念

在日常生活中用得最多的数字是十进制数字，而单片机系统的所有数据本质上都是二进制的，所以聪明的前辈们就给我们创造了 BCD 码。

BCD(Binary-Coded Decimal)称二进制码十进制数或二-十进制码。用 4 位二进制数表示 1 位十进制数中的 0～9 这 10 个数字，是一种二进制的数字编码形式，用二进制编码的十进制代码。BCD 这种编码形式利用了四个位元存储一个十进制的数码，使二进制和十进制之间的转换得以快捷地进行。前边讲过十六进制和二进制在本质上是一回事，十六进制仅仅是二进制的一种缩写形式而已。而十进制的一位数字，从 0～9，最大的数字就是 9，再加 1 就要进位，所以用 4 位二进制表示十进制，就是从 0b0000～0b1001，不存在 0b1010、0b1011、0b1100、0b1101、0b1110、0b1111 这 6 个数字。BCD 如果到了 0b1001，再加 1，数字就变成 0b00010000，相当于用了 8 位的二进制数字表示了 2 位的十进制数字。

BCD 的应用还是非常广泛的，比如实时时钟，日期时间在时钟芯片中的存储格式就是 BCD，当需要把它记录的时间转换成可以直观显示的 ASCII 码时(比如在液晶显示器上显示)，就可以省去一步由二进制的整型数到 ASCII 码的转换过程，而直接取出表示十进制 1 位数字的 4 个二进制位然后再加上 0x30 就可组成一个 ASCII 码字节了，这样就会方便得多。在后面的实例中我们将看到这个简单的转换。

14.2 SPI 时序初步认识

UART、I2C 和 SPI 是单片机系统中最常用的三种通信协议。前边已经学了 UART 和 I2C 通信协议,下面学习 SPI 通信协议。

SPI 是英语 Serial Peripheral Interface 的缩写,顾名思义就是串行外围设备接口。SPI 是一种高速的、全双工、同步通信总线,标准的 SPI 也仅仅使用 4 个引脚,常用于单片机和 E^2PROM、Flash、实时时钟、数字信号处理器等器件的通信。SPI 通信原理比 I2C 要简单,它主要是主从方式通信,这种模式通常只有一个主机和一个或者多个从机,标准的 SPI 是 4 根线,分别是 SSEL(片选,也写作 SCS)、SCLK(时钟,也写作 SCK)、MOSI(主机输出从机输入,Master Output Slave Input)和 MISO(主机输入从机输出,Master Input Slave Output)。

SSEL:从设备片选使能信号。如果从设备是低电平使能,当拉低这个引脚后,从设备就会被选中,主机和这个被选中的从机进行通信。

SCLK:时钟信号,由主机产生,和 I2C 通信的 SCL 有点类似。

MOSI:主机给从机发送指令或者数据的通道。

MISO:主机读取从机的状态或者数据的通道。

在某些情况下,也可以用 3 根线的 SPI 或者 2 根线的 SPI 进行通信。比如当主机只给从机发送命令,从机不需要回复数据的时候,那么 MISO 就可以不要;而当主机只读取从机的数据,不需要给从机发送指令的时候,那 MOSI 就可以不要;当只有一个主机和一个从机的时候,从机的片选有时可以固定为有效电平而一直处于使能状态,那么 SSEL 就可以不要,此时如果主机只给从机发送数据,那么 SSEL 和 MISO 都可以不要;如果主机只读取从机发送来的数据,SSEL 和 MOSI 都可以不要。

大家要知道 3 线和 2 线的 SPI 是怎么回事,实际也是有应用的,但是当提及 SPI 的时候,一般都是指标准 SPI,即 4 根线的这种形式。

SPI 通信的主机也是单片机,在读写数据时序的过程中,有四种模式,要了解这四种模式,首先得学习两个名词。

CPOL:Clock Polarity,就是时钟的极性。时钟的极性是什么概念呢?通信的整个过程分为空闲状态和通信状态,如果 SCLK 在数据发送之前和之后的空闲状态是高电平,那么就是 CPOL=1;如果空闲状态 SCLK 是低电平,那么就是 CPOL=0。

CPHA:Clock Phase,就是时钟的相位。主机和从机要交换数据,就牵涉一个问题,即主机在什么时刻输出数据到 MOSI 上,而从机在什么时刻采样这个数据,或者从机在什么时刻输出数据到 MISO 上,而主机在什么时刻采样这个数据。同步通信的一个特点就是所有数据的变化和采样都是伴随着时钟沿进行的,也就是说数据总是在时钟的边沿附近输出或被采样。而一个时钟周期必定包含了一个上升沿和一个下降沿,这是周期的定义所决定的,只是这两个沿的先后并无规定。又因为数据从产生的时刻到它的稳定是需要一定的时间,那么,如果主机在上升沿输出数据到 MOSI 上,从机就只能在下降沿去采样这个数据了。反之如果一方在下降沿输出数据,那么另一方就必须在上升沿采样这个数据。

CPHA=1 表示数据的输出是在一个时钟周期的第一个沿上,至于这个沿是上升沿还是下降沿,这要视 CPOL 的值而定,CPOL=1 那就是下降沿,反之就是上升沿。那么数据的采样自然就是在第二个沿上了。

CPHA=0 表示数据的采样是在一个时钟周期的第一个沿上，同样它是什么沿由 CPOL 决定。那么数据的输出自然就在第二个沿上了。仔细想一下，这里会有一个问题：就是当一帧数据开始传输第一个位(bit)时，在第一个时钟沿上就采样该数据了，那么它是在什么时候输出来的呢？有两种情况：一是 SSEL 使能的边沿，二是上一帧数据的最后一个时钟沿，有时两种情况还会同时生效。

以 CPOL=1/CPHA=1 为例，把时序图画出来，如图 14-1 所示。

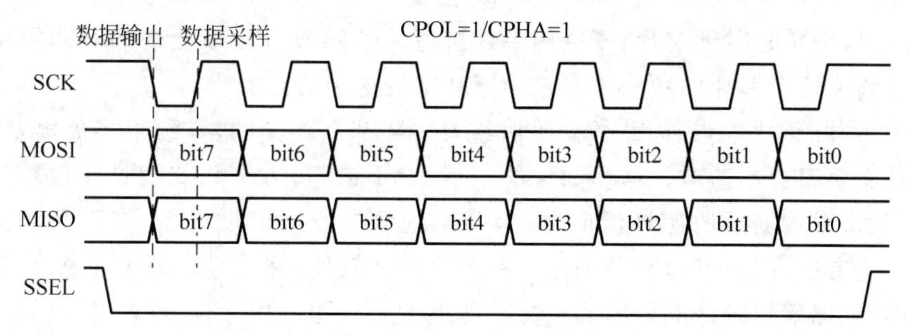

图 14-1　SPI 通信时序图(一)

看图 14-1，当数据未发送以及发送完毕时，SCK 都是高电平，因此 CPOL=1。可以看出，在 SCK 第一个沿的时候，MOSI 和 MISO 会发生变化，同时在 SCK 第二个沿的时候，数据是稳定的，此刻采样数据是合适的，也就是上升沿，即一个时钟周期的后沿锁存读取数据，即 CPHA=1。最后注意最隐蔽的 SSEL 片选引脚，这个引脚通常用来决定是哪个从机和主机进行通信。下面把剩余的三种模式的时序图画出来，简化起见，把 MOSI 和 MISO 合在一起了，要仔细对照研究，把所有的理论过程都弄清楚，有利于深刻理解 SPI 通信，SPI 通信时序图如图 14-2 所示。

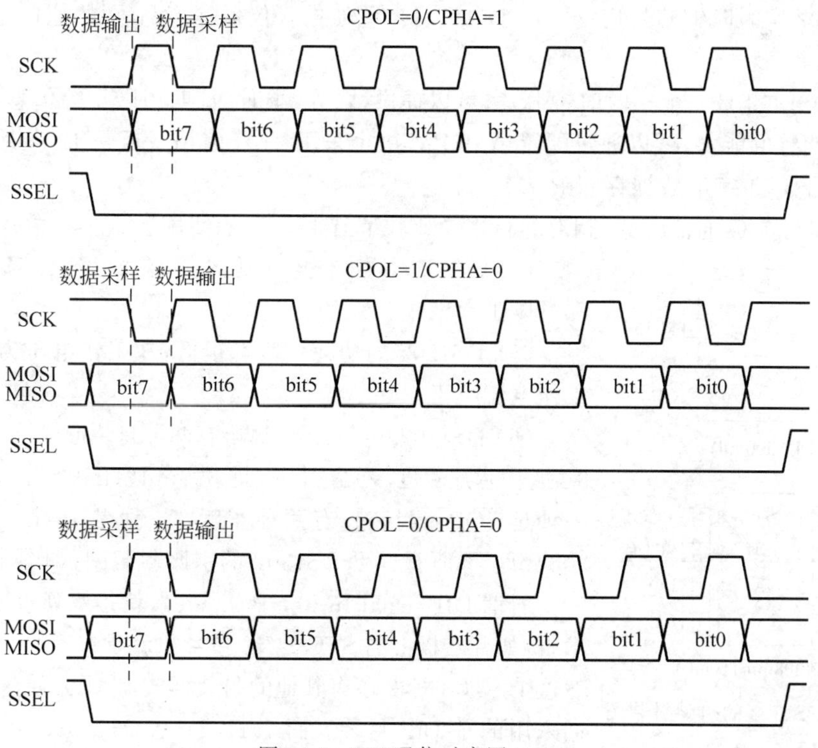

图 14-2　SPI 通信时序图(二)

在时序上，SPI 比 I2C 要简单得多，没有了起始信号、停止信号和应答位，UART 和 SPI 在通信的时候，只负责通信，不管是否通信成功，而 I2C 却要通过应答位来获取通信成功失败的信息，所以相对来说，UART 和 SPI 的时序都要比 I2C 简单一些。

14.3 实时时钟芯片 DS1302

DS1302 是个实时时钟芯片，可以用单片机写入时间或者读取当前的时间数据，下面带着读者通过阅读这个芯片的数据手册来学习和掌握这个器件。

由于 IT 国际化比较强，因此数据手册绝大多数都是英文的，导致很多英语基础不好的读者看到英文手册会不适应。这里要说的是，只要不退缩，方法总比困难多，很多英文水平不高的程序员，看数据手册照样没问题，因为用到的专业词汇没多少，多看几次就认识了。我们现在不是考试，因此可以充分利用一些英文翻译软件，翻译过来的中文意思有时候可能不是那么准确，那就把翻译的内容和英文手册里的一些图表相比较，进行参考学习。此外数据手册除了介绍性的说明外，一般还会配相关的图片或者表格，结合起来看也有利于理解手册所表达的意思。本节会把 DS1302 的英文资料尽可能地用比较便于理解的方式表达出来，读者可以和英文手册多做对比，尽可能快地学会英文手册。

14.3.1 DS1302 的特点

DS1302 是 DALLAS(达拉斯)公司推出的一款具有涓细电流(简称涓流)充电能力的实时时钟芯片，2001 年 DALLAS 被 MAXIM(美信)收购，因此看到的 DS1302 的数据手册既有 DALLAS 的标志，又有 MAXIM 的标志，读者了解即可。

DS1302 实时时钟芯片广泛应用于电话、传真、便携式仪器等产品领域，它的主要性能指标如下。

(1) DS1302 是一个实时时钟芯片，可以提供秒、分、小时、日期、月、年等信息，并且还有软件自动调整的能力，可以通过配置 AM/PM 决定采用 24 小时格式还是 12 小时格式。

(2) 拥有 31 字节数据存储 RAM。

(3) 串行 I/O 通信方式，相对并行来说比较节省 I/O 口的使用。

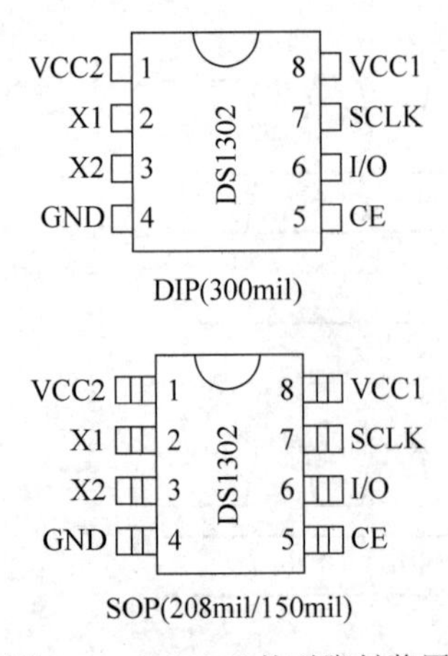

图 14-3　DS1302 的引脚封装图

(4) DS1302 的工作电压比较宽，在 2.0～5.5V 的范围内都可以正常工作。

(5) DS1302 的功耗一般都很低，在工作电压为 2.0V 时，工作电流小于 300nA。

(6) DS1302 共有 8 个引脚，有两种封装形式：一种是 DIP-8 封装，芯片宽度(不含引脚)是 300mil(1mil＝0.254cm)；另一种是 SOP-8 封装。有两种宽度：一种是 150mil，另一种是 208mil。下面看一下 DS1302 的引脚封装图，如图 14-3 所示。

所谓 DIP(Dual In-line Package)，就是双列直插式封装技术，例如开发板上的 STC89C52 单片机就是典型的 DIP 封装，当然这个 STC89C52 还有其他的封装样式，为了方便学习使用，我们采用的是 DIP 封装。而 74HC245、74HC138、24C02、DS1302

使用的都是 SOP(Small Out-Line Package),SOP 是一种芯片两侧引出 L 形引脚的封装技术,我们可以看看开发板上的芯片,了解一下这些常识。

(7) 当供电电压是 5V 时,兼容标准的 TTL 电平标准,这里的意思是,可以完美地和单片机进行通信。

(8) 由于 DS1302 是 DS1202 的升级版本,所以所有的功能都兼容 DS1202。此外 DS1302 有两个电源输入:一个是主电源,另一个是备用电源,例如可以用电池或者大电容,这样做是为了在系统掉电的情况下,时钟会继续运行。如果使用的是充电电池,还可以在正常工作时设置充电功能,给备用电池充电。

DS1302 拥有 31 字节数据存储 RAM,这是 DS1302 额外存在的资源。这 31 字节的 RAM 相当于一个存储器,编写单片机程序时,可以把想存储的数据存储在 DS1302 中,需要的时候读出来,这个功能和 E^2PROM 类似,相当于一个掉电丢失数据的 E^2PROM,如果时钟电路加上备用电池,那么这 31 字节的 RAM 就可以替代 E^2PROM 的功能了。这 31 字节的 RAM 功能使用很少,所以在这里就不讲了,了解即可。

14.3.2 DS1302 的硬件信息

平时所用的不管是单片机,还是其他一些电子器件,根据使用条件的约束,主要是工作温度范围的不同,可以分为商业级和工业级,DS1302 的订购信息如表 14-1 所示。

表 14-1 DS1302 的订购信息

部　件	温度范围/℃	封　装	芯片型号
DS1302+	0～70	8PDIP(300 mil)	DS1302
DS1302N+	−40～85	8PDIP(300 mil)	DS1302
DS1302S+	0～70	8PSOP(208 mil)	DS1302S
DS1302SN+	−40～85	8PSOP(208 mil)	DS1302S
DS1302Z+	0～70	8PSOP(150 mil)	DS1302Z
DS1302ZN+	−40～85	8PSOP(150 mil)	DS1302ZN

在订购 DS1302 的时候,可以根据表 14-1 所标识的来跟销售厂家沟通,商业级的工作温度范围略窄,是 0～70℃,而工业级可以工作在零下 40～85℃。TOP MARK 就是指在芯片上印的字。

DS1302 一共有 8 个引脚,下边要根据引脚分布图和典型电路图介绍每个引脚的功能,如图 14-4 和图 14-5 所示。

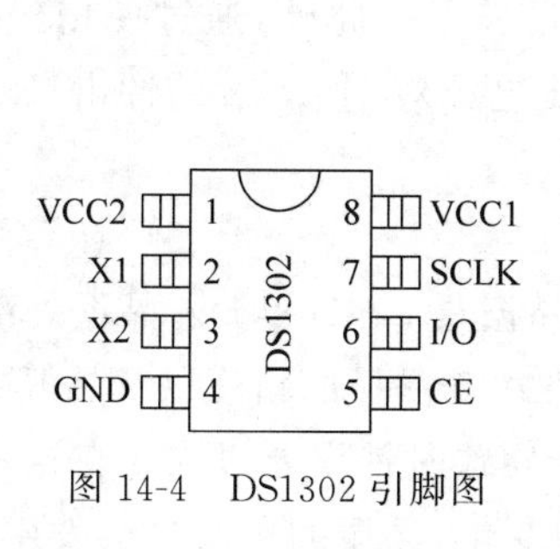

图 14-4 DS1302 引脚图

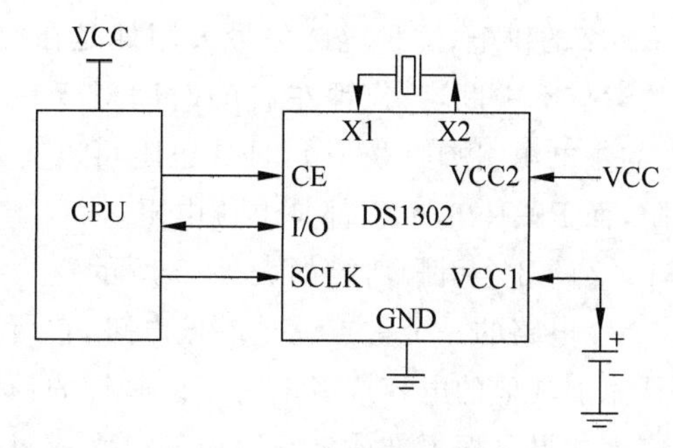

图 14-5 DS1302 典型电路

1 引脚 VCC2 是主电源正极的引脚，2 引脚 X1 和 3 引脚 X2 是晶振输入和输出引脚，4 引脚 GND 是负极，5 引脚 CE 是使能引脚，接单片机的 I/O 口，6 引脚 I/O 是数据传输引脚，接单片机的 I/O 口，7 引脚 SCLK 是通信时钟引脚，接单片机的 I/O 口，8 引脚 VCC1 是备用电源引脚。考虑到 KST-51 开发板是一套以学习板，加上备用电池对航空运输和携带不方便，所以 8 引脚没有接备用电池，而是接了一个 10μF 的电容，这个电容就相当于一个电量很小的电池，经过试验测量得出，其可以在系统掉电后仍维持 DS1302 运行 1 分钟左右的时间，如果想运行时间再长，可以加大电容或者换成备用电池作为备用电源，如果掉电后不需要它再维持运行，也可以干脆悬空，如图 14-6 和图 14-7 所示。

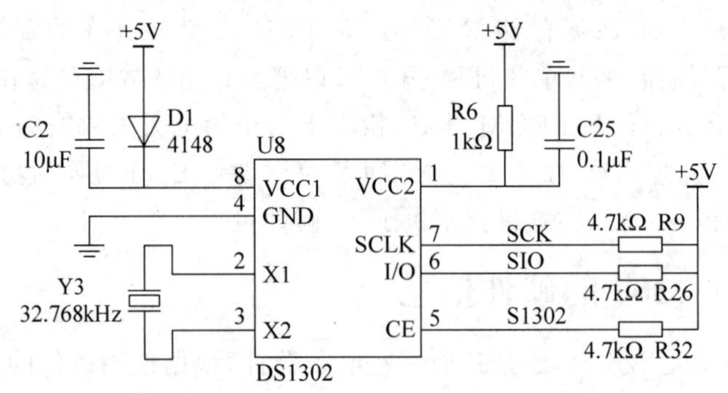

图 14-6　DS1302 接电容作备用电源

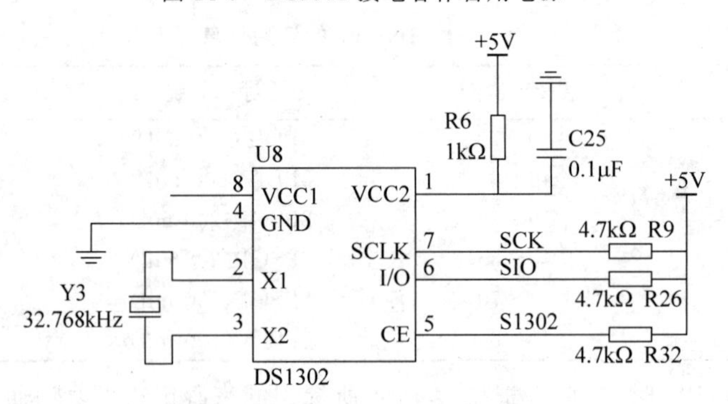

图 14-7　DS1302 无备用电源

涓细电流充电功能基本也用不到，因为实际应用中很少会选择可充电电池作为备用电源，成本太高，可以作为选学。使用的时候直接用 5V 电源接一个二极管，在主电源上电的情况下给电容充电，在主电源掉电的情况下，二极管可以防止电容向主电路放电，而仅用来维持 DS1302 的供电，这种电路的最大用处是在电池供电系统中更换主电池的时候保持实时时钟的运行不中断，1 分钟左右的时间对于更换电池足够了。此外，通过使用经验，在 DS1302 的主电源引脚串联一个 1kΩ 电阻可以有效地防止电源对 DS1302 的冲击，R6 就是这个电阻，而 R9、R26、R32 都是上拉电阻。

DS1302 的 8 个引脚功能如表 14-2 所示。

DS1302 电路的一个重点就是晶振电路，它所使用的晶振是 32.768kHz，晶振外部也不需要额外添加其他的电容或者电阻了。时钟的精度首先取决于晶振的精度以及晶振的引脚负载电容。如果晶振不准或者负载电容过大或过小，都会导致时钟误差过大。在这一切都安排好后，最终一个考虑因素是晶振的温漂。随着温度的变化，晶振的精度也会发生变化，因此,在实际系统中,要经常校准时间。比如计算机的时钟,通常会设置一个选项"将计算机设置与 internet 时间同步"。选中这个选项后,一般过一段时间,计算机就会和 internet 时间校准同步一次。

表 14-2 DS1302 的引脚功能

引脚编号	引脚名称	引 脚 功 能
1	VCC2	主电源引脚,当 VCC2 比 VCC1 高 0.2V 以上时,DS1302 由 VCC2 供电,当 VCC2 低于 VCC1 时,由 VCC1 供电
2	X1	这两个引脚需要接一个 32.768kHz 的晶振,给 DS1302 提供一个基准。特别注意,要求这个晶振的引脚负载电容必须是 6pF,而不是要加 6pF 的电容。如果使用有源晶振,接到 X1 上即可,X2 悬空
3	X2	
4	GND	接地
5	CE	DS1302 的使能输入引脚。当读写 DS1302 的时候,这个引脚必须是高电平,DS1302 这个引脚内部有一个 40kΩ 的下拉电阻
6	I/O	这个引脚是一个双向通信引脚,读写数据都是通过这个引脚完成。DS1302 这个引脚的内部含有一个 40kΩ 的下拉电阻
7	SCLK	输入引脚。SCLK 是用来作为通信的时钟信号。DS1302 这个引脚的内部含有一个 40kΩ 的下拉电阻
8	VCC1	备用电源引脚

14.3.3 DS1302 寄存器介绍

DS1302 的一条指令占一字节,共 8 位,其中第 7 位(即最高位)固定为 1,这一位如果是 0,那写进去也是无效的。第 6 位用于选择 RAM 或 CLOCK,这里主要讲 CLOCK 时钟的使用,它与 RAM 功能不用,所以如果选择 CLOCK 功能,第 6 位是 0,如果要用 RAM,那么第 6 位就是 1。从第 5~1 位,决定了寄存器的 5 位地址,而第 0 位是读写位,如果要写,这一位就是 0,如果要读,这一位就是 1。DS1302 指令直观的位分配如图 14-8 所示。

7	6	5	4	3	2	1	0
1	RAM / $\overline{\text{CK}}$	A4	A3	A2	A1	A0	RD / $\overline{\text{WR}}$

图 14-8 DS1302 指令直观的位分配

DS1302 的时钟寄存器有多个,其中 8 个是和时钟有关的,5 位地址分别是 0b00000~0b00111,还有一个寄存器的地址是 01000,是涓流充电所用的寄存器,这里不讲。在 DS1302 的数据手册里的地址,直接把第 7 位、第 6 位和第 0 位值给出来了,所以指令就成了 0x80、0x81 那些了,最低位是 1,则表示读,最低位是 0,则表示写,DS1302 的时钟寄存器如图 14-9 所示。

寄存器 0:最高位 CH 是一个时钟停止标志位。如果时钟电路有备用电源,上电后,要先检测一下这一位,如果这一位是 0,那说明时钟芯片在系统掉电后,由于备用电源的供给,时钟是持续正常运行的;如果这一位是 1,那么说明时钟芯片在系统掉电后,时钟部分不工

	READ	WRITE	bit7	bit6	bit5	bit4	bit3	bit2	bit1	bit0	RANGE
寄存器 0	81h	80h	CH	十位(Seconds)			个位(Seconds)				00～59
寄存器 1	83h	82h		十位(Minutes)			个位(Minutes)				00～59
寄存器 2	85h	84h	12/$\overline{24}$	0	十位(Hour) $\overline{\text{AM}}$/PM		个位(Hour)				1～12/0～23
寄存器 3	87h	86h	0	0	十位(Date)		个位(Date)				1～31
寄存器 4	89h	88h	0	0	0	十位(Month)	个位(Month)				1～12
寄存器 5	8Bh	8Ah	0	0	0	0	0	Day			1～7
寄存器 6	8Dh	8Ch	十位(Year)				个位(Year)				00～99
寄存器 7	8Fh	8Eh	WP	0	0	0	0	0	0	0	—
寄存器 8	91h	90h	TCS	TCS	TCS	TCS	DS	DS	RS	RS	—

图 14-9 DS1302 的时钟寄存器

作了。如果 VCC1 悬空或者是电池没电了,当下次重新上电时,读取这一位时,那这一位就是 1,可以通过这一位判断时钟在单片机系统掉电后是否还正常运行。剩下的 7 位中高 3 位是秒的十位,低 4 位是秒的个位,这里再提醒注意一次,DS1302 内部是 BCD,而秒的十位最大是 5,所以 3 个二进制位就够了。

寄存器 1：最高位 bit7 未使用,剩下的 7 位中高 3 位是分钟的十位,低 4 位是分钟的个位。

寄存器 2：若 bit7 是 1,则代表是 12 小时制,若为 0,则代表是 24 小时制；bit6 固定是 0,bit5 在 12 小时制下,0 代表的是上午,1 代表的是下午,在 24 小时制下,bit5 和 bit4 一起代表了小时的十位,bit3～bit0 低 4 位代表的是小时的个位。

寄存器 3：bit7～bit6 高 2 位固定是 0,bit5 和 bit4 是日期的十位,低 4 位是日期的个位。

寄存器 4：bit7～bit5 高 3 位固定是 0,bit4 是月的十位,低 4 位是月的个位。

寄存器 5：bit7～bit3 高 5 位固定是 0,bit2～bit0 低 3 位代表了星期。

寄存器 6：bit7～bit4 高 4 位代表了年的十位,bit3～bit0 低 4 位代表了年的个位。特别注意,这里的 00～99 指的是 2000—2099 年。

寄存器 7：最高位一个写保护位,如果这一位是 1,那么是禁止给任何其他寄存器或者那 31 字节的 RAM 写数据的。因此在写数据之前,这一位必须先写成 0。

寄存器 8 在此不再详细介绍。

14.3.4 DS1302 通信时序介绍

DS1302 前面有提到,是三根线,分别是 CE、I/O 和 SCLK,其中 CE 是使能线,SCLK 是时钟线,I/O 是数据线。发现没有,DS1302 的通信线定义和 SPI 通信线的定义非常相似。

事实上,DS1302 的通信是 SPI 通信的变种,它用了 SPI 的通信时序,但是通信的时候没有完全按照 SPI 的规则来。下面一点点解剖 DS1302 的变异 SPI 通信方式。

先看一下单字节写操作通信时序,如图 14-10 所示。

然后再对比一下 CPOL=0/CPHA=0 情况下 SPI 操作的通信时序,如图 14-11 所示。

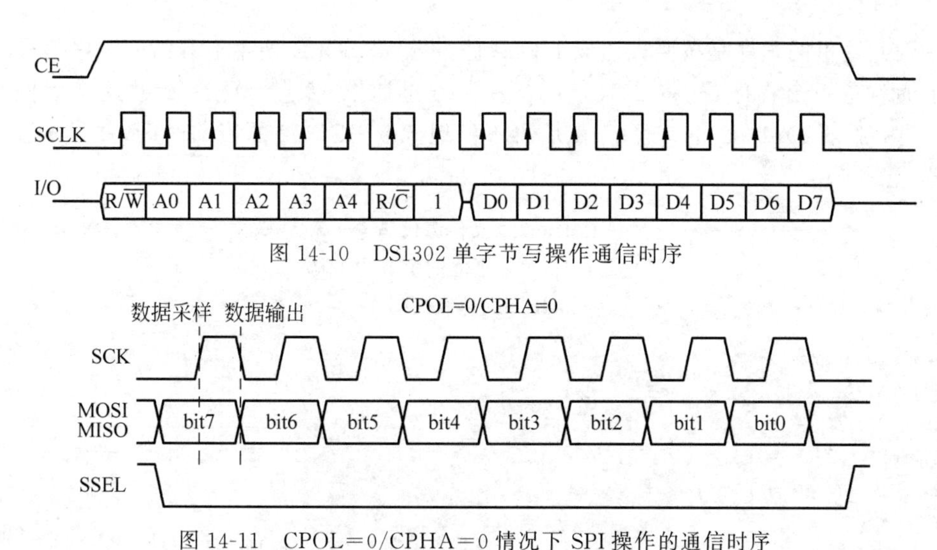

图 14-10　DS1302 单字节写操作通信时序

图 14-11　CPOL＝0/CPHA＝0 情况下 SPI 操作的通信时序

图 14-10 和图 14-11 的通信时序，其中 CE 和 SSEL 的使能控制是反的，对于通信写数据，都是在 SCK 的上升沿，从机进行采样，下降沿的时候，主机发送数据。DS1302 的时序里，单片机要预先写一个字节指令，指明要写入的寄存器的地址以及后续的操作是写操作，然后再写入一字节的数据。

对于单字节读操作，这里不做对比，把 DS1302 的通信时序图展示出来，读者自己看一下即可，如图 14-12 所示。

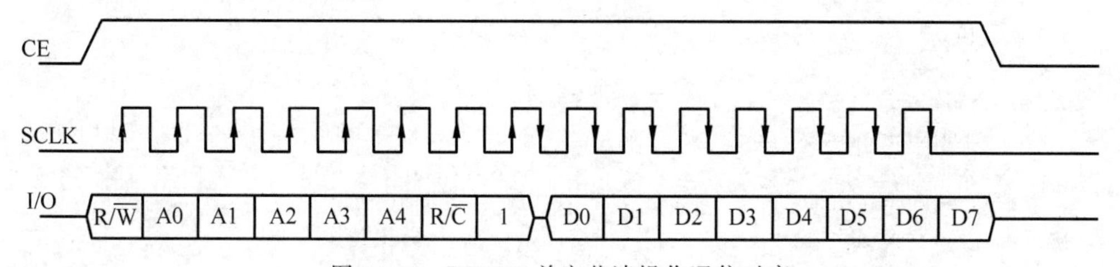

图 14-12　DS1302 单字节读操作通信时序

读操作有下面两处需要特别注意。第一，DS1302 的时序图上的箭头都是针对 DS1302 来说的，因此读操作的时候，先写第一字节指令，上升沿的时候 DS1302 来锁存数据，下降沿用单片机发送数据。到了第二字节数据，由于这个时序过程相当于 CPOL＝0/CPHA＝0，第二字节是 DS1302 下降沿输出数据，单片机上升沿来读取，因此箭头从 DS1302 角度来说，出现在了下降沿。第二，单片机没有标准的 SPI 接口，和 I2C 一样需要用 I/O 口来模拟通信过程。在读 DS1302 的时候，理论上 SPI 是上升沿读取，但是在程序中是用 I/O 口模拟的，所以数据的读取和时钟沿的变化不可能同时，必然有一个先后顺序。通过实验发现，如果先读取 I/O 线上的数据，再拉高 SCLK 产生上升沿，那么读到的数据一定是正确的，而颠倒顺序后数据就有可能出错。这个问题产生的原因还是在于 DS1302 的通信协议与标准 SPI 协议存在差异，如果是标准 SPI 的数据线，数据会一直保持到下一个周期的下降沿才会变化，所以读取数据和上升沿的先后顺序就无所谓了；但 DS1302 的 I/O 线会在时钟上升沿后被 DS1302 释放，也就是撤销强推挽输出变为弱下拉状态，而此时在 51 单片机引脚内部上拉的作用下，I/O 线上的实际电平会慢慢上升，从而导致在上升沿产生后再读取 I/O 数据就可能出错。因此这里的程序是按照先读取 I/O 数据，再拉高 SCLK 产生上升沿的顺序编写的。

下面就写一个程序，先将 2013 年 10 月 8 号星期二 12 点 30 分 00 秒这个时间写到 DS1302 内部，让 DS1302 正常运行，然后再不停地读取 DS1302 的当前时间，并显示在液晶显示器上。

/ ****************************** **Lcd1602.c 文件源代码** ****************************** /

（此处省略，可参考之前章节的代码）

/ ****************************** **main.c 文件源代码** ****************************** /

```
#include <reg52.h>

sbit DS1302_CE = P1^7;
sbit DS1302_CK = P3^5;
sbit DS1302_IO = P3^4;

bit flag200ms = 0;                              //200ms 定时标志
unsigned char T0RH = 0;                         //T0 重载值的高字节
unsigned char T0RL = 0;                         //T0 重载值的低字节

void ConfigTimer0(unsigned int ms);
void InitDS1302();
unsigned char DS1302SingleRead(unsigned char reg);
extern void InitLcd1602();
extern void LcdShowStr(unsigned char x, unsigned char y, unsigned char * str);

void main()
{
    unsigned char i;
    unsigned char psec = 0xAA;                  //秒备份,初值 AA 确保首次读取时间后会刷
                                                //新显示
    unsigned char time[8];                      //当前时间数组
    unsigned char str[12];                      //字符串转换缓冲区

    EA = 1;                                     //开总中断
    ConfigTimer0(1);                            //T0 定时 1ms
    InitDS1302();                               //初始化实时时钟
    InitLcd1602();                              //初始化液晶显示器

    while (1)
    {
        if (flag200ms)                          //每 200ms 读取一次时间
        {
            flag200ms = 0;
            for (i = 0; i < 7; i++)             //读取 DS1302 当前时间
            {
                time[i] = DS1302SingleRead(i);
            }
            if (psec != time[0])                //检测到时间有变化时刷新显示
            {
                str[0] = '2';                   //添加年份的高 2 位: 20
                str[1] = '0';
```

```
                str[2] = (time[6] >> 4) + '0';       //"年"高位数字转换为 ASCII 码
                str[3] = (time[6]&0x0F) + '0';       //"年"低位数字转换为 ASCII 码
                str[4] = '-';                        //添加日期分隔符
                str[5] = (time[4] >> 4) + '0';       //"月"
                str[6] = (time[4]&0x0F) + '0';
                str[7] = '-';
                str[8] = (time[3] >> 4) + '0';       //"日"
                str[9] = (time[3]&0x0F) + '0';
                str[10] = '\0';
                LcdShowStr(0, 0, str);               //显示到液晶显示器的第一行

                str[0] = (time[5]&0x0F) + '0';       //"星期"
                str[1] = '\0';
                LcdShowStr(11, 0, "week");
                LcdShowStr(15, 0, str);              //显示到液晶显示器的第一行

                str[0] = (time[2] >> 4) + '0';       //"时"
                str[1] = (time[2]&0x0F) + '0';
                str[2] = ':';                        //添加时间分隔符
                str[3] = (time[1] >> 4) + '0';       //"分"
                str[4] = (time[1]&0x0F) + '0';
                str[5] = ':';
                str[6] = (time[0] >> 4) + '0';       //"秒"
                str[7] = (time[0]&0x0F) + '0';
                str[8] = '\0';
                LcdShowStr(4, 1, str);               //显示到液晶显示器的第二行

                psec = time[0];                      //用当前值更新上次秒数
            }
        }
    }
}
/* 发送一字节到 DS1302 通信总线上 */
void DS1302ByteWrite(unsigned char dat)
{
    unsigned char mask;
    for (mask = 0x01; mask!= 0; mask <<= 1)          //低位在前,逐位移出
    {
        if ((mask&dat) != 0)                         //首先输出该位数据
            DS1302_IO = 1;
        else
            DS1302_IO = 0;
        DS1302_CK = 1;                               //然后拉高时钟
        DS1302_CK = 0;                               //再拉低时钟,完成一个位的操作
    }
    DS1302_IO = 1;                                   //最后确保释放 I/O 引脚
}
/* 从 DS1302 通信总线上读取一字节 */
unsigned char DS1302ByteRead()
{
    unsigned char mask;
    unsigned char dat = 0;
```

```
    for (mask = 0x01; mask!= 0; mask <<= 1)  //低位在前,逐位读取
    {
        if (DS1302_IO != 0)                 //首先读取此时的 I/O 引脚,并设置 dat 中的对应位
        {
            dat |= mask;
        }
        DS1302_CK = 1;                      //然后拉高时钟
        DS1302_CK = 0;                      //再拉低时钟,完成一个位的操作
    }
    return dat;                             //最后返回读到的字节数据
}
/* 用单次写操作向某一寄存器写入一字节,reg 为寄存器地址,dat 为待写入字节 */
void DS1302SingleWrite(unsigned char reg, unsigned char dat)
{
    DS1302_CE = 1;                          //使能片选信号
    DS1302ByteWrite((reg << 1)|0x80);       //发送写寄存器指令
    DS1302ByteWrite(dat);                   //写入字节数据
    DS1302_CE = 0;                          //清除使能片选信号
}
/* 用单次读操作从某一寄存器读取一字节,reg 为寄存器地址,返回值为读到的字节 */
unsigned char DS1302SingleRead(unsigned char reg)
{
    unsigned char dat;

    DS1302_CE = 1;                          //使能片选信号
    DS1302ByteWrite((reg << 1)|0x81);       //发送读寄存器指令
    dat = DS1302ByteRead();                 //读取字节数据
    DS1302_CE = 0;                          //清除使能片选信号

    return dat;
}
/* DS1302 初始化,如发生掉电则重新设置初始时间 */
void InitDS1302()
{
    unsigned char i;
    unsigned char code InitTime[] = {       //2013 年 10 月 8 日 星期二 12:30:00
        0x00,0x30,0x12, 0x08, 0x10, 0x02, 0x13
    };

    DS1302_CE = 0;                          //初始化 DS1302 通信引脚
    DS1302_CK = 0;
    i = DS1302SingleRead(0);                //读取秒寄存器
    if ((i & 0x80) != 0)                    //由秒寄存器最高位 CH 的值判断 DS1302 是否已停止
    {
        DS1302SingleWrite(7, 0x00);         //撤销写保护以允许写入数据
        for (i = 0; i < 7; i++)             //设置 DS1302 为默认的初始时间
        {
            DS1302SingleWrite(i, InitTime[i]);
        }
    }
}
/* 配置并启动 T0,ms - T0 定时时间 */
void ConfigTimer0(unsigned int ms)
```

```
{
    unsigned long tmp;                          //临时变量

    tmp = 11059200 / 12;                        //定时器计数频率
    tmp = (tmp * ms) / 1000;                    //计算所需的计数值
    tmp = 65536 - tmp;                          //计算定时器重载值
    tmp = tmp + 12;                             //补偿中断响应延时造成的误差
    T0RH = (unsigned char)(tmp >> 8);           //定时器重载值拆分为高字节和低字节
    T0RL = (unsigned char)tmp;
    TMOD &= 0xF0;                               //清 0 T0 的控制位
    TMOD |= 0x01;                               //配置 T0 为模式 1
    TH0 = T0RH;                                 //加载 T0 重载值
    TL0 = T0RL;
    ET0 = 1;                                    //使能 T0 中断
    TR0 = 1;                                    //启动 T0
}
/* T0 中断服务函数,执行 200ms 定时 */
void InterruptTimer0() interrupt 1
{
    static unsigned char tmr200ms = 0;

    TH0 = T0RH;                                 //重新加载重载值
    TL0 = T0RL;
    tmr200ms++;
    if (tmr200ms >= 200)                        //定时 200ms
    {
        tmr200ms = 0;
        flag200ms = 1;
    }
}
```

前边学习了 I2C 和 E^2PROM 的底层读写时序,那么 DS1302 的底层读写时序程序的实现方法与之类似,这里就不过多解释了,大家自己认真揣摩。

14.3.5 DS1302 的时钟突发模式

进行产品开发的时候,逻辑的严谨性非常重要,如果一个产品或者程序在逻辑上不严谨,就有可能出现功能上的错误。比如 14.3.4 节的程序,当单片机定时器定时到了 200ms 后,连续把 DS1302 的时间参数的 7 字节读出来。但是不管怎么读,都会有一个时间差,在极端的情况下就会出现这样一种情况:假如当前的时间是 00:00:59,先读秒,读到的秒数是 59,然后再去读分,而就在读完秒到还未开始读分的这段时间内,刚好时间进位了,变成了 00:01:00 这个时间,读到的分就是 01,显示在液晶显示器上就会出现一个 00:01:59,这个时间很明显是错误的。虽然出现这个问题的概率极小,但却是实实在在可能存在的。

对于这个问题,芯片厂商肯定要提供一种解决方案,这就是 DS1302 的突发模式。突发模式也分为 RAM 突发模式和时钟突发模式(Clock Burst Mode),RAM 部分我们不讲,只看和时钟相关的时钟突发模式。

当写指令到 DS1302 的时候,只要将要写的 5 位地址全部写 1,即读操作用 0xBF,写操作用 0xBE,这样的指令送给 DS1302 之后,它就会自动识别出是时钟突发模式,马上把所有的 8 字节同时锁存到另外的 8 字节的寄存器缓冲区内,这样时钟继续运行,而我们读数据是从另外一个缓冲区内读取的。同样的道理,如果用时钟突发模式写数据,那么也是先写到这个缓冲区内,最终 DS1302 会把这个缓冲区内的数据一次性送到它的时钟寄存器内。

要注意的是,不管是读还是写,只要使用时钟的时钟突发模式,则必须一次性读写 8 个寄存器,要把时钟的寄存器完全读出来或者完全写进去。

下边就提供一个时钟突发模式的例程以供参考,程序的功能还是与上一节程序一样。

/****************************** **Lcd1602.c 文件源代码** ******************************/

(此处省略,可参考之前章节的代码)

/****************************** **main.c 文件源代码** ******************************/

```
#include <reg52.h>

sbit DS1302_CE = P1^7;
sbit DS1302_CK = P3^5;
sbit DS1302_IO = P3^4;

bit flag200ms = 0;                                      //200ms 定时标志
unsigned char T0RH = 0;                                 //T0 重载值的高字节
unsigned char T0RL = 0;                                 //T0 重载值的低字节

void ConfigTimer0(unsigned int ms);
void InitDS1302();
void DS1302BurstRead(unsigned char * dat);
extern void InitLcd1602();
extern void LcdShowStr(unsigned char x, unsigned char y, unsigned char * str);

void main()
{
    unsigned char psec = 0xAA;          //秒备份,初值 AA 确保首次读取时间后会刷新显示
    unsigned char time[8];                              //当前时间数组
    unsigned char str[12];                              //字符串转换缓冲区

    EA = 1;                                             //开总中断
    ConfigTimer0(1);                                    //T0 定时 1ms
    InitDS1302();                                       //初始化实时时钟
    InitLcd1602();                                      //初始化液晶显示器

    while (1)
    {
        if (flag200ms)                                  //每 200ms 依次读取时间
        {
            flag200ms = 0;
            DS1302BurstRead(time);                      //读取 DS1302 当前时间
            if (psec != time[0])                        //检测到时间有变化时,刷新显示
            {
                str[0] = '2';                           //添加年份的高 2 位: 20
                str[1] = '0';
                str[2] = (time[6] >> 4) + '0';          //"年"高位数字转换为 ASCII 码
```

```
                str[3] = (time[6]&0x0F) + '0';        //"年"低位数字转换为 ASCII 码
                str[4] = '-';                          //添加日期分隔符
                str[5] = (time[4] >> 4) + '0';         //"月"
                str[6] = (time[4]&0x0F) + '0';
                str[7] = '-';
                str[8] = (time[3] >> 4) + '0';         //"日"
                str[9] = (time[3]&0x0F) + '0';
                str[10] = '\0';
                LcdShowStr(0, 0, str);                 //显示到液晶显示器的第一行

                str[0] = (time[5]&0x0F) + '0';         //"星期"
                str[1] = '\0';
                LcdShowStr(11, 0, "week");
                LcdShowStr(15, 0, str);                //显示到液晶显示器的第一行

                str[0] = (time[2] >> 4) + '0';         //"时"
                str[1] = (time[2]&0x0F) + '0';
                str[2] = ':';                          //添加时间分隔符
                str[3] = (time[1] >> 4) + '0';         //"分"
                str[4] = (time[1]&0x0F) + '0';
                str[5] = ':';
                str[6] = (time[0] >> 4) + '0';         //"秒"
                str[7] = (time[0]&0x0F) + '0';
                str[8] = '\0';
                LcdShowStr(4, 1, str);                 //显示到液晶显示器的第二行

                psec = time[0];                        //用当前值更新上次秒数
            }
        }
    }
}

/* 发送一字节到 DS1302 通信总线上 */
void DS1302ByteWrite(unsigned char dat)
{
    unsigned char mask;

    for (mask = 0x01; mask!= 0; mask <<= 1)           //低位在前,逐位移出
    {
        if ((mask&dat) != 0)                           //首先输出该位数据
            DS1302_IO = 1;
        else
            DS1302_IO = 0;
        DS1302_CK = 1;                                 //然后拉高时钟
        DS1302_CK = 0;                                 //再拉低时钟,完成一个位的操作
    }
    DS1302_IO = 1;                                     //最后确保释放 I/O 引脚
}
/* 从 DS1302 通信总线上读取一字节 */
unsigned char DS1302ByteRead()
{
    unsigned char mask;
    unsigned char dat = 0;
```

```
    for (mask = 0x01; mask!= 0; mask <<= 1)  //低位在前,逐位读取
    {
        if (DS1302_IO != 0)                  //首先读取此时的 I/O 引脚,并设置 dat 中的对应位
        {
            dat |= mask;
        }
        DS1302_CK = 1;                       //然后拉高时钟
        DS1302_CK = 0;                       //再拉低时钟,完成一个位的操作
    }
    return dat;                              //最后返回读到的字节数据
}
/* 用单次写操作向某一寄存器写入一字节,reg 为寄存器地址,dat 为待写入字节 */
void DS1302SingleWrite(unsigned char reg, unsigned char dat)
{
    DS1302_CE = 1;                           //使能片选信号
    DS1302ByteWrite((reg << 1)|0x80);        //发送写寄存器指令
    DS1302ByteWrite(dat);                    //写入字节数据
    DS1302_CE = 0;                           //清除使能片选信号
}
/* 用单次读操作从某一寄存器读取一字节,reg 为寄存器地址,返回值为读到的字节 */
unsigned char DS1302SingleRead(unsigned char reg)
{
    unsigned char dat;

    DS1302_CE = 1;                           //使能片选信号
    DS1302ByteWrite((reg << 1)|0x81);        //发送读寄存器指令
    dat = DS1302ByteRead();                  //读取字节数据
    DS1302_CE = 0;                           //清除使能片选信号

    return dat;
}
/* 用时钟突发模式连续写入 8 个寄存器数据,dat 为待写入数据指针 */
void DS1302BurstWrite(unsigned char * dat)
{
    unsigned char i;

    DS1302_CE = 1;
    DS1302ByteWrite(0xBE);                   //发送突发写寄存器指令
    for (i = 0; i < 8; i++)                  //连续写入 8 字节数据
    {
        DS1302ByteWrite(dat[i]);
    }
    DS1302_CE = 0;
}
/* 用时钟突发模式连续读取 8 个寄存器的数据,dat 为读取数据的接收指针 */
void DS1302BurstRead(unsigned char * dat)
{
    unsigned char i;

    DS1302_CE = 1;
    DS1302ByteWrite(0xBF);                   //发送突发读寄存器指令
    for (i = 0; i < 8; i++)                  //连续读取 8 字节
```

```
        {
            dat[i] = DS1302ByteRead();
        }
        DS1302_CE = 0;
}
/* DS1302初始化,如发生掉电,则重新设置初始时间 */
void InitDS1302()
{
    unsigned char dat;
    unsigned char code InitTime[] = {      //2013年10月8日 星期二 12:30:00
        0x00,0x30,0x12, 0x08, 0x10, 0x02, 0x13, 0x00
    };

    DS1302_CE = 0;                         //初始化DS1302通信引脚
    DS1302_CK = 0;
    dat = DS1302SingleRead(0);             //读取秒寄存器
    if ((dat & 0x80) != 0)                 //由秒寄存器最高位CH的值判断DS1302是否已停止
    {
        DS1302SingleWrite(7, 0x00);        //撤销写保护以允许写入数据
        DS1302BurstWrite(InitTime);        //设置DS1302为默认的初始时间
    }
}
/* 配置并启动T0,ms为T0定时时间 */
void ConfigTimer0(unsigned int ms)
{
    unsigned long tmp;                     //临时变量

    tmp = 11059200 / 12;                   //定时器计数频率
    tmp = (tmp * ms) / 1000;               //计算所需的计数值
    tmp = 65536 - tmp;                     //计算定时器重载值
    tmp = tmp + 12;                        //补偿中断响应延时造成的误差
    T0RH = (unsigned char)(tmp >> 8);      //定时器重载值拆分为高字节和低字节
    T0RL = (unsigned char)tmp;
    TMOD &= 0xF0;                          //清0 T0的控制位
    TMOD |= 0x01;                          //配置T0为模式1
    TH0 = T0RH;                            //加载T0重载值
    TL0 = T0RL;
    ET0 = 1;                               //使能T0中断
    TR0 = 1;                               //启动T0
}
/* T0中断服务函数,执行200ms定时 */
void InterruptTimer0() interrupt 1
{
    static unsigned char tmr200ms = 0;

    TH0 = T0RH;                            //重新加载重载值
    TL0 = T0RL;
    tmr200ms++;
    if (tmr200ms >= 200)                   //定时200ms
    {
        tmr200ms = 0;
        flag200ms = 1;
    }
}
```

14.4 复合数据类型

在前边学数据类型的时候,主要学习的是字符型、整型、浮点型等基本类型,而学数组的时候,数组的定义要求数组元素必须是相同的数据类型。在实际应用中,有时还需要把不同类型的数据组成一个有机的整体来处理,这些组合在一个整体中的数据之间还有一定的联系,比如一个学生的姓名、性别、年龄、考试成绩等,这就引入了复合数据类型。复合数据类型主要包含结构体数据类型、共用体数据类型和枚举体数据类型。

14.4.1 结构体数据类型

首先回顾一下上面的例子,把 DS1302 的 7 字节的时间放到一个缓冲数组中,然后把数组中的值稍作转换显示到液晶显示器上,这里就存在一个小问题,DS1302 时间寄存器的定义并不是常用的"年月日时分秒"的顺序,而是在中间加了一字节的"星期几",而且每当要用这个时间的时候都要清楚地记得数组的第几个元素表示的是什么,这样一来,一是很容易出错,二是程序的可读性不强。当然可以把每个元素都定一个明确的变量名称,这样就不容易出错也易读了,但结构上却显得很零散了。于是,就可以用结构体来将这一组彼此相关的数据做一个封装,它们既组成了一个整体,易读不易错,而且可以单独定义其中每个成员的数据类型,比如把年份用 unsigned int 类型定义,即用 4 个十进制位来表示显然比用二进制位更符合日常习惯,而其他的类型还是可以用二进制位来表示。结构体本身不是一个基本的数据类型,而是构造类型的,它的每个成员可以是一个基本的数据类型或者是一个构造类型。结构体既然是一种构造而成的数据类型,那么在使用它之前必须先定义。

声明结构体变量的一般格式如下:

```
struct 结构体名
{
    类型 1 变量名 1;
    类型 2 变量名 2;
    …
    类型 n 变量名 n;
} 结构体变量名 1, 结构体变量名 2, …,结构体变量名 n;
```

这种声明方式是在声明结构体类型的同时又用它定义了结构体变量,此时的结构体名是可以省略的,但如果省略后,就不能在别处再次定义这样的结构体变量了。这种方式把类型定义和变量定义混在了一起,降低了程序的灵活性和可读性,因此并不建议采用这种方式,而是推荐用以下这种方式:

```
struct 结构体名
{
    类型 1 变量名 1;
    类型 2 变量名 2;
    …
    类型 n 变量名 n;
};
struct 结构体名 结构体变量名 1, 结构体变量名 2, …,结构体变量名 n;
```

为了方便读者理解,下面构造一个实际的表示日期时间的结构体。

```
struct sTime {              //日期时间结构体定义
    unsigned int year;      //年
    unsigned char mon;      //月
    unsigned char day;      //日
    unsigned char hour;     //时
    unsigned char min;      //分
    unsigned char sec;      //秒
    unsigned char week;     //星期
};
struct sTime bufTime;
```

struct 是结构体类型的关键字，sTime 是这个结构体的名字，bufTime 就是定义了一个具体的结构体变量。如果要给结构体变量的成员赋值，写法是

```
bufTime.year = 0x2013;
bufTime.mon = 0x10;
```

数组的元素也可以是结构体类型，因此可以构成结构体数组，结构体数组的每一个元素都是具有相同结构类型的结构体变量。例如前边构造的结构类型，直接定义成"struct sTime bufTime[3];"就表示定义了一个结构体数组，这个数组中的 3 个元素，每一个都是一个结构体变量。同样的道理，结构体数组中的元素的成员如果需要赋值，就可以写成

```
bufTime[0].year = 0x2013;
bufTime[0].mon = 0x10;
```

一个指针变量如果指向了一个结构体变量，就称为结构指针变量。结构指针变量是指向的结构体变量的首地址，通过结构体指针也可以访问这个结构变量。

结构指针变量声明的一般形式如下：

```
struct sTime * pbufTime;
```

这里要特别注意的是，使用结构体指针对结构体成员的访问和使用结构体变量名对结构体成员的访问，其表达式有所不同。结构体指针对结构体成员的访问表达式为

```
pbufTime->year = 0x2013;
```

或者是

```
(*pbufTime).year = 0x2013;
```

很明显，前者更简洁，所以推荐使用。

14.4.2 共用体数据类型

共用体也称为联合体，共用体定义和结构体十分类似，同样推荐以下形式：

```
union 共用体名
{
    数据类型 1 成员名 1;
    数据类型 2 成员名 2;
    …
    数据类型 n 成员名 n;
};
union 共用体名 共用体变量;
```

共用体表示的是几个变量共用一个内存位置，也就是成员 1，成员 2，…，成员 n 都用一

个内存位置。共用体成员的访问方式和结构体是一样的，成员访问的方式是“共用体名.成员名”，使用指针来访问的方式是“共用体名→成员名”。

共用体可以出现在结构体内，结构体也可以出现在共用体内，在日常编程的应用中，应用最多的是结构体出现在共用体内，例如：

```
union
{
    unsigned int value;
    struct
    {
        unsigned char first;
        unsigned char second;
    } half;
} number;
```

这样将一个结构体定义到一个共用体内部，当采用无符号整型赋值时，直接调用 value 这个变量，同时，也可以通过访问或赋值给 first 和 second 这两个变量来访问或修改 value 的高字节和低字节。

这样看起来似乎是可以高效率地在 int 型变量和它的高低字节之间切换访问，但请回想一下，在介绍数据指针的时候就曾提到过，多字节变量的字节顺序取决于单片机架构和编译器，并非是固定不变的，所以以这种方式写好的程序代码在换到另一种单片机和编译环境后，就有可能是错的，从安全和可移植的角度来讲，这样的代码是存在隐患的，所以现在在诸多以安全为首要诉求的 C 语言编程规范中干脆直接禁止使用共用体。我们虽然不禁止，但也不推荐使用，除非你清楚地了解你所使用的开发环境的实现细节。

共用体和结构体的主要区别如下：

(1) 结构体和共用体都是由多个不同的数据类型成员组成，但在任何一个时刻，共用体只能存放一个被选中的成员，而结构体所有的成员都存在。

(2) 对于共同体的不同成员的赋值，将会改变其他成员的值，而对于结构体不同成员的赋值是相互之间不影响的。

14.4.3 枚举数据类型

在实际问题中，有些变量的取值被限定在一个有限的范围内。例如，一个星期从周一到周日有 7 天，一年从 1 月到 12 月有 12 个月，蜂鸣器有响和不响两种状态等。把这些变量定义成整型或者字符型不是很合适，因为这些变量都有自己的范围。C 语言提供了一种称为“枚举”的类型，在枚举类型的定义中列举出所有可能的值，并可以为每一个值取一个形象化的名字，它的这一特性可以提高程序代码的可读性。

枚举数据类型的格式如下：

```
enum 枚举名
{
    标识符 1[ = 整型常数],
    标识符 2[ = 整型常数],
    …
    标识符 n[ = 整型常数]
};
enum 枚举名 枚举变量;
```

枚举数据类型的格式中，如果没有被初始化，那么"＝整型常数"是可以被省略的，如果是默认值，从第一个标识符顺序赋值 0,1,2…，但是当枚举中任何一个成员被赋值后，它后边的成员按照依次加 1 的规则确定数值。

枚举的使用，有几点要注意：

（1）枚举中每个成员结束符是逗号，而不是分号，最后一个成员可以省略逗号。

（2）枚举成员的初始化值可以是负数，但是后边的成员依然依次加 1。

（3）枚举变量只能取枚举结构中的某个标识符常量，不可以在范围之外。

14.5　电子钟实例

共用体除非必要，否则不推荐使用，枚举的用法比较简单，在本书 17 章的项目实践中有很好的示例，本小节先来练习一下结构体的使用。下边这个程序的功能是一个带日期的电子钟，相当于一个简易万年历了，并且加入了按键调时功能。学有余力的学生看到这里，不妨先不看提供的代码，自己写写试试。如果能够独立写一个按键可调的万年历程序，单片机的应用可以说基本入门了。如果自己还不能够独立完成这个程序，那么还是老规矩，先抄并且理解，而后自己独立默写出来，并且要边默写边理解。

本例直接忽略了星期这项内容，通过上、下、左、右、回车键、Esc 这 6 个按键可以调整时间。这也是一个具有综合练习性质的实例，虽然在功能实现上没有多少难度，但要进行的操作却比较多而且烦琐，读者可以从中体会到把繁杂的功能实现分解为一步步函数操作的必要性以及方便灵活性。简单说一下这个程序的几个要点，方便读者阅读理解程序。

（1）把 DS1302 的底层操作封装为一个 DS1302.c 文件，该文件对上层应用提供基本的实时时间的操作接口，该文件也是一个功能模块了。

（2）定义一个结构体类型 sTime 用来封装日期时间的各个元素，又用该结构体定义了一个时间缓冲区变量 bufTime 来暂存从 DS1302 读出的时间和设置时间时的设定值。需要注意的是，在其他文件中要使用这个结构体变量时，必须先再声明一次 sTime 类型。

（3）定义一个变量 setIndex 来控制当前是否处于设置时间的状态，以及设置时间的哪一位，该值为 0，表示正常运行，1～12 分别代表可以修改日期时间的 12 个位。

（4）由于本节的程序功能要进行时间调整，用到了 1602 液晶显示器的光标功能，添加了设置光标的函数，如果要改变哪一位的数字，就在 1602 液晶显示器对应位置上进行光标闪烁，所以修改 Lcd1602.c 文件，在之前文件的基础上添加了两个控制光标的函数。

（5）时间的显示、增减、设置移位等上层功能函数都放在主文件 main.c 中实现，当按键需要这些函数时，则在按键文件中做外部声明，这样做是为了避免一组功能函数分散在不同的文件内，使程序显得凌乱。

/ ****************************** **DS1302.c 文件源代码** ****************************** /

```
#include <reg52.h>

sbit DS1302_CE = P1^7;
sbit DS1302_CK = P3^5;
sbit DS1302_IO = P3^4;
```

```
struct sTime {                                    //日期时间结构体定义
    unsigned int year;                            //年
    unsigned char mon;                            //月
    unsigned char day;                            //日
    unsigned char hour;                           //时
    unsigned char min;                            //分
    unsigned char sec;                            //秒
    unsigned char week;                           //星期
};

/* 发送一字节到 DS1302 通信总线上 */
void DS1302ByteWrite(unsigned char dat)
{
    unsigned char mask;

    for (mask = 0x01; mask!= 0; mask <<= 1)    //低位在前,逐位移出
    {
        if ((mask&dat) != 0)                      //首先输出该位数据
            DS1302_IO = 1;
        else
            DS1302_IO = 0;
        DS1302_CK = 1;                            //然后拉高时钟
        DS1302_CK = 0;                            //再拉低时钟,完成一个位的操作
    }
    DS1302_IO = 1;                                //最后确保释放 I/O 引脚
}
/* 从 DS1302 通信总线上读取一字节 */
unsigned char DS1302ByteRead()
{
    unsigned char mask;
    unsigned char dat = 0;

    for (mask = 0x01; mask!= 0; mask <<= 1)    //低位在前,逐位读取
    {
        if (DS1302_IO != 0)                       //首先读取此时的 I/O 引脚,并设置 dat 中的对应位
        {
            dat |= mask;
        }
        DS1302_CK = 1;                            //然后拉高时钟
        DS1302_CK = 0;                            //再拉低时钟,完成一个位的操作
    }
    return dat;                                   //最后返回读到的字节数据
}
/* 用单次写操作向某一寄存器写入一字节,reg 为寄存器地址,dat 为待写入字节 */
void DS1302SingleWrite(unsigned char reg, unsigned char dat)
{
    DS1302_CE = 1;                                //使能片选信号
    DS1302ByteWrite((reg << 1)|0x80);             //发送写寄存器指令
    DS1302ByteWrite(dat);                         //写入字节数据
    DS1302_CE = 0;                                //清除使能片选信号
}
/* 用单次读操作从某一寄存器读取一字节,reg 为寄存器地址,返回值为读到的字节 */
unsigned char DS1302SingleRead(unsigned char reg)
```

```
{
    unsigned char dat;

    DS1302_CE = 1;                                  //使能片选信号
    DS1302ByteWrite((reg << 1)|0x81);               //发送读寄存器指令
    dat = DS1302ByteRead();                         //读取字节数据
    DS1302_CE = 0;                                  //清除使能片选信号

    return dat;
}
/* 用时钟突发模式连续写入 8 个寄存器数据,dat 为待写入数据指针 */
void DS1302BurstWrite(unsigned char * dat)
{
    unsigned char i;

    DS1302_CE = 1;
    DS1302ByteWrite(0xBE);                          //发送突发写寄存器指令
    for (i = 0; i < 8; i++)                         //连续写入 8 字节数据
    {
        DS1302ByteWrite(dat[i]);
    }
    DS1302_CE = 0;
}
/* 用时钟突发模式连续读取 8 个寄存器的数据,dat 为读取数据的接收指针 */
void DS1302BurstRead(unsigned char * dat)
{
    unsigned char i;

    DS1302_CE = 1;
    DS1302ByteWrite(0xBF);                          //发送突发读寄存器指令
    for (i = 0; i < 8; i++)                         //连续读取 8 字节
    {
        dat[i] = DS1302ByteRead();
    }
    DS1302_CE = 0;
}
/* 获取实时时间,即读取 DS1302 当前时间并转换为时间结构体格式 */
void GetRealTime(struct sTime * time)
{
    unsigned char buf[8];

    DS1302BurstRead(buf);
    time->year = buf[6] + 0x2000;
    time->mon = buf[4];
    time->day = buf[3];
    time->hour = buf[2];
    time->min = buf[1];
    time->sec = buf[0];
    time->week = buf[5];
}
/* 设定实时时间,时间结构体格式的设定时间转换为数组并写入 DS1302 */
void SetRealTime(struct sTime * time)
{
```

```
    unsigned char buf[8];

    buf[7] = 0;
    buf[6] = time->year;
    buf[5] = time->week;
    buf[4] = time->mon;
    buf[3] = time->day;
    buf[2] = time->hour;
    buf[1] = time->min;
    buf[0] = time->sec;
    DS1302BurstWrite(buf);
}
/* DS1302初始化,如发生掉电,则重新设置初始时间 */
void InitDS1302()
{
    unsigned char dat;
    struct sTime code InitTime[] = {        //2013年10月8日 12:30:00 星期二
        0x2013,0x10,0x08, 0x12,0x30,0x00, 0x02
    };

    DS1302_CE = 0;                          //初始化DS1302通信引脚
    DS1302_CK = 0;
    dat = DS1302SingleRead(0);              //读取秒寄存器
    if ((dat & 0x80) != 0)                  //由秒寄存器最高位CH的值判断DS1302是否已停止
    {
        DS1302SingleWrite(7, 0x00);         //撤销写保护以允许写入数据
        SetRealTime(&InitTime);             //设置DS1302为默认的初始时间
    }
}
```

DS1302.c最终向外给出与具体时钟芯片寄存器位置无关的且由时间结构类型sTime作为接口的实时时间的读取和设置函数,如此处理体现了前面提到的层次化编程的思想。应用层可以不关心底层实现细节,底层实现的改变也不会对应用层造成影响,比如以后可能需要换一款时钟芯片,而它与DS1302的操作和时间寄存器顺序是不同的,那么需要做的也仅是针对这款新的时钟芯片设计出底层操作函数,最终提供出同样以sTime为接口的操作函数即可,应用层无须做任何的改动。

/****************************** **Lcd1602.c 文件源代码** ******************************/

```
#include <reg52.h>

#define LCD1602_DB P0
sbit LCD1602_RS = P1^0;
sbit LCD1602_RW = P1^1;
sbit LCD1602_E = P1^5;

/* 等待液晶显示器准备好 */
void LcdWaitReady()
{
    unsigned char sta;
```

```
    LCD1602_DB = 0xFF;
    LCD1602_RS = 0;
    LCD1602_RW = 1;
    do {
        LCD1602_E = 1;
        sta = LCD1602_DB;       //读取状态字
        LCD1602_E = 0;
    } while (sta & 0x80);       //bit7 等于 1 表示液晶显示器正忙,重复检测直到其等于 0 为止
}
/* 向 LCD1602 写入一字节命令,cmd 为待写入命令值 */
void LcdWriteCmd(unsigned char cmd)
{
    LcdWaitReady();
    LCD1602_RS = 0;
    LCD1602_RW = 0;
    LCD1602_DB = cmd;
    LCD1602_E = 1;
    LCD1602_E = 0;
}
/* 向 LCD1602 写入一字节数据,dat 为待写入数据值 */
void LcdWriteDat(unsigned char dat)
{
    LcdWaitReady();
    LCD1602_RS = 1;
    LCD1602_RW = 0;
    LCD1602_DB = dat;
    LCD1602_E = 1;
    LCD1602_E = 0;
}
/* 设置显示 RAM 起始地址,即光标位置,(x,y)为对应屏幕上的字符坐标 */
void LcdSetCursor(unsigned char x, unsigned char y)
{
    unsigned char addr;

    if (y == 0)                              //由输入的屏幕坐标计算显示 RAM 的地址
        addr = 0x00 + x;                     //第一行字符地址从 0x00 起始
    else
        addr = 0x40 + x;                     //第二行字符地址从 0x40 起始
    LcdWriteCmd(addr | 0x80);                //设置 RAM 地址
}
/* 在液晶显示器上显示字符串,(x,y)为对应屏幕上的起始坐标,str 为字符串指针 */
void LcdShowStr(unsigned char x, unsigned char y, unsigned char *str)
{
    LcdSetCursor(x, y);                      //设置起始地址
    while (*str != '\0')                     //连续写入字符串数据,直到检测到结束符
    {
        LcdWriteDat(*str++);
    }
}
/* 打开光标的闪烁效果 */
void LcdOpenCursor()
{
    LcdWriteCmd(0x0F);
```

```
}
/* 关闭光标显示 */
void LcdCloseCursor()
{
    LcdWriteCmd(0x0C);
}
/* 初始化 1602 液晶显示器 */
void InitLcd1602()
{
    LcdWriteCmd(0x38);              //16×2 显示,5×7 点阵,8 位数据接口
    LcdWriteCmd(0x0C);              //显示器开,光标关闭
    LcdWriteCmd(0x06);              //文字不动,地址自动 + 1
    LcdWriteCmd(0x01);              //清屏
}
```

为了本例的具体需求,在之前文件的基础上添加两个控制光标效果的打开和关闭的函数,虽然函数都很简单,但为了保持程序整体上良好的模块化和层次化,还是应该在液晶显示器驱动文件内以函数的形式提供,而不是由应用层代码直接来调用具体的液晶显示器写命令操作。

/****************************** **keyboard.c 文件源代码** *******************************/

(此处省略,可参考之前章节的代码)

/******************************** **main.c 文件源代码** ********************************/

```
#include <reg52.h>

struct sTime {                          //日期时间结构体定义
    unsigned int year;
    unsigned char mon;
    unsigned char day;
    unsigned char hour;
    unsigned char min;
    unsigned char sec;
    unsigned char week;
};

bit flag200ms = 1;                      //200ms 定时标志
struct sTime bufTime;                   //日期时间缓冲区
unsigned char setIndex = 0;             //时间设置索引
unsigned char T0RH = 0;                 //T0 重载值的高字节
unsigned char T0RL = 0;                 //T0 重载值的低字节

void ConfigTimer0(unsigned int ms);
void RefreshTimeShow();
extern void InitDS1302();
extern void GetRealTime(struct sTime *time);
extern void SetRealTime(struct sTime *time);
extern void KeyScan();
extern void KeyDriver();
extern void InitLcd1602();
extern void LcdShowStr(unsigned char x, unsigned char y, unsigned char *str);
extern void LcdSetCursor(unsigned char x, unsigned char y);
```

```
extern void LcdOpenCursor();
extern void LcdCloseCursor();

void main()
{
    unsigned char psec = 0xAA;              //秒备份,初值 AA 确保首次读取时间后会刷新显示

    EA = 1;                                 //开总中断
    ConfigTimer0(1);                        //T0 定时 1ms
    InitDS1302();                           //初始化实时时钟
    InitLcd1602();                          //初始化液晶显示器

    //初始化屏幕上固定不变的内容
    LcdShowStr(3, 0, "20  -  - ");
    LcdShowStr(4, 1, " : : ");

    while (1)
    {
        KeyDriver();                        //调用按键驱动
        if (flag200ms && (setIndex == 0))
        {                                   //每隔 200ms 且未处于设置状态时,
            flag200ms = 0;
            GetRealTime(&bufTime);          //获取当前时间
            if (psec != bufTime.sec)        //检测到时间有变化时刷新显示
            {
                RefreshTimeShow();
                psec = bufTime.sec;         //用当前值更新上次的秒数
            }
        }
    }
}
/* 将一个 BCD 数显示到屏幕上,(x,y)为屏幕起始坐标,bcd 为待显示 BCD 数 */
void ShowBcdByte(unsigned char x, unsigned char y, unsigned char bcd)
{
    unsigned char str[4];

    str[0] = (bcd >> 4) + '0';
    str[1] = (bcd&0x0F) + '0';
    str[2] = '\0';
    LcdShowStr(x, y, str);
}
/* 刷新日期时间的显示 */
void RefreshTimeShow()
{
    ShowBcdByte(5, 0, bufTime.year);
    ShowBcdByte(8, 0, bufTime.mon);
    ShowBcdByte(11, 0, bufTime.day);
    ShowBcdByte(4, 1, bufTime.hour);
    ShowBcdByte(7, 1, bufTime.min);
    ShowBcdByte(10, 1, bufTime.sec);
}
/* 刷新当前设置位的光标指示 */
void RefreshSetShow()
```

```
{
    switch (setIndex)
    {
        case 1: LcdSetCursor(5, 0); break;
        case 2: LcdSetCursor(6, 0); break;
        case 3: LcdSetCursor(8, 0); break;
        case 4: LcdSetCursor(9, 0); break;
        case 5: LcdSetCursor(11, 0); break;
        case 6: LcdSetCursor(12, 0); break;
        case 7: LcdSetCursor(4, 1); break;
        case 8: LcdSetCursor(5, 1); break;
        case 9: LcdSetCursor(7, 1); break;
        case 10: LcdSetCursor(8, 1); break;
        case 11: LcdSetCursor(10, 1); break;
        case 12: LcdSetCursor(11, 1); break;
        default: break;
    }
}
/* 递增一个 BCD 数的高位 */
unsigned char IncBcdHigh(unsigned char bcd)
{
    if ((bcd&0xF0) < 0x90)
        bcd += 0x10;
    else
        bcd &= 0x0F;

    return bcd;
}
/* 递增一个 BCD 数的低位 */
unsigned char IncBcdLow(unsigned char bcd)
{
    if ((bcd&0x0F) < 0x09)
        bcd += 0x01;
    else
        bcd &= 0xF0;

    return bcd;
}
/* 递减一个 BCD 数的高位 */
unsigned char DecBcdHigh(unsigned char bcd)
{
    if ((bcd&0xF0) > 0x00)
        bcd -= 0x10;
    else
        bcd |= 0x90;

    return bcd;
}
/* 递减一个 BCD 数的低位 */
unsigned char DecBcdLow(unsigned char bcd)
{
    if ((bcd&0x0F) > 0x00)
        bcd -= 0x01;
```

```
    else
        bcd |= 0x09;

    return bcd;
}
/* 递增时间为当前设置位的值 */
void IncSetTime()
{
    switch (setIndex)
    {
        case 1: bufTime.year = IncBcdHigh(bufTime.year); break;
        case 2: bufTime.year = IncBcdLow(bufTime.year); break;
        case 3: bufTime.mon = IncBcdHigh(bufTime.mon); break;
        case 4: bufTime.mon = IncBcdLow(bufTime.mon); break;
        case 5: bufTime.day = IncBcdHigh(bufTime.day); break;
        case 6: bufTime.day = IncBcdLow(bufTime.day); break;
        case 7: bufTime.hour = IncBcdHigh(bufTime.hour); break;
        case 8: bufTime.hour = IncBcdLow(bufTime.hour); break;
        case 9: bufTime.min = IncBcdHigh(bufTime.min); break;
        case 10: bufTime.min = IncBcdLow(bufTime.min); break;
        case 11: bufTime.sec = IncBcdHigh(bufTime.sec); break;
        case 12: bufTime.sec = IncBcdLow(bufTime.sec); break;
        default: break;
    }
    RefreshTimeShow();
    RefreshSetShow();
}
/* 递减时间为当前设置位的值 */
void DecSetTime()
{
    switch (setIndex)
    {
        case 1: bufTime.year = DecBcdHigh(bufTime.year); break;
        case 2: bufTime.year = DecBcdLow(bufTime.year); break;
        case 3: bufTime.mon = DecBcdHigh(bufTime.mon); break;
        case 4: bufTime.mon = DecBcdLow(bufTime.mon); break;
        case 5: bufTime.day = DecBcdHigh(bufTime.day); break;
        case 6: bufTime.day = DecBcdLow(bufTime.day); break;
        case 7: bufTime.hour = DecBcdHigh(bufTime.hour); break;
        case 8: bufTime.hour = DecBcdLow(bufTime.hour); break;
        case 9: bufTime.min = DecBcdHigh(bufTime.min); break;
        case 10: bufTime.min = DecBcdLow(bufTime.min); break;
        case 11: bufTime.sec = DecBcdHigh(bufTime.sec); break;
        case 12: bufTime.sec = DecBcdLow(bufTime.sec); break;
        default: break;
    }
    RefreshTimeShow();
    RefreshSetShow();
}
/* 右移时间设置位 */
void RightShiftTimeSet()
{
    if (setIndex != 0)
```

```
    {
        if (setIndex < 12)
            setIndex++;
        else
            setIndex = 1;
        RefreshSetShow();
    }
}
/* 左移时间设置位 */
void LeftShiftTimeSet()
{
    if (setIndex != 0)
    {
        if (setIndex > 1)
            setIndex--;
        else
            setIndex = 12;
        RefreshSetShow();
    }
}
/* 进入时间设置状态 */
void EnterTimeSet()
{
    setIndex = 2;                          //设置索引为 2,即可进入设置状态
    LeftShiftTimeSet();                    //再利用现成的左移操作移到位置 1 并完成显示刷新
    LcdOpenCursor();                       //打开光标闪烁效果
}
/* 退出时间设置状态,save 为是否保存当前设置的时间值 */
void ExitTimeSet(bit save)
{
    setIndex = 0;                          //把索引设置为 0,即可退出设置状态
    if (save)                              //需保存时,即把当前设置时间写入 DS1302
    {
        SetRealTime(&bufTime);
    }
    LcdCloseCursor();                      //关闭光标显示
}
/* 按键动作函数,根据键数据码执行相应的操作,keycode 为按键键数据码 */
void KeyAction(unsigned char keycode)
{
    if ((keycode >= '0') && (keycode <= '9'))  //本例中不响应的字符键
    {
    }
    else if (keycode == 0x26)              //向上键,递增当前设置位的值
    {
        IncSetTime();
    }
    else if (keycode == 0x28)              //向下键,递减当前设置位的值
    {
        DecSetTime();
    }
    else if (keycode == 0x25)              //向左键,向左切换设置位
    {
```

```
            LeftShiftTimeSet();
        }
        else if (keycode == 0x27)           //向右键,向右切换设置位
        {
            RightShiftTimeSet();
        }
        else if (keycode == 0x0D)           //回车键,进入设置模式/启用当前设置值
        {
            if (setIndex == 0)              //不处于设置状态时,进入设置状态
            {
                EnterTimeSet();
            }
            else                            //已处于设置状态时,保存时间并退出设置状态
            {
                ExitTimeSet(1);
            }
        }
        else if (keycode == 0x1B)           //Esc 键,取消当前设置
        {
            ExitTimeSet(0);
        }
}
/* 配置并启动 T0,ms 为 T0 定时时间 */
void ConfigTimer0(unsigned int ms)
{
    unsigned long tmp;                      //临时变量

    tmp = 11059200 / 12;                    //定时器计数频率
    tmp = (tmp * ms) / 1000;                //计算所需的计数值
    tmp = 65536 - tmp;                      //计算定时器重载值
    tmp = tmp + 28;                         //补偿中断响应延时造成的误差
    T0RH = (unsigned char)(tmp>>8);         //定时器重载值拆分为高字节和低字节
    T0RL = (unsigned char)tmp;
    TMOD &= 0xF0;                           //清 0 T0 的控制位
    TMOD |= 0x01;                           //配置 T0 为模式 1
    TH0 = T0RH;                             //加载 T0 重载值
    TL0 = T0RL;
    ET0 = 1;                                //使能 T0 中断
    TR0 = 1;                                //启动 T0
}
/* T0 中断服务函数,执行按键扫描和 200ms 定时 */
void InterruptTimer0() interrupt 1
{
    static unsigned char tmr200ms = 0;

    TH0 = T0RH;                             //重新加载重载值
    TL0 = T0RL;
    KeyScan();                              //按键扫描
    tmr200ms++;
    if (tmr200ms >= 200)                    //定时 200ms
    {
        tmr200ms = 0;
        flag200ms = 1;
    }
}
```

main.c 主文件负责所有应用层的功能实现,文件比较长,还是那句话,“不难但比较烦琐”,希望读者把这个文件多练习几遍,学习其中把具体问题逐步细化并一步步实现出来的编程思想,多进行此类练习,锻炼编程的思维能力,将来遇到具体项目设计需求的时候,就能很快找到方法并实现它们了。

14.6 习题

1. 理解 BCD 的原理。
2. 理解 SPI 的通信原理,以及 SPI 通信过程中的四种模式配置。
3. 结合本书阅读 DS1302 的英文数据手册,学会 DS1302 的读写操作。
4. 理解复合数据类型的结构和用法。

第 15 章

红外通信与温度传感器 DS18B20

本章将学习另两种通信协议和两种具体器件，分别是使用 NEC 红外通信协议的遥控器和使用 1-Wire 总线协议的温度传感器 DS18B20。红外通信可以使单片机系统具备远距离的遥控能力，温度传感器则提供了感知周围温度的手段，这些都是非常实用且常用的单片机扩展功能。

15.1 红外线的基本原理

红外线是波长介于微波和可见光之间的电磁波，波长为 760nm～1mm，是波长比红光长的非可见光。自然界中的一切物体，只要它的温度高于绝对零度(−273℃)就存在分子和原子的无规则运动，其表面就会不停地辐射红外线。当然了，虽然都辐射红外线，但是不同的物体辐射的强度是不一样的，而我们正是利用了这一点把红外技术应用到实际开发中。

红外发射管很常用，在遥控器上都可以看到，它类似发光二极管，但是它发射出来的是红外线，是肉眼看不到的。第 2 章学过发光二极管的亮度会随着电流的增大而增加，同样的道理，红外发射管发射红外线的强度也会随着电流的增大而增强。常见的红外发射管如图 15-1 所示。

红外接收管内部是一个具有红外线敏感特征的 PN 结，属于光敏二极管，但是它只对红外线有反应。无红外线时，光敏二极管不导通，有红外线时，光敏二极管导通，形成光电流，并且在一定范围内电流随着红外线的强度的增强而增大。典型的红外接收管如图 15-2 所示。

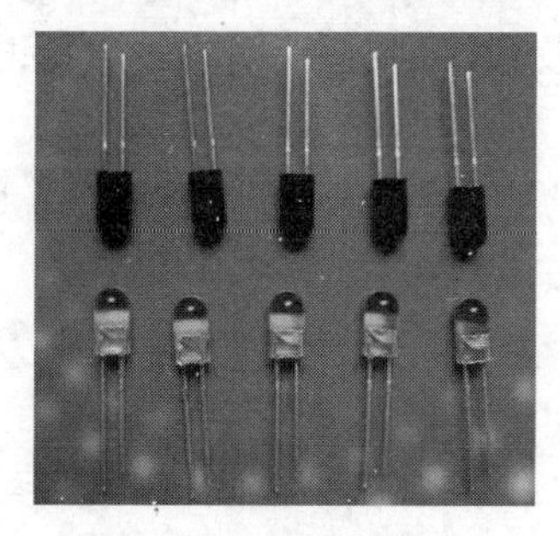

图 15-1　红外发射管

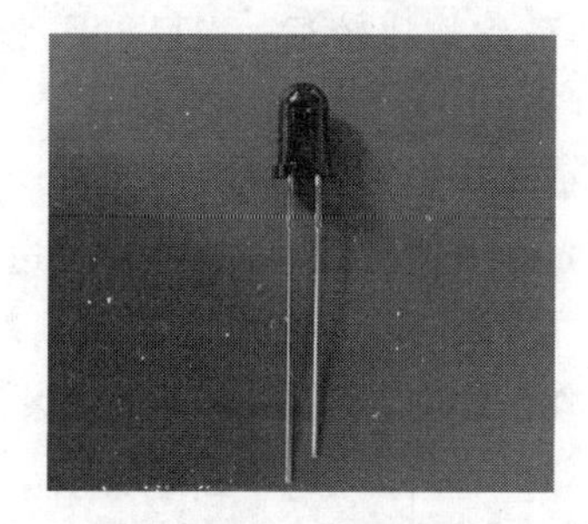

图 15-2　红外接收管

这种红外发射管和接收管在小车、机器人红外避障以及红外循迹中有应用，红外避障、红外循迹的功能在 KST-51 开发板上并没有实现，这里提供一个红外避障、红外循迹的功能原理图给读者学习用，如图 15-3 所示。

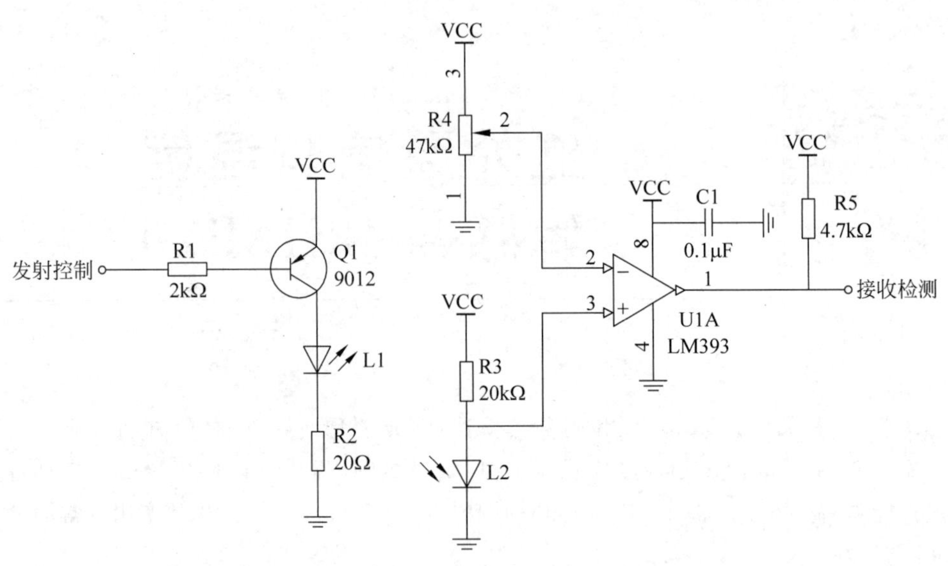

图 15-3 红外避障、红外循迹的功能原理图

在图 15-3 中,发射控制和接收检测都是接到单片机的 I/O 口上的。

发射部分:当发射控制输出高电平时,三极管 Q1 不导通,红外发射管 L1 不会发射红外信号;当发射控制输出低电平的时候,通过三极管 Q1 导通让 L1 发出红外线。

接收部分:R4 是一个电位器,通过调整电位器给 LM393 的引脚 2 提供一个阈值电压,这个电压值的大小可以根据实际情况调试确定。而红外光敏二极管 L2 收到红外线的时候,会产生电流,并且随着红外线的从弱变强,电流会从小变大。当没有红外线或者说红外线很弱的时候,引脚 3 的电压就会接近 VCC,如果引脚 3 比引脚 2 的电压高,通过 LM393 比较器后,接收检测引脚会输出一个高电平。当随着光强变大,电流变大,引脚 3 的电压值$=$VCC$-I\times R3$,电压就会越来越小,当小到一定程度,比引脚 2 的电压还小的时候,接收检测引脚就会变为低电平。

这个电路用于避障的时候,红外发射管先发送红外信号,红外信号会随着传送距离的加大逐渐衰减,如果遇到障碍物,就会形成红外反射。当反射回来的信号比较弱时,光敏二极管 L2 接收的红外线较弱,比较器 LM393 的引脚 3 电压高于引脚 2 电压,接收检测引脚输出高电平,说明障碍物比较远;当反射回来的信号比较强,接收检测引脚输出低电平,说明障碍物比较近了。

用于小车红外循迹的时候,必须有黑色和白色的轨道。当红外信号发送到黑色轨道时,黑色因为吸光能力比较强,红外信号发送出去就会被吸收掉,反射部分很微弱。白色轨道则会把大部分红外信号反射回来。通常情况下的循迹小车,需要应用多个红外模块同时检测,从多个角度判断轨道,根据判断的结果来调整小车使其按照正常循迹前行。

15.2 红外遥控通信原理

在实际的通信领域,发出来的信号一般有较宽的频谱,而且都是在比较低的频率段分布大量的能量,所以称为基带信号,这种信号是不适合直接在信道中传输的。为便于传输、提高抗干扰能力和有效地利用带宽，通常需要将信号调制到适合信道和噪声特性的频率范围，以便在该范围内进行传输，这叫作信号调制。在通信系统的接收端要对接收到的信号进行解调，恢复原来的基带信号。这部分通信原理的内容，了解一下即可。

平时用到的红外遥控器中的红外通信，通常是使用38kHz左右的载波进行调制的。下面把原理大概介绍一下。先看发送部分原理。

调制：就是用待传送信号去控制某个高频信号的幅度、相位、频率等参量变化的过程，即用一个信号去装载另一个信号。比如红外遥控信号要发送的时候，先经过38kHz的载波进行调制，如图15-4所示。

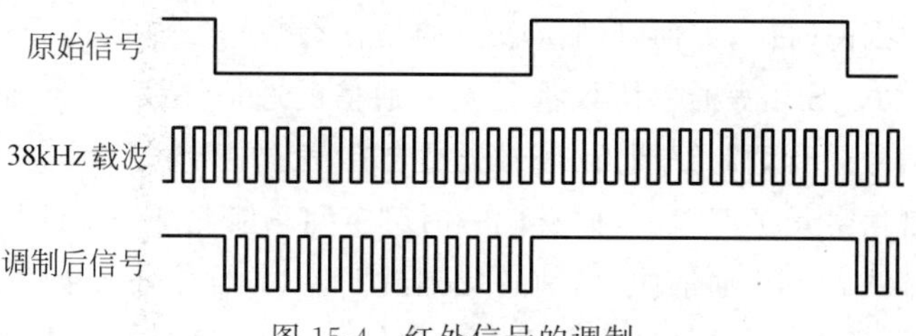

图15-4 红外信号的调制

原始信号就是要发送的数据"0"或者数据"1"，而所谓38kHz载波就是频率为38kHz的方波信号，调制后信号就是最终要发射出去的波形。使用原始信号来控制38kHz载波，当信号是数据"0"的时候，38kHz载波毫无保留地全部发送出去，当信号是数据"1"的时候，不发送任何载波信号。

红外发射原理图如图15-5所示。

38kHz载波可以用455kHz晶振经过12分频得到37.91kHz，也可以由时基电路NE555来产生，或者使用单片机的PWM(脉冲宽度调制)来产生。当信号输出引脚输出高电平时，Q2截止，不管38kHz载波信号如何控制Q1，右侧的竖向支路都不会导通，红外发射管L1不会发送任何信息。当信号输出是低电平的时候，38kHz载波就会通过Q1释放出来，在L1上产生38kHz的载波信号。这里要说明的是，大多数家电遥控器的38kHz的占空比是1/3，也有1/2的，但是相对少一些。

正常通信时，接收端首先要对信号进行监测、放大、滤波、解调等一系列电路处理，然后输出基带信号。但是红外通信的一体化接收头HS0038B已经把这些电路全部集成到一起了，只需把这个电路接上去，就可以直接输出所要的基带信号，如图15-6所示。

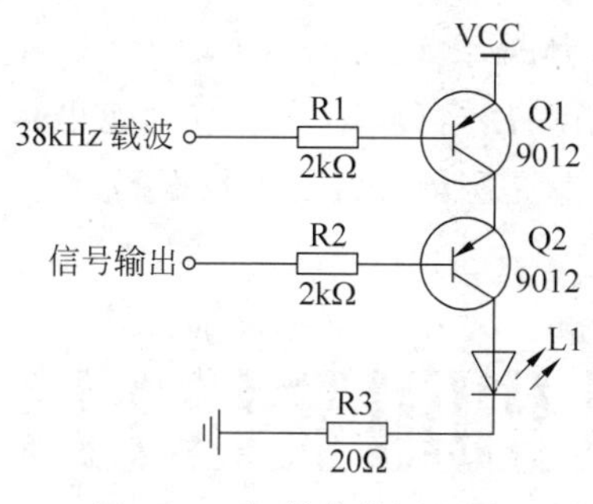

图15-5 红外发射原理图

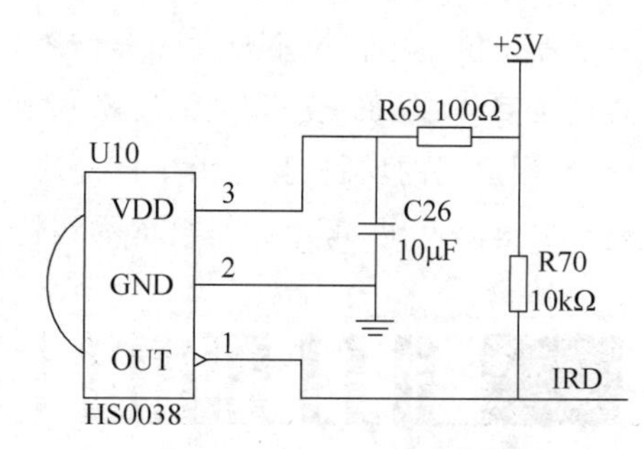

图15-6 红外接收原理图

由于红外接收头内部放大器的增益很大,很容易引起干扰,因此在接收头供电引脚上必须加上滤波电容,官方手册给的值是4.7μF,这里直接用的10μF。手册中还要求在供电引脚和电源之间串联100Ω的电阻,进一步降低干扰。

图15-6所示的电路,用来接收图15-5电路发送出来的波形。当HS0038B监测到有38kHz的红外信号时,就会在OUT引脚输出低电平;当没有38kHz信号的时候,OUT引脚就会输出高电平。把OUT引脚接到单片机的I/O口上,通过编程,就可以获取红外通信发过来的数据了。

想一想,OUT引脚输出的数据是不是又恢复成基带信号数据了呢?那么单片机在接收这个基带信号数据的时候,如何判断接收到的是什么数据?应该遵循什么协议呢?像前边学到的UART、I2C、SPI等通信协议都是基带通信的通信协议,而红外通信的38kHz载波仅仅是对基带信号进行调制解调,让信号更适合在信道中传输。

由于红外调制信号是半双工的,而且同一时刻空间只能允许一个信号源,所以红外的基带信号不适用I2C或者SPI通信协议,前边提到过UART虽然是2条线,但是通信的时候,实际上一条线即可,所以红外可以在UART中通信。当然,这个通信也不是没有限制的,比如在HS0038B的数据手册中标明,要想让HS0038B识别到38kHz的红外信号,这个38kHz的载波必须大于10个周期,这就限定了红外通信的基带信号的比特率必须不能高于3800b/s。如果把串口输出的信号直接用38kHz调制,波特率也就不能高于3800baud。当然还有很多其他基带协议可以利用红外来调制,下面介绍一种遥控器常用的红外通信协议——NEC协议。

15.3 NEC协议红外遥控器

我们对家电遥控器的通信距离往往要求不高,而红外遥控器的成本比其他无线设备要低得多,所以应用中红外家电遥控器始终占据着一席之地。遥控器的基带通信协议有很多,大概有几十种,常用的就有ITT协议、NEC协议、Sharp协议、Philips RC-5协议、Sony SIRC协议等。用得最多的就是NEC协议了,因此KST-51开发板配套的遥控器直接采用NEC协议,本节也以NEC协议标准来讲解。

NEC协议的数据格式包括引导码、用户码、用户码反码、键数据码和键数据码反码,最后是一个停止位。停止位主要起隔离作用,一般不进行判断,编程时也不予理会。其中数据码总共是4字节(即32位),如图15-7所示。第一字节是用户码,第二字节可能也是用户码,或者是用户码的反码,具体由生产商决定,第三字节就是当前按键的键数据码,而第四字节是键数据码的反码,可用于对数据的纠错。

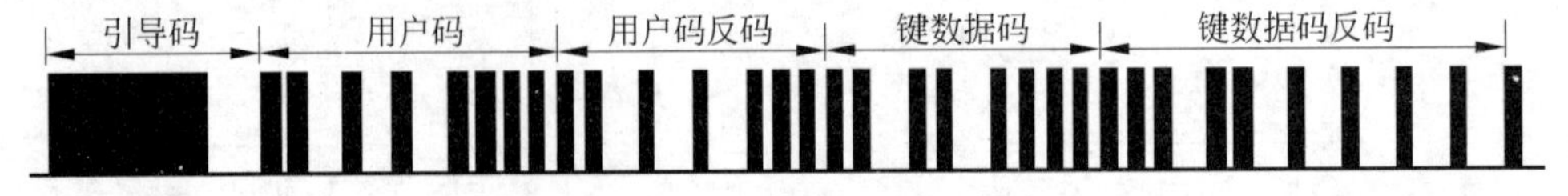

图15-7 NEC协议数据格式

这个 NEC 协议，表示数据的方式不像之前学过的 UART 那样直观，而是每一位数据本身也需要进行编码，编码后再进行载波调制。

引导码：9ms 的载波＋4.5ms 的空闲。

比特值“0”：560μs 的载波＋560μs 的空闲。

比特值“1”：560μs 的载波＋1.68ms 的空闲。

结合图 15-7 就能看明白，最前面黑色的一段，是引导码的 9ms 载波，紧接着是引导码的 4.5ms 的空闲，而后边的数据码，是众多载波和空闲的交叉，它们的长短就由其要传递的具体数据来决定。红外一体化接收头 HS0038B 收到有载波的信号时，会输出一个低电平，空闲时，会输出高电平。用逻辑分析仪抓取出来一个红外遥控器按键通过 HS0038B 解码后的图形来了解一下，如图 15-8 所示。

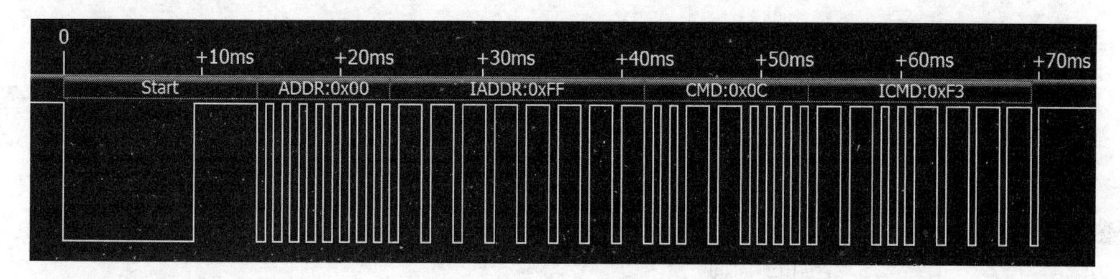

图 15-8 红外遥控器按键编码

从图上可以看出，先是 9ms 载波加 4.5ms 空闲的引导码；数据码是低位在前，高位在后，数据码的第一字节是 8 组 560μs 的载波加 560μs 的空闲，也就是 0x00，第二字节是 8 组 560μs 的载波加 1.68ms 的空闲，可以看出来是 0xFF，这两字节就是用户码和用户码的反码；第三字节是当前按键的键数据码，其二进制数是 0x0C，第四字节是键数据码反码，是 0xF3；最后跟了一个 560μs 载波停止位。对于遥控器来说，不同的按键就是键数据码和键数据码反码的区分，用户码也是一样。这样就可以通过单片机的程序把当前的按键的键数据码给解析出来。

前边学习中断的时候，学到 51 单片机有外部中断 0 和外部中断 1 这两个外部中断。红外接收引脚接到了 P3.3 引脚上，这个引脚的第二功能就是外部中断 1。在寄存器 TCON 中的 bit3 和 bit2 这两位，是和外部中断 1 相关的两位。其中 IE1 是外部中断标志位，当外部中断发生后，这一位被自动置 1，和定时器中断标志位 TF 相似，进入中断后会自动清 0，也可以软件清 0。bit2 是设置外部中断类型的，如果 bit2 为 0，那么只要 P3.3 为低电平就可以触发中断；如果 bit2 为 1，那么 P3.3 从高电平到低电平的下降沿发生才可以触发中断。此外，外部中断 1 使能位是 EX1。下面把程序写出来，使用数码管把红外遥控器的用户码和键数据码显示出来。

Infrared.c 文件主要是用来检测红外通信的。当发生外部中断后，进入外部中断，通过定时器 1 定时，首先对引导码判断，而后对数据码的每个位逐位获取高电平、低电平的时间，从而得知每一位是 0 还是 1，最终把数据码解析出来。虽然最终实现的功能很简单，但因为编码本身的复杂性，使得红外接收的中断程序在逻辑上显得比较复杂，我们可以对照中断程序流程图来理解该程序代码，红外接收的中断程序流程如图 15-9 所示。

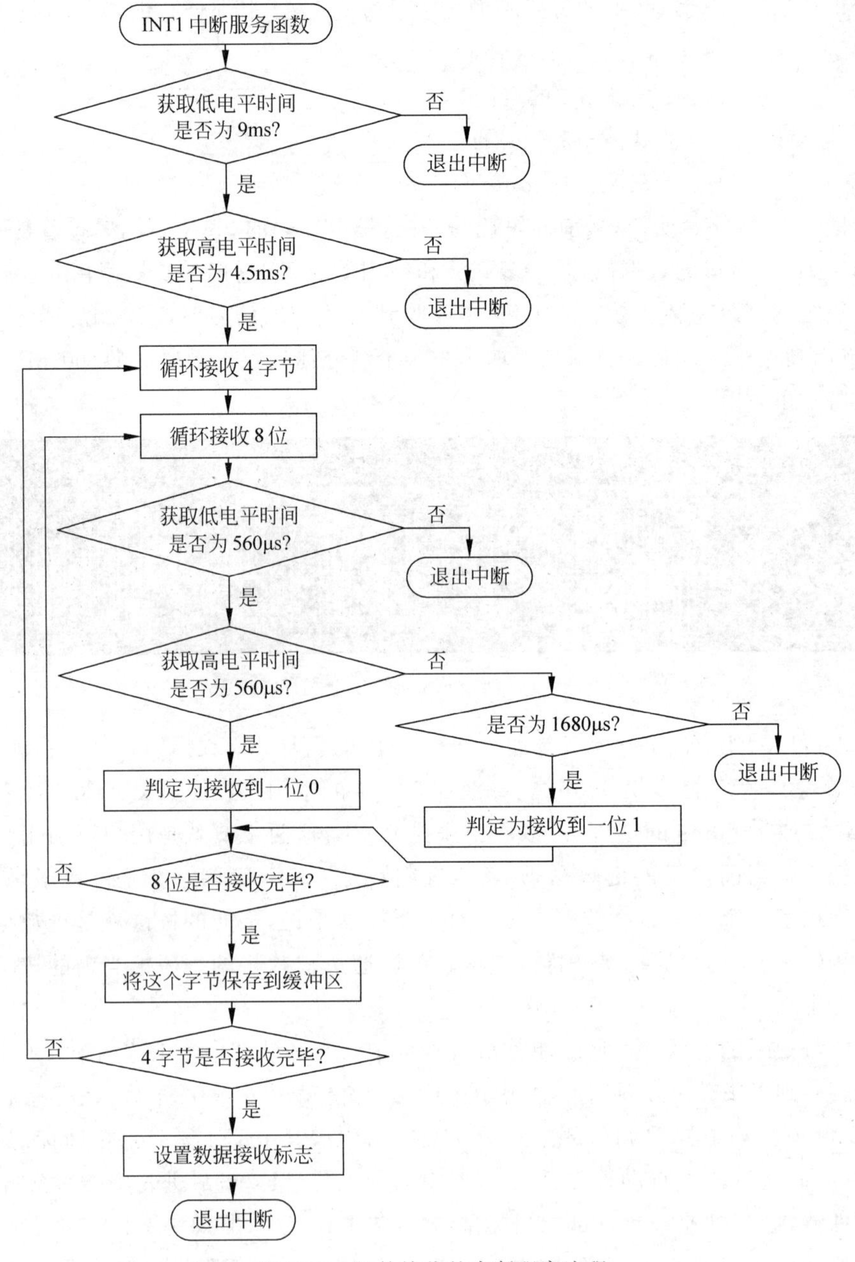

图 15-9　红外接收的中断程序流程

/****************************** **Infrared.c 文件源代码** ********************************/

```
#include <reg52.h>

sbit IR_INPUT = P3^3;                    //红外接收引脚

bit irflag = 0;                          //红外接收标志,收到一帧正确数据后置 1
unsigned char ircode[4];                 //红外代码接收缓冲区

/* 初始化红外接收功能 */
```

```
void InitInfrared()
{
    IR_INPUT = 1;                //确保红外接收引脚被释放
    TMOD &= 0x0F;                //清0 T1的控制位
    TMOD |= 0x10;                //配置T1为模式1
    TR1 = 0;                     //停止T1计数
    ET1 = 0;                     //禁止T1中断
    IT1 = 1;                     //设置INT1为负边沿触发
    EX1 = 1;                     //使能INT1中断
}
/* 获取当前高电平的持续时间 */
unsigned int GetHighTime()
{
    TH1 = 0;                     //清0 T1计数初值
    TL1 = 0;
    TR1 = 1;                     //启动T1计数
    while (IR_INPUT)             //红外输入引脚为1时,循环检测等待,变为0时,则结束本循环
    {
        if (TH1 >= 0x40)
        {                        //当T1计数值大于0x4000,即高电平持续时间超过18ms时,
            break;               //强制退出循环,是为了避免信号异常时,程序"假死"在这里
        }
    }
    TR1 = 0;                     //停止T1计数

    return (TH1 * 256 + TL1);    //T1计数值合成为16bit整型数,并返回该数
}
/* 获取当前低电平的持续时间 */
unsigned int GetLowTime()
{
    TH1 = 0;                     //清0 T1计数初值
    TL1 = 0;
    TR1 = 1;                     //启动T1计数
    while (!IR_INPUT)            //红外输入引脚为0时,循环检测等待,变为1时,则结束本循环
    {
        if (TH1 >= 0x40)
        {                        //当T1计数值大于0x4000,即低电平持续时间超过18ms时,
            break;               //强制退出循环,是为了避免信号异常时,程序"假死"在这里
        }
    }
    TR1 = 0;                     //停止T1计数

    return (TH1 * 256 + TL1);    //T1计数值合成为16bit整型数,并返回该数
}
/* INT1中断服务函数,执行红外接收及解码 */
void EXINT1_ISR() interrupt 2
{
    unsigned char i, j;
    unsigned char byt;
    unsigned int time;

    //接收并判定引导码的9ms低电平
    time = GetLowTime();
```

```
    if ((time < 7833) || (time > 8755))        //时间判定范围为 8.5～9.5ms,
    {                                          //超过此范围,则说明为误码,直接退出
        IE1 = 0;                               //退出前清 0 INT1 中断标志
        return;
    }
    //接收并判定引导码的 4.5ms 高电平
    time = GetHighTime();
    if ((time < 3686) || (time > 4608))        //时间判定范围为 4.0～5.0ms,
    {                                          //超过此范围则说明为误码,直接退出
        IE1 = 0;
        return;
    }
    //接收并判定后续的 4 字节数据
    for (i = 0; i < 4; i++)                    //循环接收 4 字节
    {
        for (j = 0; j < 8; j++)                //循环接收判定每字节的 8 位
        {
            //接收判定每 bit 的 560μs 低电平
            time = GetLowTime();
            if ((time < 313) || (time > 718))  //时间判定范围为 340～780μs,
            {                                  //超过此范围,则说明为误码,直接退出
                IE1 = 0;
                return;
            }
            //接收每 bit 高电平时间,判定该 bit 的值
            time = GetHighTime();
            if ((time > 313) && (time < 718))  //时间判定范围为 340～780μs,
            {                                  //在此范围内说明该位值为 0
                byt >>= 1;                     //因低位在先,所以数据右移,高位为 0
            }
            else if ((time > 1345) && (time < 1751))  //时间判定范围为 1460～1900μs,
            {                                  //在此范围内说明该位值为 1
                byt >>= 1;                     //因低位在先,所以数据右移,
                byt |= 0x80;                   //高位置 1
            }
            else                               //不在上述范围内则说明为误码,直接退出
            {
                IE1 = 0;
                return;
            }
        }
        ircode[i] = byt;                       //接收完一字节后保存到缓冲区
    }
    irflag = 1;                                //接收完后设置标志
    IE1 = 0;                                   //退出前清 0 INT1 中断标志
}
```

读者在阅读这个程序时,会发现在获取高电平、低电平时间的时候做了超时判断 if(TH1 >=0x40),这个超时判断主要是为了应对输入信号异常(比如意外的干扰等)情况的,如果不做超时判断,当输入信号异常时,程序就有可能会一直等待一个无法到来的跳变沿,而造成程序“假死”。

另外补充一点，遥控器的单次按键和持续按住按键发出来的信号是不同的。下面先来对比一下两种按键方式的实测信号波形，如图15-10和图15-11所示。

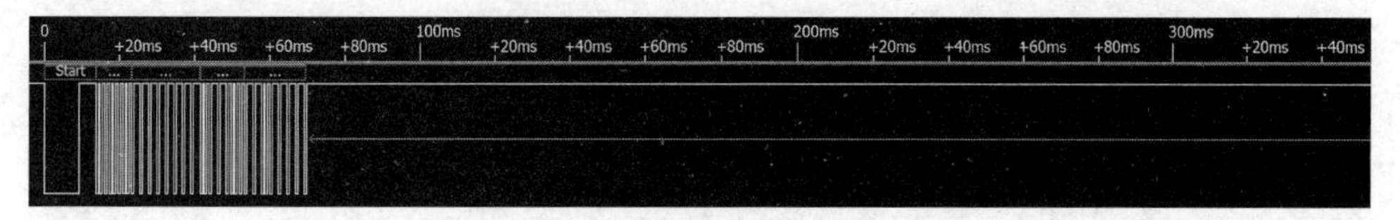

图15-10 红外遥控器单次按键时序图

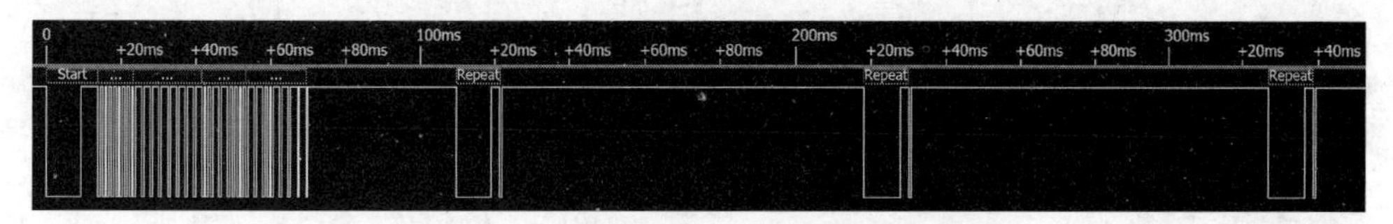

图15-11 红外遥控器持续按键时序图

单次按键的结果图15-10和图15-8是一样的，这个不需要再解释。而持续按键，首先会发出一个和单次按键一样的波形，经过大概40ms后，会产生一个9ms载波加2.25ms空闲，再跟一个停止位的波形，这个叫作重复码，之后只要还按住按键，那么每隔约108ms就会产生一个重复码。对于这个重复码程序并没有对它单独解析，而是直接忽略掉了，这并不影响对正常按键数据的接收。如果以后做程序需要用到这个重复码，那么只需把对重复码的解析添加进来就可以了。

/************************************ **main.c 文件源代码** ************************************/

```
#include <reg52.h>

sbit ADDR3 = P1^3;
sbit ENLED = P1^4;

unsigned char code LedChar[] = {                   //数码管显示字符转换表
    0xC0, 0xF9, 0xA4, 0xB0, 0x99, 0x92, 0x82, 0xF8,
    0x80, 0x90, 0x88, 0x83, 0xC6, 0xA1, 0x86, 0x8E
};
unsigned char LedBuff[6] = {                       //数码管显示缓冲区
    0xFF, 0xFF, 0xFF, 0xFF, 0xFF, 0xFF
};
unsigned char T0RH = 0;                            //T0 重载值的高字节
unsigned char T0RL = 0;                            //T0 重载值的低字节

extern bit irflag;
extern unsigned char ircode[4];
extern void InitInfrared();
void ConfigTimer0(unsigned int ms);

void main()
{
    EA = 1;                                        //开总中断
    ENLED = 0;                                     //使能选择数码管
    ADDR3 = 1;
    InitInfrared();                                //初始化红外功能
```

```
    ConfigTimer0(1);                //配置 T0 定时 1ms
    //PT0 = 1;                      //配置 T0 中断为高优先级,启用本行代码可消除接收时的闪烁

    while (1)
    {
        if (irflag)                 //接收到红外数据时刷新显示
        {
            irflag = 0;
            LedBuff[5] = LedChar[ircode[0] >> 4];   //用户码显示
            LedBuff[4] = LedChar[ircode[0]&0x0F];
            LedBuff[1] = LedChar[ircode[2] >> 4];   //键数据码显示
            LedBuff[0] = LedChar[ircode[2]&0x0F];
        }
    }
}
/* 配置并启动 T0,ms 为 T0 定时时间 */
void ConfigTimer0(unsigned int ms)
{
    unsigned long tmp;                              //临时变量

    tmp = 11059200 / 12;                            //定时器计数频率
    tmp = (tmp * ms) / 1000;                        //计算所需的计数值
    tmp = 65536 - tmp;                              //计算定时器重载值
    tmp = tmp + 13;                                 //补偿中断响应延时造成的误差
    T0RH = (unsigned char)(tmp >> 8);               //定时器重载值拆分为高字节和低字节
    T0RL = (unsigned char)tmp;
    TMOD &= 0xF0;                                   //清 0 T0 的控制位
    TMOD |= 0x01;                                   //配置 T0 为模式 1
    TH0 = T0RH;                                     //加载 T0 重载值
    TL0 = T0RL;
    ET0 = 1;                                        //使能 T0 中断
    TR0 = 1;                                        //启动 T0
}
/* 数码管动态扫描刷新函数,需在定时中断中调用 */
void LedScan()
{
    static unsigned char i = 0;                     //动态扫描索引

    P0 = 0xFF;                                      //关闭所有段选位,显示消隐
    P1 = (P1 & 0xF8) | i;                           //位选索引值赋值到 P1 口低 3 位
    P0 = LedBuff[i];                                //将缓冲区中索引位置的数据送到 P0 口
    if (i < sizeof(LedBuff) - 1)                    //索引递增循环,遍历整个缓冲区
        i++;
    else
        i = 0;
}
/* T0 中断服务函数,执行数码管扫描显示 */
void InterruptTimer0() interrupt 1
{
    TH0 = T0RH;                                     //重新加载重载值
    TL0 = T0RL;
    LedScan();                                      //数码管扫描显示
}
```

main. c 文件的主要功能就是把获取到的红外遥控器的用户码和键数据码信息传送到数码管上显示出来，并且通过定时器 T0 的 1ms 中断进行数码管的动态刷新。不知道大家经过试验发现没有，当按下遥控器按键的时候，数码管显示的数字会闪烁，这是什么原因呢？单片机的程序都是顺序执行的，一旦按下遥控器按键，单片机就会进入遥控器解码的中断程序内，而这个程序执行的时间又比较长，要几十毫秒，如果数码管动态刷新间隔超过 10ms 后就会感觉到闪烁，因此这个闪烁是由于程序执行红外遥控器解码时延误了数码管动态刷新造成的。

该如何解决呢？前边讲过中断优先级问题，如果设置了中断的抢占优先级，就会产生中断嵌套。中断嵌套的原理在前边讲中断的时候已经讲过一次了，可以回头再复习一下之前的内容。这个程序中有两个中断程序：一个是外部中断程序，负责接收红外数据；另一个是定时器中断程序，负责数码管扫描，要使红外接收不耽误数码管扫描的执行，那么就必须让定时器中断对外部中断实现嵌套，即把定时器中断设置为高抢占优先级。定时器中断程序执行时间只有几十毫秒，即使打断了红外接收中断的执行，也最多是给每个位的时间测量附加了几十毫秒的误差，而这个误差在最短 560μs 的时间判断中是完全允许的，所以中断嵌套并不会影响红外发射数据的正常接收。在 main 函数中，把这行程序“//PT0 = 1;”的注释取消，也就是使这行代码生效，这样就设置了 T0 中断的高抢占优先级，再编译一下，下载到单片机里，然后按键试试，是不是没有任何闪烁了呢？大家对中断嵌套的意义也有所体会了吧。

15.4 温度传感器 DS18B20

DS18B20 是美信公司的一款温度传感器，单片机可以通过 1-Wire 总线协议与 DS18B20 进行通信，最终将温度读出。1-Wire 总线的硬件接口很简单，只需把 DS18B20 的数据引脚和单片机的一个 I/O 口接上就可以了。硬件接线简单，随之而来的就是软件时序的复杂。1-Wire 总线的时序比较复杂，很多读者独自看时序图都看不明白，所以这里还要带着读者研究 DS18B20 的时序图。先来看一下 DS18B20 电路原理图，如图 15-12 所示。

DS18B20 通过编程可以实现最高 12 位的温度值，在寄存器中，温度值以补码的格式存储，如图 15-13 所示。

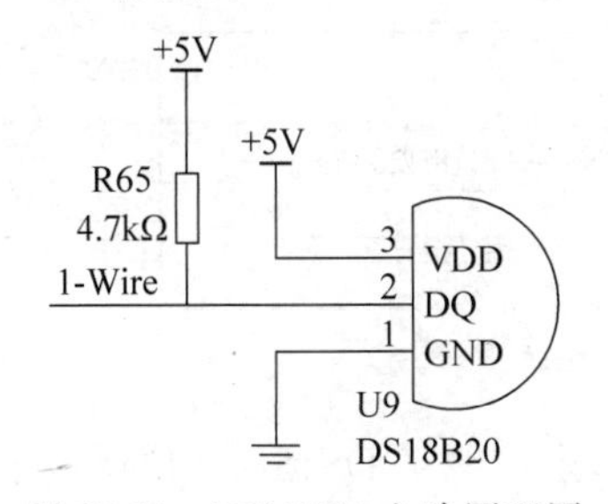

图 15-12 DS18B20 电路原理图

2^3	2^2	2^1	2^0	2^{-1}	2^{-2}	2^{-3}	2^{-4}	LSB
MSb			(unit=℃)				LSb	
S	S	S	S	S	2^6	2^5	2^4	MSB

图 15-13 DS18B20 温度值存储格式

温度值一共占两字节，LSB 是低字节，MSB 是高字节，其中 MSb 是字节的高位，LSb 是字节的低位。可以看出来，二进制数中每一位代表的含义，都表示出来了。其中 S 表示的是符号位，低 11 位都是 2 的幂，用来表示最终的温度值。DS18B20 的温度测量范围是－55～

+125℃,而温度数据的表现形式,有正负温度,寄存器中每个数字如同卡尺的刻度一样分布,如表 15-1 所示。

表 15-1　DS18B20 温度值

测量温度值	输出温度值(二进制)	输出温度值(十六进制)
+125℃	0000 0111 1101 0000	07D0H
+25.0625℃	0000 0001 1001 0001	0191H
+10.125℃	0000 0000 1010 0010	00A2H
+0.5℃	0000 0000 0000 1000	0008H
0℃	0000 0000 0000 0000	0000H
−0.5℃	1111 1111 1111 1000	FFF8H
−10.125℃	1111 1111 0101 1110	FF5EH
−25.0625℃	1111 1110 0110 1111	FF6FH
−55℃	1111 1100 1001 0000	FC90H

根据映射关系,二进制数字最低位变化 1,代表温度变化 0.0625℃。当 0℃ 的时候,对应十六进制是 0x0000,当温度 125℃ 的时候,对应十六进制是 0x07D0,当温度是零下 55℃ 的时候,对应的数字是 0xFC90。反过来说,当数字是 0x0001 的时候,那温度就是 0.0625℃了。

首先根据手册,大概讲解一下 DS18B20 工作协议过程。

(1) 初始化。和 I2C 的寻址类似,1-Wire 总线开始也需要检测这条总线上是否存在 DS18B20 器件。如果这条总线上存在 DS18B20,总线会根据时序要求返回一个低电平脉冲,如果不存在 DS18B20,也就不会返回脉冲,即总线保持为高电平,所以习惯上称该过程为检测"存在脉冲"。此外,获取"存在脉冲"不仅仅是检测是否存在 DS18B20,还要通过这个脉冲过程通知 DS18B20 准备好,单片机要对它进行操作了,如图 15-14 所示。

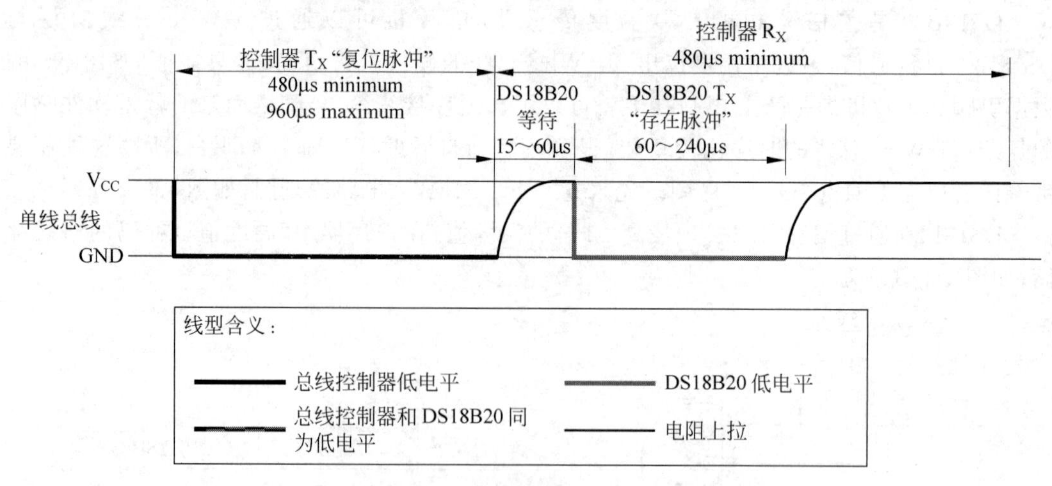

图 15-14　检测"存在脉冲"

注意看图,实粗线是单片机 I/O 口拉低这个引脚,虚粗线是 DS18B20 拉低这个引脚,细线是单片机和 DS18B20 释放总线后,依靠上拉电阻的作用把 I/O 口引脚拉上去。这个在前边提到过了,51 单片机释放总线就是给高电平。

存在脉冲检测过程:首先单片机要拉低这个引脚,持续时间为 480～960μs,程序中持续时间为 500μs。然后,单片机释放总线,就是给高电平,DS18B20 等待 15～60μs 后,会主动拉低这个引脚，持续时间为60～240μs，而后 DS18B20 会主动释放总线，这样 I/O 口会被上拉电阻自动拉高。

有的读者还是不能够彻底理解，下面把程序列出来并逐句解释。首先，由于 DS18B20 时序要求非常严格，所以在操作时序的时候，为了防止中断干扰总线时序，先关闭总中断。然后第一步，拉低 DS18B20 这个引脚，持续500μs；第二步，延时60μs；第三步，读取存在脉冲，并且等待存在脉冲结束。

```
bit Get18B20Ack()
{
    bit ack;

    EA = 0;                         //禁止总中断
    IO_18B20 = 0;                   //产生 500μs 复位脉冲
    DelayX10us(50);
    IO_18B20 = 1;
    DelayX10us(6);                  //延时 60μs
    ack = IO_18B20;                 //读取存在脉冲
    while(!IO_18B20);               //等待存在脉冲结束
    EA = 1;                         //重新使能总中断

    return ack;
}
```

很多读者对第二步不理解，时序图上明明是 DS18B20 等待15～60μs，为什么要延时60μs呢？举个例子说明，妈妈在做饭，告诉你大概5分钟到10分钟，就可以吃饭了，那么我们什么时候去吃，能够绝对保证吃上饭呢？很明显，10分钟以后去吃肯定可以吃上饭。同样的道理，DS18B20 等待时间是15～60μs，要保证读到这个“存在脉冲”，那么60μs以后去读肯定可以读到。当然，不能延时太久，超过75μs，就可能读不到了。为什么是75μs？思考一下。

(2) ROM 操作指令。从学 I2C 总线的时候就了解到，总线上可以挂多个器件，通过不同的器件地址来访问不同的器件。同样，1-Wire 总线也可以挂多个器件，但是它只有一条线，如何区分不同的器件呢？

在每个 DS18B20 内部都有一个唯一的64位长的序列号，这个序列号值就存在 DS18B20 内部的 ROM 中。开始的8位是产品类型编码(DS18B20 是 0x10)，接着的48位是每个器件唯一的序号，最后的8位是 CRC 校验码。DS18B20 可以引出去很长的线，最长可以到几十米，测不同位置的温度。单片机可以通过和 DS18B20 之间的通信，获取每个传感器所采集到的温度信息，也可以同时给所有的 DS18B20 发送一些指令。这些指令相对来说比较复杂，而且应用很少，如果有兴趣就自己去查手册完成，这里只讲一条总线上只接一个器件的指令和程序。

Skip ROM(跳过 ROM)：0xCC。当总线上只有一个器件的时候，可以跳过 ROM，不进行 ROM 检测。

(3) RAM 操作指令。RAM 读取指令，只讲两条，其他的有需要可以随时去查资料。

Read Scratchpad(读暂存寄存器)：0xBE。

这里要注意的是，DS18B20 的温度数据是两字节，读取数据的时候，先读取到的是低字节的低位，读完了第一字节后，再读高字节的低位，直到两字节全部读取完毕。

Convert Temperature(启动温度转换)：0x44。

当发送一个启动温度转换的指令后，DS18B20 开始进行转换。从转换开始到获取温度值，DS18B20 是需要时间的，而这个时间的长短取决于 DS18B20 的精度。前边说 DS18B20 最高可以用 12 位来存储温度值，但也可以用 11 位、10 位和 9 位来存储，一共四种格式。位数越高，精度越高，9 位模式最低位变化 1 个数字，温度就变化 0.5℃，同时转换速度也要快一些，如表 15-2 所示。

表 15-2　DS18B20 温度转换位数与时间

寄存器		转换的位数	最大的转换时间/ms
R1	R0		
0	0	9	93.75
0	1	10	187.5
1	0	11	375
1	1	12	750

其中寄存器 R1 和 R0 决定了转换的位数，出厂默认值就 11，也就是 12 位表示温度值，最大的转换时间是 750ms。当启动转换后，至少要再等 750ms 之后才能读取温度值，否则读到的温度值有可能是错误的值。这就是为什么很多读者读 DS18B20 的时候，第一次读出来的是 85℃，这个值要么是没有启动转换，要么是启动转换了，但还没有等待一次转换彻底完成，读到的是一个错误的数据。

(4) DS18B20 的位读写时序。DS18B20 的时序图不是很好理解，我们对照时序图，结合解释，一定要把它学明白。DS18B20 位写入时序图如图 15-15 所示。

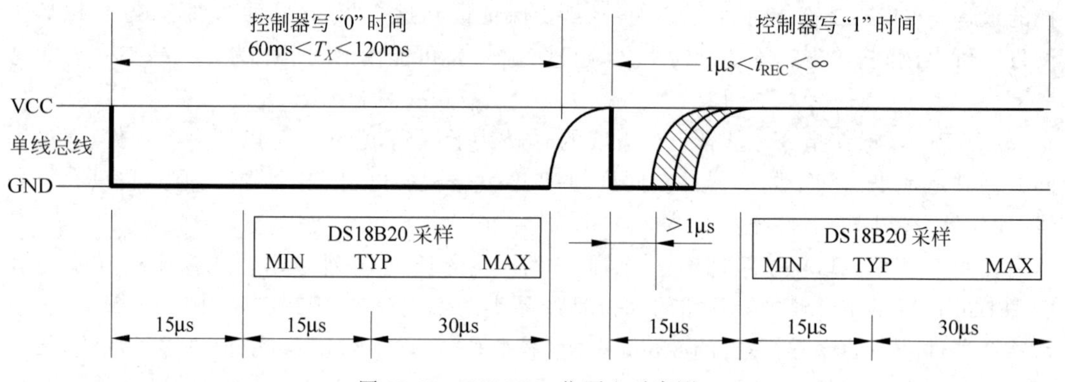

图 15-15　DS18B20 位写入时序图

当要给 DS18B20 写入 0 的时候，单片机直接将引脚拉低，持续时间 T_X 满足：60μs＜T_X＜120μs。图上显示的意思是，单片机先拉低 15μs 之后，DS18B20 会在 15～60μs 的时间内来读取这一位数据，DS18B20 最早会在 15μs 的时刻读取，通常是在 30μs 的时刻读取，最多不会超过 60μs，DS18B20 必然读取数据完毕，所以持续时间超过 60μs 即可。

当要给 DS18B20 写入 1 的时候，单片机先将这个引脚拉低，拉低时间大于 1μs，然后马上释放总线，即拉高引脚，并且持续时间也要大于 60μs。和写 0 类似的是，DS18B20 会在 15～60 μ s 的时间内来读取这个 1。

可以看出来，DS18B20 的时序比较严格，写的过程中最好不要有中断，但是在两个“位”

之间的间隔，是大于1小于无穷的，在这个时间段，是可以开中断来处理其他程序的。写入一字节的数据程序如下。

```
void Write18B20(unsigned char dat)
{
    unsigned char mask;

    EA = 0;                                      //禁止总中断
    for (mask = 0x01; mask!= 0; mask << = 1)     //低位在先,依次移出 8 位
    {
        IO_18B20 = 0;                            //产生 2μs 低电平脉冲
        _nop_();
        _nop_();
        if ((mask&dat) == 0)                     //输出该位的值
            IO_18B20 = 0;
        else
            IO_18B20 = 1;
        DelayX10us(6);                           //延时 60μs
        IO_18B20 = 1;                            //拉高通信引脚
    }
    EA = 1;                                      //重新使能总中断
}
```

DS18B20位读取时序图如图15-16所示。

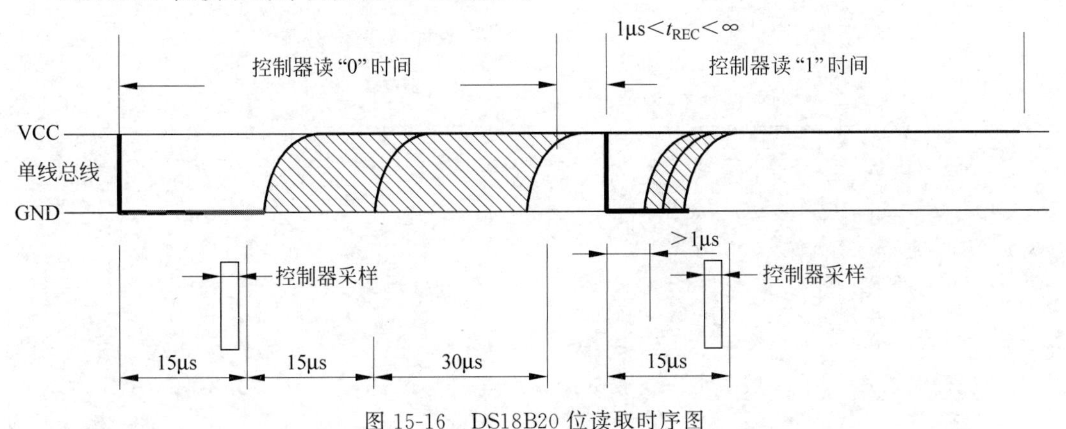

图15-16　DS18B20位读取时序图

当读取DS18B20的数据时，单片机首先要拉低这个引脚，并且至少保持1μs，然后释放引脚，释放完后要尽快读取。从拉低这个引脚到读取引脚状态，不能超过15μs。从图15-16可以看出来，主机采样时间是在15μs之内必须完成的，读取一字节数据的程序如下。

```
unsigned char Read18B20()
{
    unsigned char dat;
    unsigned char mask;

    EA = 0;                                      //禁止总中断
    for (mask = 0x01; mask!= 0; mask << = 1)     //低位在先,依次采集 8 位
    {
        IO_18B20 = 0;                            //产生 2μs 低电平脉冲
        _nop_();
        _nop_();
```

```
        IO_18B20 = 1;                          //结束低电平脉冲,等待 DS18B20 输出数据
        _nop_();                               //延时 2μs
        _nop_();
        if (!IO_18B20)                         //读取通信引脚上的值
            dat &= ~mask;
        else
            dat |= mask;
        DelayX10us(6);                         //再延时 60μs
    }
    EA = 1;                                    //重新使能总中断

    return dat;
}
```

DS18B20 所表示的温度值中有小数和整数两部分。常用的带小数的数据处理方法有两种：一种是定义成浮点型数直接处理，另一种是定义成整型数，然后把小数和整数部分分离出来，在合适的位置点上小数点即可。这里使用的是第二种方法。下面就写一个程序，将读到的温度值显示在 1602 液晶显示器上，并且保留一位小数位。

/****************************** **DS18B20.c 文件源代码** ******************************/

```
#include <reg52.h>
#include <intrins.h>

sbit IO_18B20 = P3^2;                          //DS18B20 通信引脚

/* 软件延时函数,延时时间(t×10)μs */
void DelayX10us(unsigned char t)
{
    do {
        _nop_();
        _nop_();
        _nop_();
        _nop_();
        _nop_();
        _nop_();
        _nop_();
        _nop_();
    } while (--t);
}
/* 复位总线,获取"存在脉冲",以启动一次读写操作 */
bit Get18B20Ack()
{
    bit ack;
    EA = 0;                                    //禁止总中断
    IO_18B20 = 0;                              //产生 500μs 复位脉冲
    DelayX10us(50);
    IO_18B20 = 1;
    DelayX10us(6);                             //延时 60μs
    ack = IO_18B20;                            //读取"存在脉冲"
    while(!IO_18B20);                          //等待"存在脉冲"结束
    EA = 1;                                    //重新使能总中断
```

```
    return ack;
}
/* 向 DS18B20 写入一字节数据,dat 为待写入字节数据 */
void Write18B20(unsigned char dat)
{
    unsigned char mask;

    EA = 0;                                     //禁止总中断
    for (mask = 0x01; mask!= 0; mask <<= 1)     //低位在先,依次移出 8 位
    {
        IO_18B20 = 0;                           //产生 2μs 低电平脉冲
        _nop_();
        _nop_();
        if ((mask&dat) == 0)                    //输出该位的值
            IO_18B20 = 0;
        else
            IO_18B20 = 1;
        DelayX10us(6);                          //延时 60μs
        IO_18B20 = 1;                           //拉高通信引脚
    }
    EA = 1;                                     //重新使能总中断
}
/* 从 DS18B20 读取一字节数据,返回值为读到的字节数据 */
unsigned char Read18B20()
{
    unsigned char dat;
    unsigned char mask;

    EA = 0;                                     //禁止总中断
    for (mask = 0x01; mask!= 0; mask <<= 1)     //低位在先,依次采集 8 位
    {
        IO_18B20 = 0;                           //产生 2μs 低电平脉冲
        _nop_();
        _nop_();
        IO_18B20 = 1;                           //结束低电平脉冲,等待 DS18B20 输出数据
        _nop_();                                //延时 2μs
        _nop_();
        if (!IO_18B20)                          //读取通信引脚上的值
            dat &= ~mask;
        else
            dat |= mask;
        DelayX10us(6);                          //再延时 60μs
    }
    EA = 1;                                     //重新使能总中断

    return dat;
}
/* 启动一次 DS18B20 温度转换函数,返回值表示是否启动成功 */
bit Start18B20()
{
    bit ack;

    ack = Get18B20Ack();                        //执行总线复位,并获取 DS18B20 应答
```

```
    if (ack == 0)                          //如 DS18B20 正确应答,则启动一次转换
    {
        Write18B20(0xCC);                  //跳过 ROM 操作
        Write18B20(0x44);                  //启动一次温度转换
    }
    return ~ack;                           //ack == 0 表示操作成功,所以返回值为其取反值
}
/* 读取 DS18B20 转换的温度值,返回值表示是否读取成功 */
bit Get18B20Temp(int * temp)
{
    bit ack;
    unsigned char LSB, MSB;                //16 位温度值的低字节和高字节

    ack = Get18B20Ack();                   //执行总线复位,并获取 DS18B20 应答
    if (ack == 0)                          //如 DS18B20 正确应答,则读取温度值
    {
        Write18B20(0xCC);                  //跳过 ROM 操作
        Write18B20(0xBE);                  //发送读命令
        LSB = Read18B20();                 //读温度值的低字节
        MSB = Read18B20();                 //读温度值的高字节
        *temp = ((int)MSB << 8) + LSB;     //合成为 16 位整型数
    }
    return ~ack;                           //ack == 0 表示操作成功,所以返回值为其取反值
}
```

/****************************** **Lcd1602.c 文件源代码** ********************************/

（此处省略,可参考之前章节的代码）

/******************************** **main.c 文件源代码** ********************************/

```
#include <reg52.h>

bit flag1s = 0;                                     //1s 定时标志
unsigned char T0RH = 0;                             //T0 重载值的高字节
unsigned char T0RL = 0;                             //T0 重载值的低字节
void ConfigTimer0(unsigned int ms);
unsigned char IntToString(unsigned char * str, int dat);
extern bit Start18B20();
extern bit Get18B20Temp(int * temp);
extern void InitLcd1602();
extern void LcdShowStr(unsigned char x, unsigned char y, unsigned char * str);

void main()
{
    bit res;
    int temp;                                       //读取到的当前温度值
    int intT, decT;                                 //温度值的整数和小数部分
    unsigned char len;
    unsigned char str[12];

    EA = 1;                                         //开总中断
    ConfigTimer0(10);                               //T0 定时 10ms
    Start18B20();                                   //启动 DS18B20
```

```
    InitLcd1602();                              //初始化液晶显示器

    while (1)
    {
        if (flag1s)                             //每秒更新一次温度值
        {
            flag1s = 0;
            res = Get18B20Temp(&temp);          //读取当前温度值
            if (res)                            //读取成功时,刷新当前温度显示
            {
                intT = temp >> 4;               //分离出温度值整数部分
                decT = temp & 0xF;              //分离出温度值小数部分
                len = IntToString(str, intT);   //整数部分转换为字符串
                str[len++] = '.';               //添加小数点
                decT = (decT * 10) / 16;        //二进制的小数部分转换为一位十进制位
                str[len++] = decT + '0';        //十进制小数位再转换为 ASCII 码字符
                while (len < 6)                 //用空格补齐到 6 个字符长度
                {
                    str[len++] = ' ';
                }
                str[len] = '\0';                //添加字符串结束符
                LcdShowStr(0, 0, str);          //显示到液晶显示器上
            }
            else                                //读取失败时,提示错误信息
            {
                LcdShowStr(0, 0, "error!");
            }
            Start18B20();                       //重新启动下一次转换
        }
    }
}
/* 整型数转换为字符串,str 为字符串指针,dat 为待转换数,返回值为字符串长度 */
unsigned char IntToString(unsigned char * str, int dat)
{
    signed char i = 0;
    unsigned char len = 0;
    unsigned char buf[6];

    if (dat < 0)                        //如果为负数,首先取绝对值,并在指针上添加负号
    {
        dat = -dat;
        * str++ = '-';
        len++;
    }
    do {                                //先转换为低位在前的十进制数组
        buf[i++] = dat % 10;
        dat /= 10;
    } while (dat > 0);
    len += i;                           //i 最后的值就是有效字符的个数
    while (i-- > 0)                     //将数组值转换为 ASCII 码,反向复制到接收指针上
    {
        * str++ = buf[i] + '0';
    }
```

```
    * str = '\0';                                    //添加字符串结束符

    return len;                                      //返回字符串长度
}
/* 配置并启动 T0,ms 为 T0 定时时间 */
void ConfigTimer0(unsigned int ms)
{
    unsigned long tmp;                               //临时变量

    tmp = 11059200 / 12;                             //定时器计数频率
    tmp = (tmp * ms) / 1000;                         //计算所需的计数值
    tmp = 65536 - tmp;                               //计算定时器重载值
    tmp = tmp + 12;                                  //补偿中断响应延时造成的误差
    T0RH = (unsigned char)(tmp >> 8);                //定时器重载值拆分为高字节和低字节
    T0RL = (unsigned char)tmp;
    TMOD &= 0xF0;                                    //清 0 T0 的控制位
    TMOD |= 0x01;                                    //配置 T0 为模式 1
    TH0 = T0RH;                                      //加载 T0 重载值
    TL0 = T0RL;
    ET0 = 1;                                         //使能 T0 中断
    TR0 = 1;                                         //启动 T0
}
/* T0 中断服务函数,完成 1 秒定时 */
void InterruptTimer0() interrupt 1
{
    static unsigned char tmr1s = 0;
    TH0 = T0RH;                                      //重新加载重载值
    TL0 = T0RL;
    tmr1s++;
    if (tmr1s >= 100)                                //定时 1s
    {
        tmr1s = 0;
        flag1s = 1;
    }
}
```

15.5 习题

1. 理解红外通信调制解调的原理,掌握 NEC 协议进行红外通信编码的原理。
2. 将显示跳线帽调到左侧控制步进电动机,使用红外遥控器控制电动机的正反转。
3. 掌握 DS18B20 的时序过程,理解每一位的读写时序。
4. 结合 DS1302 的电子钟实例,将温度显示加入进去,做一个带温度显示的万年历。

第 16 章 模/数与数/模转换

从已经学到的知识就可以了解到，单片机是一个典型的数字系统。数字系统只能对输入的数字信号进行处理，其输出信号也是数字信号。但是在工业检测系统和日常生活中，许多物理量都是模拟量，比如温度、长度、压力、速度等，这些模拟量可以通过传感器变成与之对应的电压、电流等电模拟量。为了实现数字系统对这些电模拟量的检测、运算和控制，就需要一个模拟量和数字量之间相互转换的过程。本章就要学习这个相互转换的过程和进行这类转换的器件。

16.1 模/数和数/模转换的基本概念

模/数(A/D)转换是模拟量到数字量的转换，依靠的是模/数转换器(Analog to Digital Converter，ADC)。数/模(D/A)转换是数字量到模拟量的转换，依靠的是数/模转换器(Digital to Analog Converter，DAC)。它们的道理是完全一样的，只是转换方向不同，因此下面主要以 A/D 转换为例来讲解。

很多学生认为 A/D 转换部分的难点是搞不清楚概念。个人认为主要原因不在于概念问题，而是我们不太会感悟生活。生活中有很多 A/D 转换的例子，只是没有在单片机领域应用而已。下面一起感悟一下 A/D 转换的概念。

模拟量就是指在一定范围内连续变化的量，也就是变量在一定范围内可以取任意值。比如米尺，可以是 0～1m 任意值。也就是说既可以是 1cm，也可以是 1.001cm。总之，任何两个数字之间都有无限个中间值，这些中间值称为连续变化的量，也就是模拟量。

而米尺被人为地做上了刻度符号，每两个刻度之间的间隔是 1mm，这个刻度实际上就是我们对模拟量的数字化，由于这些刻度值有一定的间隔，不是连续的，所以在专业领域里称为离散数字。ADC 的作用就是把连续的信号用离散的数字表示出来。那么就可以使用米尺(类似 ADC)来测量连续的长度或者高度(模拟量)。如图 16-1 所示是一个简单的米尺刻度示意图。

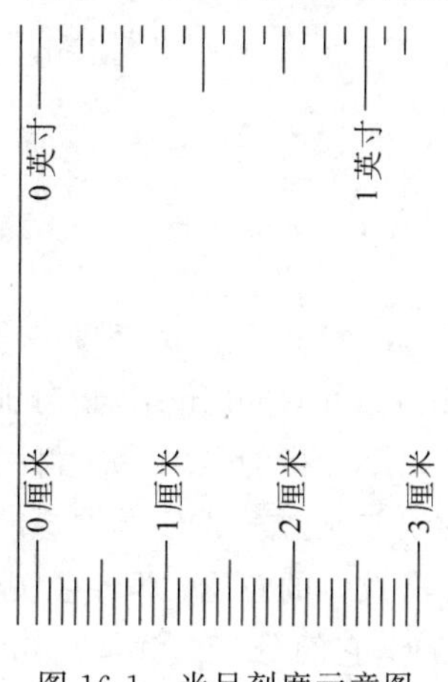

图 16-1 米尺刻度示意图

往杯子里倒水，水位会随着倒入水量的多少而变化。现在就用这个米尺来测量杯子水位的高度。水位变化是连续的，而我们只能通过尺子上的刻度来读取水位的高度，获取想得到的水位的数字量信息。这个过程就可以简单理解为电路中的 ADC 采样。

16.2 ADC 的主要指标

在选取和使用 ADC 的时候，依靠什么指标来选择很重要。由于 ADC 的种类很多，分为积分型、逐次逼近型、并行/串行比较型、Σ-Δ 型等多种类型。同时指标也比较多，并且有的指标还有轻微差别，在这里以读者便于理解的方法去讲解，如果和某一确定类型 ADC 概念和原理有差别，也不会影响到实际应用。

1. 位数

一个 n 位的 ADC 表示这个 ADC 共有 2 的 n 次方个刻度。8 位的 ADC 输出的是从 0～255 共 256 个数字量，也就是 2^8 个数据刻度。

2. 基准源

基准源也叫基准电压，是 ADC 的一个重要指标，要想把输入 ADC 的信号测量准确，那么基准源首先要准，基准源的偏差会直接导致转换结果的偏差。比如一根米尺，总长度本应该是 1m，假定这根米尺被火烤了一下，实际变成了 1.2m，再用这根米尺测物体长度，自然就有了较大的偏差。假如基准源应该是 5.10V，但是实际上提供的却是 4.5V，这样误把 4.5V 当成了 5.10V 来处理，偏差也会比较大。

3. 分辨率

分辨率是数字量变化一个最小刻度时，模拟信号的变化量，定义为满刻度量程与 2^n-1 的比值。假定 5.10V 的电压系统，使用 8 位的 ADC 进行测量，那么相当于 0～255 共 256 个刻度，把 5.10V 平均分成了 255 份，那么分辨率就是 5.10/255＝0.02V。

4. INL 和 DNL

初学者最容易混淆的两个概念就是“分辨率”和“精度”，认为分辨率越高，则精度越高，而实际上，两者之间没有必然联系。分辨率是用来描述刻度划分的，而精度是用来描述准确程度的。同样一根米尺，刻度数相同，分辨率就相当，但是精度却可以相差很大，如图 16-2 所示。

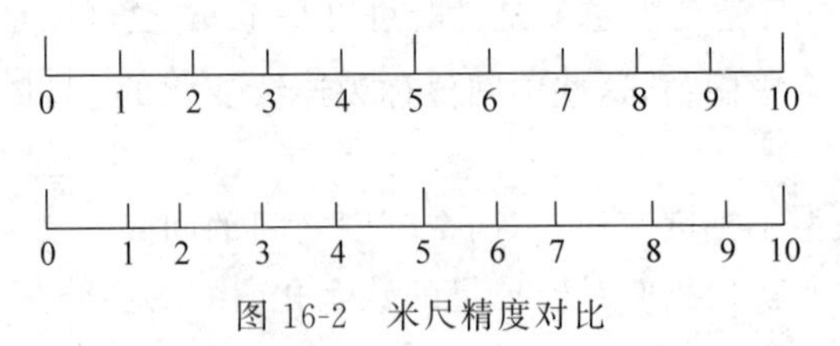

图 16-2　米尺精度对比

图 16-2 表示的精度一目了然，不需多说。与 ADC 精度关系重大的两个指标是 INL(Integral NonLinear，积分非线性)和 DNL(Differential NonLinear，差分非线性)。

INL 指的是 ADC 器件在所有的数值上对应的模拟值和真实值之间误差最大的那个点的误差值，是 ADC 最重要的一个精度指标，单位是 LSB。LSB(Least Significant Bit)是最低有效位的意思，那么它实际上对应的就是 ADC 的分辨率。一个基准为 5.10V 的 8 位 ADC，它的分辨率就是 0.02V，用它去测量一个电压信号，得到的结果是 100，就表示它测到的电压值是 100×0.02V=2V，假定它的 INL 是 1LSB，就表示这个电压信号真实的准确值为 1.98～2.02V 的，按理想情况对应得到的数字应该是 99～101，测量误差是一个最低有效位，即 1LSB。

DNL 表示的是 ADC 相邻两个刻度之间最大的差异，单位也是 LSB。一把分辨率是 1mm 的尺子，相邻的刻度之间并不都刚好是 1mm，而总是会存在或大或小的误差。同理，一个 ADC 的两个刻度线之间也不总是等于分辨率，也是存在误差，这个误差就是 DNL。一个基准为 5.10V 的 8 位 ADC，假定它的 DNL 是 0.5LSB，那么当它的转换结果从 100 增加到 101 时，理想情况下实际电压应该增加 0.02V，但 DNL 为 0.5LSB 的情况下，实际电压的增加值为 0.01～0.03V。值得一提的是 DNL 并非一定小于 1LSB，很多时候它会大于或等于 1LSB，这就相当于在一定程度上的刻度紊乱。当实际电压保持不变时，ADC 得出的结果可能会在几个数值之间跳动，通常因为刻度紊乱(但并不完全是刻度紊乱，因为还有无时无处不在的干扰的影响)。

5. 转换速率

转换速率是指 ADC 每秒能进行采样转换的最大次数，单位是 SPS(Samples Per Second)，它与 ADC 完成一次从模拟到数字的转换所需要的时间互为倒数关系。ADC 的种类比较多，其中积分型 ADC 转换时间是毫秒级的，属于低速 ADC；逐次逼近型 ADC 转换时间是微秒级的，属于中速 ADC；并行/串行 ADC 的转换时间可达到纳秒级，属于高速 ADC。

ADC 的主要指标先熟悉一下，对于其他的，初学者先不着急深入理解。在以后使用过程中遇到了，再查找相关资料深入学习，当前的重点是在头脑中建立 ADC 的基本概念。

16.3 PCF8591 的硬件接口

PCF8591 是一个单电源低功耗的 8 位 CMOS 数据采集器件，具有 4 路模拟输入，1 路模拟输出和一个串行 I2C 总线接口(用来与单片机通信)。与前面讲过的 24C02 类似，3 个地址引脚 A0、A1、A2 用于选择硬件地址，允许最多 8 个器件连接到 I2C 总线而不需要额外的片选电路。器件的地址、控制信号以及数据都是通过 I2C 总线来传输。先看一下 PCF8591 的原理图，如图 16-3 所示。

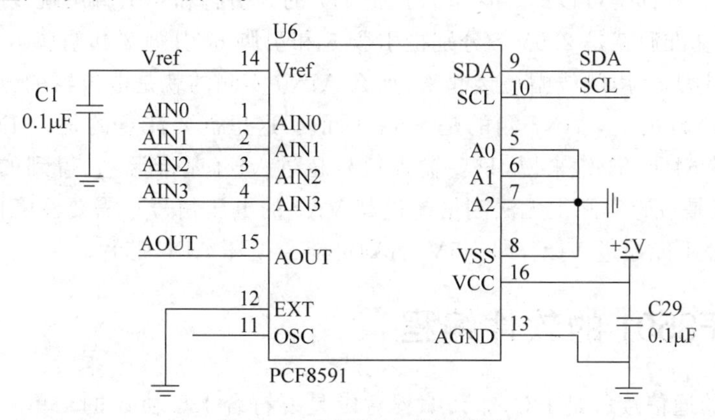

图 16-3　PCF8591 的原理图

其中引脚1、2、3、4是4路模拟输入,引脚5、6、7是I2C总线的硬件地址,引脚8是数字地GND,引脚9和10是I2C总线的SDA和SCL。引脚12是时钟选择引脚,如果接高电平表示用外部时钟输入,接低电平则用内部时钟,这套电路用的是内部时钟,因此引脚12直接接GND,同时引脚11悬空。引脚13是模拟地AGND,在实际开发中,如果有比较复杂的模拟电路,那么AGND部分在布局布线上要特别处理,而且它和GND的连接也有多种方式,这里先了解即可。在开发板上没有复杂的模拟部分电路,所以把AGND和GND接到一起。引脚14是基准源,引脚15是DAC的模拟输出,引脚16是供电电源VCC。

PCF8591的ADC是逐次逼近型的,转换速率算是中速,但是它的速度瓶颈在I2C通信上。由于I2C通信速度较慢,所以最终的PCF8591的转换速度直接取决于I2C的通信速率。由于I2C速度的限制,所以PCF8591算是个低速的ADC和DAC的集成,主要应用在一些转换速度要求不高,希望成本较低的场合,比如电池供电设备。

Vref基准电压的提供有两种方法。方法一是采用简易的原则,直接接到VCC上去,但是由于VCC会受到整个线路的用电功耗情况影响,一来不是准确的5V,实测大多在4.8V左右,二来随着整个系统负载情况的变化会产生波动,所以只能用在简易的、对精度要求不高的场合。方法二是使用专门的基准电压器件,比如TL431,它可以提供一个精度很高的2.5V的电压基准,这是通常采用的方法,PCF8591基准与对外接口原理图如图16-4所示。

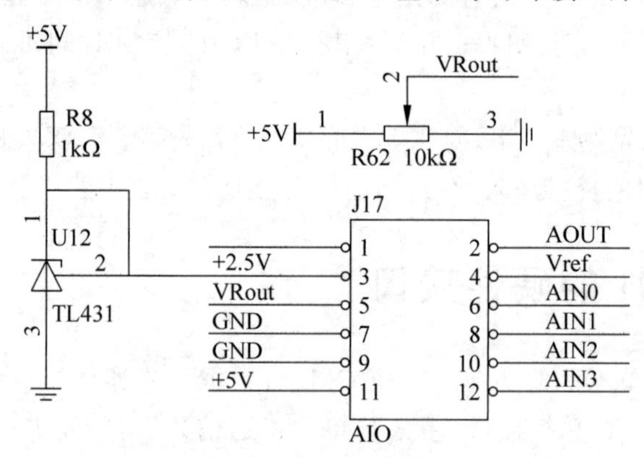

图16-4 PCF8591基准与对外接口原理图

图中J17是双排插针,读者可以根据自己的需求选择跳线帽短接还是使用杜邦线连接其他外部电路,二者都是可以的。这里直接把J17的3引脚和4引脚用跳线帽短路起来,那么现在Vref的基准源就是2.5V。分别把引脚5和引脚6、引脚7和引脚8、引脚9和引脚10、引脚11和引脚12用跳线帽短接起来,那么AIN0实测的就是电位器的分压值,AIN1和AIN2测的是GND的值,AIN3测的是+5V的值。这里需要注意的是,AIN3虽然测的是+5V的值,但是对于ADC来说,只要输入信号超过Vref基准源,它得到的始终都是最大值,即255,也就是说它实际上无法测量超过其Vref的电压信号。需要注意的是,所有输入信号的电压值都不能超过VCC,即+5V,否则可能会损坏ADC芯片。

16.4 PCF8591的软件编程

PCF8591的通信接口是I2C,那么编程肯定是要符合I2C协议的。单片机对PCF8591进行初始化,一共发送3字节即可。第一字节和E^2PROM类似,是器件地址字节,其中7位代表地址，1 位代表读写方向。地址高 4 位固定是 0b1001，低三位是 A2，A1，A0，这三位在电路上都接了 GND，因此也就是 0b000，如图 16-5 所示。

发送到 PCF8591 的第二字节将被存储在控制寄存器中，用于控制 PCF8591 的功能。其中第 3 位和第 7 位是固定的 0，另外 6 位各自有各自的作用，如图 16-6 所示。

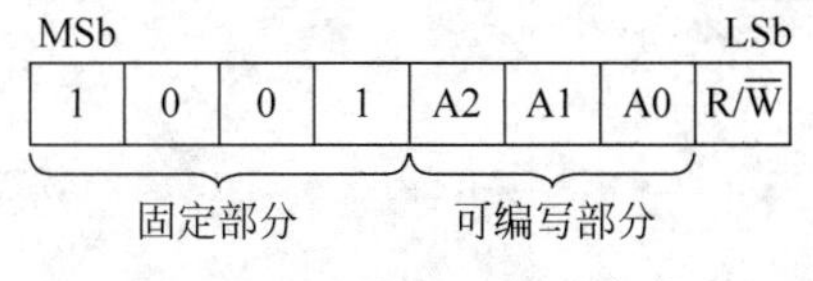

图 16-5　PCF8591 地址字节

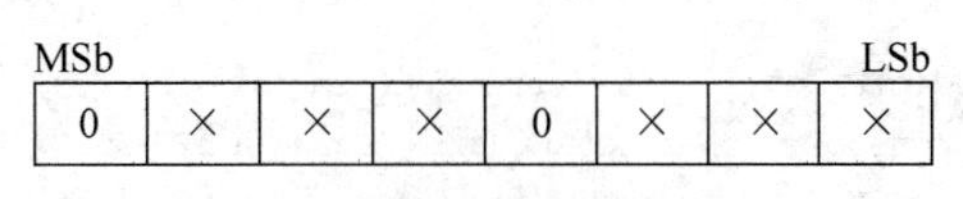

图 16-6　PCF8591 控制字节

控制字节的第 6 位是 DAC 引脚使能位，这一位置 1，表示 DAC 输出引脚使能，会产生模拟电压输出功能。第 4 位和第 5 位可以实现把 PCF8591 的 4 路模拟输入配置成单端输入和差分输入，单端输入和差分输入的区别，在 16.5 节有介绍，这里只需要知道这两位是配置 ADC 输入方式的控制位即可，如图 16-7 所示。

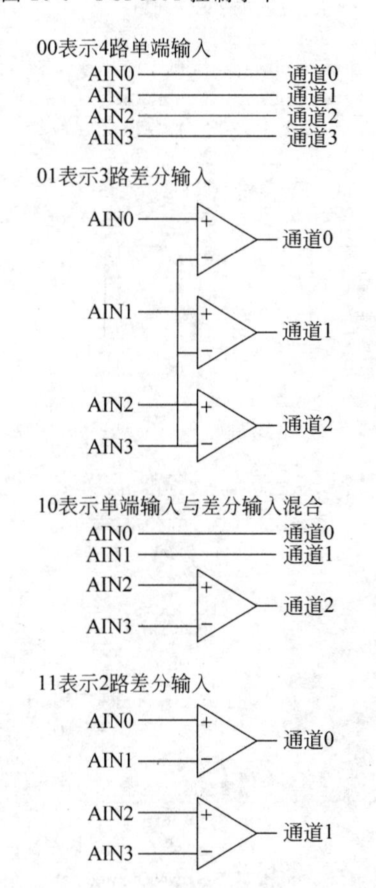

图 16-7　PCF8591 模拟输入配置方式

控制字节的第 2 位是自动增量控制位，自动增量的意思就是，比如一共有 4 个通道，当全部使用的时候，读完了通道 0，下一次再读，会自动进入通道 1 进行读取，不需要指定下一个通道，由于 A/D 每次读到的数据，都是上一次的转换结果，所以在使用自动增量功能的时候，要特别注意，当前读到的是上一个通道的值。为了保持程序的通用性，我们的代码没有使用这个功能，直接做了一个通用的程序。

控制字节的第 0 位和第 1 位就是通道选择位了，00、01、10、11 代表了从 0～3 的一共 4 个通道选择。

发送给 PCF8591 的第三字节被存储在 D/A 数据寄存器中，表示 D/A 转换输出的模拟电压值。D/A 转换后续介绍，读者知道这字节的作用即可。如果仅仅使用 A/D 转换功能，就可以不发送第三字节。

下面用一个程序，把 AIN0、AIN1、AIN3 测到的电压值显示在液晶显示器上，可以转动电位器，会发现 AIN0 的值发生了变化。

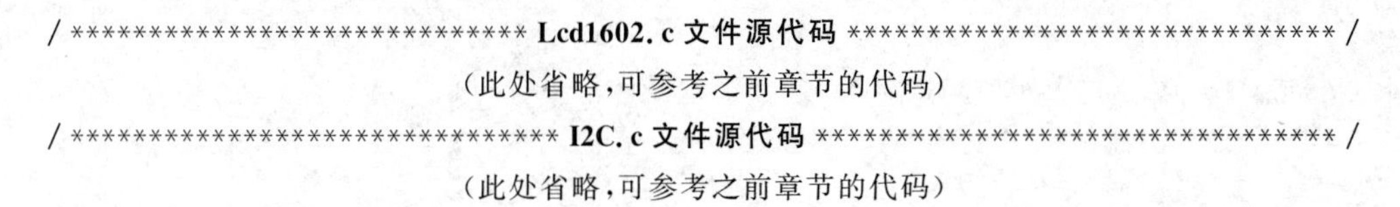

/****************************** **Lcd1602.c 文件源代码** ******************************/

（此处省略，可参考之前章节的代码）

/****************************** **I2C.c 文件源代码** ******************************/

（此处省略，可参考之前章节的代码）

/ ****************************** **main. c 文件源代码** ****************************** /

```
#include <reg52.h>

bit flag300ms = 1;                              //300ms定时标志
unsigned char T0RH = 0;                         //T0重载值的高字节
unsigned char T0RL = 0;                         //T0重载值的低字节

void ConfigTimer0(unsigned int ms);
unsigned char GetADCValue(unsigned char chn);
void ValueToString(unsigned char * str, unsigned char val);
extern void I2CStart();
extern void I2CStop();
extern unsigned char I2CReadACK();
extern unsigned char I2CReadNAK();
extern bit I2CWrite(unsigned char dat);
extern void InitLcd1602();
extern void LcdShowStr(unsigned char x, unsigned char y, unsigned char * str);

void main()
{
    unsigned char val;
    unsigned char str[10];

    EA = 1;                                     //开总中断
    ConfigTimer0(10);                           //配置T0定时10ms
    InitLcd1602();                              //初始化液晶显示器
    LcdShowStr(0, 0, "AIN0 AIN1 AIN3");         //显示通道指示

    while (1)
    {
        if (flag300ms)
        {
            flag300ms = 0;
            //显示通道0的电压
            val = GetADCValue(0);               //获取ADC通道0的转换值
            ValueToString(str, val);            //转为字符串格式的电压值
            LcdShowStr(0, 1, str);              //显示到液晶显示器上
            //显示通道1的电压
            val = GetADCValue(1);
            ValueToString(str, val);
            LcdShowStr(6, 1, str);
            //显示通道3的电压
            val = GetADCValue(3);
            ValueToString(str, val);
            LcdShowStr(12, 1, str);
        }
    }
}
/* 读取当前的ADC转换值,chn为ADC通道号0~3 */
unsigned char GetADCValue(unsigned char chn)
{
    unsigned char val;
```

```
    I2CStart();
    if (!I2CWrite(0x48 << 1))               //寻址 PCF8591,如未应答,则停止操作并返回 0
    {
        I2CStop();
        return 0;
    }
    I2CWrite(0x40|chn);                     //写入控制字节,选择转换通道
    I2CStart();
    I2CWrite((0x48 << 1)|0x01);             //寻址 PCF8591,指定后续为读操作
    I2CReadACK();                           //先空读一字节,提供采样转换时间
    val = I2CReadNAK();                     //读取刚换转完的值
    I2CStop();

    return val;
}
/* ADC 转换值转为实际电压值的字符串形式,str 为字符串指针,val 为 ADC 转换值 */
void ValueToString(unsigned char * str, unsigned char val)
{
    val = (val * 25) / 255;
    str[0] = (val/10) + '0';                //整数位字符
    str[1] = '.';                           //小数点
    str[2] = (val % 10) + '0';              //小数位字符
    str[3] = 'V';                           //电压单位
    str[4] = '\0';                          //结束符
}
/* 配置并启动 T0,ms 为 T0 定时时间 */
void ConfigTimer0(unsigned int ms)
{
    unsigned long tmp;                      //临时变量

    tmp = 11059200 / 12;                    //定时器计数频率
    tmp = (tmp * ms) / 1000;                //计算所需的计数值
    tmp = 65536 - tmp;                      //计算定时器重载值
    tmp = tmp + 12;                         //补偿中断响应延时造成的误差
    T0RH = (unsigned char)(tmp >> 8);       //定时器重载值拆分为高字节和低字节
    T0RL = (unsigned char)tmp;
    TMOD &= 0xF0;                           //清 0 T0 的控制位
    TMOD |= 0x01;                           //配置 T0 为模式 1
    TH0 = T0RH;                             //加载 T0 重载值
    TL0 = T0RL;
    ET0 = 1;                                //使能 T0 中断
    TR0 = 1;                                //启动 T0
}
/* T0 中断服务函数,执行 300ms 定时 */
void InterruptTimer0() interrupt 1
{
    static unsigned char tmr300ms = 0;

    TH0 = T0RH;                             //重新加载重载值
    TL0 = T0RL;
    tmr300ms++;
    if (tmr300ms >= 30)                     //定时 300ms
```

```
        {
            tmr300ms = 0;
            flag300ms = 1;
        }
    }
```

细心阅读程序的读者会发现,程序在进行ADC引脚读取数据的时候,共使用了两条程序去读了2字节"I2CReadACK(); val = I2CReadNAK();",PCF8591的转换时钟是I2C的SCL,8个SCL周期完成一次转换,所以当前的转换结果总是在下一字节的8个SCL上才能读出,因此这里第一条语句的作用是产生一个整体的SCL时钟提供给PCF8591进行A/D转换,第二次是读取当前的转换结果。如果只使用第二条语句,每次读到的都是上一次的转换结果。

16.5 A/D差分输入信号

在上一节已经提到过,控制字节的第4位和第5位是用于控制PCF8591的模拟输入引脚是单端输入还是差分输入。差分输入是模拟电路常用的一个技巧,这里把相关知识做一些简单介绍。

从严格意义上来讲,其实所有的信号都是差分信号,因为所有的电压只能是相对于另一个电压而言。但是对于大多数系统,我们都是把系统的GND作为基准点。而对于A/D转换来说,差分输入通常情况下是除了GND以外,另外两路幅度相同,极性相反的输入信号。其实理解起来很简单,差分输入原理就如同跷跷板一样,如图16-8所示。

差分输入不是单端输入,而是由两个输入端构成的一组输入。PCF8591一共是4个模拟输入端,可以配置成4种模式,最典型的是4个输入端构造成的2路差分输入模式,如图16-9所示。

图16-8 差分输入原理

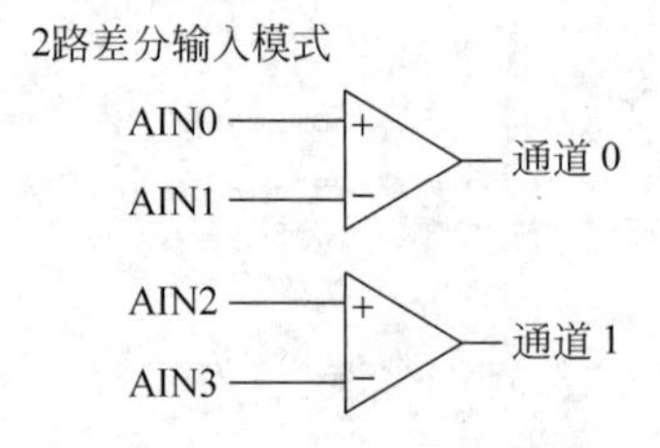

图16-9 PCF8591差分输入模式

当控制字节的第4位和第5位都是1的时候,那么4路模拟被配置成2路差分输入模式,即通道0和通道1。以通道0为例,其中AIN0是正向输入端,AIN1是反向输入端,它们之间输入的信号是幅度相同、极性相反的,通过减法器后,得到的是两个输入通道的差值,如图16-10所示。

通常情况下,差分输入的中线是基准电压的一半,基准电压是2.5V,假如1.25V作为中线,V+是AIN0的输入波形,V-是AIN1的输入波形,信号值就是经过减法器后的波形。很多A/D转换都采用差分输入模式,因为差分输入模式比单端输入模式有更强的抗干扰能力。

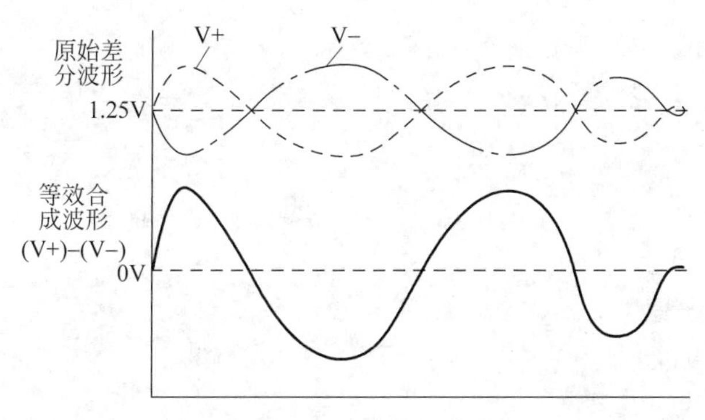

图 16-10　差分输入信号

单端输入信号时，如果一条线上发生干扰变化，比如幅度增大 5mV，GND 不变，测到的数据会有偏差；而差分输入信号时，当外界存在干扰信号时，只要布线合理，大都同时被耦合到两条线上，幅度增大 5mV，2 路信号会同时增大 5mV，而接收端关心的只是 2 路信号的差值，所以外界的这种共模噪声可以被完全抵消掉。由于 2 路信号的极性相反，它们对外辐射的电磁场可以相互抵消，有效地抑制释放到外界的电磁能量。

在 KST-51 开发板上，我们没有做差分输入信号的实验环境，由于这个内容在 A/D 转换部分比较重要，所以还是进行介绍，以供参考。

16.6　D/A 转换输出

D/A 转换是和 A/D 转换刚好相反的，一个 8 位的 DAC，从 0～255，代表了 0～2.55V 的话，那么用单片机给第三字节发送 100，DAC 引脚就会输出一个 1V 的电压，发送 200 就输出一个 2V 的电压，很简单，用一个简单的程序实现出来，并且通过向上、向下按键可以增大或减小输出幅度值，每次增加或减小 0.1V。如果有万用表，可以直接测试一下开发板上 AOUT 点的输出电压，观察它的变化。由于 PCF8591 的 DAC 输出偏置误差最大是 50mV（由数据手册提供），所以我们用万用表测到的电压值和理论值之间的误差就应该在 50mV 以内。

/ ******************************** **I2C.c 文件源代码** ******************************** /

（此处省略，可参考之前章节的代码）

/ ******************************** **keyboard.c 文件源代码** ******************************** /

（此处省略，可参考之前章节的代码）

/ ******************************** **main.c 文件源代码** ******************************** /

```
#include <reg52.h>

unsigned char T0RH = 0;                  //T0 重载值的高字节
unsigned char T0RL = 0;                  //T0 重载值的低字节

void ConfigTimer0(unsigned int ms);
extern void KeyScan();
extern void KeyDriver();
extern void I2CStart();
extern void I2CStop();
```

```
extern bit I2CWrite(unsigned char dat);

void main()
{
    EA = 1;                                     //开总中断
    ConfigTimer0(1);                            //配置 T0 定时 1ms

    while (1)
    {
        KeyDriver();                            //调用按键驱动
    }
}
/* 设置 DAC 输出值,val 为设定值 */
void SetDACOut(unsigned char val)
{
    I2CStart();
    if (!I2CWrite(0x48 << 1))                   //寻址 PCF8591,如未应答,则停止操作并返回
    {
        I2CStop();
        return;
    }
    I2CWrite(0x40);                             //写入控制字节
    I2CWrite(val);                              //写入 DAC 输出值
    I2CStop();
}
/* 按键动作函数,根据键数据码执行相应的操作,keycode 为按键键数据码 */
void KeyAction(unsigned char keycode)
{
    static unsigned char volt = 0;              //输出电压值,隐含了一位十进制小数位

    if (keycode == 0x26)                        //向上按键,增加 0.1V 电压值
    {
        if (volt < 25)
        {
            volt++;
            SetDACOut(volt * 255/25);           //转换为 ADC 输出值
        }
    }
    else if (keycode == 0x28)                   //向下按键,减小 0.1V 电压值
    {
        if (volt > 0)
        {
            volt--;
            SetDACOut(volt * 255/25);           //转换为 ADC 输出值
        }
    }
}
/* 配置并启动 T0,ms - T0 定时时间 */
void ConfigTimer0(unsigned int ms)
{
    unsigned long tmp;                          //临时变量

    tmp = 11059200 / 12;                        //定时器计数频率
```

```
    tmp = (tmp * ms) / 1000;                    //计算所需的计数值
    tmp = 65536 - tmp;                          //计算定时器重载值
    tmp = tmp + 28;                             //补偿中断响应延时造成的误差
    T0RH = (unsigned char)(tmp >> 8);           //定时器重载值拆分为高字节和低字节
    T0RL = (unsigned char)tmp;
    TMOD &= 0xF0;                               //清 0 T0 的控制位
    TMOD |= 0x01;                               //配置 T0 为模式 1
    TH0 = T0RH;                                 //加载 T0 重载值
    TL0 = T0RL;
    ET0 = 1;                                    //使能 T0 中断
    TR0 = 1;                                    //启动 T0
}
/* T0 中断服务函数,执行按键扫描 */
void InterruptTimer0() interrupt 1
{
    TH0 = T0RH;                                 //重新加载重载值
    TL0 = T0RL;
    KeyScan();                                  //按键扫描
}
```

16.7 简易信号发生器实例

有了 D/A 转换这个武器,就不仅可以输出方波信号,还可以输出任意波形,比如正弦波、三角波、锯齿波等。以正弦波为例,首先要建立一个正弦波的波表。这些不需要去逐一计算,可以通过搜索找到正弦波数据表,然后可以根据时间参数自己选取其中一定量数据作为程序的正弦波表,程序代码选取了 32 个点。

/******************************* **I2C.c 文件源代码** *******************************/

(此处省略,可参考之前章节的代码)

/******************************* **keyboard.c 文件源代码** *******************************/

(此处省略,可参考之前章节的代码)

/******************************* **main.c 文件源代码** *******************************/

```
#include <reg52.h>

unsigned char code SinWave[] = {                //正弦波波表
    127, 152, 176, 198, 217, 233, 245, 252,
    255, 252, 245, 233, 217, 198, 176, 152,
    127, 102, 78, 56, 37, 21, 9, 2,
      0, 2, 9, 21, 37, 56, 78, 102,
};
unsigned char code TriWave[] = {                //三角波波表
      0, 16, 32, 48, 64, 80, 96, 112,
    128, 144, 160, 176, 192, 208, 224, 240,
    255, 240, 224, 208, 192, 176, 160, 144,
    128, 112, 96, 80, 64, 48, 32, 16,
};
unsigned char code SawWave[] = {                //锯齿波表
```

```
      0, 8, 16, 24, 32, 40, 48, 56,
     64, 72, 80, 88, 96, 104, 112, 120,
    128, 136, 144, 152, 160, 168, 176, 184,
    192, 200, 208, 216, 224, 232, 240, 248,
};
unsigned char code * pWave;                          //波表指针
unsigned char T0RH = 0;                              //T0 重载值的高字节
unsigned char T0RL = 0;                              //T0 重载值的低字节
unsigned char T1RH = 1;                              //T1 重载值的高字节
unsigned char T1RL = 1;                              //T1 重载值的低字节

void ConfigTimer0(unsigned int ms);
void SetWaveFreq(unsigned char freq);
extern void KeyScan();
extern void KeyDriver();
extern void I2CStart();
extern void I2CStop();
extern bit I2CWrite(unsigned char dat);

void main()
{
    EA = 1;                                          //开总中断
    ConfigTimer0(1);                                 //配置 T0 定时 1ms
    pWave = SinWave;                                 //默认为正弦波
    SetWaveFreq(10);                                 //默认频率为 10Hz

    while (1)
    {
        KeyDriver();                                 //调用按键驱动
    }
}
/* 按键动作函数,根据键数据码执行相应的操作,keycode 为按键键数据码 */
void KeyAction(unsigned char keycode)
{
    static unsigned char i = 0;

    if (keycode == 0x26)                             //向上按键,切换波形
    {
        //在 3 种波形间循环切换
        if (i == 0)
        {
            i = 1;
            pWave = TriWave;
        }
        else if (i == 1)
        {
            i = 2;
            pWave = SawWave;
        }
        else
        {
            i = 0;
            pWave = SinWave;
        }
    }
```

```
}

/* 设置 DAC 输出值,val 为设定值 */
void SetDACOut(unsigned char val)
{
    I2CStart();
    if (!I2CWrite(0x48 << 1))           //寻址 PCF8591,如未应答,则停止操作并返回
    {
        I2CStop();
        return;
    }
    I2CWrite(0x40);                     //写入控制字节
    I2CWrite(val);                      //写入 DAC 输出值
    I2CStop();
}
/* 设置输出波形的频率,freq 为设定频率 */
void SetWaveFreq(unsigned char freq)
{
    unsigned long tmp;

    tmp = (11059200/12) / (freq * 32);  //定时器计数频率,是波形频率的 32 倍
    tmp = 65536 - tmp;                  //计算定时器重载值
    tmp = tmp + 33;                     //修正中断响应延时造成的误差
    T1RH = (unsigned char)(tmp >> 8);   //定时器重载值拆分为高低字节
    T1RL = (unsigned char)tmp;
    TMOD &= 0x0F;                       //清 0 T1 的控制位
    TMOD |= 0x10;                       //配置 T1 为模式 1
    TH1 = T1RH;                         //加载 T1 重载值
    TL1 = T1RL;
    ET1 = 1;                            //使能 T1 中断
    PT1 = 1;                            //设置为高优先级
    TR1 = 1;                            //启动 T1
}
/* 配置并启动 T0,ms 为 T0 定时时间 */
void ConfigTimer0(unsigned int ms)
{
    unsigned long tmp;                  //临时变量

    tmp = 11059200 / 12;                //定时器计数频率
    tmp = (tmp * ms) / 1000;            //计算所需的计数值
    tmp = 65536 - tmp;                  //计算定时器重载值
    tmp = tmp + 28;                     //补偿中断响应延时造成的误差
    T0RH = (unsigned char)(tmp >> 8);   //定时器重载值拆分为高低字节
    T0RL = (unsigned char)tmp;
    TMOD &= 0xF0;                       //清 0 T0 的控制位
    TMOD |= 0x01;                       //配置 T0 为模式 1
    TH0 = T0RH;                         //加载 T0 重载值
    TL0 = T0RL;
    ET0 = 1;                            //使能 T0 中断
    TR0 = 1;                            //启动 T0
}
/* T0 中断服务函数,执行按键扫描 */
void InterruptTimer0() interrupt 1
{
```

```
        TH0 = T0RH;                         //重新加载重载值
        TL0 = T0RL;
        KeyScan();                          //按键扫描
    }
    /* T1 中断服务函数,执行波形输出 */
    void InterruptTimer1() interrupt 3
    {
        static unsigned char i = 0;

        TH1 = T1RH;                         //重新加载重载值
        TL1 = T1RL;
        //循环输出波表中的数据
        SetDACOut(pWave[i]);
        i++;
        if (i >= 32)
        {
            i = 0;
        }
    }
```

这个程序可以通过"向上"按键来实现波形输出切换,波形输出的定时刷新由定时器 T1 定时来完成,改变 T1 的定时周期即可改变波形的输出频率。D/A 转换输出没有办法接到显示界面,所以用示波器抓取出波形,如图 16-11～图 16-13 所示。

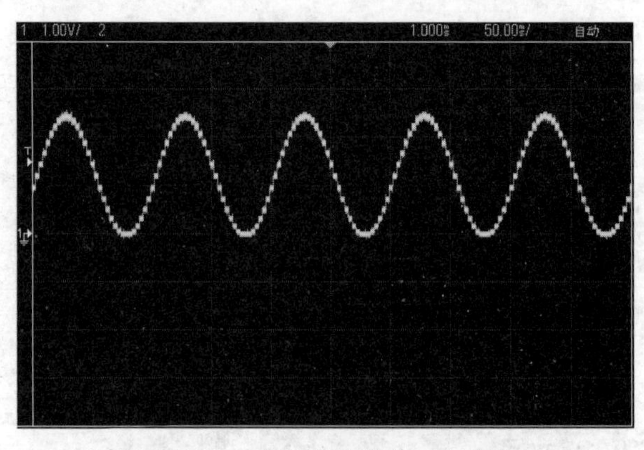

图 16-11 D/A 转换输出正弦波形

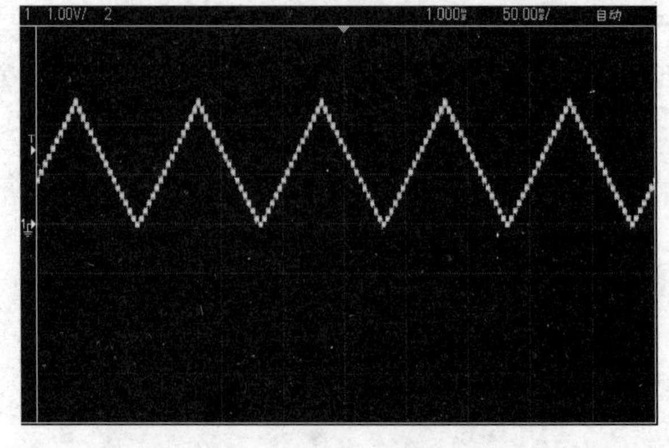

图 16-12 D/A 转换输出三角波形

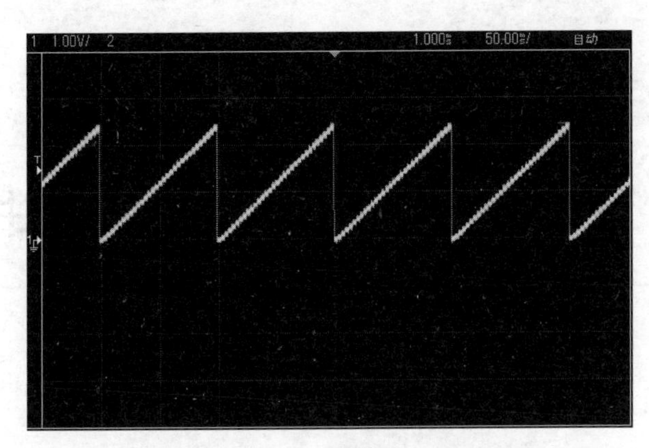

图 16-13　D/A 转换输出锯齿波形

从这几张图可以直观地看到程序输出的波形。细心的读者会发现波形上有很多小锯齿,没有平滑地连起来。这是因为 DAC 最多只能输出 0～Vref 的 256 个离散的电压值,而不是连续的任意值,所以每个离散值都会持续一定的时间,然后跳变到下一个离散值,于是就呈现出了波形上的这种锯齿。在实际开发中,只需在 DAC 后级加一级低通滤波电路,就可以让带锯齿的波形变得平滑起来。

16.8　习题

1. 掌握 A/D 转换和 D/A 转换的基本概念和性能指标。
2. 将 ADC 采集到的数值显示到数码管上。
3. 修改信号发生器的程序,可以通过按键实现频率的调整。

第 17 章

实践项目：多功能电子钟

到这里，基本知识就介绍完了。如果读者能够认真把前边的内容领悟透彻，那剩下的主要工作就是不断反复练习巩固了。本章首先介绍实际项目开发中的一些技巧和规范性的知识，然后带领大家一起来做一个真正的项目，把项目开发的整个流程都走一遍。

17.1 类型说明

C 语言不仅提供了丰富的数据类型，而且还允许用户自己定义类型说明符，也就是说为了方便，给已经存在的数据类型起个“代号”，比如“9527 是某个人的终身代号”，即用 9527 代表某个人。在 C 语言中，使用 typedef 可完成这项功能，定义格式如下：

```
typedef 原类型名 新类型名
```

typedef 语句并未定义一种新的数据类型，它仅仅是给已有的数据类型取了一个更加简洁形象的名字，可以用这个新的类型名来定义变量。在实际开发中，很多公司都会使用这个关键字给变量类型取新名字，一是为了方便代码的移植，二是可以使代码更加简洁易读。比如以下的这几种类型定义方式：

```
typedef signed char int8;          //8 位有符号整型数
typedef signed int int16;          //16 位有符号整型数
typedef signed long int32;         //32 位有符号整型数
typedef unsigned char uint8;       //8 位无符号整型数
typedef unsigned int uint16;       //16 位无符号整型数
typedef unsigned long uint32;      //32 位无符号整型数
```

有了以上类型说明，今后在程序中可以直接使用 uint8 替代 unsigned char 定义变量。大家是否发现这些代号的含义呢？无符号型的前边带一个 u，有符号型的不带 u，int 表示整数的意思，后边的数字代表的是这个变量类型占的位数，这种命名方式很多公司都采用，读者也可以学着采用这种方式。

有时候也有用宏定义代替 typedef，但是宏定义是由预处理完成的，而 typedef 则是在编译时完成的，后者更加灵活。也许有人曾看到过下面这种定义方式：

```
#define uchar unsigned char
```

这种方式不建议使用，因为当用到指针的时候，这种定义方式就有可能出错，如果写出这种定义方式会让人觉得写代码的人比较初级。下面就介绍一下 typedef 和 #define 之间的区别。

＃define 是预编译处理命令，在编译处理时进行简单的替换，不做任何正确性检查，不管含义是否正确都会被代入，比如：

```
#define PI 3.1415926
```

有了这个宏，今后可以直接用 PI 来替代 3.1415926，比如写 area = PI * r * r 求圆的面积就会直接替换成 3.1415926 * r * r。如果不小心写成了 3.1415g26，编译的时候，还是会代入。

typedef 是在编译时进行处理的，它是在自己的作用域内给一个已经存在的类型起一个代号，如果把前边的类型说明错误地写成：

```
typedef unsinged char uint8;
```

编译器就会直接报错。

对于＃define 来说，更多的应用是进行一些程序可读性、易维护的替换。比如：

```
#define LCD1602_DB P0
#define SYS_MCLK (11059200/12)
```

在写 LCD1602 程序的过程中，可以直接用 LCD1602_DB 表示 LCD1602 的通信总线，也可以直接用 SYS_MCLK 作为单片机的机器周期，如果改动一些硬件，比如出于特定需要而换了其他频率的晶振，那么直接在程序最开始部分改一下即可，不用到处去查找修改数字了。

对于类型说明，有的情况下，typedef 和＃define 用法一样，而有的情况下，用法就不一样了。

```
typedef unsigned char uint8; uint8 i, j;
#define uchar unsigned char uchar i, j
```

这两种用法是完全相同的，没有区别，不过要注意 typedef 后边有分号，而＃define 后边是没有分号的。

```
typedef int * int_p; int_p i, j;
#define int_p int * int_p i, j
```

这两种用法得到的结果是不一样的，其中第一种无疑是定义了 i 和 j 两个 int 指针变量。而第二种呢？因为 define 是直接替换，实际上就是“int * i, j;”，所以 i 是一个 int 指针变量，而 j 却是一个普通的 int 变量。

总之，typedef 是专门给类型重新起名的，而＃define 是纯粹替换的，要记住其用法。

17.2 头文件

在前边的章节中多次使用过文件包含指令＃include，这条指令的功能是将指定的被包含文件的全部内容插到该命令行的位置处，从而把指定文件和当前的源程序文件连成一个源文件参与编译，通常的写法有以下两种如下：

```
#include <文件名>
#include "文件名"
```

使用尖括号表示预处理程序直接到系统指定的“包含文件目录”去查找，使用双引号则表示预处理程序首先在当前文件所在的目录中查找被包含的文件，如果没有找到才会到系统的“包含文件目录”去查找。一般情况下，人们的习惯是系统提供的头文件用尖括号方式，用户自己编写的头文件用双引号方式。

在前边用过很多次 #include <reg52.h>，这个文件所在的位置是 Keil 软件安装目录的\C51\INC 这个路径内，读者可以去看看，在这个文件夹内，有很多系统自带的头文件，当然也包含了<intrins.h>这个头文件。一旦写了 #include <reg52.h>这条指令，就相当于在当前的.c 文件中写下了以下的代码。

```
#ifndef __REG52_H__
#define __REG52_H__

/* BYTE Registers */
sfr P0 = 0x80;
sfr P1 = 0x90;
sfr P2 = 0xA0;
sfr P3 = 0xB0;
...

/* BIT Registers */
/* PSW */
sbit CY = PSW^7;
sbit AC = PSW^6;
sbit F0 = PSW^5;
sbit RS1 = PSW^4;
sbit RS0 = PSW^3;
sbit OV = PSW^2;
sbit P = PSW^0;                //仅用于 8052

/* TCON */
sbit TF1 = TCON^7;
sbit TR1 = TCON^6;
sbit TF0 = TCON^5;
sbit TR0 = TCON^4;
sbit IE1 = TCON^3;
sbit IT1 = TCON^2;
sbit IE0 = TCON^1;
sbit IT0 = TCON^0;
...

#endif
```

之前在程序中，只要写了 #include <reg52.h>指令就可以随便使用 P0、TCON、TMOD 寄存器和 TR0、TR1、TI、RI 等寄存器的位，是因为它们已经在这个头文件中定义或声明过了。

在前边讲过，要调用某个函数，必须提前声明。而 Keil 自己做了很多函数，生成了库文件，如果要使用这些函数，不需要写这些函数的代码，直接调用这些函数即可，调用之前首先要进行声明，而这些声明也放在头文件中。比如所用的_nop_()函数，就是在<intrins.h>头文件中。

在前边应用的实例中，很多文件中所要用到的函数，都是在其他文件中定义的，在当前文件中要调用它们的时候，提前声明一下即可。为了使程序的易维护性和可移植性提高，通常会自己编写所需要的头文件。自己编写的头文件中不仅仅可以进行函数的声明和变量的外部声明，一些宏定义也可以放在其中。

举个例子，比如在写 main. c 文件时，配套写一个 main. h 文件。新建头文件的方式也很简单，和. c 是类似的，首先在 Keil 编程环境中，单击“新建”图标，或者选择菜单命令 File→New，然后单击“保存”，保存文件的时候命名为 main. h 即可。为了方便编写、修改和维护，在 Keil 编程环境中新建一个头文件组，把所有的源文件放在一个组内，把所有的头文件放在一个组内，如图 17-1 所示。

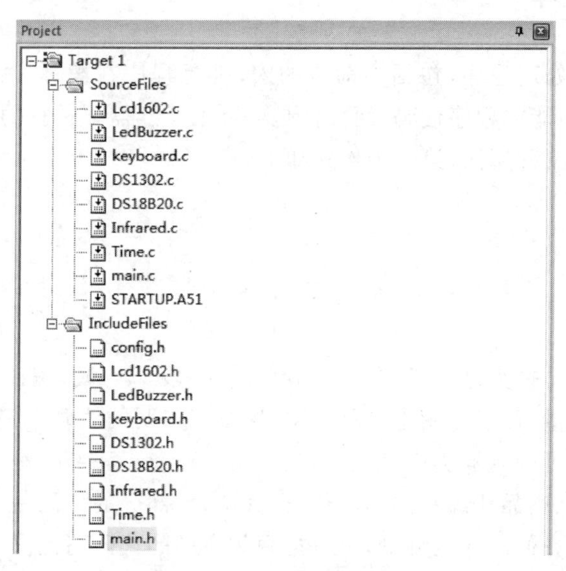

图 17-1　工程文件分组管理

注意，main. h 里除了要包含 main. c 所要使用的一些宏之外，还需要：对 main. c 文件中所定义的全局变量，进行 extern 声明，提供给其他的. c 文件使用；对 main. c 内的自定义类型进行声明；对 main. c 内提供给其他文件使用的全局函数进行声明。可把 main. h 文件写成如下：

```
enum eStaSystem {          //系统运行状态枚举
    E_NORMAL, E_SET_TIME, E_SET_ALARM
};

extern enum eStaSystem staSystem;

void RefreshTemp(uint8 ops);
void ConfigTimer0(uint16 ms);
```

首先要注意，对于函数的外部声明，extern 是可以省略的，但是对于外部变量的声明是不能省略的。其次，enum 是一个枚举数据类型，前边已经提到过了，读者可以再阅读前文了解一下枚举数据类型的作用和结构。在 main. c 中定义的 staSystem，其他文件中也要用到，所以在这里就要用 extern 声明一下。

上面对头文件的编写看似没问题，实际上则不然。首先第一个比较明显的问题是，由于所有的源文件都有可能要包含 main. h，同样，main. c 也会包含它，而 staSystem 枚举变量是在 main.c 中定义的，所以当 main.h 被 main.c 包含时，就不需要进行外部声明，而被其他文件包含时，则应进行这个声明。此外，在程序编写过程中，经常会遇到头文件包含头文件的用法，假设 a.h 包含了 main.h 文件，b.h 文件同样也包含了 main.h 文件，如果现在有一个文件 Lcd.c，它既包含了 a.h 又包含了 b.h，这样就会出现头文件的重复包含，从而会发生变量、函数等的重复声明，因此还得用到 C 语言的另一个知识点——条件编译。

17.3 条件编译

条件编译属于预处理程序，包括之前讲的宏，都是程序在编译之前做的一些必要的处理，这些都不是实际功能的程序代码，而仅仅是告诉编译器需要进行的特定操作等。

条件编译通常有三种用法，第一种格式如下：

```
#if 表达式
    程序段 1
#else
    程序段 2
#endif
```

作用：如果表达式的值为“真”(非 0)，则编译程序段 1，否则，编译程序段 2。在使用中，表达式通常是一个常量，可事先用宏进行声明，通过宏声明的值确定到底执行哪段程序。

例如某公司开发了两款同类产品，这两款产品的功能有一部分是相同的，有一部分是不同的，同样针对这两款产品所编写的程序代码，其中，大部分的代码是一样的，只有少部分有区别。这个时候为了方便程序的维护，可以把两款产品的代码写到同一个工程程序中，然后把其中有区别的功能利用条件编译处理。例如：

```
#define PLAN 0
#if (PLAN == 0)
    程序段 1
#else
    程序段 2
#endif
```

这样写之后，当要编译第一款产品的代码时，把 PLAN 宏声明成 0 即可，当要编译第二款产品的代码时，把宏声明的值改为 1 或其他值即可。

第二种条件编译的用法和第三种条件编译的用法是类似的，使用哪一种要看具体情况或个人偏好。

第二种格式如下：

```
#ifdef 标识符
    程序段 1
#else
    程序段 2
#endif
```

第三种格式如下：

```
#ifndef 标识符
    程序段 1
#else
```

```
    程序段 2
#endif
```

在本章的示例中使用到了第三种格式，其作用是：如果标识符没有被#define命令声明过，则编译程序段1，否则编译程序段2。此外，命令中的#else部分是可以省略的。第二种格式和第三种格式正好相反，读者自己看一下。其实#ifndef就是if no define的缩写。

在头文件的编写过程中，为了防止命名的错乱，每个.c文件对应的.h文件，除名字一致外，进行宏声明的时候，也用这个头文件的名字，并且大写，在中间加上下画线，比如这个main.h的结构，首先要这样写：

```
#ifndef _MAIN_H
#define _MAIN_H

    程序段 1

#endif
```

其含义是，如果这个_MAIN_H没有声明过，那么就声明_MAIN_H，并且程序段1是有效的，最终结束；如果_MAIN_H已经声明过了，也就不用再声明了，同时程序段1也就无效了。这样就有效地解决了头文件重复包含的问题。

main.c文件中定义的外部变量，在main.c中不需要进行外部声明。那么可以在main.c程序中最开始的位置加上一句：

```
#define _MAIN_C
```

然后在main.h内对这类变量进行声明的时候，再加上下面的条件编译语句：

```
#ifndef _MAIN_C
    程序段 2
#endif
```

这样处理之后，读者看一下，由于在main.c的程序中首先对_MAIN_C进行了宏声明，因此程序段2中的内容不会参与到main.c的编译中去，而其他所有的包含main.h的源文件则会把程序段2参与到编译中，因此前边的main.h文件的整体代码如下。

```
#ifndef _MAIN_H
#define _MAIN_H

enum eStaSystem {                        //系统运行状态枚举
    E_NORMAL, E_SET_TIME, E_SET_ALARM
};

#ifndef _MAIN_C
extern enum eStaSystem staSystem;
#endif

void RefreshTemp(uint8 ops);
void ConfigTimer0(uint16 ms);

#endif
```

17.4 项目实战

现在进入本章的重头戏,也是本书即将结束的综合训练,也是实实在在的实战项目——多功能电子钟。当接到一个具体开发项目后,要根据项目做出规划框架,整理出逻辑思路,并且写出规范的程序,最终调试代码完成功能。

17.4.1 项目需求分析

对于电子钟(万年历)来说,提供日期、时间的显示是一个基本的功能,但是设计要求并不能只满足于基本功能,而是要提供更多的功能,并且兼具人性化设计。在设计中,除了基本的走时(包括时间、日期、星期)、板载按键校时功能外,还要提供闹钟、温度测量、红外遥控校时这几项实用功能,所以称该实战项目为多功能电子钟。

如果一个产品只是所需功能的杂乱堆积,而不考虑怎样让人用起来更舒服、更愉悦,那么这就非常不人性化,该产品也绝对不是一个优秀的设计。比如电子钟把日期和时间都显示到液晶显示器上,这样看起来主次就不是很分明,显得杂乱。人性化设计考虑的是大多数人的行为习惯,当然最终的产品依靠了设计人员的经验和审美等因素。比如 KST-51 开发板的器件布局,右上方向是显示器件,右下是按键输入,有一些外围器件,如上拉、下拉电阻,三极管等可以隐藏到液晶显示器底下,这就是大多数人的习惯。而在多功能电子钟项目中,如何去体现人性化设计呢?

首先来观察一下各种显示器件,数字显示如果采用 LED 点阵或者数码管就会比较醒目,但是点阵无法同时显示这么多数字,于是就把最常用的时间用数码管来显示,日期、闹钟设置、温度等辅助信息显示到液晶显示器上。那么点阵呢?可以用它来显示星期,这对于盼望着周末的人们来说,是不是很醒目、很人性化呢?还有独立的 LED,就用它来给电子钟做装饰吧,用个流水灯增加点活泼气氛。最后再来个遥控器功能,如果电子钟挂得太高了或者放在不方便触碰的位置,就可以使用遥控器来校时。想想看,整个过程是不是挺人性化的?

当然,该项目所用的是 KST-51 单片机开发板作为硬件平台,如果这是一个从头设计的项目,就不需要那么多外围器件了,首先做好单片机最小系统,而后配备多功能电子钟所需要的部件就可以了。也就是说,在进行项目开发时,设计的硬件电路是根据实际项目需求设计的。

17.4.2 程序结构规划

项目需求和硬件规划已经确定了,我们就得研究如何实现所需的功能,即程序结构如何组织。一个项目如果需要的部件很多,同时实现的功能也很多,为了方便编写和程序维护,整个程序必须采用模块化编程,也就是每个模块对应一个 C 文件来实现,这种用法实际上在前面的章节已经开始使用了。之所以采用模块化编程,一方面,如果所有的代码堆到一起会显得杂乱无章,更重要的是容易造成意外错误,程序一旦有逻辑上的问题或者更新需求,这种维护将变成一种灾难;另一方面,当一个项目程序量很大的时候,可以由多个程序员共同参与编程,多模块的方式也可以让每个程序员之间的代码最终很方便地融合到一起。

模块的划分并没有什么教条可以遵循,而是根据具体需要灵活处理。就以多功能电子钟项目为例,介绍如何合理地划分模块。要实现的功能有走时、校时、闹钟、温度和遥控。要想实现这几个功能，其中走时所需要的就是时钟芯片，即DS1302；时间需要显示给人看，就需要显示器件，用到了点阵、数码管、独立LED、液晶显示器；再来看校时，校时需要输入器件，本例中可以用板载按键和遥控器，它们各自的驱动代码不同，但是实现的功能是一样的，都是校时；还有闹钟设置，在校时的输入器件的支持下，闹钟也就不需要额外的硬件输入了，只需要用程序代码让蜂鸣器响就行了。

功能上大概列举出来了，那么就可以把程序源代码划分为这样几个模块：DS1302作为走时的核心，自成一个模块；点阵、数码管、独立LED都属于LED的范畴，控制方式类似，也都需要动态扫描，所以把它们整体作为一个模块；液晶显示器是另一个显示模块；按键和遥控器的驱动各自成为一个模块。

模块划分到这里，要特别注意，随着程序量变大，功能变强，对程序的划分要分层了。前边划分的这些模块都属于底层驱动范畴，它们要共同为上层应用服务，那么上层应用是什么呢？就是根据最终需要显示的效果来调度各种显示驱动函数，决定把时间的哪一部分显示到哪个器件上，然后还要根据按键或者遥控器的输入具体实现时间的调整，还要不停地对比当前时间和设定的闹钟时间来完成闹钟功能，那么这些功能函数自然就成为一个应用层模块了（当然也可以把它们都放在main.c文件内实现，但不推荐这样做，如果程序还有其他应用层代码模块，main.c仍然会变得复杂而不易维护）。这个应用层模块在本例中取名为Time.c，即完成时间相关的应用层功能。最后，还有一个温度功能，除了要加入温度传感器DS18B20的底层驱动模块外，它的上层显示功能非常简单，不值得再单独占一个.c文件，所以直接把它放到main.c中实现。

模块划分完后就要进行整体程序流程的规划。我们刚刚对程序进行了分层：一层是硬件底层驱动，另一层是上层应用功能。底层驱动这些模块在之前的章节已经全都实现过了，现在还需要规划一个应用层上的整体流程。根据所需要的上层应用功能画出流程图，如图17-2所示。

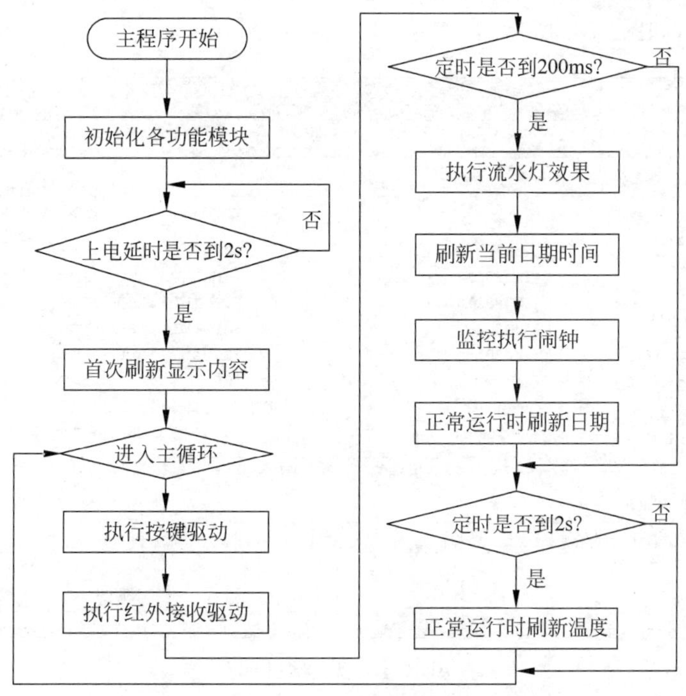

图17-2　多功能电子钟整体流程图

17.4.3 程序代码编写

在实际项目开发中，人们不仅希望源程序、头文件等文件结构规范、代码编写规范，而且还希望工程文件规范，方便维护。首先新建一个 lesson19_1 的文件夹，用来存放本章的工程文件。而后新建工程文件保存的时候，在 lesson19-1 文件夹内再建立一个文件夹，取名为 project，专门用于存放工程文件的，如图 17-3 所示。

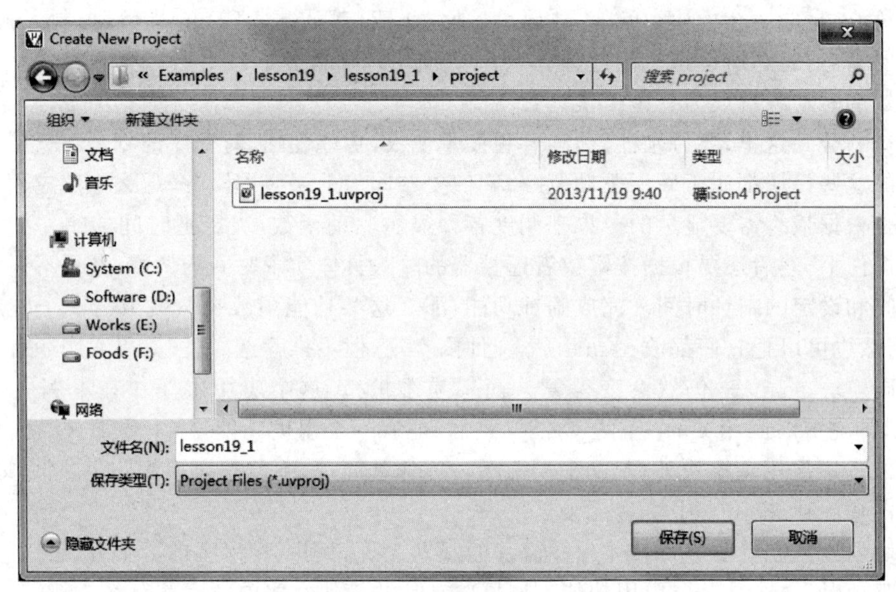

图 17-3 工程文件目录

然后新建文件，保存的时候在 lesson19_1 目录再建立一个文件夹，取名为 source，专门用来存放源代码，如图 17-4 所示。

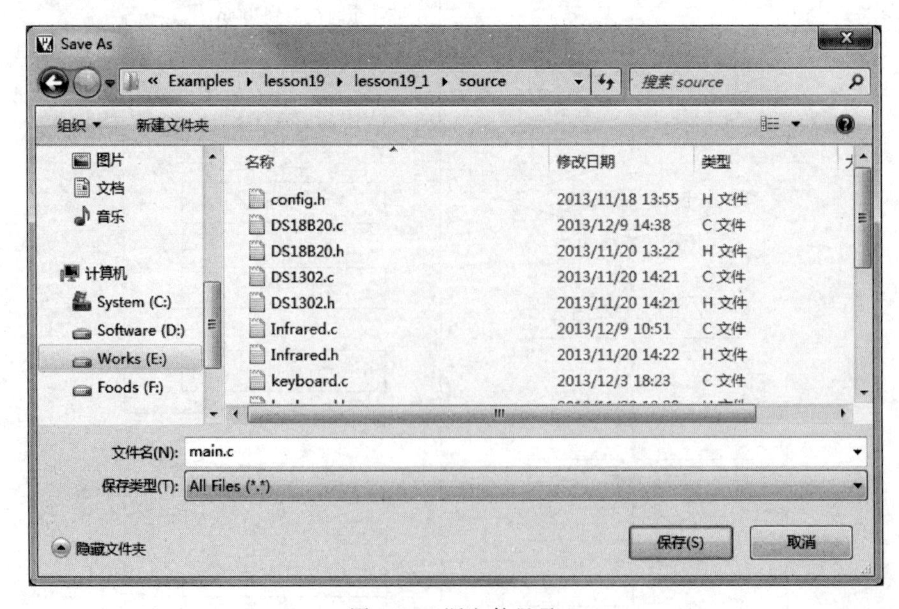

图 17-4 源文件目录

最后，随便看一个之前的例子都能看到，工程编译后会生成很多额外的文件，这些文件可以统称为编译输出文件，在 lesson19_1 目录下再建立一个 output 文件夹来存放这些文件，要改变输出文件的路径，需要修改两个地方：①进入 Options for Target 对话框，选择 Output 选项页，单击 Select Folder for Objects，在弹出的对话框中选择新建的 output 文件夹；②再进入 Listing 选项页，单击 Select Folder for Listings，同样指定 output 文件夹即可。

进行了这样三个步骤，今后要对这个工程进行整理编写，文件就不再凌乱了，而是非常规整地排列在文件夹内。尤其是今后，还可能学到编写程序的另外方式，就是编译的时候使用 Keil 软件，而编写代码的时候在其他更好的编辑器中进行，那么编辑器的工程文件也可以放到 project 下，而不会对其他部分产生任何影响。总之，这是一套规范而又实用的工程文件组织方案。

工程建立完毕，文件夹也整理妥当，下面就开始正式编写代码。当我们要进行一个实际产品或者项目开发的时候，首先电路原理图是确定的，所使用的单片机的引脚也是明确的，还有一些定义，比如数据类型说明、特殊的全局参数及宏声明，我们会放到一个专门的头文件中，在这里命名为 config.h，即全局的配置文件。

/******************************* **config.h 文件源代码** *******************************/

```
#ifndef _CONFIG_H
#define _CONFIG_H

/* 通用头文件 */
#include <reg52.h>
#include <intrins.h>

/* 数据类型定义 */
typedef signed char int8;                    //8 位有符号整型数
typedef signed int int16;                    //16 位有符号整型数
typedef signed long int32;                   //32 位有符号整型数
typedef unsigned char uint8;                 //8 位无符号整型数
typedef unsigned int uint16;                 //16 位无符号整型数
typedef unsigned long uint32;                //32 位无符号整型数

/* 全局运行参数定义 */
#define SYS_MCLK (11059200/12)               //系统主时钟频率,即振荡器频率÷12
/* I/O引脚分配定义 */
sbit KEY_IN_1 = P2^4;                        //矩阵按键的扫描输入引脚 1
sbit KEY_IN_2 = P2^5;                        //矩阵按键的扫描输入引脚 2
sbit KEY_IN_3 = P2^6;                        //矩阵按键的扫描输入引脚 3
sbit KEY_IN_4 = P2^7;                        //矩阵按键的扫描输入引脚 4
sbit KEY_OUT_1 = P2^3;                       //矩阵按键的扫描输出引脚 1
sbit KEY_OUT_2 = P2^2;                       //矩阵按键的扫描输出引脚 2
sbit KEY_OUT_3 = P2^1;                       //矩阵按键的扫描输出引脚 3
```

```
sbit KEY_OUT_4 = P2^0;                  //矩阵按键的扫描输出引脚 4

sbit ADDR0 = P1^0;                      //LED 位选译码地址引脚 0
sbit ADDR1 = P1^1;                      //LED 位选译码地址引脚 1
sbit ADDR2 = P1^2;                      //LED 位选译码地址引脚 2
sbit ADDR3 = P1^3;                      //LED 位选译码地址引脚 3
sbit ENLED = P1^4;                      //LED 显示部件的总使能引脚

#define LCD1602_DB P0                   //1602 液晶显示器数据端口
sbit LCD1602_RS = P1^0;                 //1602 液晶显示器指令/数据选择引脚
sbit LCD1602_RW = P1^1;                 //1602 液晶显示器读写引脚
sbit LCD1602_E = P1^5;                  //1602 液晶显示器使能引脚

sbit DS1302_CE = P1^7;                  //DS1302 片选引脚
sbit DS1302_CK = P3^5;                  //DS1302 通信时钟引脚
sbit DS1302_IO = P3^4;                  //DS1302 通信数据引脚

sbit I2C_SCL = P3^7;                    //I2C 总线时钟引脚
sbit I2C_SDA = P3^6;                    //I2C 总线数据引脚

sbit BUZZER = P1^6;                     //蜂鸣器控制引脚

sbit IO_18B20 = P3^2;                   //DS18B20 通信引脚

sbit IR_INPUT = P3^3;                   //红外接收引脚

#endif
```

这个 config.h 中包含了系统所共同使用的类型声明以及宏声明,以方便使用。下边的编程步骤就是从 main.c 文件开始,以流程图作为主线进行代码编写。

作为资深的研发工程师来讲,调试这样一个程序,也得几个小时的时间,不可能写出来就好用,所以在这里无法把整个过程还原出来,但是主要编写代码的过程会尽可能地介绍。

程序的流程虽然是从 main.c 开始的,但那是整体程序框架,而编写代码往往用流程图做主线,但不是严格按照流程图的顺序编写。比如这个程序,首先要进行功能性调试验证。

习惯上,我们首先要调试显示程序,因为显示程序可以直观地看到,而且调试好显示后,在调试其他的模块时,可以用作调试输出,直观地观察其他模块运行结果正确与否。显示设备就是 LCD1602 和各种 LED,由于蜂鸣器比较简单,所以将蜂鸣器和 LED 放到一起。调试的时候,可以在 main.c 文件中添加临时的调试函数,比如给 LCD1602 发送数据,让 LCD1602 显示该数据,保证 LCD1602 的底层程序是没问题的;调用相应的函数让 LED 进行显示以及刷新,保证 LED 部分的程序也是没问题的。通过这种方式,如果发现哪部分还有问题就继续调整,如果发现显示部分 OK 了,那就可以继续往下编写了。

LCD1602 的底层驱动之前已经写过了,直接拿过来用就行了。而对于 LED 的动态刷新问题,在讲红外通信的时候已经阐述过,用于 LED 刷新的定时器应该采用高优先级以避免红外接收中断动辄上百毫秒的执行时间影响视觉效果,选择 T1 用来作为红外接收的计时,按理说再用 T0 设置成高优先级来处理 LED 刷新即可,但是,本例中还启用了矩阵按键,而矩阵按键的扫描也采用 T0 而对红外通信中断实现嵌套,由于按键扫描的时间会达到几百微秒,这几百微秒的延时足以使红外通信对码位的解析产生误判了。怎么办呢? 是不是会很自然地想到: 再增加一个定时器做 LED 扫描并实现对红外通信中断的嵌套,而按键扫描和红外通信处于相同的低优先级而不能彼此嵌套,按键延时上百微秒后再响应,我们不会感觉到问题,同样几百微秒的延时对红外通信起始引导码的 9ms 来说也完全可以容忍。那么还有没有定时器可用了呢? 好在 STC89C52 还有一个定时器 T2(标准的 8051 是没有 T2 的,它是 8052 的扩充外设,现在绝大多数的 51 系列单片机都是有这个 T2 的),于是问题解决。此外还有一个问题,就是由于操作液晶显示器的时候要对 P1.0 和 P1.1 进行操作,而刷新 LED 采取的是中断,优先级是高于液晶显示器的。如果当前正在操作液晶显示器,对 P1.0 和 P1.1 操作了,数码管刷新的中断又来了,也要对 P1.0 和 P1.1 进行操作,就会导致逻辑错误。虽然这种错误出现的概率不大,但是逻辑必须要严谨,必须避免它。当进行液晶显示器操作的时候,如果数码管的定时中断来了,在本次中断中就放弃对数码管的刷新,不对那几个接口进行操作,因为液晶显示器的读写操作都很快,所以对实际显示效果并没有太大的影响。

这部分代码除了定时器 2 的寄存器配置外,其他的内容之前都用到过,读者可以通过分析程序学明白。而定时器 2 的寄存器配置,相信学到这里的读者也可以通过查阅数据手册自己看明白。

> 本书配套程序源代码可扫描"前言"中的二维码下载。
> 1602 液晶显示器代码参见其中 Lesson17 目录下的 Lcd1602.h 与 Lcd1602.c 文件。
> LED 与蜂鸣器代码参见其中 Lesson17 目录下的 LedBuzzer.h 与 LedBuzz.c 文件。

LED 驱动程序中有一点请注意,因为有点阵、数码管和独立 LED 三种器件,因此为了方便对它们进行各自的操作,统一组成了 sLedBuff 结构体,用这个结构体类型定义了一个统一的显示缓冲区 ledBuff,相应地,在动态扫描的中断函数中读取缓冲区数据时就用了这样一行代码 P0= *((uint8 data *)&ledBuff+i)。这行代码首先把 ledBuff 的地址转换为指向 data 区(内部 RAM 低 128 字节)的 uint8 型指针,然后取自这个指针起第 i 字节的数据送给 P0,之所以明确指定 data 区,是为了提高代码的执行效率,这样处理后这行代码与之前章节里的 P0=ledBuff[i]的执行效果是完全相同的。这里包含了指针转换和代码执行效率的问题,可以细细琢磨一下。

下面调试时钟 DS1302 的程序代码。首先把前边在 1602 液晶显示器上显示时间的代码拿过来当作调试手段,当可以成功显示到 1602 液晶显示器上后,就可以写进去一个初始时间,再读出来,把星期显示在 LED 点阵上,时间显示到数码管上,日期显示到液晶显示器上,并且让流水灯流动起来。这块功能调试好以后,就完成了一个简单的电子钟。

> 本书配套程序源代码可扫描"前言"中的二维码下载。
> 时钟代码参见其中 Lesson17 目录下的 DS1302.h 与 DS1302.c 文件。

时钟显示调试完后，下一步就可以开始编写按键代码，使用按键可以调整时钟，调整闹钟的时间。当然，在调试按键底层驱动的时候，不一定要把所有想要的功能都罗列出来，可以先进行按键底层功能程序的调试，按下按键让蜂鸣器响一下，或者让小灯闪烁等以检验按键底层代码工作的正确性。随着程序量的加大，有些功能也可以进行综合了，可以在Time.c文件中和main.c文件中添加程序了，一边添加一边调试，而不是把所有的程序代码都写完后，像无头苍蝇一样到处找漏洞。

本书配套程序源代码可扫描“前言”中的二维码下载。
按键代码参见其中Lesson17目录下的keyboard.h与keyboard.c文件。

按键程序调试完后，下一步就是红外通信的代码了。红外通信所要实现的功能是和按键完全一样的，但是如果说把红外按键的代码解析出来后，再去判断键数据码做相应的操作显得有点多余了。处理方式是，把红外通信的按键代码解析出来后，把它们映射成标准键盘的键数据码，就跟板载按键的映射一样，这样红外通信和板载按键就可以很方便地共用一套应用层接口了，我们的应用层代码也只需要写一遍就可以了，而不需要针对不同的输入设备做不同的函数，从这里是不是又能体会到一次程序接口标准化和结构层次化的好处呢。但红外键数据码的映射与板载按键的映射不同，红外键数据码值不像矩阵按键的行列那样有规律，所以这里用一个二维数组来完成这个映射，二维数组每一行的第一个元素是红外遥控器的键数据码，第二个元素是该键要映射成的标准键数据码，不要的按键直接映射成0即可。这样，当收到一个红外键数据码后，在这个二维数组每行的第一个元素中查找相同值，找到后即把该行的第二个元素作为参数调用按键动作函数即可。

本书配套程序源代码可扫描“前言”中的二维码下载。
红外代码参见其中Lesson17目录下的Infrared.h与Infrared.c文件。

这一切底层的驱动完成之后就可以整理调试main.c和Time.c内的功能代码了。一边添加功能一边调试，把最终的功能代码调试出来，在KST-51开发板上做验证。这一切都做完之后可以添加一项新功能，就是温度传感器DS18B20的显示，这个是个独立功能，直接写好代码，添加进去就可以了。

本书配套程序源代码可扫描“前言”中的二维码下载。
温度代码参见其中Lesson17目录下的DS18B20.h与DS18B20.c文件。
主体功能代码参见其中Lesson17目录下的Time.h，Time.c，main.h，main.c文件。

程序代码已经完成了，但是学习还得继续，把思路学得差不多之后，要自己能够不看源代码，独立把这个程序编写出来。这时读者的单片机的学习已经合格了，可以动手开发一些小产品，进入下一个层次的历练了。

当然，读者不要指望代码一写出来就好用，调试代码也是一步步来的，在调试的过程中，可能还要穿插修改很多之前写好的代码，协调代码各部分的功能等。读者如果独立写这种代码，3～7天调试出来还是比较正常的。学到这里，相信读者已经具备了做技术的基本耐心。耐心、细心、恒心，三者缺一不可。不要像初学那样遇到一个问题动不动就浮躁了，慢慢来，最终把这个功能实现出来，完成第一个单片机项目。

17.5 习题

1. 学会使用类型说明定义新类型，能够区别 typedef 和 # define。
2. 学会建立编写头文件，并且掌握头文件的格式。
3. 掌握条件编译的用法。
4. 独立将多功能电子钟项目开发的代码完成。

附录 A

ASCII 码字符表

十进制码值	十六进制码值	字符	十进制码值	十六进制码值	字符	十进制码值	十六进制码值	字符	十进制码值	十六进制码值	字符
0	00	NUL	32	20		64	40	@	96	60	`
1	01	SOH	33	21	!	65	41	A	97	61	a
2	02	STX	34	22	"	66	42	B	98	62	b
3	03	ETX	35	23	#	67	43	C	99	63	c
4	04	EOT	36	24	$	68	44	D	100	64	d
5	05	ENQ	37	25	%	69	45	E	101	65	e
6	06	ACK	38	26	&	70	46	F	102	66	f
7	07	BEL	39	27	'	71	47	G	103	67	g
8	08	BS	40	28	(	72	48	H	104	68	h
9	09	HT	41	29	)	73	49	I	105	69	i
10	0A	LF	42	2A	*	74	4A	J	106	6A	j
11	0B	VT	43	2B	+	75	4B	K	107	6B	k
12	0C	FF	44	2C	,	76	4C	L	108	6C	l
13	0D	CR	45	2D	-	77	4D	M	109	6D	m
14	0E	SO	46	2E	.	78	4E	N	110	6E	n
15	0F	SI	47	2F	/	79	4F	O	111	6F	o
16	10	DLE	48	30	0	80	50	P	112	70	p
17	11	DC1	49	31	1	81	51	Q	113	71	q
18	12	DC2	50	32	2	82	52	R	114	72	r
19	13	DC3	51	33	3	83	53	S	115	73	s
20	14	DC4	52	34	4	84	54	T	116	74	t
21	15	NAK	53	35	5	85	55	U	117	75	u
22	16	SYN	54	36	6	86	56	V	118	76	v
23	17	ETB	55	37	7	87	57	W	119	77	w
24	18	CAN	56	38	8	88	58	X	120	78	x
25	19	EM	57	39	9	89	59	Y	121	79	y
26	1A	SUB	58	3A	:	90	5A	Z	122	7A	z
27	1B	ESC	59	3B	;	91	5B	[	123	7B	{
28	1C	FS	60	3C	<	92	5C	\	124	7C	|
29	1D	GS	61	3D	=	93	5D	]	125	7D	}
30	1E	RS	62	3E	>	94	5E	^	126	7E	~
31	1F	US	63	3F	?	95	5F	_	127	7F	

附录 B

C 语言运算符及优先级

优先级	运算符	名称或含义	结合方向	说 明
1	()	圆括号	左到右	
	[]	数组下标		
	.	成员选择(对象)		
	->	成员选择(指针)		
	++	自增运算符(++i)		
	--	自减运算符(--i)		
2	-	负号运算符	右到左	单目运算符
	(类型)	强制类型转换		
	++	自增运算符(i++)		单目运算符
	--	自减运算符(i--)		单目运算符
	*	取值运算符		单目运算符
	&	取地址运算符		单目运算符
	!	逻辑非运算符		单目运算符
	~	按位取反运算符		单目运算符
	sizeof	长度运算符		
3	/	除	左到右	双目运算符
	*	乘		双目运算符
	%	余数(取模)		双目运算符
4	+	加	左到右	双目运算符
	-	减		双目运算符
5	<<	左移	左到右	双目运算符
	>>	右移		双目运算符
6	>	大于	左到右	双目运算符
	>=	大于或等于		双目运算符
	<	小于		双目运算符
	<=	小于或等于		双目运算符
7	==	等于	左到右	双目运算符
	!=	不等于		双目运算符

续表

<table>
<tr><th>优先级</th><th>运算符</th><th>名称或含义</th><th>结合方向</th><th>说　明</th></tr>
<tr><td>8</td><td>&</td><td>按位与</td><td>左到右</td><td>双目运算符</td></tr>
<tr><td>9</td><td>^</td><td>按位异或</td><td>左到右</td><td>双目运算符</td></tr>
<tr><td>10</td><td>|</td><td>按位或</td><td>左到右</td><td>双目运算符</td></tr>
<tr><td>11</td><td>&&</td><td>逻辑与</td><td>左到右</td><td>双目运算符</td></tr>
<tr><td>12</td><td>||</td><td>逻辑或</td><td>左到右</td><td>双目运算符</td></tr>
<tr><td>13</td><td>?:</td><td>条件运算符</td><td>右到左</td><td>三目运算符</td></tr>
<tr><td rowspan="11">14</td><td>=</td><td>赋值运算符</td><td rowspan="11">右到左</td><td rowspan="11"></td></tr>
<tr><td>/=</td><td>除后赋值</td></tr>
<tr><td>*=</td><td>乘后赋值</td></tr>
<tr><td>%=</td><td>取模后赋值</td></tr>
<tr><td>+=</td><td>加后赋值</td></tr>
<tr><td>-=</td><td>减后赋值</td></tr>
<tr><td><<=</td><td>左移后赋值</td></tr>
<tr><td>>>=</td><td>右移后赋值</td></tr>
<tr><td>&=</td><td>按位与后赋值</td></tr>
<tr><td>^=</td><td>按位异或后赋值</td></tr>
<tr><td>|=</td><td>按位或后赋值</td></tr>
<tr><td>15</td><td>,</td><td>逗号运算符</td><td>左到右</td><td>从左向右顺序运算</td></tr>
</table>

说明：同一优先级的运算符，运算次序由结合方向所决定。

KST-51 开发板原理图

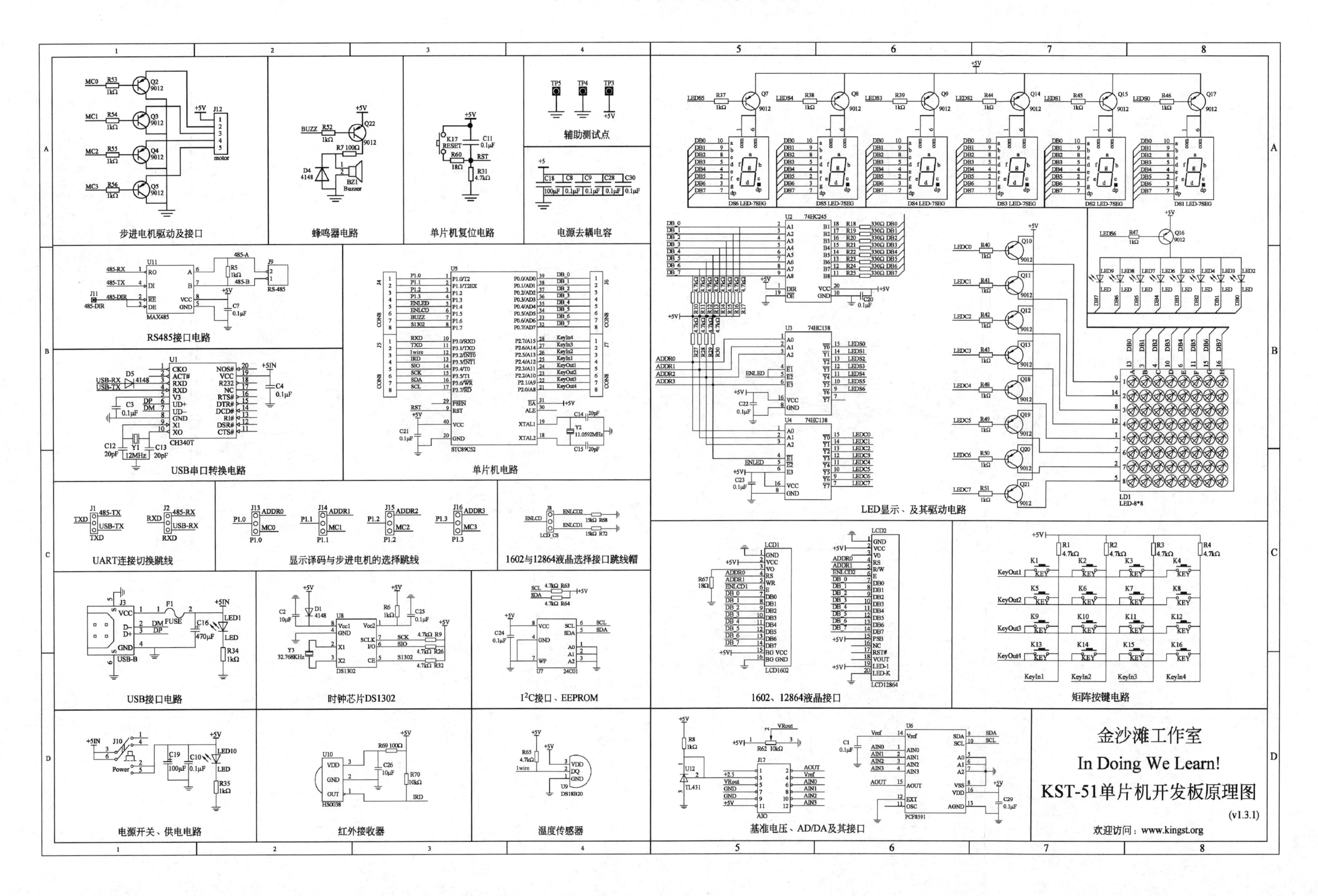